中国环境战略与政策研究丛书

中国环境战略与政策研究
（2018 年卷）

Research on China's Environmental Strategy and Policy

生态环境部环境与经济政策研究中心　编著

中国环境出版集团·北京

图书在版编目（CIP）数据

中国环境战略与政策研究. 2018年卷/生态环境部环境与经济政策研究中心编著. —北京：中国环境出版集团，2019.11
ISBN 978-7-5111-4149-1

Ⅰ. ①中… Ⅱ. ①生… Ⅲ. ①环境保护战略—研究—中国—2018②环境政策—研究—中国—2018 Ⅳ. ①X-012

中国版本图书馆CIP数据核字（2019）第239520号

出 版 人　武德凯
责任编辑　宾银平　葛　莉
助理编辑　史雯雅
责任校对　任　丽
封面设计　艺友品牌

出版发行　**中国环境出版集团**
　　　　　（100062　北京市东城区广渠门内大街16号）
　　　　　网　　　址：http://www.cesp.com.cn
　　　　　电子邮箱：bjgl@cesp.com.cn
　　　　　联系电话：010-67112765（编辑管理部）
　　　　　　　　　　010-67113412（第二分社）
　　　　　发行热线：010-67125803，010-67113405（传真）
印　　刷　北京建宏印刷有限公司
经　　销　各地新华书店
版　　次　2019年11月第1版
印　　次　2019年11月第1次印刷
开　　本　787×1092　1/16
印　　张　29.75
字　　数　560千字
定　　价　176.00元

前　言

　　2018 年，生态环境部环境与经济政策研究中心（以下简称政研中心）深入学习贯彻习近平新时代中国特色社会主义思想和党的十九大精神，开展各项研究，一年来中心共承担了国家重点研发计划、国家基金项目、部委预算项目等研究课题 100 余项，在习近平生态文明思想、环境与经济关系、环境法治、排污许可制、环境社会治理、环境健康风险管理、污染物与温室气体协同控制、国际环境政策比较研究等重点领域形成了一系列政策专报、学术文章等成果，这些成果得到国务院和相关部委的重视与认可，一些政策建议和方案已被相关政府部门采纳，为推动我国生态环境保护工作提供了有力的智力支持。

　　为加强对国家生态环境战略和政策领域的决策支持力度，让各级政府、生态环境管理部门、环境领域的科研技术工作者有效地分享和使用这些研究成果，政研中心对这些专报、文章进行了筛选、分类，整理，编辑形成《中国环境战略与政策研究（2018 年卷）》，希望该项成果能够给各级政府和生态环境领域相关工作人员提供参考借鉴。

编　者

2019 年 9 月

目　录

第三篇 环境社会治理与社会分析

第四篇 农业农村环境治理

第五篇 环境和经济关系

第六篇 环境经济政策

第七篇 能源气候环境

第八篇 国际环境政策

第一篇

理论研究

习近平生态文明思想：发展历程、内涵实质与重大意义①

俞 海 刘 越 王 勇 赵子君 李海英 张 燕

摘 要 目前，我国生态环境质量持续好转、稳中向好，但依旧处于问题复杂交织、负重攻坚的特殊历史时期。全国生态环境保护大会正式提出和确立的习近平生态文明思想，已成为新时代中国特色社会主义生态文明建设事业发展的强大思想武器、根本遵循和行动指南。习近平生态文明思想，是其个人思想认识、从政经验和中国特色社会主义建设伟大实践相辅相成、螺旋上升的智慧结晶，其内涵丰富且系统完整，集中体现在了八个方面，深刻回答了为什么建设生态文明、建设什么样的生态文明、怎样建设生态文明等重大理论和实践问题。贯彻习近平生态文明思想，对决胜全面建设成小康社会、建设美丽中国、建成现代化强国具有创新的理论意义、深远的历史意义、重大的现实意义和鲜明的世界意义。

关键词 习近平生态文明思想 生态文明建设 发展历程 内涵实质

　　2018年5月18日召开的全国生态环境保护大会的一个重大标志性成果和最大创新就是党中央首次正式提出和确立了习近平生态文明思想。习近平总书记传承中华民族优秀传统文化，顺应时代潮流、世界趋势和人民意愿，着眼"五位一体"总体布局和"四个全面"战略布局，站在坚持和发展中国特色社会主义、实现中华民族伟大复兴中国梦的战略和历史高度，深刻回答了为什么建设生态文明、建设什么样的生态文明、怎样建设生态文明等重大理论和实践问题，形成了科学系统的习近平生态文明思想，集中体现了我们党的历史使命、执政理念、责任担当，有力地推动了我国生态文明建设。

---

① 原文刊登于《环境与可持续发展》2018年第4期。

一、发展历程

习近平生态文明思想不是凭空产生的，而是习近平总书记个人深邃思想、科学认识、生动实践和中国特色社会主义建设事业伟大工程相辅相成、螺旋上升的结果，经历了从个人的认识实践到系统的生态文明思想的嬗变过程，具有深厚的理论基础和实践支撑。

早在 20 世纪 60 年代，他在陕北梁家河插队时，便将全部精力投入到农村生产生活中，面对贫瘠的黄土地，切身感受到了衣食无着、黄沙漫天的恶劣生活条件和生态环境，并在担任村党支部书记时带领群众改善生态、打坝造田、发展生产，通过学习四川绵阳地区先进经验，利用秸秆和畜禽粪便，成功建成了陕西第一口沼气池，为社员解决做饭、照明问题，改善了当地群众的生活，这是农村生态循环经济的生动实践[1]。可以说，陕北的黄土地让他深刻体会到了生态环境对人类生存的重要意义。

1985 年，他担任河北正定县委书记时，在《正定县经济、技术、社会发展总体规划》中便强调，要积极开展植树造林，增加城区绿化面积，禁止乱伐树木；还强调，宁肯不要钱，也不要污染，严格防止污染搬家、污染下乡。这是对传统发展理念的突破，表达了习近平生态文明思想中"人与自然和谐相处"的核心观点。

在福建宁德，他提出要把眼光放得远些，思路打得广些，鼓励地方开创"绿色工程"，依托荒山、荒坡、荒地、荒滩，发展开发性立体种植业，实行集约经营，专业协作。习近平同志强调，资源开发不是单一的，而是综合的；不是单纯讲经济效益的，而是要达到社会、经济、生态三者效益的协调。习近平同志关于资源开发的思想认识，立足于保证自然系统的良性循环、正常流通与动态平衡，肯定了尊重和顺应自然内在规律对实现人与自然协调可持续发展的重要意义，反对了人对自然界一味地征服与改造的功利主义。

在福州，他在倡议并主持编订的《福州市 20 年经济社会发展战略设想》中指出，要切实做好福州市城乡绿化和环境保护等工作；并于 2002 年率先提出了建设"生态省"战略构想，使福建省成为全国第一批生态建设试点省；此外，他还专程到武平县调研林权改革相关工作，提出了"集体林权制度改革要像家庭联产承包责任制那样从山下转向山上""要脚踏实地向前推进，让老百姓真正受益"，实现了"山定权、树定根、人定心"。在此阶段，习近平同志保护生态环境的思想逐步渗透到政治经济文化建设中，肯定了自然环境是人类社会不可缺少的外部条件。

在浙江工作期间，他对生态文明建设作了多次重要论述，将化解人与自然之间的矛盾与冲突置于现代文明根基的重要地位，强调经济社会发展理念与方式的深刻转变，揭示了现代化进程中生态文明建设的内在规律。他提出："生态兴则文明兴，生态衰则文明衰。"他坚决地表示："生态环境方面欠的债迟还不如早还，早还早主动，否则没法向后人交代。你善待环境，环境是友好的；你污染环境，环境总有一天会翻脸，会毫不留情地报复你。"这是自然界的客观规律，不以人的意志为转移。对于环境污染的治理，要不惜用真金白银来还债。他大力推动生态省建设并强调，要把建设节约型社会、发展循环经济的要求体现并落实到制度层面，把发展循环经济纳入国民经济和社会发展规划，建立和完善促进循环经济发展的评价指标体系和科学考核机制。同时，他匠心独运地对"绿水青山"与"金山银山"二者的辩证关系进行深入系统阐述，揭示了经济社会发展与生态文明之间看似矛盾、实则内在逻辑统一的关系。他指出，在实践中对这"两座山"之间关系的认识经过了三个阶段：第一个阶段是用绿水青山去换金山银山，一味地索取资源；第二个阶段是既要金山银山，但是也要保住绿水青山；第三个阶段是认识到绿水青山可以源源不断地带来金山银山，绿水青山本身就是金山银山，我们种的常青树就是摇钱树，生态优势变成经济优势，形成了一种浑然一体、和谐统一的关系[2]。这一阶段，习近平同志对于生态文明的思考以形象化的方式上升到了更高的哲学境界，内化了科学发展观的要求，成为一种发展新理念、生态新文化。

党的十八以来，以习近平同志为核心的党中央将习近平生态文明思想作为纲领与主线，贯穿生态文明建设的整体进程中。党的十八大将生态文明建设纳入中国特色社会主义"五位一体"总体布局，首次提出"美丽中国"的生态文明建设总体目标，把生态文明建设提升到重要的战略高度；党的十八届三中全会提出加快建立系统完整的生态文明制度体系，并将资源产权、用途管制、生态红线、有偿使用、生态补偿、管理体制等内容纳入生态文明制度体系中，进一步丰富了生态文明制度建设内容；党的十八届四中全会提出用严格的法律制度保护生态环境，加快建立有效约束开发行为和促进绿色发展、循环发展、低碳发展的生态文明法律制度，明确了建立生态文明法律制度的重点任务；党的十八届五中全会首次将加强生态文明建设作为新内涵写入我国"十三五"规划，提出绿色发展理念，使其成为我国实现现代化的新路径；此外，《关于加快推进生态文明建设的意见》和《生态文明体制改革总体方案》相继出台，共同形成了今后相当一段时期中央关于生态文明建设的长远部署和制度构架。在顶层设计逐步完善的过程中，无不体现了以习近平同志为核心的党中央立足中国国情、加强生态文明建设的信心和决心，这也是习近平生态文明思想重要实践和理论价值的突出体现。

党的十九大，以习近平同志为核心的党中央在进一步总结以往实践的基础上提出了"坚持人与自然和谐共生"的基本方略。在贯彻落实生态文明建设方面，报告前所未有地提出了"像对待生命一样对待生态环境""实行最严格的生态环境保护制度"等论断，制定了"打赢蓝天保卫战"的战略性目标和"建设美丽中国"的现代化目标。此外，"增强绿水青山就是金山银山的意识"也被写入党章。从党的十八大到十九大生态文明建设之路可以看出，习近平总书记对生态文明的思想理念一直秉持实践认识抽象为理论、再反哺指导实践的认识论和唯物辩证法，循环发展、螺旋上升，不仅其自身对生态与文明关系的认识更为鲜明，同时领导着党中央在生态文明建设中问题意识更为清醒，对人类文明发展规律、自然规律和经济社会发展规律理解更为深刻。

在本次全国生态环境保护大会上，习近平生态文明思想被正式确立，成为习近平新时代中国特色社会主义思想的重要组成部分，是我们党在生态文明建设和生态环境保护领域重大理论和实践问题的有机结合以及集体智慧的结晶。

二、内涵实质

习近平生态文明思想内涵丰富、系统完整，重点可以从八个方面来理解和把握。

（一）坚持生态兴则文明兴

这充分体现了习近平生态文明思想的深邃历史观。习近平总书记强调，生态文明建设是中华民族永续发展的千年大计，功在当代、利在千秋，关系人民福祉，关乎民族未来，是实现中华民族永续发展与伟大复兴的根本保证。生态环境是人类生存最为基础的条件，是持续发展最为重要的基石。无论是从世界还是从中华民族的文明历史来看，生态环境的变化都能直接影响文明的兴衰演替。必须坚持节约资源和保护环境的基本国策，像对待生命一样对待生态环境，坚定走生产发展、生活富裕、生态良好的文明发展道路，为中华民族永续发展留下根基，为子孙后代留下天蓝、地绿、水净的美好家园。这个深邃的历史观来源于对生态兴衰则文明兴衰历史教训的深刻洞察。这一观点既蕴含着中国传统文化的哲学思想，又贯穿了马克思主义历史唯物主义和辩证唯物主义的哲学思维。纵观历史，放眼世界，人类文明都不可能脱离这条社会发展的普遍定律[3]。

（二）坚持人与自然和谐共生

这充分体现了习近平生态文明思想的科学自然观。习近平总书记在党的十九大报告中强调："坚持人与自然和谐共生。建设生态文明是中华民族永续发展的千年大计。"同时强调，"人与自然是生命共同体。生态环境没有替代品，用之不觉，失之难存"。全国生态环境保护大会更是将生态文明建设上升为"根本大计"。人生活在天地之间，以天地自然为生存之源、发展之本，在与自然的相互作用中，创造和发展了人类文明。在这个历程中，人与自然的关系经历了从依附自然到利用自然、再到人与自然和谐共生的发展过程。今天，人类社会正日益形成这样的普遍共识：人因自然而生，人与自然是一种共生关系，对自然的伤害最终会伤及人类自身。人类必须尊重自然、顺应自然、保护自然，否则就会遭到大自然的报复，这个客观规律谁也无法抗拒。

（三）坚持"绿水青山就是金山银山"

这充分体现了习近平生态文明思想的绿色发展观。习近平总书记反复强调："要正确处理好经济发展同生态环境保护的关系，牢固树立保护生态环境就是保护生产力、改善生态环境就是发展生产力的理念，更加自觉地推动绿色发展、循环发展、低碳发展，绝不能以牺牲环境为代价去换取一时的经济增长。""绿水青山就是金山银山"，深刻揭示了发展与保护的本质关系，阐明了保护生态环境就是保护生产力、改善生态环境就是发展生产力的道理，指明了实现发展与保护内在统一、相互促进、协调共生的方法论和新路径。坚持绿色发展是发展观和价值观的一场深刻革命。绿水青山既是自然财富、生态财富，又是社会财富、经济财富。保护生态环境就是保护自然价值和增值自然资本的过程、保护经济社会发展潜力和后劲的过程，把生态环境优势转化为经济社会发展优势，绿水青山就可以源源不断地带来金山银山。必须树立和贯彻新发展理念，处理好发展与保护的关系，推动形成绿色发展方式和生活方式，努力实现经济社会发展和生态环境保护协同共进。

（四）坚持良好生态是最普惠的民生福祉

这充分体现了习近平生态文明思想的基本民生观。习近平总书记强调，环境就是民生，青山就是美丽，蓝天也是幸福；生态环境是关系党的使命宗旨的重大政治问题，也是关系民生的重大社会问题；良好生态环境是最普惠的民生福祉，坚持生态惠民、生态利民、生态为民；要把解决突出生态环境问题作为民生优先领域。习近平总书记这些意蕴深远的重要论述，升华了我们对生态文明建设重要性的认识，指明了新时代推进生态文明建设必须坚持的重大原则，诠释了以人民为中心的发展思想，对于大力推进生态文明建设、不断满足人民群众日益增长的优美生态环境需要，具有重要指导意义[4]。

（五）坚持山水林田湖草是一个生命共同体

这充分体现了习近平生态文明思想的整体系统观。生态环境是统一的自然系统，是各种自然要素相互依存实现循环的自然链条。这个生命共同体是我们人类生存与发展最根本的物质基础。秉持山水林田湖草是一个生命共同体的理念，就要从系统工程和全局角度寻求新的治理之道，不能"头痛医头、脚痛医脚"，必须按照生态系统的整体性、系统性及内在规律，统筹兼顾、整体施策、多策并举，全方位、全地域、全过程开展生态环境保护，统筹考虑自然生态各要素、山上山下、地表地下、陆地河流海洋以及流域上下游等，进行整体保护、宏观管控、综合治理，增强生态系统循环能力，维护生态平衡，达到系统治理的最佳效果。

（六）坚持用最严格制度最严密法治保护生态环境

这充分体现了习近平生态文明思想的严密法治观。2013年5月，习近平总书记在中央政治局第六次集体学习时指出，只有实行最严格的制度、最严密的法治，才能为生态文明建设提供可靠保障。要建立责任追究制度，对那些不顾生态环境盲目决策、造成严重后果的人，必须追究其责任，而且应该终身追究。习近平总书记提出的"实行最严格的制度、最严密的法治"的"最严"生态"法治观"，充分表达了中央的坚决态度，同时也牢牢抓住了生态文明建设的"牛鼻子"。实行最严格的生态环境保护制度，就是按照"源头预防、过程控制、损害赔偿、责任追究"十六字思路，建立健全严守资源环境生态红线、健全自然资源资产产权和用途管制制度、健全生态保护补偿机制、完善政绩考核和责任追究制度等重大制度。

（七）坚持建设美丽中国全民行动

这充分体现了习近平生态文明思想的全民行动观。习近平总书记强调，生态文明建设同每个人息息相关，每个人都应该做践行者、推动者。优美生态环境为人民群众和全社会共同享有，需要全社会共同建设、共同保护、共同治理。每个人都是生态环境的保护者、建设者、受益者，每个人都不是旁观者、局外人、批评家，都不能只说不做，置身事外。建设生态文明和美丽中国是一项长期而艰巨的系统工程，需要全体中华儿女团结奋斗，每个人积极参与。生态环境保护是生态文明建设的主阵地和根本措施，全民行动是生态文明建设和环境保护工作的基础和保障。只有加快构建全民参与生态环境保护的社会行动体系，人人担负起建设生态文明的责任，从我做起，珍惜资源，保护环境，建设美丽中国、实现人与自然和谐共处的美好目标才能真正变为现实。

（八）坚持共谋全球生态文明建设之路

这充分体现了习近平生态文明思想的全球共赢观。习近平总书记强调，人类是命运共同体，建设绿色家园是人类的共同梦想；保护生态环境、应对气候变化、维护能源资源安全，是全球面临的共同挑战，任何一国都无法置身事外，需要各国同舟共济、共同努力。国际社会应该携手同行，构筑尊崇自然、绿色发展的生态体系，共建清洁美丽的世界，保护好人类赖以生存的地球家园[5]。作为负责任的大国，我国已成为全球生态文明的重要参与者、贡献者、引领者，建设生态文明既是我国作为最大发展中国家在可持续发展方面的有效实践，也是为全球环境治理提供的中国理念、中国方案和中国贡献。

三、重大意义

习近平生态文明思想主题鲜明、逻辑严密、系统完整、内涵丰富，涵盖了生态文明建设的历史定位、基本理念、本质关系、政治要求、目标指向、实践方法、根本保障、国际视野等诸多方面，为我们在新的历史起点上推进生态文明和美丽中国建设提供了思想武器、方向指引、根本依据、行动遵循和实践动力。习近平生态文明思想集中体现了我们党的历史使命、执政理念和责任担当，对决胜全面建成小康社会、建设美丽中国、建成现代化强国具有创新的理论意义、深远的历史意义、重大的现实意义和鲜明的世界意义。

（一）习近平生态文明思想创新的理论意义是进一步丰富和发展了马克思主义人与自然观

习近平总书记以马克思主义政治家、理论家的深刻洞察力、敏锐判断力和战略定力提出的新时代中国特色社会主义生态文明思想，继承了马克思主义关于人与自然关系思想的理论、精神和品质，准确深刻地把握了新时代我国人与自然关系的新形势、新矛盾、新特征、新问题，与时俱进，提出了新时代建设我国人与自然和谐共生的现代化要遵循的一系列新理念新思路新战略，为我国走出一条生产发展、生活富裕、生态良好的文明发展道路指明了方向，通篇闪耀着马克思主义真理的光辉。习近平生态文明思想源于实践又指导实践，为推进新时代生态文明建设和生态环境事业发展提供了基本遵循，开辟了马克思主义人与自然关系思想的新境界，是 21 世纪马克思主义人与自然关系思想的一次极大跃升，为丰富和发展马克思主义人与自然关系思想做出了决定性的历史贡献，是马克思主义基本原理与中国具体实际相结合的又一次生动实践。

（二）习近平生态文明思想深远的历史意义是成为了习近平中国特色社会主义思想的有机组成和重要内容

习近平总书记以巨大的政治勇气和强烈的责任担当，站在坚持和发展中国特色社会主义、实现中华民族伟大复兴中国梦的战略高度，高举旗帜、立论定向，把握大势、总揽全局，把生态文明建设和坚持中国特色社会主义、实现社会主义现代化、实现中华民族伟大复兴有机贯通起来，深刻揭示了生态文明建设的本质、特征、规律和路径，开辟了生态文明建设理论和思想的新境界，开辟了生态文明建设实践和行动的新境界，开辟了全球生态文明建设参与、引领和贡献的新境界，为新时代生态文明建设和生态环境事业发展提供了科学的行动指南和强大的精神力量。习近平生态文明思想是党和人民在生态文明建设和生态环境领域实践经验和集体智慧的结晶，集中体现了社会主义生态文明观，是全党全国人民为实现中华民族美丽中国梦而奋斗的行动指南，成为习近平新时代中国特色社会主义思想不可分割的有机组成部分，为打好污染防治攻坚战、推进生态文明、建设美丽中国、引领全球生态文明建设提供了共同思想根基、凝聚了磅礴精神力量，是我们必须长期坚持和不断发展的指导思想。

（三）习近平生态文明思想重大的现实意义是成为了我国生态文明建设和生态环境事业的根本遵循和行动指南

习近平总书记从世界观和方法论的高度，用"八个坚持"的理论支撑，阐述了新时代社会主义生态文明观的逻辑内涵和方略，具有很强的政治性、战略性和指导性，是引领我们实现建成人与自然和谐的现代化强国和中华民族美丽中国梦的光辉旗帜和思想灵魂。我们要牢固树立"四个意识"，深刻领会这一思想的精神实质和丰富内涵，持之以恒用这一伟大思想武装头脑、指导实践、推动生态文明建设和生态环境事业开创新局面。

（四）习近平生态文明思想鲜明的世界意义是为全球可持续发展贡献了中国思想、方案和价值观

习近平生态文明思想从人类文明进步的新高度来清醒把握和全面统筹解决资源环境等一系列问题，从经济、政治、文化、社会、环境等领域全方位着眼着力，在更高层次上实现人与自然、环境与经济、人与社会的和谐，不仅为实现中华民族永续发展提供了更科学的理念和方法论指导，而且也是对世界可持续发展理论和实践的巨大贡献。习近平生态文明思想坚持共谋全球生态文明建设之路，立足国内，着眼全球，不仅要为中国人民创造良好生产生活环境，而且也为全球生态安全做出贡献，构建清洁美丽的世界，使我国成为全球生态文明建设的重要参与者、贡献者、引领者。习近平生态文明思想得到了国际社会的高度关注和积极评价，已经逐步成为世界性语言和全球价值观。联合国副秘书长兼环境规划署执行主任埃里克·索尔海姆表示，习近平生态文明思想以及中国推动的生态文明建设与联合国的目标协调一致，中国在生态文明建设方面提出了许多宝贵理念，值得世界各国借鉴。在习近平生态文明思想的指导下，中国提出了生态文明建

设方略，制定了"美丽中国"宏伟目标，将推动绿色发展落实到一项项具体行动上，用环保手段淘汰落后产能，既减少污染又促进了经济结构调整，为国际社会提供了中国方案。中国将污染防治作为全面建成小康社会的三大攻坚战之一，在国家政策层面强调了人民福祉与保护环境是并行不悖的，这有着巨大的积极意义。当今世界需要中国这样负责任的国家在全球生态环境议题中发挥引领作用。

参考文献

[1] 中央党校采访实录编辑室. 习近平的七年知青岁月[M]. 北京：中共中央党校出版社，2017：103-122.

[2] 习近平. 干在实处 走在前列——推进浙江新发展的思考与实践[M]. 北京：中共中央党校出版社，2006：198-199.

[3] 王丹. 生态兴则文明兴 生态衰则文明衰——生态文明建设系列谈之五[N]. 光明日报，2015-05-08（2）.

[4] 经济日报评论员. 让良好生态成为最普惠的民生福祉——二论学习贯彻习近平总书记全国生态环境保护大会重要讲话[N]. 经济日报，2018-05-21（1）.

[5] 闻言. 建设美丽中国，努力走向生态文明新时代——学习《习近平关于社会主义生态文明建设论述摘编》[N]. 人民日报，2017-09-30（6）.

全国生态环境保护大会三大成果的理论思考①

吴舜泽　刘　越　俞　海

摘　要　全国生态环境保护大会于 2018 年 5 月 18—19 日在北京召开，这次大会的召开具有重要的现实和历史意义。本文重点对会议的三大成果——习近平生态文明思想这一大会标志性成果、生态环境是政治社会问题和生态环保政治责任的重大定位判断、基于"三性""三期""两阶段"目标下的生态环境保护路线图进行了深入思考和阐述；并对如何深入理解和贯彻大会精神，落实责任，推动我国生态文明建设迈上新台阶提出了建议。

关键词　全国生态环境保护大会　习近平生态文明思想　污染防治攻坚战　美丽中国　全球共赢观

一、如何看全国生态环境保护大会重大的现实和历史意义

2018 年 5 月 18—19 日，全国生态环境保护大会在北京召开，这次大会的召开具有重要的现实和历史意义。

（一）全国生态环境保护大会时机特殊、恰逢其时

2018 年是贯彻党的十九大精神的开局之年，是改革开放 40 周年，是决胜全面建成小康社会、实施"十三五"规划承上启下的关键一年。2018 年，第一轮中央环境保护督察实现全覆盖，第一期大气污染防治行动计划圆满收官。会议节点正值党和国家机构改革紧锣密鼓推进之际，中央财经委员会确定了污染防治攻坚的 7 项标志性战役。召开全国生态环境保护大会，对于进一步统一全党全国思想，谋划部署全面加强生态环境保护工作、打好污染防治攻坚战，具有十分重要的现实意义。

---

① 原文刊登于《环境保护》2018 年第 11 期。

（二）这次大会体现了我国生态环境保护工作总结升华的传承和继往开来的发展

我国生态环境从稳中趋好、持续改善的过去到打好污染攻坚战全面建成小康社会的阶段转变，为未来环境质量根本好转奠定了基础。党的十八大以来，习近平同志就生态文明建设和生态环境保护作出一系列重要讲话、重要论述和批示指示，提出一系列新理念、新思想、新战略，这次会议将这些重要论述总结上升为习近平生态文明思想，反映了其从实践总结到理论再到指导实践的螺旋上升。

（三）新时代起点下，全国生态环境保护大会的召开具有历史性意义

中国特色社会主义建设进入新时代，中国由大国走向强国，社会主要矛盾转型升级为人民日益增长的美好生活需要和不平衡不充分的发展之间的矛盾，从高速度增长转向高质量发展，优美生态环境已经成为供给的重点、美好生活需要的关键、从有没有到好不好的标志。契合历史转折性节点，社会主要矛盾变化和人民生态环境需要决定了这次大会的特殊历史意义，也标志着我国生态环境保护事业进入全新的历史发展阶段。与前七次全国环保大会相比，这次会议具有四个"第一"，即第一次党中央决定召开，总书记第一次出席大会并发表重要讲话，第一次以中共中央、国务院名义印发生态环境保护方面文件，第一次冠以"全国生态环境保护大会"的名义。

二、如何看习近平生态文明思想这一大会标志性成果

正式确立习近平生态文明思想是全国生态环境保护大会的最大亮点，也是大会重大标志性成果，为新时代推进生态文明建设和生态环境保护提供了强大的思想武器和根本保障，明确了建设什么样的生态文明。

（一）习近平生态文明思想内涵丰富，其精髓集中体现在"八个坚持"

坚持生态兴则文明兴；坚持人与自然和谐共生；坚持"绿水青山就是金山银山"；坚持良好生态环境是最普惠的民生福祉；坚持山水林田湖草是一个生命共同体；坚持用最严格制度最严密法治保护生态环境；坚持建设美丽中国全民行动；坚持共谋全球生态文明建设之路，充分展现了习近平生态文明思想的深邃历史观、科学自然观、绿色发展观、基本民生观、整体系统观、严密法治观、全民行动观、全球共赢观。

（二）习近平生态文明思想完整系统、辩证统一，有其内在逻辑

"八个坚持"中，第一个"坚持"贯通生态与文明，体现了生态的基础地位。第二个"坚持"贯通人与自然，这是最基本的认识问题，也是习近平新时代中国特色社会主义思想的基本方略之一。第三个"坚持"贯通生态环境与经济，这是基本理念问题，深刻揭示了发展和保护的本质关系，关乎核心路径。第四个"坚持"贯通环境与民生，解决为了谁的问题和发展目的问题，也就是发展最根本的出发点和落脚点。第五个"坚持"贯通生态环境系统各要素，体现了统筹兼顾、整体施策的系统思维，实际上是基本策略和方法论问题。第六个"坚持"贯通生产关系与上层建筑，指明了通过改革推进制度创新和制度实施这一关键抓手。第七个"坚持"贯通治理各主体，导向制衡与伙伴关系。第八个"坚持"贯通国内外，体现了共建共商共享的自信、自主和制度优势。

（三）习近平生态文明思想彰显了以习近平同志为核心的党中央对人类文明发展经验教训的历史总结、对人类发展未来的深邃思考

习近平生态文明思想形成于党的十八大以来波澜壮阔的生态文明建设和生态环境保护伟大实践，来源于习近平同志在梁家河、正定、福建、浙江、上海等地的工作实践和长期思考，根植于中华优秀传统文化中朴素的天人合一等生态环保思想，既是可持续发展理论的发展创新，又是马克思主义中国化的最新实践成果。从这个角度出发，习近平生态文明思想来源发育于实践，反哺指导实践，水到渠成、应运而生，具有历史的必然性，并还会随着生态文明建设和生态环境保护实践而不断丰富完善，呈现出历史性的价值。

（四）习近平生态文明思想具有突破性和时代性，契合社会主义本质特征

习近平生态文明思想既是习近平新时代中国特色社会主义思想不可分割的有机组成部分，也是习近平新时代中国特色社会主义思想的亮点。一是习近平生态文明思想是习近平新时代中国特色社会主义思想中最具时代性的内容。新时代中国特色社会主义建设是习近平生态文明思想产生的物质基础和发育土壤。习近平生态文明思想立足于当代实践，具有鲜明的时代性特征，党的十八大以来生态环境保护的显著成绩彰显了其生命力和实践效果。二是习近平生态文明思想最能体现实现人的全面发展和解放全人类的社会主义本质特征。社会主义的本质特征呼唤生态文明思想的诞生。习近平生态文明思想涉及的生态产品、生态环境、民生福祉等呼应了社会公众对特殊的公共产品（生态产品）的需要，丰富了马克思主义生态观，是中国共产党人创造性地回答人与自然关系、经济

发展与资源环境关系问题所取得的最新理论成果，符合最广大人民的根本利益，也最能体现共产党执政为民的宗旨思想。

（五）习近平生态文明建设重要论述论断指示上升为习近平生态文明思想具有必然性

一是人与自然和谐共生的现代化、绿水青山就是金山银山、山水林田湖草生命共同体等观点具有显著的突破性，不仅仅是一般性的论述；二是生态文明思想的"八个坚持"，特别是生态兴则文明兴、共谋全球生态文明建设之路等，具有长期的指导作用，有思想本身要求的深邃和深远意义；三是习近平生态文明思想具有宏观性、战略性、前瞻性，因此具有广泛的指导意义；四是具有哲学突破性和理论性，这突出体现在习近平生态文明思想具有浓厚的辩证观、历史唯物观和矛盾观，丰富了马克思主义关于人与自然辩证关系、自然生产力理论、人与自然解放思想、生态价值等理论；五是习近平生态文明思想以生态文明建设战略为主线，以绿色发展等新理念为路径，以美丽中国建设为目标，逻辑严密，架构完整，具有包容发展性。

三、如何看生态环境是政治社会问题和生态环保政治责任的重大定位判断

习近平同志在全国生态环境保护大会上强调，建设生态文明是中华民族永续发展的根本大计，生态环境是关系党的使命宗旨的重大政治问题，也是关系民生的重大社会问题，要全面加强党对生态环保工作的领导。对生态环境保护工作定位和执政责任要求的这一重大判断，是习近平同志多次重要论述的发展深化和高度概括，也是决定目标责任、治理体系的基础出发点，这是全国生态环境保护大会的一个突破性成果。

（一）习近平同志始终站在经济社会政治的全局去看待生态环境、生态环境保护工作

2013 年 4 月 25 日，习近平同志在党的十八届中央政治局常委会会议上的讲话指出，经过 30 多年快速发展积累下来的环境问题进入了高强度频发阶段。这既是重大经济问题，也是重大政治社会问题。我们不能把加强生态文明建设、加强环境保护、提倡绿色低碳生活方式等仅仅作为经济问题，这里面有很大的政治。2014 年 12 月 9 日，习近平同志指出，生态环境问题归根到底是经济发展方式问题。这次大会也进一步强调，绿色发展是解决污染问题的根本之策。这些重要讲话，既体现了透过现象看本质的辩证唯物

观，也体现了习近平同志这一政治社会定位认知的精神实质所在。

（二）我国对生态环境保护工作定位和责任体系阐述有一个演变发展的历程

1979 年《环境保护法》制定时，曾经在地方政府和环保部门谁对环境质量负责这一条款上有过激烈争论，后经反复论证确立了地方各级政府对环境质量负责，这实际上是至今一以贯之的环境保护责任体系的基石。2015 年《党政领导干部生态环境损害责任追究办法》第三条明确规定，地方各级党委和政府对生态环境和资源保护负总责、主要领导负主要责任，这开创了党政同责、集体责任和个人责任相结合的先河。《省以下环保机构监测监察执法垂直管理制度改革试点指导意见》第一次明确提出了管发展必须管环保、管生产必须管环保的大环保格局原则要求，要求建立健全条块结合、各司其职、权责明确、保障有力、权威高效的地方环境保护管理体制。中央环境保护督察剑指省级党委和政府及其有关部门，进一步做实了地方党委和政府负总责的基本要求。生态文明建设写入宪法，"绿水青山就是金山银山"理念进入党章，更进一步夯实了政治责任。习近平同志在全国生态环境保护大会上的重要讲话，实际上把地方党委和政府集体负总责、地方党委和政府主要领导为第一责任人并负主要责任明确化、具体化。这次大会要求各省主要党政领导参加会议，就是这一政治判断的必要条件。

（三）地方党委和政府主要负责人是生态环保第一责任人

从理论上讲，第一，党的十八届五中全会拓展了发展内涵，提出生态产品概念。习近平同志强调指出，在 30 多年持续快速发展中，我国农产品、工业品、服务产品的生产能力迅速扩大，但提供优质生态产品的能力却在减弱。因此，发展不仅仅是增加 GDP，生产更多优质生态产品也是发展的内涵，是农、工、服务产品之外的新型产品。地方各级党委和政府都是管发展的，那么管发展的必然要承担提供生态产品的职责，这实际上从基本概念入手解决了发展和保护融合的问题。第二，新时代社会主要矛盾发生变化。习近平同志于 2013 年 4 月 25 日指出，人民群众不是对国内生产总值增长速度不满，而是对生态环境不好有更多的不满。共产党的执政宗旨意识决定了，我们必须直奔主要矛盾，加大社会急需的优质生态产品和生态环境需求供给，满足群众诉求，提升人民群众获得感，避免供需矛盾的激化。这符合需求分层级学说、社会公众的心理规律和执政宗旨使命。

从实践上讲，第一，党的十八大以来生态环境保护工作的一个重要成功经验就是压实落实地方党委和政府责任，在未来污染攻坚战这一大战、硬战、苦战中，我们加快补齐短板的最大制度优势也在于此。第二，2000 年我们已经实现了小康社会建设目标，全党全国各族人民在此基础上奋斗 20 年，到中国共产党第一个百年目标实现全面小康，最主要的差距、20 年奋斗追加的"全面"两字，其实质就是污染攻坚和脱贫攻坚，体现了小康领域上的全面和小康覆盖群体的全面。这事关中国共产党第一个百年目标的庄重承诺和宣誓，地方党委和政府要坚决扛起生态文明建设和生态环境保护的政治责任。

总之，把生态环保定位为重大政治社会问题，把生态环保工作第一责任人定位为地方党委和政府主要领导，实际上是理论创新、概念创新和实践创新的系统延续、集成结果，是加大生态环境供给、解决社会主要矛盾的问题倒逼，也凸显了社会主义的制度优势和我党执政为民的宗旨意识。要全面正确认识，增强这种政治责任理解的主动性和自觉性。

从这种定位出发，必然要求对生态环保的领导体制和管理格局进行重大变革，建立污染防治攻坚的作战指挥体系，地方党委和政府主要负责人作为政委和司令员，应该上岗到位；生态环境部门要当好"参谋长"和工业污染防治的"方面军""指挥员""战斗员"角色；各有关部门要对责任清单要求履责尽责，完善地方党委政府负总责、部门一岗双责齐抓共管、政府-企业-社会共治的生态环境治理体系。与此同时，必然要求强化对地方党委和政府责任的监督考核，把明确责任、落实责任的制度链式建设作为改革完善的主线。统筹推进"五位一体"总体布局，要将生态文明建设要求融入政治建设，其中的要义之一就是要严格考核、严格问责。反面典型要严惩重罚，大力度改善生态环境质量的干部要得到提拔重用。

四、如何看基于"三性""三期""两阶段"目标下的生态环境保护路线图

习近平同志在全国生态环境保护大会上作出重大部署和安排，形成了包括形势判断、目标路径、任务措施等在内的路线图。这是全国生态环境保护大会具有十分重要现实指导意义的第三个成果。

（一）历史性、转折性、全局性变化的"三性"成绩判断是对党的十八大以来生态环境保护成绩的高度概括和总结提炼

纵观历史，从来没有一个国家在一个时期经历如此深刻而全面的生态环保巨变，这与以往表述一脉相承的同时，角度有所不同。2016 年党中央、国务院对生态环保形势的表述为生态环境有所好转，绿色发展取得新进展、初见成效；党的十九大报告深化为生

态文明建设成效显著、生态环境治理明显加强、环境状况得到改善；中央经济工作会议上深化为生态环境状况明显好转、推进生态文明建设决心之大、力度之大、成效之大前所未有，大气、水、土壤污染防治行动成效明显。这次全国生态环境保护大会总结过去五年工作，明确提出推动生态环境保护发生历史性、转折性、全局性变化。这说明自 2016 年以来，生态环境稳中向好、逐步改善的态势得到基本确立，同时也说明了这些年污染防治力度持续加大、环境改善的效果正在进一步彰显。这"三性"虽然角度不同，但是相互联系。其中，历史性变化讲的是时间维度，即与过去相比，我们思想认识程度之深、污染治理力度之大、制度出台频度之密、监管执法尺度之严、环境质量改善速度之快都前所未有。同时这些年持之以恒的开创性工作也为未来奠定了历史性的基础，探索了路径、积累了经验、打好了制度框架。转折性变化讲的是性质程度，就是这种变化带有根本性、本质性特征，不是被动的、随机的，有客观规律性东西在其中。我们过去经常讲我国生态环境质量一直处于"局部改善、整体恶化"的态势，现在我们正在进行污染攻坚，正在迈向总体改善进程的一个关键节点，届时全国尺度、大范围、多要素环境质量改善程度会有一个明显变化。从稳中趋好变为总体性改善，改善范围和领域上会更加全面，从改善程度上会更加明显，惠益对象会覆盖更大多数的人民群众。全局性变化讲的是领域宽度，节约环保的国民经济体系、资源能源节约、生态修复、环境治理、制度建设等几个层面的工作都全面取得了长足进展，从硬件到软件，从制度到政策，从政府、企业到公众，从体制到机制，这些变化是联动的、匹配的，形成了系统进展。

（二）关键期、攻坚期、窗口期"三期"挑战的定性判断客观准确，是确立污染防治攻坚大战、硬战、苦战性质的基础

《"十三五"生态环境保护规划》对关键期、攻坚期、窗口期进行了初步的表述。这次系统阐述，实际上既讲了不进则退、时不我待的任务艰巨性，又讲了加快优质生态产品供给以呼应优美生态环境需求、加快补齐全面小康生态环境短板的极端紧迫性，还讲了有条件、有能力实现大有作为的客观基础性。这实际上号召和要求全党全国统一思想、迎难而上、坚定信心，加快改善生态环境质量。习近平同志通过三句论述来表明：我国生态环境矛盾有一个历史积累过程，不是一天变坏的，但不能在我们手里变得越来越坏，共产党人应该有这样的胸怀和意志；小康全面不全面，生态环境质量是关键；我们已经到了必须加大生态环境保护建设力度的时候了，也到了有能力做好这件事情的时候了。

（三）全国生态环境保护大会确立的 2035 年和 21 世纪中叶两阶段目标举旗定向、要求明确

2020 年污染防治攻坚战的目标，实际上是以"十三五"生态环境保护规划目标为主轴，但增加了不少群众喜闻乐见的定性目标表达，符合以人民为中心的思想。2035 年目标基本与党的十九大表述一致，2050 年目标在党的十九大表述基础上有新的递进。其中，在 2035 年美丽中国目标基本实现的基础上第一次正式明确 21 世纪中叶建成美丽中国，特别是增加或者丰富了绿色发展方式和生活方式全面形成、人与自然和谐共生、生态环境领域国家治理体系和治理能力现代化全面实现等绿色发展、意识理念、制度改革等方面的目标，要把目前责任倒逼内化固化为治理行为的主动担当、绿色发展转型的内生动力、生活方式的自发自觉，要把生态环保要求更多地、更内在地融入经济、政治、社会、文化等方方面面和全过程，进一步巩固提升生态文明建设的基础地位和引领作用。实际上这是对生态文明全面提升目标的细化和具体化，具有十分重要的针对性。

（四）对加快构建生态文明体系、全面推动绿色发展、解决突出生态环境问题、有效防范生态环境风险、提高治理水平等做了全方位的部署安排，为生态文明建设指明了方向

生态文明体制改革和环境治理水平提升是推动生态环境保护工作的双翼，实际上这也紧扣了通过改革完善生态环境治理体系、通过提升治理水平实现治理能力现代化两个关联领域，也呼应了 21 世纪中叶"两个现代化"的远期目标。与以前相比，首次提出要加快构建生态文明体系，明显强化了生态环境保护与污染防治的协同联动、贯通融合，要求以生态系统良性循环和环境风险有效防控为重点构建生态安全体系。要以 7 项标志性战役和 4 项专项行动为抓手，一步一个脚印推进污染防治攻坚战。在政策措施上，特别强调对涉及经济社会发展的重大生态环境问题要开展对策性研究，要守土有责、守土尽责、分工协作、共同发力，把体制机制的优势转变为山水林田湖草系统治理的综合效果。要奖惩并重，撑腰打气，打造生态环境保护铁军。

（五）把加快推进绿色发展作为攻坚战治本之策，与党的十九大报告第一次把绿色发展作为推进生态文明建设的四项任务之首一脉相承

总体来看，能源结构、交通结构、产业结构、用地结构、农业投入结构等已经制约了生态环境质量改善成效的稳固程度，影响了生态环境质量改善速度。这其中需要技术创新、制度创新、政策创新，构建以产业生态化和生态产业化为主体的生态经济体系，

让绿色新动能做大做强，让生态环保为经济发展做加法和乘法。这实际上还有一个如何看待生态环保与经济发展关系的问题。目前，我国大多数地区资源环境承载能力已经达到或者接近上限，环境不能作为无价、低价的生产要素被忽视，也不能仅仅作为支撑发展的一个条件去保护和扩大环境容量，而应该把生态环保作为高质量发展的有机内涵、目标目的、生产要素、内生变量，把加强生态环保工作作为推动高质量发展的主要推手，把生态环境资源作为稀缺生产要素予以高标准保护和高效率发展。

参考文献

[1] 习近平出席全国生态环境保护大会并发表重要讲话 [OL]. 2018-05-19. http：//www. gov. cn/xinwen/2018-05/19/content_5292116. htm.

[2] 习近平. 决胜全面建成小康社会，夺取新时代中国特色社会主义伟大胜利[N]. 人民日报，2017-10-28（1）.

[3] 中共中央文献研究室. 习近平关于社会主义生态文明建设论述摘编[M]. 北京：中央文献出版社，2017.

牢固树立并全面践行"绿水青山就是金山银山"①

吴舜泽 王 勇 刘 越 李海英

摘 要 "绿水青山就是金山银山"指明了实现发展和保护内在统一、相互促进和协调共生的方法论，是对马克思主义生态观的重大飞跃，是习近平生态文明思想的闪光点。坚持绿水青山就是金山银山，关键在于使绿水青山产生巨大生态效益、经济效益、社会效益，目标导向型政策设计既需要遏制污染的负外部性，又需要彰显优质生态环境的正外部性。

关键词 "绿水青山就是金山银山" 经济发展 生态环境保护

一、正确理解"绿水青山就是金山银山"的实质内涵

习近平总书记指出，"正确处理好生态环境保护与发展的关系，也就是我说的绿水青山和金山银山的关系"。概括地讲，"绿水青山就是金山银山"，在认识论上，是要求经济和环境融为一体；在实践上，是要求形成绿色发展方式和生活方式；在本质上，是要求实现发展与保护内在统一、相互促进；在目标上，是要求实现党的十八届五中全会提出的绿色富国、绿色惠民。

"绿水青山就是金山银山"形象化、画龙点睛地指出了经济发展与环境保护的辩证统一关系，实质上也回答了发展与保护的本质关系问题。环境问题产生于经济社会发展过程中，解决环境问题必须从经济发展处着手，这是认识论和方法论的统一，指明了实现发展和保护协调共生的新路径，形成了绿水青山和金山银山浑然一体、和谐统一的关系。

绿水青山与金山银山的关系，直接反映了生态环境与经济发展的关系，同时内在地反映了人与自然的关系、人与人的关系。过去一拨人搞发展，一拨人搞保护，往往发展

---

① 原文刊登于《环境与可持续发展》2018 年第 4 期。

强保护弱，导致发展和保护相剥离，这是目前生态环境问题依然严峻的一个体制机制背景因素。务必以"绿水青山就是金山银山"理念，统一全社会思想认识，构建发展与保护内在统一，党政同责、一岗双责，部门齐抓共管，政府、企业、社会共治的生态环境治理体系。

二、深入理解"绿水青山就是金山银山"的突破意义

一些地方对这"两山"之间关系的认识与实践经过了三个阶段。第一个阶段是只要金山银山不要绿水青山。一味索取资源，用绿水青山去换金山银山，这是必须摒弃的传统模式。有时搞起了一堆东西，最后一看都是破坏性东西，再补回去，成本比当初创造的财富还要多。第二阶段是既要金山银山，也要绿水青山。强调经济发展不应是对资源和生态环境的竭泽而渔，生态环境保护也不应是舍弃经济发展的缘木求鱼。第三阶段即"绿水青山就是金山银山"。认识到绿水青山可以源源不断地带来金山银山，种的常青树就是摇钱树，生态优势变成经济优势。

"绿水青山就是金山银山"从根本上更新了生态环境无价、低价的传统认识，对生态环境进行了重新定位和再认识。目前，资源环境承载能力已经达到或者接近上限，环境不能作为无价、低价的生产要素被忽视，也不能仅仅作为支撑发展的一个条件去保护和扩大环境容量，而应该把生态环保作为高质量发展的有机内涵、目标目的、生产要素和内生变量，把加强生态环保工作作为推动高质量发展的主要推手，把生态环境资源作为稀缺生产要素予以高标准保护和高效率发展。

"两山论"最突破、最创新的是"绿水青山就是金山银山"，这是对可持续发展的坚持和深化。"既要金山银山也要绿水青山"强调协调发展，可以简称为"发展必绿色"。我国不少地方已经实现了这一要求。"绿水青山就是金山银山"强调绿色即发展，绿水青山既是自然财富，又是社会财富、经济财富，搞生态环境保护本身就能创造经济和社会财富，提供生态产品本身就是发展的有机内涵。这是一种更高的境界。

"绿水青山就是金山银山"是对发展思路、发展方向、发展着力点的认识飞跃和重大变革，是发展观创新的最新成果和显著标志。绿色生态是最大财富、最大优势、最大品牌，这打破了简单把发展与保护对立起来的思维束缚，指明了实现发展和保护内在统一、相互促进和协调共生的方法论，是对马克思主义生态观的重大飞跃，是习近平生态文明思想的闪光点。

近年来，生态文明建设逐步全面融入经济、社会、政治、文化等各方面和全过程，但一些地方还存在说起来与做起来、发展和保护"两张皮"的现象。所谓"环境督察执

法影响经济增长"等事件时有发生，在一定程度上说明了环境与经济关系还未实现从被动到主动、从倒逼到内化、从外挂到融入的根本转变，"绿水青山就是金山银山"还未在全社会蔚然成风、普遍落地生根、广泛自觉践行。同时，我国一些地区生态环境质量改善已经受制于产业结构、能源结构、交通结构、农业投入品结构，如果不在资源能源消耗端和经济增长端等绿色化实践方面有更大作为，生态环境质量将很难取得突破性改善。也正因如此，当前和今后相当长的一段时期内，牢固树立和全面践行"绿水青山就是金山银山"十分重要而紧迫。

三、大力推动"绿水青山就是金山银山"的生动实践

"绿水青山就是金山银山"的精华在于"就是"，难点也在"就是"，探索走出生态优先、绿色发展的新路，使绿水青山产生巨大生态效益、经济效益、社会效益，这需要做大量的理论探索和实践创新，需要顶层设计和基础创造互动。这离不开提高资源和能源利用效率，离不开保护和投资自然资本、推动自然资本大量增值，离不开依托当地的资源环境优势的特色产业培育，离不开从资源驱动、要素驱动转变为创新驱动，离不开从高速度增长到高质量发展。福建生态文明试验区的一个目标定位就是建设生态产品价值实现的先行区、加快构建更多体现生态产品价值的制度体系。这实际上就是要求福建回答如何从绿水青山到金山银山的实现路径这一国家命题。

坚持"绿水青山就是金山银山"，关键在发展思路、工作思路。如果能够把生态环境优势转化为生态农业、生态工业、生态旅游等生态经济优势，那么绿水青山也就变成了金山银山。要在科学保护的前提下，在环境承载力的范围内，努力促进经济生态化、生态经济化，推动经济发展和环境保护"双赢"。现代经济社会的发展，对生态环境的依赖度越来越高。良好生态环境对生产要素的吸引力、集聚力强，能带来更多绿色财富，是人民生活的增长点。

综合各地做法和国际经验，可以从以下七方面进行推动：第一，守住底线、不碰红线，在生态环境容量上过紧日子、建硬约束。第二，加大监管执法力度，遏制污染存量，倒逼绿色转型，培育公平竞争、高质量发展的市场秩序。第三，推动经济绿色化进程，这是一个相对概念，也是一个永远在路上的过程。对于产业和污染存量大的我国尤其重要，老树必须开新花。第四，通过技术进步和管理增效实现高效利用资源能源，实现生产系统和生活系统循环链接。第五，壮大节能环保产业、清洁生产产业、清洁能源产业，大力培育战略性新兴产业、绿色经济等新动能、绿色经济支柱产业。第六，改善生态环境，提高区域竞争优势，腾笼换鸟吸引对生态环境和品质形象要求高的产业。第七，挖

掘区域资源环境优势，发展一批生态资源高效优势的特色产业，形成比较优势。

国家顶层设计方面，有两方面目标导向型的政策十分重要，需要协同推进。一是遏制负外部性，即污染环境者承担责任的政策制度，目前通过按日计罚、损害赔偿、责任追究、环境司法等基本健全，需要的是体系化、内生化；二是彰显正外部性，如生态环境优质优价的价格、产权、财税、金融、消费等政策，以及配套的考核激励、生态补偿、转移支付、收益获益制度安排，兑现生态产品与生态环境价值，让生态环保为经济做加法。在让改善环境者得利的政策制度方面，差距还较大，需加快建立。

从理论上谈为什么要全面加强党对生态环境
保护的领导[①]

吴舜泽　刘　越　和夏冰

摘　要　全面加强党对生态环境保护的领导,是对生态环境保护未来长期的一个重要工作定位和执政责任要求,体现了我们党解决生态环境保护的坚定意志和决心。本文从理论上分析凝练了生态环境保护的需求属性、社会属性、本质属性、价值属性、地位属性、效应属性和方法属性,相对应地从党的根本宗旨、工作职责、历史使命、工作方法论及执政能力五个方面探讨了全面加强党对生态环境保护领导的重要性和必要性,为形成"党委领导、政府主导、企业主体、公众参与"的生态环保大格局提供理论支撑。

关键词　全面加强党的领导　"党政同责、一岗双责"　生态环境保护属性　党的宗旨使命生态环保大格局

《中共中央国务院关于全面加强生态环境保护　坚决打好污染防治攻坚战的意见》明确提出全面加强党对生态环境保护的领导,并在第三章的显著位置以整章的形式进行了部署安排,要求各级党委和政府要强化对生态文明建设和生态环境保护的总体设计和组织领导。这是对习近平总书记在全国生态环境保护大会上强调的"打好污染防治攻坚战时间紧、任务重、难度大,是一场大仗、硬仗、苦仗,必须加强党的领导"的进一步贯彻与落实,体现了我们党解决生态环境保护的坚定意志和决心。

全面加强党对生态环境保护的领导,是对生态环境保护未来长期的一个重要工作定位和执政责任要求,是决定生态环境保护目标责任、治理体系的基本出发点,也是基于生态环境问题认识论和方法论的重要决定。

然而,调研发现,目前部分地方领导、部分部门负责人对于为什么要严格实行"党政同责、一岗双责"、打好污染防治攻坚战这一问题,难以内化于心、外化于行,推动

---

① 原文刊登于《中国环境报》2018年8月2日。

生态环境保护工作的自觉性和主动性不强，以至于生态环境保护工作推进落实不到位、难以持续。因此，必须重新认识和理解全面加强党对生态环境保护领导的属性内涵与本质特征，从理论的角度深入剖析全面加强党对生态环境保护的领导的历史必然与内在必然，对正确走好生态环境保护之路、打好污染防治攻坚战具有至关重要的作用。

（一）加强生态环境保护是新时代社会主要矛盾变化的客观要求，是社会和谐发展的重要保障。因此，从根本宗旨上讲，党始终要坚持全心全意为人民服务，要围绕人民利益为中心开展工作，要将解决生态环境问题作为当前和今后一段的工作重心

随着生产力的快速发展，人民生活水平有了很大的提高，衣食住行等基本生活方面获得了很大的满足。马克思曾将人的需要分为三个层次，依次是生存、享受与发展。中国特色社会主义进入新时代，人民群众对干净的水、清新的空气、安全的食品、优美的环境等要求越来越高，社会主要矛盾已经转化为人民日益增长的美好生活需要和不平衡不充分的发展之间的矛盾，其中重要的就是满足优美生态环境需要。因此，从主要矛盾的变化来看，生态环境保护同样也是一个社会问题，是人民的时代需求。这是生态环境保护属性的需求论。

习近平总书记指出，保护生态环境就是保护生产力，改善生态环境就是发展生产力。生态环境作为生产力构成中的重要组成部分，其发展水平决定着生产关系的性质和形式，决定着生产关系的变革。当生产关系不合理时，新时代生态环境需要若长期得不到有效满足，就会加剧社会矛盾，影响社会稳定。因此，从社会发展的角度来看，生态环境问题不仅是民生问题，更关系着经济社会的上层建筑。这是生态环境保护属性的社会论。

因此，地方党委必须站在社会主要矛盾的大局、站在社会稳定可持续的大势上考虑生态环境保护工作，不能坐视人民群众对优美生态环境需要与供给的差距逆向加大。一个时代有一个时代的工作重点，这就要求将生态环境纳入工作的重要范畴中，集中各种政治力量处理好、解决好生态环境问题，统一思想认识，解决部分地方各自发展、重复建设、资源消耗大、环境污染严重的问题，维护好群众的利益。

（二）生态环境问题根植于经济发展过程，解决这一问题也必须从经济发展过程中予以统筹解决，提供生态产品已经成为新时代发展的有机内涵，绿水青山是发展的价值追求。因此，从发展的全面内涵和工作职责的理性回归上讲，党要管发展则必须管环保、要管生产则必须管环保，管发展的各有关部门也都有职责提供生态产品、满足优美生态环境需要

从本质上讲，生态环境问题根植于经济发展过程。在经济活动中，由于缺乏政府的有效监管，以"利润最大化"为目标进行生产与交换的"经济人"就会选择在自然资源的"公共经济属性"上大做文章，利用净化污染的私人边际收益等于私人边际成本的方法，来决定利润最大化条件下的污染水平，去权衡是否减少生产的负外部性，其结果必然导致自然资源非可持续性的开采与利用。因此，从客观规律上分析，生态环境问题产生于经济社会发展过程和资源能源利用过程，解决生态环境问题也必须在经济社会发展过程与资源能源利用过程中统筹解决。这是生态环境保护属性的本质论。

从价值上讲，提供更多优质生态产品是发展的应有内涵。过去认为生产农产品、工业产品、服务产品的活动才是经济活动，才是发展。但随着能源紧张、资源短缺、生态退化、环境恶化、气候变化、灾害频发，人类除了对农产品、工业产品和服务产品有需求外，对生态产品也有了更多的需求。生态产品既包括清新的空气、清洁的水源、茂密的森林等纯自然生态系统提供的要素，也包括人类经过劳动后所形成的人工自然要素，如植树造林增加的碳汇、水土保持净化的水源等。从价值角度看，生态环境具有生态产品的属性，其价值表现为自然的价值，体现为自然物体间及自然物体对整体自然系统所产生的功能，是发展过程中人类需求的新内涵，是新时代发展的必然要求。发展不仅仅是增加 GDP，生产更多优质生态产品也是发展的内涵，是农、工、服务产品之外的新型产品。"绿水青山就是金山银山"。地方各级党委和政府都是管发展的，那么管发展的必然要承担提供生态产品的职责。这是生态环境保护属性的价值论。

解决环境污染问题的根本之策在于绿色发展。发展一直是党执政兴国的第一要务，是解决中国所有问题的关键。党对发展理念和发展方式的转变负有领导责任，同样也需要对生态环境保护进行统筹领导，必须改变发展与保护割裂、一拨人搞发展另一拨人搞保护、发展强保护弱的现象。这一点做得不好，是过去一些地方生态环境保护问题之所在。这一点若贯彻落实到位，则是污染防治攻坚战难得机遇和制度法宝。

（三）生态环境保护是实现"两个一百年"奋斗目标的瓶颈。因此，从历史使命上讲，党要团结和带领全国各族人民实现中华民族伟大复兴的中国梦，就必须加强对生态环境保护的重视，补齐短板，攻坚克难

从 2000 年建设小康社会，到 2020 年全面建成小康社会，20 年全党全国人民努力的方向就在"全面"。"全面"体现在两个方面，一是覆盖的群体要全面；二是覆盖的领域要全面。习近平总书记曾指出，"小康不小康，关键看老乡"，指的是精准脱贫，讲的是覆盖群体全面问题；"小康全面不全面，生态环境质量是关键"，讲的是覆盖领域全面问题。到 2020 年，要全面建成小康社会有两大短板，一个是精准脱贫，另一个是污染防治，这都直接关乎第一个百年奋斗目标的实现。全党全国花 20 年的时间，重点就是要解决这两个方面的全面问题，这是庄严的政治承诺。这是生态环境保护属性的地位论。

因此，要在 3 年之内，举全党全国之力，集中力量，加快补齐短板。生态环境保护和污染防治攻坚实质上是事关第一个百年目标实现的政治考量，是全党全国当前必须攻坚确保完成的总奋斗目标。另外，到 21 世纪中叶，要把我国建成富强、民主、文明、和谐、美丽的社会主义现代化强国。美丽，成为社会主义现代化强国目标的新内涵，这对生态环境保护提出了更高的要求，也赋予了我们党更高的使命要求。

（四）解决生态环境问题是解决全局发展的重要突破口。因此，从方法论上讲，党要解决中国问题、解决时代问题、解决高质量发展问题，就应该在生态环保领域精准发力

生态环境问题是一个经济问题、社会问题，也关系着中国梦的实现。解决生态环境问题是推动其他事情统筹解决的一个抓手、一个突破口。打好污染防治攻坚战，能推动绿色转型、绿色发展、高质量增长、供给侧改革，具有综合多重效益，带动性强，可以实现牵一发而动全局。这是生态环境保护属性的效益论。

基于上述理论认识，党的十八届三中全会审议通过的《中共中央关于全面深化改革若干重大问题的决定》也将过去政府的经济调节、市场监管、社会管理、公共服务 4 项职能深化为宏观调控、市场监管、公共服务、社会管理、保护环境 5 项职能，环境保护职能被单列出来，成为政府的重要职能之一。2015 年《党政领导干部生态环境损害责任追究办法（试行）》明确规定，地方各级党委和政府对生态环境和资源保护负总责，主要领导负主要责任。

（五）解决生态环境问题是一个具有挑战性、长期性、复杂性的工作。从执政能力上讲，只有中国共产党才能在关键时刻迅速而正确地解决问题，使国家各项建设事业始终沿着正确的方向不断发展。因此，生态环境保护也必须实现党中央集中统一领导

生态环境问题是伴随人类文明特别是工业化进程而出现的危害人类健康甚至生存的重大问题。我国当前生态环境所存在的问题，实为积渐所至，非一日之寒可成，自然也非一日之功可破，是一个历史遗留问题。由于过去环保工作欠账多，加之目前的机制体制还有待进一步完善，因此生态环境问题的解决不会一蹴而就。解决生态环境问题是一项长期且复杂的工作，需要统筹各方面因素，保持战略定力，推进制度体制机制改革。这是生态环境保护属性的方法论。

这就需要明确解决思路，发出总动员令，统一思想，举旗定向，相向而行。只有全面加强党的领导，才能真正做到集中力量、团结统一，才有能力和希望攻坚克难，实现生态环境质量的全面提升，建成美丽中国。进入新时代，中国的重要事情之一是生态环境保护，而办好中国的事情的关键在党。党的十八大审议通过《中国共产党章程（修正案）》，将"中国共产党领导人民建设社会主义生态文明"写入党章，成为党的行动纲领。

基于生态环境保护属性的需求论、社会论、本质论、价值论、地位论、效益论和方法论，新时代生态环境保护工作的定位正在发生战略变化，生态环境保护已经上升到执政层面、国家战略层面，是地方各级党委的重要政治责任。相应地，生态环保工作的内涵、目的、重点也要发生转变转型。环境不能作为无价、低价的生产要素被忽视，也不能仅仅将其作为支撑发展的一个条件，要更多地把生态环境资源作为稀缺资源要素予以高标准保护，要更多地把提供优质生态产品作为发展的有机内涵，要更多地把加强生态环保工作、满足优美生态环境需要作为解决主要矛盾的着眼点，要更多地把加强生态环保工作作为推动高质量发展的推手。因此，必须全面加强党对生态环境保护的领导，认真落实党政主体责任、健全环境保护督察机制、强化考核问题、严格责任追究，形成抓好生态环境保护、全力治污攻坚的政治理念、制度氛围和刚性约束，形成"党委领导、政府主导、企业主体、公众参与"的生态环保大格局。

全面正确理解污染防治攻坚战[①]

吴舜泽　赵子君

摘　要　全国生态环境保护大会对打好污染防治攻坚战做出了具体部署，本文就为什么要打污染防治攻坚战、什么是污染防治攻坚战以及如何打好打赢污染防治攻坚战进行了阐释。第一，环境形势判断、全面小康内涵、主要矛盾转化和高质量发展要求，都决定了当前必须进行污染防治攻坚战。第二，污染防治攻坚战是在既定规划目标要求下，突出重点的阶段性大战、苦战、硬战。第三，打好打赢污染防治攻坚战是对地方党委政府施政能力水平的一场考验。

关键词　污染防治攻坚战　全面建成小康社会　生态环境保护

党的十九大明确提出，在全面建成小康社会的决胜期，特别要坚决打好防范化解重大风险、精准脱贫、污染防治的攻坚战，使全面建成小康社会得到人民认可、经得起历史检验。全国生态环境保护大会对打好污染防治攻坚战这一重大决策做出了具体部署。通过调研了解到，一些地方和干部群众对打污染防治攻坚战的必要合理性、全面内涵、具体路径的认识还不完全清晰，这直接影响从各自本职工作主动推进污染防治攻坚战的积极性。下面就为什么要打污染防治攻坚战、什么是污染防治攻坚战以及如何打好打赢污染防治攻坚战三个问题进行阐述。

一、环境形势判断、全面小康内涵、主要矛盾转化和高质量发展要求，都决定了当前必须进行污染防治攻坚战

习近平总书记指出，我国生态环境质量持续好转，出现了稳中向好趋势，但成效并不稳固，我国生态文明建设正处于压力叠加、负重前行的关键期，已进入提供更多优质

[①]　原文刊登于《中国社会科学报》2018 年 11 月 2 日。

生态产品以满足人民日益增长的优美生态环境需要的攻坚期，也到了有条件有能力解决生态环境突出问题的窗口期。这一重大战略判断强调等不起、慢不得、不迟疑，实际上也是对社会上存在的三种错误观点的纠偏。其一认为，前期工作成绩好就可以懈怠一下。应注意，生态环保工作犹如逆水行舟，不进则退，稍有松懈问题就有可能出现反复。如果现在不抓紧，将来解决起来难度更大、代价更大、后果更严重。其二认为，不用这么着力、不需要加快治理。在生态环保问题上，我们不能搞击鼓传花，让风险因素累积演变成为灰犀牛事件，必须更多更好更快地提供优质生态产品，满足人民群众的需求。其三认为，打不赢。要充分发挥党的领导和我国社会主义制度能够集中力量办大事的政治优势，充分利用改革开放 40 年来积累的坚实基础，增强打好打赢的信心。

从 2000 年建设小康社会，到 2020 年全面建成小康社会，20 年全党全国努力的方向就在于"全面"两字。习近平总书记用两句话深刻阐述了"全面建成小康社会"的内涵："小康全面不全面，生态环境质量是关键""全面小康，覆盖的领域要全面，是五位一体全面进步，不能长的很长、短的很短"。在三年左右的时间内，举全党全国之力，集中力量，加快补齐生态环境这一突出短板，直接关乎第一个百年奋斗目标的实现。这是一项摆在我们面前必须攻坚完成的历史任务和时代使命。

党的十九大提出社会主要矛盾发生转化，其中生态环境是社会主要矛盾的一个方面，人民群众对清新的空气、干净的水、优美的生态环境等要求越来越高。我们所有的工作就是为了解决社会主要矛盾。既然社会主要矛盾发生转化，老百姓对美好生活的向往有了更高要求，我们就奔着这个方向去加大攻坚力度。一个阶段有一个阶段的发展重点和价值取舍，目前改善生态环境是重中之重。高质量发展阶段下的环境，不能作为无价低价的生产要素被忽视，也不能仅仅将其作为支撑发展的一个条件，而应把生态环境资源作为稀缺资源要素，予以高标准保护、大力度修复。

我国经济已由高速增长阶段转向高质量发展阶段，污染防治攻坚战就是需要跨越的重要的非常规关口。这是一个凤凰涅槃的过程。我们必须咬紧牙关，要在三年之内，举全党全国之力，集中力量，下狠手扭转粗放型发展的惯性模式，爬过这个坡，迈过这个坎。打好污染防治攻坚战，实际上也能推动绿色转型、绿色发展、高质量增长、供给侧改革，带动性强，有综合多重效益。

二、污染防治攻坚战是在既定规划目标要求下，突出重点的阶段性大战、苦战、硬战

从目标指标来看，污染防治攻坚战目标与国民经济和社会发展"十三五"规划纲要，

"十三五"生态环境保护规划，大气、水和土壤三个"十条"规划计划目标，保持了连续性和稳定性。攻坚战的目标就是"十三五"规划确定的生态环境质量总体改善。攻坚战不可能让生态环境在短短三年内全面达标，根本好转是 2035 年的远期目标，不能因污染防治攻坚战打乱总体部署，或者急躁盲动。在实践中，也反对目标指标的层层加码、级级提速，反对三年任务两年完成，反对"口号环保"和"一刀切"。

从任务部署来看，污染防治攻坚战并非针对所有的生态环境问题全面开花，而是目标和任务有清晰的限定，不搞"大而全"，突出重点、以点带面，有所为，有所不为。具体就是七场标志性重大战役——打赢蓝天保卫战，打好柴油货车污染治理、城市黑臭水体治理、渤海综合治理、长江保护修复、水源地保护、农业农村污染治理攻坚战；以及四大专项行动——落实《禁止洋垃圾入境推进固体废物进口管理制度改革实施方案》，打击固体废物及危险废物非法转移和倾倒，垃圾焚烧发电行业达标排放，"绿盾"自然保护区监督检查，实现在解决人民群众反映强烈的突出生态环境问题方面明显见效。

从内涵上看，不能把污染防治攻坚战作为单一的污染防治或者末端治理。按照全国生态环境保护大会和《中共中央国务院关于全面加强生态环境保护坚决打好污染防治攻坚战的意见》精神，污染防治攻坚战涵盖绿色发展、生态保护和五个体系建设等全方位内容。第一，绿色发展是解决污染问题的根本之策，当前环境质量呈现稳中向好趋势，但成效并不稳固，其核心在于黑色增长的惯性和路径依赖，攻坚重点难点在于调整四个结构（产业结构、能源结构、运输结构、农业投入结构）。第二，生态保护与污染防治密不可分、相互作用，分子与分母协同发力。第三，要尽快形成生态环境监管体系、经济政策体系、法治体系、能力保障体系、社会行动体系，构建激励与约束并举的长效政策制度链条。

污染攻坚战的一个内在特征是依法常态化严格监管，要深刻认识这是协同推动经济高质量发展和生态环境高水平保护的关键。环保执法督察力度的不断加严，强调突出重点、精准发力、统筹兼顾、求真务实，绝非不分青红皂白一律关停企业。这样做不仅不会对经济发展造成负面影响，反而会促成经济发展与生态环境保护协同共进的良好局面。2017 年，在环境质量持续改善的同时，全国经济增速同比上升 0.2 个百分点，规模以上工业增加值增速同比提高 0.6 个百分点，工业企业利润同比增长 21%。京津冀及周边地区清理整治了 6.2 万家"散乱污"企业，促进了传统产业转型升级，实现了增产不增污。

攻坚战具有举旗定向的标志性意义，时间紧、任务重、难度大，绝不是过去工作的平推，注定是一场大战、苦战、硬战。在某种意义上，是对过去牺牲资源环境换取发展的粗放模式的强力纠偏，一定会有地区有干部不适应，一定有群体局部利益受损，也还有很多需要破除障碍的环节。对此，我们需要保持战略定力。

三、打好打胜污染防治攻坚战是对地方党委政府施政能力水平的一场考验

污染防治攻坚战是一项涉及面广、综合性强、艰巨复杂的系统工程，要综合施策、层层落实，方能打好打赢污染防治攻坚战。

第一，全面加强党对生态环境保护的领导。要紧盯关键，压实责任，采用"排查、交办、核查、约谈、专项督察"的"五步法"，压实地方各级党委政府责任，形成抓好生态环境保护、全力治污攻坚的政治理念、制度氛围和刚性约束，形成"党委领导、政府主导、企业主体、公众参与"的生态环保大格局。

第二，树立正确思路。坚持保护优先、强化问题导向、突出改革创新、注重依法监管、推进全民共治的基本原则，以改善生态环境质量为核心，以推进经济高质量发展为动力，以解决人民群众反映强烈的突出生态环境问题为重点，以压实地方党委、政府及有关部门责任为抓手。

第三，确立战略。体现"五个一"的要求，即明确一个指导思想——习近平生态文明思想；压实一个政治责任——"党政同责、一岗双责"；把握一个核心目标——环境质量只能更好、不能变坏；立足一个基本实际——问题导向、目标导向、能力导向；形成一套策略方法——监测体系、督察体系、宣传体系。

第四，优化战术。贯彻"六个坚持"，即坚持稳中求进，既要打攻坚战又要打持久战；坚持统筹兼顾，既追求环境效益又追求经济和社会效益；坚持综合施策，既要发挥好行政、法治的约束作用，又要发挥好经济、市场和技术的支撑保障作用；坚持两手发力，既要抓宏观顶层设计，又要抓微观推动落实；坚持突出重点，既要全面部署、全面推进，又要有所侧重、分轻重缓急；坚持求真务实，既要妥善解决好历史遗留问题，又要把基础夯实。

第二篇

法治与体制

中国环境法治发展 40 年：成效与经验[①]

王卓玥　王　彬　张昱恒　贺　蓉　原庆丹

摘　要　改革开放 40 年来，我国环境法治建设取得显著成效。本文通过回顾中国环境法治 40 年的发展，从立法、执法、司法及生态文明理论四个角度进行分析，研究其成效与经验。 40 年来，我国生态环境保护法律长出"尖牙利齿"，生态环境执法也随着法治建设的完善 在不断优化，环境行政、民事和刑事司法不断全面加强，并将生态文明理念融入法治各 方面。

关键词　改革开放　环境法治　40 年

改革开放 40 年来，我国环境法治建设取得了显著成效，生态环保法律长出"尖牙 利齿"，环境执法频频铁拳出击，环境司法逐步保障公民环境权益，生态文明理念不断 融入环境法治各方面。

一、改革开放的 40 年，是生态环保法律长出"利齿"的 40 年

环境保护工作开始起步，我国生态环保法律体系开始建立。20 世纪六七十年代，受 历史原因影响，国人对西方国家已发生的环境污染公害事件毫无警觉，生态环境保护意 识极度欠缺，致使大中城市和工业区空气污染严重、全国江河湖海受到不同程度污染、 地下水污染范围逐年扩大、自然环境破坏相当严重。1978 年《宪法》首次对环境保护作 出规定，明确国家保护环境和生态资源，防治污染和其他公害，为政府实施环境管理和 国家制定生态环境保护法律奠定了《宪法》基础。1978 年 11 月，邓小平同志在中共中 央工作会议闭幕会上指出，应该集中力量制定《环境保护法》《森林法》《草原法》等法 律。在此背景下，我国首部《环境保护法》的制定工作紧锣密鼓地开展，并于 1979 年 9

---

① 原文刊登于《环境可持续发展》2018 年第 6 期。

月 13 日，在五届全国人大常委会第十一次会议原则上通过了《环境保护法（草案）》，以"试行"的形式颁布实施。《环境保护法（试行）》的出台在当时国家法制建设尚未健全的条件下格外瞩目，标志着我国环保事业开始走上法治轨道，生态环保法律体系开始建立，环境影响评价、污染者责任、征收排污费、对基本建设项目实行"三同时"等作为强制性法律制度被确定下来，引导全社会重视污染防治，开始关注环境保护工作[1]。

生态环保法律密集出台，生态环保法律体系基本建立，但法律可操作性差，实施效果欠佳，无力啃下环境污染这块"硬骨头"。20 世纪 80 年代初，改革开放释放出巨大的经济发展活力，我国工业发展进入第一个高速发展阶段，国营、民营、外资企业迅速发展壮大，乡镇企业蓬勃发展。1984 年我国确立了有计划的商品经济制度，我国环保法制建设面临着既要制定新的环境与资源保护立法，又要修正已不适应新形势环保需要的原有环保法律格局的问题。为了顺应法治国家建设、提高生态环境质量，在八九十年代，制定了大量的生态环境保护法律，并对先前制定的生态环境保护法律进行了修改、修订，主要涉及环境污染防治与自然资源管理和保护。1982 年出台《海洋环境保护法》；1984年出台《水污染防治法》《森林法》；1985 年出台首部《草原法》；1986 年出台首部《渔业法》；1987 出台首部《大气污染防治法》；1988 年出台首部《水法》《野生动物保护法》；1989 年 12 月通过了《环境保护法》；等等。国务院和环保部也制定了《征收排污费暂行办法》《森林法实施细则》《水污染防治法实施细则》等 20 多部环保法规和规章。值得注意的是，1997 年修改的《刑法》在第六章"妨害社会管理秩序罪"的第六节，还专门设立了"破坏环境资源保护罪"，追究污染者的刑事责任[2]。这些法律法规的出台施行标志着我国生态环保法律体系基本建立，然而，大部分的生态环保法律存在可操作性差、惩戒力度不严的问题，难以威慑污染者。加之当时国内掀起了新一轮的大规模经济建设，各地上项目、铺摊子热情急剧高涨，"重经济、轻环保"观念牢固，导致全国范围内生态环境质量下降，环境污染不断加剧，许多江河湖泊污水横流，沿江沿湖居民饮水面临困境；许多城市雾霾蔽日、空气污浊，城市居民呼吸道疾病患病率急剧上升。

公众环保意识提高，呼吁出台严格的生态环保法律，促使生态环保法律长出"牙齿"，我国生态环保法律体系逐渐成熟。据统计，截至 2018 年 1 月，全国人大常委会制定了28 部环保法律，国务院制定了 47 部环保行政法规，国务院有关部门制定了数百件环保规章，有立法权的地方人大和政府制定了 3 291 件环保地方性法规、地方政府规章、自治条例和单行条例，我国生态环保法律体系已逐渐成熟。其中最具标志性的是 2014 年 4月 24 日第十二届全国人大常委会第八次会议审议通过的《环境保护法》修订草案，于2015 年 1 月 1 日起实施。这是一部条文更加具体、制度更加严格、罚则更加明确的《环境保护法》，立法理念有创新，治理要求更严格，监管手段出硬招，法律责任更严厉，监管模式开始转型，突出社会公众参与。

环境保护法律不但"长了牙齿"，更是"利齿"。2015年施行的《环境保护法》对环境违法企业增加了一些新的处罚手段，加大违法排污的责任，有力解决了"违法成本低"的问题。明确规定企业事业单位和其他生产经营者违法排放污染物，受到罚款处罚，被责令改正，拒不改正的，依法作出处罚决定的行政机关可以自责令更改之日的次日起，按照原处罚数额按日连续处罚，上不封顶。"按日计罚"这一记重拳是针对企业拒不改正超标问题等比较常见的违法现象而采取的措施，目的就是加大企业违法成本，这是一个创新性的行政处罚规则。同时，明确对环境违法企业必要时可以采取行政拘留，没有环境保护评价就要拘留，偷排污染物要拘留，如果伪造、造假也要拘留，包括瞒报、谎报数据也要拘留。构成犯罪的，将严格追究刑事责任。除了追究污染者的环保责任，地方党委和政府要扛起生态文明建设和生态环境保护的责任，落实"党政同责"与"一岗双责"。根据《生态文明体制改革总体方案》"1+6"文件，建立了环境保护督察工作机制，作为推动生态文明建设的重要抓手，督促地方党委和政府认真履行环境保护主体责任；完善了领导干部自然资源资产离任审计制度，对被审计领导干部任职期间履行自然资源资产管理和生态环境保护责任情况进行审计评价，界定领导干部应承担的责任；实行了责任终身追究制度，让"终身追责"成为带有铁齿铜牙的生态保护"利器"，使得调离、退休不再是领导干部的"免责金牌"；增加了各级党政干部的责任追究情形，对各级党政干部在决策、执行、监督和利用职务影响过程中所造成的25种情形进行追责，责任追究情形既包括发生环境污染和生态破坏的"后果追责"，也包括违背中央有关生态环境保护政策和法律法规的"行为追责"。

二、改革开放40年，是环境执法铁拳出击的40年

环境执法是环境立法实现的途径和保障。随着改革开放和现代化建设的不断发展，我国生态环境执法也随着法制建设的完善不断优化。一是执法队伍逐渐发展壮大，管理逐步规范，环境执法工作的内容也从最初的排污费征收扩展到污染源现场执法、生态环境执法、排污申报、环境应急管理及环境纠纷查处等日常现场执法监督的各个领域。二是建构了国家、省、市、县四级环境执法网络，形成了以日常执法为基础、以环境监察为保证、以集中执法检查活动为推动、以公众和舆论监督为支持的现场监督执法工作机制[3]。三是打击环境违法行为的工作力度不断加大，连续开展环境执法专项行动，更是以中央环保督察保障环境执法的长效机制。

改革开放以来，我国开始进入市场经济时代，由计划经济向市场经济过渡，利用环境外部不经济性追求利润最大化成为企业提高竞争力的主要手段，非法排污行为日益增多，由此而引发的污染纠纷层出不穷。随之部分地方政府成立了专业环境执法队伍，国家在部分省市开展了环境监理试点工作，主要从事排污费征收工作，兼顾特定行业污染源监督管理、污染纠纷调处等执法活动。[4]这一阶段，我国专业环境执法队伍从无到有，环境执法工作开始起步，但执法方式以罚款为主，较少采用停产、停业等措施，使得排污者的违法成本较低，违法行为依然频发。1993年第八届全国人民代表大会成立了全国人大环境与资源保护委员会（以下简称环资委），人大环境保护委员会组织6个检查团，分别对黑龙江、山东、广东等7省的45个市进行执法情况检查，有力促进了全国环境执法工作向纵深发展。环资委的成立意味着我国环保立法和执法工作由国家立法机关进行全面的统筹和安排，从1995年开始，全国人大常委会每年都要组织一次环保执法大检查活动。随后《环境监理工作制度（试行）》和《环境监理工作程序（试行）》等规章制度出台，环境执法监督工作逐步走向规范化、制度化，初步形成了国家、省、市、县四级环境执法监督网络，环境执法监督逐渐成为环保部门的立足之本。2002年开始，党中央、国务院提出了建立"国家监察、地方监管、单位负责"环境监管体制的要求，逐步成立了环境监察局、环境应急与事故调查中心和区域环境保护督查中心，地方监管能力得到加强，工作机制逐步完善，完备的环境执法监督体系逐步建立。

执法突击，掀起环保风暴。2004年12月，国家环保总局在环境执法方面来了一个大动作，在环境影响评价执法上，严格进行环境影响评价制止无序建设，严肃处理违法违规的环评单位，严厉查处违法违规的建设项目，一下责令13个省市的30个违反环境影响评价制度的建设项目停止施工，并要建议有关部门依法对有关责任人给予行政处分。消息一经公布，社会反响强烈，被处罚的建设单位感受到了严格环境执法的压力。公众和社会则是一片叫好声，称其为"环保风暴"。这次重力出击显示了国家维护环境法律尊严与权威的决心，同时，这一"风暴"恰恰也反映出我国环境法治问题的严峻性，披露的案例尽管令人震惊，却也是普遍存在且习以为常的现象，暴露出我国环境法律制度存在法律责任偏轻、违法成本低、行政执法权限低、处罚缺乏力度等缺陷[5]。随后国家组建华东、华南、西北、西南和东北五个区域环境保护督查中心，2007年形成了以环境监察局为龙头，应急中心和督查中心组成的"国家监察"体系，同时，开展了建设完备的环境执法监督体系研究。

新《环境保护法》为环境执法提供了有力武器。一是赋予了环境执法更多的措施选择，包括针对企业的督查、巡查，针对地方政府的环保督察、专项督察，以及限批、约谈、挂牌督办等，还明确了环境执法部门具有"现场调查权"，解决了长期困扰环境监察部门的"身份"问题。与最高人民法院、最高人民检察院和公安部密切配合,运用刑事民事等多种司法举措,如提起民事公益诉讼、打击环境污染犯罪、行政拘留等,增强了环境执法的刚性约束。二是环境执法的力度进一步加大,给予违法企业的处罚设置了"按日计罚","查封、扣押"企业的非法排污设备,"限制生产、停产整治",以及要求企业"强制信息公开"等,这些制度设计增强了环境执法的力度和效果,使环境执法的威慑性更大。三是环境执法的方式不断创新,环境执法除了传统意义上的现场监测、数据采集外,还广泛运用了现代信息技术,使执法的方式更加灵活。例如,遥感、在线监测、大数据分析等都有力地支撑了执法活动的灵活开展。四是明确环境执法过程中的公众参与制度,公众参与环境执法的渠道和手段丰富多样,甚至规定其有权向不履行职责的环境执法部门的上级或监察机关举报,通过加强社会以及公民对于环境具体执法工作的参与,有利于环境执法整体氛围的改善,有力地体现了新《环境保护法》的制度刚性和约束,取得了良好的现实效果。据统计,2017 年上半年,全国按日连续处罚案件共503 件,罚款数额高达 6.1 亿元,与 2016 年同期相比罚款数额上升 131%,足见生态环保法律"利齿"正在不断锋利、不断发挥作用[6]。

环保督察一炮打响。以中央名义对地方党委政府进行督察,如此高规格、高强度的环境执法应该说是史无前例,也是人民群众期盼已久、拍手称快的。自 2015 年 12 月 31 日在河北进行中央环保督察试点以来,中央环保督察已实现全国 31 个省(区、市)的全覆盖。一些重大环境违法行为被曝光、被查处,一批充当"保护伞"、失职失察的官员受到严肃处理,环境违法问题得到有力解决,取得了"百姓点赞、中央肯定、地方支持、解决问题"的效果,成为生态环境执法的一记重拳。

中央环保督察围绕重点问题查具体事实、查履职情况,做到见人见事见责任,第一轮督察共移交移送生态环境损害责任追究案件 387 个,受理群众信访举报 13.5 万余件,直接推动解决 8 万多个垃圾、恶臭、油烟、噪声以及黑臭水体、"散乱污"企业污染等"老大难"环境问题。各地按照拉条挂账、办结销号的要求,累计立案处罚 2.9 万家,罚款约 14.3 亿元,拘留 1 500 余人,约谈、问责党政领导干部 18 000 余人。通过督察问题和相应的严肃问责,一批企业受到震慑,一批干部受到警醒,特别是督察向地方党委和政府移交一批重大生态环境损害责任追究案件,发挥了警示作用,以更有力的督察促进新发展理念真正落地生根,让绿色发展成为主动选择,用良好生态环境造福人民群众。

改革开放 40 年来,在执法上我们可以清晰地感受到环境执法力度的加强,一是处罚上限的增强,有效地打击了环境行政违法行为;二是行权范围的增强,环保执法的权力边界、权限范围逐渐变得清晰;三是环保督察增强了地方党委和政府对环保执法的重视程度;四是环境执法队伍建设不断完善;生态环境执法不断重拳出击,将成为打击环境违法行为的有力支撑。

三、改革开放的 40 年，是依法维护公众环境权益的 40 年

习近平总书记指出：良好生态环境是最公平的公共产品，是最普惠的民生福祉。[7] 公民依法享有环境权。全面加强环境司法是维护人民群众环境权益、促进和保障环境法律全面正确实施的必然要求。一是通过环境行政司法，督促行政机关依法及时履行监管职责，促进了我国环境监督管理制度的建立和健全。仅在 2016 年 7 月—2017 年 6 月，各级人民法院就受理了各类环境资源行政案件 39 746 件、审结 29 232 件。2016 年 3 月，最高人民法院发布 10 起环境行政保护典型案例；2017 年 6 月，最高人民法院发布 2 起环境资源行政典型案例。这些典型案例督促环境保护行政主管部门依法履行职责、引导行政相对人遵守环境保护法律法规方面的作用。二是通过环境民事司法，追究污染环境、破坏资源行为人的民事责任，促进生态环境修复改善和自然资源合理开发利用。仅在 2016 年 6 月—2017 年 6 月，各级人民法院就受理了各类环境资源民事案件 187 753 件，审结 151 152 件。三是通过环境刑事司法，依法打击和惩处污染环境、破坏生态等犯罪行为，有力地保障了国家自然资源和生态环境安全。仅在 2016 年 7 月—2017 年 6 月，各级人民法院就审理了环境资源刑事案件 16 373 件、审结 13 895 件，给予刑事处罚 27 384 人。2016 年 12 月、2017 年 4 月，最高人民法院先后发布包括腾格里沙漠污染系列刑事案件在内的 11 起环境资源刑事典型案例。四是在探索审理省级政府提起的生态环境损害赔偿诉讼案件、环境公益诉讼案件、构建环境多元治理体系等方面，也取得了重要进展[8]。

（一）用环境公益诉讼的力量保护环境公共利益

在过去的一段时期，碍于传统法律制度体系的束缚，司法仅关注于公民个体的人身、财产损失而对环境公共利益的救济无能为力。伴随中国经济发展和环境质量的快速变化，更伴随公众环境觉悟和社会组织参与意识的不断提升，环境公益诉讼的制度建设和司法实践演进步伐十分显著。2005 年《国务院关于贯彻落实科学发展观加强环境保护的决定》首次明确提出鼓励社会组织参与环境监督，"推进环境公益诉讼"；2012 年修订的《民事诉讼法》增加"法律规定的机关和组织"可以提起环境公益诉讼；2014 年修订的《环境保护法》特别授权符合条件的社会组织可以提起环境公益诉讼。经过试点，2017 年修订的《民事诉讼法》和《行政诉讼法》再次授权检察机关可以提起环境公益诉讼。最高人民法院认真贯彻立法精神，先后制定发布《关于审理环境民事公益诉讼案件适用

法律若干问题的解释》《关于审理环境侵权责任纠纷案件适用法律若干问题的解释》《人民法院审理人民检察院提起公益诉讼案件试点工作实施办法》等司法解释和规范性文件，与民政部、原环境保护部联合发布《关于贯彻实施环境民事公益诉讼制度的通知》，不断加大顶层设计和政策引领力度。

环保组织是环境公益诉讼的主力军。从案件数量来看，2016 年 7 月—2017 年 6 月，各级人民法院共受理社会组织提起的环境民事公益诉讼案件 57 件、审结 13 件。最高人民法院不断推动完善社会组织提起环境民事公益诉讼的程序规则。2014 年 12 月 29 日，江苏省高级人民法院做出终审判决：被告常隆农化等 6 家企业因违法处置废酸污染水体，应当赔偿环境修复费用 1.6 亿余元。本案因此被称为"天价环境公益诉讼案"。腾格里沙漠污染环境公益诉讼案，法院判决赔偿 5.69 亿元生态环境损害赔偿。2017 年 3 月和 6 月，最高人民法院先后发布 8 起社会组织提起的环境民事公益诉讼典型案例。山东德州晶华集团振华有限公司（以下简称振华公司）大气污染民事公益诉讼案中，振华公司超标排放污染物，严重影响周围居民生活，被原环境保护部点名批评，并被山东省环境保护主管部门多次处罚，但仍持续排放污染物。法院承担生态环境修复责任，赔偿修复期间生态服务功能损失，并向社会公众赔礼道歉，判决振华公司赔偿损失 2 198.35 万元，用于修复环境质量，并在省级以上媒体赔礼道歉等。该案是新《环境保护法》施行后，人民法院受理的首例京津冀及周边地区大气污染公益诉讼案件。该案及时回应了社会公众对京津冀及周边地区大气污染治理的关切，对区域大气污染治理进行了有益的实践探索。

检察机关提起的环境公益诉讼案件数量大幅增加。2016 年 7 月—2017 年 6 月，各试点地区人民法院共受理检察机关提起环境民事公益诉讼案件 71 件、审结 21 件，较上一年度分别增长 4.5 倍、4.6 倍；受理行政公益诉讼案件 720 件、审结 360 件，较上年度分别增长 25 倍、23 倍。其中，2016 年 7—12 月，受理环境民事公益诉讼案件 35 件、审结 3 件；行政公益诉讼案件 117 件、审结 50 件。2017 年 1—6 月，受理民事公益诉讼案件 36 件、审结 18 件；行政公益诉讼案件 603 件、审结 310 件。2017 年 3 月，最高人民法院发布 3 起检察机关提起的环境公益诉讼典型案例。江苏省徐州市人民检察院诉徐州市鸿顺造纸有限公司（以下简称鸿顺公司）水污染民事公益诉讼案中，鸿顺公司以私设暗管的方式向连通京杭运河的苏北堤河排放生产废水，废水的化学需氧量等污染物指标均超标，法院判决鸿顺公司赔偿生态环境修复费用及服务功能损失共计 105.82 万元。该案是全国人大常委会授权检察机关试点提起公益诉讼以来人民法院受理的首批民事公益诉讼案件之一。

（二）让生态环境损害赔偿成为人民环境权益的坚实保障

多起严重的污染事件很少有污染者承担生态修复或者损害赔偿责任。而当污染者无需为此埋单时，肩负环境保护职责的政府就不得不站出来"背锅"。为了从根本上解决"企业污染，群众受害，政府埋单"的问题，2015 年 11 月，中共中央办公厅、国务院办公厅印发《生态环境损害赔偿制度改革试点方案》（以下简称《试点方案》），部署生态环境损害赔偿制度改革工作。2016 年 4 月，经国务院授权，吉林、江苏、山东、湖南、重庆、贵州、云南 7 个试点省（市）开展了试点工作。7 个省（市）根据《试点方案》要求，印发本地区生态环境损害赔偿制度改革试点实施方案，探索形成相关配套管理文件 75 项，深入开展 27 件案例实践，涉及总金额约 4.01 亿元，在赔偿权利人、磋商诉讼、鉴定评估、修复监督、资金管理等方面，取得阶段性进展，为生态环境损害赔偿案件办理和制度设计打下了坚实的基础。其中，贵州省环保厅以赔偿权利人身份参与了中华环保联合会诉黔桂天能焦化公司大气排放超标公益诉讼案，初步达成了 1 313 万元的环境损害赔偿金诉前调解协议；山东省环保厅代表省政府在济南市章丘区重大非法倾倒危险废物案件中与 6 名赔偿义务人进行了 4 轮磋商，与其中 4 名赔偿义务人达成 1 357.54 万元的赔偿协议，近期拟对另外两名赔偿义务人提起诉讼；湖南省郴州矿冶有限公司屋场坪锡矿"11·16"尾矿库水毁灾害事件达成 1 568 万元的赔偿协议[9]。

在《试点方案》的基础上，原环境保护部组织编制了《方案》。《方案》于 2017 年 8 月经中央全面深化改革领导小组第 38 次会议审议通过，将于 2018 年 1 月 1 日起在全国范围实施。自此，生态环境损害赔偿制度改革完成了试点阶段各项任务，正式迈向全国试行的新阶段。《方案》明确规定，造成生态环境损害的单位或个人应当承担生态环境损害赔偿责任，"应赔尽赔"，国务院授权省级、市地级政府（包括直辖市所辖的区县级政府）作为本行政区域内生态环境损害赔偿权利人，从而有望摆脱以往对污染者无法有效追责的窘境。

四、改革开放的 40 年，是生态文明理念融入法治的 40 年

改革开放 40 年以来，伴随着工业化和城镇化进程的快速推进，我国在生态、资源、环境方面留下了较多的欠账。同时，随着我国融入全球化进程，受国际分工的限制，我国经济整体处于全球产业链的低端，以资源、能源和污染密集产业及产品为主，这无疑加大了我国的资源环境压力和治理难度。正是在这样的背景下，如何加强生态文明建设日益引起党和政府的高度重视。20 世纪 80 年代以来，国家制定或修订了包括《环境保

护法》《水污染防治法》《海洋环境保护法》《大气污染防治法》《固体废物污染环境防治法》《环境影响评价法》等多方面的环境保护法律，以及水、清洁生产、可再生能源、农业、草原和畜牧等方面与环境保护关系密切的法律。同时，国家环境保护标准体系初步建立，现行标准已达 1 300 项。中国已进入依照法律和制度保护环境，推进生态文明建设的新的历史时期。

我国生态文明建设立法工作虽然取得了很大的成绩，但立法部门化倾向比较严重，生态文明制度建设"碎片化"、管理"分隔化"的问题在各方面都不同程度存在。一方面存在不少法律空白，有的重要领域至今无法可依；另一方面现有的一些环境保护法律过于"疲软"，法律实施效果比较差，有的制度设计过于原则化，没有可操作性；还有一方面现有生态文明建设的相关法律的修改工作过于迟缓，与现实发展要求脱节。2005年国务院发布《关于落实科学发展观加强环境保护的决定》，首次在中央政府的文件中提出建设生态文明概念，要求弘扬环境文化，倡导生态文明，以环境补偿促进社会公平，以生态平衡推进社会和谐，以环境文化丰富精神文明。党的十七大报告把生态文明建设纳入全面建设小康社会的奋斗目标，提出要建设生态文明，基本形成节约能源和保护生态环境的产业结构、增长方式、消费模式。2011 年国务院发布了《关于加强环境保护重点工作的意见》，要求深入贯彻落实科学发展观，加快推动经济发展方式转变，提高生态文明建设水平。党的十八大报告把生态文明建设纳入全面建成小康社会的行为体系和目标体系之中，并就大力推进生态文明建设从指导思想、政策、重点、方法和路径作了全面阐述。自此，生态文明建设从战略高度上被推上国家建设层面。

党的十八大以来，习近平总书记围绕生态环境保护和生态文明建设提出了一系列新理念新思想新战略，形成了习近平生态文明思想，为推动生态文明建设、加强生态环境保护，提供了科学的思想指引和强大的实践动力。2018 年 6 月，中共中央、国务院联合发布的《关于全面加强生态环境保护　坚决打好污染防治攻坚战的意见》对习近平生态文明思想作出了系统阐述。习近平生态文明思想内涵丰富、博大精深，可以从八方面进行理解：一是坚持生态兴则文明兴；二是坚持人与自然和谐共生；三是坚持"绿水青山就是金山银山"；四是坚持良好生态环境是最普惠的民生福祉；五是坚持山水林田湖草是一个生命共同体；六是坚持用最严格制度最严密法治保护生态环境；七是坚持建设美丽中国全民行动；八是坚持共谋全球生态文明建设之路[10]。

党的十八届三中全会指出："建设生态文明，必须建立系统完整的生态文明制度体系，实行最严格的源头保护制度、损害赔偿制度、责任追究制度，完善环境治理和生态修复制度，用制度保护生态环境。"我们应当从生态文明建设的高度审视我国的相关法律法规和制度，对相关法律制度进行战略性整合，进一步发挥法律在生态文明建设中的引领、规范、促进和保障作用。为此，国家层面立法作了这几方面努力：第一，将生态文明建设作为基本国策写入宪法，上升为国家意志，作为国家发展的大政方针，作为全社会的共同行为准则，同时在宪法中要明确规定环境权，为生态文明建设提供宪法、法律的支撑。第二，要研究构建生态文明建设的法律体系框架。生态文明建设的法律体系应当包括：生态文明考核评价制度；基本的管理法律制度如国土空间开发保护法律制度、严格的耕地保护法律制度、水资源管理法律制度等；资源有偿使用制度和生态补偿制度；责任追究和赔偿法律制度。第三，全面修订《环境保护法》。《环境保护法》作为环境领域的基础性、综合性法律，主要应当规定环境保护的基本原则和基本制度，现在《环境保护法》的基本法地位缺失，需要做全面修订。2014年全国人大常委会正在根据生态文明建设的要求，决定采用修订方式对这部法律做全面修改，以回应环境保护的制度需求，解决环境保护的突出问题。

坚持用最严格制度最严密法治保护生态环境。对于环保领域的法治建设而言，习近平生态文明思想是正确的方向和坚定的指引。习近平总书记指出，只有实行最严格的制度、最严密的法治，才能为生态文明建设提供可靠保障。在生态环境保护问题上，就是不能越雷池一步，否则就应该受到惩罚。保护生态环境必须依靠制度、依靠法治，这回答了生态文明建设的保障机制问题，充分体现了习近平生态文明思想的严密法治观。环境法治建设的很多成就，都是对习近平生态文明思想的法治化，比如，关于环境法治体系，要尽快把生态文明制度的"四梁八柱"建立起来，把生态文明建设纳入制度化、法治化轨道，要完善法律体系，以法治理念、法治方式推动生态文明建设；关于环境立法，组织修订与环境保护有关的法律法规，在环境保护、环境监管、环境执法上添了一些硬招；关于环境执法，要加大环境督查工作力度，严肃查处违纪违法行为，着力解决生态环境方面突出问题，让人民群众不断感受到生态环境的改善。

《宪法》是国家的根本法，是治国安邦的总章程，是党和人民意志的集中体现，也是环境法治的基石。2018年《中华人民共和国宪法》修正案共有21条，其中调整充实中国特色社会主义事业总体布局和第二个百年奋斗目标，涉及建设生态文明和美丽中国，是本次宪法修正案中的一个突出亮点。一是增写创新、协调、绿色、开放、共享的"贯彻新发展理念"的要求；二是规定"推动物质文明、政治文明、精神文明、社会文明、生态文明协调发展"；三是规定"把我国建设成为富强民主文明和谐美丽的社会主义现代化强国，实现中华民族伟大复兴"；四是明确国务院职权包括"（六）领导和管理经济工作和城乡建设、生态文明建设"；五是增写"推动构建人类命运共同体"的要求[11]。

生态文明建设也是生态环境专项法律法规的核心内容。2014年《环境保护法》修订充分体现了党的十八大关于生态文明建设的精神，第一条立法目的增加了"推进生态文明建设，促进经济社会可持续发展"的规定。除了《宪法》和《环境保护法》，《水污染防治法》《大气污染防治法》《海岛保护法》等 11 部法律也将"生态文明"明确为立法目的和立法内容。按照党中央、国务院的总体部署，2015 年起国家又打出"1+6"生态文明体制改革"组合拳"，落实《生态文明体制改革总体方案》。《生态文明体制改革总体方案》"1+6"文件以落实地方党委政府及相关部门环保责任为主线，从强化政府责任到实行"党政同责"，依法追责、终身追责，不断明确量化责任，建立了权威高效的中央环保督察等一批政策制度，标志着我国生态环保法治的又一重大突破。"1"就是《生态文明体制改革总体方案》，"6"包括《环境保护督察方案（试行）》《生态环境监测网络建设方案》《开展领导干部自然资源资产离任审计试点方案》《党政领导干部生态环境损害责任追究办法（试行）》《编制自然资源资产负债表试点方案》《生态环境损害赔偿制度改革试点方案》。

参考文献

[1] 汪劲. 环保法治三十年：我们成功了吗[M]. 北京：北京大学出版社，2011.

[2] 邹东涛. 中国经济发展和体制改革报告：中国改革开放 30 年（1978—2009）[M]. 北京：社会科学文献出版社，2008.

[3] 陆新元. 环境执法的中流砥柱——环境监察三十年回顾与展望[J]. 中国环境监察，2015（10）.

[4] 高桂林. 改革开放四十年环境执法的发展[J]. 中国社会科学报，2018（7）.

[5] 王灿发. 通过严格的环境执法促进经济发展转型是一项长期而艰巨的任务[J]. 中国环保产业，2018（5）.

[6] 环境执法保障专题课题组. 完备的环境执法监督体系的内涵和意义[J]. 中国环境监察，2018（5）.

[7] 在海南考察工作结束时的讲话（2013 年 4 月 10 日）[M]//习近平关于社会主义生态文明建设论述摘编. 北京：中央文献出版社，2017：4.

[8] 中国环境资源审判（2016—2017）（白皮书）[R]. "最高院环资庭郑学林"微信公众号，2017-07-14.

[9] 於方，田超，齐霁. 生态环境损害赔偿制度改革任重道远[N]. 中国环境报，2017-12-19（03）.

[10] 李干杰. 以习近平生态文明思想为指导　动员全社会力量建设美丽中国（2018 年 6 月 22 日十三届全国人大常委会专题讲座第五讲）[R/OL]. 全国人大网站 http：//www. npc. gov. cn/npc/xinwen/2018-07/16/content_2058116. htm.

[11] 李干杰. 全面贯彻实施宪法　大力提升新时代生态文明水平[N]. 人民日报，2018-03-14（16）.

用最严格制度最严密法治保护生态环境①

吴舜泽　刘　越　和夏冰

摘　要　保护生态环境必须依靠制度、依靠法治。要深入学习理解习近平生态文明思想"严密法治观"的科学内涵和内在逻辑，必须坚持底线思维、改革思维、系统思维、实效思维，坚持制度创新与制度落实并重，把生态文明建设和生态环境保护纳入制度化、法治化轨道，不断提升生态环境领域国家治理体系和治理能力现代化水平。

关键词　习近平生态文明思想　制度化　法治化　治理体系与治理能力

生态环境中存在的突出问题，大多与体制不健全、制度不严格、法治不严密、执行不到位、奖惩不得力有关。

2013 年 5 月，习近平总书记在十八届中央政治局第六次集体学习时指出，只有实行最严格的制度、最严密的法治，才能为生态文明建设提供可靠保障。在 2018 年 5 月召开的全国生态环境保护大会上，习近平总书记在讲话中再次强调，用最严格制度最严密法治保护生态环境，加快制度创新，强化制度执行，让制度成为刚性的约束和不可触碰的高压线。

构建产权清晰、多元参与、激励约束并重、系统完整的生态文明制度体系，建立有效约束开发行为和促进绿色循环低碳发展的生态文明法律体系，发挥制度和法治的引导、规制等功能，规范各类开发、利用、保护活动，坚决制止和惩处破坏生态环境行为，让保护者受益、让损害者受罚、让恶意排污者付出沉重代价，为生态文明建设提供体制机制保障。这一"最严密"的生态文明法治观，已经成为新时代推进生态文明建设必须坚持的重要原则之一，既是党的十八大以来生态文明建设和生态环境保护工作取得历史性成绩的经验总结，也是未来指导打好打赢污染防治攻坚战、实现生态环境质量总体改善目标的制胜法宝。

---

① 原文刊登于《南方杂志》2018 年第 18 期。

当前和今后一段时间，需要深入学习理解习近平生态文明思想"严密法治观"的科学内涵和内在逻辑，必须坚持底线思维、改革思维、系统思维、实效思维，建章立制、强化落实。

一、坚持底线思维，严字当头，坚决不越雷池一步

当前，资源环境承载能力是有限的。新形势下，长期以来主要依靠资源、资本、劳动力等要素投入支撑经济增长和规模扩张的方式已不可持续，生态环境已经成为经济社会发展的最大底线和突出短板。习近平总书记指出，我们的生态环境问题已经到了很严重的程度，非采取最严厉的措施不可。这是底线思维的第一层体现，其鲜明特征就是严格。

在生态环境保护问题上，就是要不能越雷池一步，否则就应该受到惩罚。尤其对于人与自然关系中的关键少数来说，必须把生态环境作为各级领导干部必须坚守的重要底线，管权治吏，让制度成为刚性约束，坚决摒弃损害其至破坏生态环境的发展模式和做法，绝不能再以牺牲生态环境为代价换取一时一地的经济增长。基于此，首先要"把资源消耗、环境损害、生态效益等体现生态文明建设状况的指标纳入经济社会发展评价体系"，"如果生态环境指标很差，一个地方一个部门的表面成绩再好看也不行，不说一票否决，但这一票一定要占很大的权重"。随之要"建立责任追究制度，对那些不顾生态环境盲目决策、造成严重后果的人，必须追究其责任，而且应该终身追究"，特别是建立"对领导干部的责任追究制度"，并且"不能流于形式"，"组织部门、综合经济部门、统计部门、监察部门等，都要把这个事情落实好"。

在生态环境保护视域下，环境法规是底线，制度则是红线。这是底线思维的第二层体现，其鲜明特征是严密。只有用法规和制度构建起密实的生态环境保护红线围墙，约束人类对生态环境破坏的活动，才能真正实现可持续发展。一方面，依法是前提，一切的经济行为或社会行为如果不合乎法律规定，以牺牲环境为代价换取经济效益或社会效益，都将面临极大的风险；另一方面，要严格执行制度，不逾越、不破坏，牢记生态环境制度红线不能踩。

生态文明建设要以底线思维为指导，设定并严守资源消耗上限、环境质量底线、生态保护红线，将经济活动、人的行为限制在资源环境能够承受的限度内。当前突出的是改变空间管控上的失序失控状态，改变生产空间、生活空间不断挤占生态空间的局面，给自然生态留下休养生息的时间和空间，满足生态产品和生态环境需要。其中一个基础性工作就是，要在生态空间范围内划定具有特殊重要生态功能、必须强制性严格保护的

生态保护红线区域，明确保护和开发的界限。截至 2018 年 7 月，全国已有 14 个省份发布了本行政区域生态保护红线。同时，更为重要的是划定后的严守，要建立红线监管平台，制定实施一系列严格管控的政策措施，将生态保护红线作为夯筑生态环境保护的底线和准则的一项重要制度。

二、坚持改革思维，从问题导向和目标导向出发，着力创新构建新体制新机制新制度

习近平总书记在《关于〈中共中央关于制定国民经济和社会发展第十三个五年规划的建议〉的说明》中就为什么要实行省以下环保机构监测监察执法垂直管理制度改革强调指出，现行以块为主的地方环保管理体制，使一些地方重发展轻环保、干预环保监测监察执法，使环保责任难以落实，有法不依、执法不严、违法不究现象大量存在。

综合起来，现行环保体制存在四个突出问题：一是难以落实对地方政府及其相关部门的监督责任；二是难以解决地方保护主义对环境监测监察执法的干预；三是难以适应统筹解决跨区域、跨流域环境问题的新要求；四是难以规范和加强地方环保机构队伍建设。在问题导向的基础上，实施环保垂直管理制度改革，调整机构隶属关系是手段，重构条块关系是方向，落实各方责任是主线，推动发展和保护一体化是落脚点，根本目的是推动生态环境质量改善。

除环保垂直管理制度改革外，党的十八大以来中央审议实施了几十项生态文明和生态环境保护方面的制度改革，大都是紧扣责任不落实这一基础性问题，环环相扣地明确各方生态环保责任、授权赋权开展监督检查、改革建立权威有效的监督检查方式、强化考核问责，着力改革创新，建立健全与生态环境保护阶段特征、问题需求、目标导向相适应的制度法治体系。

分析来看，从不同主体出发，党的十八大以来制度法治建设遵从了两条改革主线：一是落实地方党委政府及相关部门环保责任，上收生态环境质量监测事权，建立环境监察专员制度，开展中央和省级环保督察，加强对环保履责情况的监督检查，实行党政同责、一岗双责、依法追责、终身追责，推动绿色发展。二是落实排污单位责任，加强基层执法力量，污染源监督性监测和监管重心下移并实现测管协同，整合执法主体，相对集中执法权，强化环境司法、排污许可、损害赔偿、社会监督，严格环境执法。这两条主线实际上已经构成了习近平生态文明思想之严密法治观的逻辑主线。

三、坚持系统思维，坚持源头严防、过程严管、后果严惩，构建制度链条

生态文明制度体系注重顶层设计，强调系统完整，通过几十项涉及生态文明建设的改革方案，着力搭建起生态文明四梁八柱的制度体系，覆盖从源头严防到过程严管，再到后果严惩等全过程，以改革环境治理基础制度为动力，推动生态环境治理体系和治理能力现代化，矫治长期以来发展强保护弱、一拨人搞发展另一拨人搞保护的不正确理念、认识、行为方式、组织机制、制度体系等，系统重构生态环保基础制度。

以《生态文明体制改革总体方案》为例，其中的源头严防包括健全自然资源资产产权、国家自然资源资产管理体制、自然资源监管体制、实施主体功能区制度、建立空间规划体系、健全用途管制、建立国家公园体制等；过程严管包括资源有偿使用制度、生态补偿制度、资源环境承载能力监测预警机制、污染物排放许可证、企事业单位污染物排放总量控制制度等；后果严惩包括生态环境损害责任终身追究制度、实行损害赔偿制度等。

在后果严惩之外，习近平生态文明思想之"法治观"特别强调源头预防和过程严管的系统思想。习近平总书记强调指出，生态环境问题归根到底是经济发展方式问题。实际上，绿色发展、源头防治、全民共治等没做好，单纯做末端治理往往是事倍功半的，治标治本多管齐下才是真正有效的制度法治建设方向。也只有如此，才能使生态环境质量改善的成效稳固持久，也只有如此，才能实现环境效益、经济效益、社会效益多赢。

党的十九大报告将绿色发展作为加快生态文明体制改革、建设美丽中国的第一任务，大气污染防治要求坚持全民共治、源头防治。强调节约资源和能源，推进技术进步、培养新动能。加大企业环境违法行为查处力度，大力整治"散乱污"企业，有效解决"劣币驱逐良币"问题，为守法企业创造公平竞争环境。大力调整产业结构、能源结构、运输结构、农业结构，将其作为打好污染防治攻坚战的重要任务，协同推动生态环境高水平保护和经济高质量发展。

四、坚持实效思维，始于"法"，成于"制"，重在"治"

习近平总书记指出，法制制度的生命力在于执行，制度不能成为"稻草人""纸老虎""橡皮筋"，不得做选择、搞变通、打折扣。贯彻执行法规制度关键在真抓，靠的是严管。硬化制度执行、强化法治落实，做到执法必严、违法必究，让制度、法律在执行

落实中踏石留印、抓铁有痕。

中央环境保护督察制度就是建得好，同时更重要的是用得好的制度典型，敢于动真格，不怕得罪人，咬住问题不放松，成为推动地方党委和政府及其相关部门落实生态环境保护责任的硬招实招。第一轮中央环保督察实现对省级全覆盖，共受理了群众举报 13.5 万件，约谈党政领导 1.8 万多人，问责 1.8 万余人，立案处罚 2.9 万件，罚款金额 14.3 亿元，拘留人数共 1 527 人，移交生态环境损害责任追究案件 387 件。目前，国家正在逐步建立健全生态环境保护督察制度，设立了中央生态环境保护督察办公室，推动督察向法治化和纵深发展。

"天下之事，不难于立法，而难于法之必行。"针对祁连山自然保护区违法违规开发矿产资源、水电设施违法建设违规运行、水电站违规排污、违规发展旅游等突出问题，习近平总书记多次作出整改指示，甘肃省 3 名省级干部被问责，给党政领导干部生态环境责任严格追责问责树立了标杆，有权必有责、有责必担当、失责必追究。只有这样真抓严管实干，发现一起、查处一起，绝不姑息，才不会让制度和法律成为摆设。

保护生态环境必须依靠制度、依靠法治。实行最严格的制度、最严密的法治，制度创新与制度落实并重，改变生态环境制度法治失之于软、失之于松、失之于宽的局面，把生态文明建设和生态环境保护纳入制度化、法治化轨道，不断提升生态环境领域国家治理体系和治理能力现代化水平。

整合职能　权威高效履行生态环境监管职责①

吴舜泽　和夏冰　殷培红　郝　亮

摘　要　此次机构改革组建生态环境部，将分散的生态环境保护职能整合，实现了生态和城乡各类污染物排放监管与行政执法的统一，为打好污染防治攻坚战、生态文明建设提供了体制机制保障，对推进国家生态环境治理体系和治理能力现代化具有重大而深远的意义。生态环境部定位于监管者，切实担负起中央赋予的新使命、新职责和新任务，强化对生态环境保护的监管履职，指导和监督各部门、各行业做好生态环境保护工作，妥善处理好生态环境治理与监督、行业专业管理与综合监督管理的关系。同时，实施源头、过程、结果的全过程生态环境监管，以监管的统一带动、促进污染防治高效协同的大格局，提升生态环境治理的整体效能。

关键词　机构改革　生态环境监管　职能整合　生态文明建设

《中共中央关于深化党和国家机构改革的决定》《深化党和国家机构改革方案》《国务院机构改革方案》提出组建生态环境部。近日，生态环境部已正式挂牌，生态环境部部长李干杰就此次机构改革接受了人民日报专访，表示生态环境部的职能整合实现了五个打通，重点强化了四大职能。

---

① 原文刊登于《中国环境报》2018 年 5 月 15 日。

一、坚持问题导向和目标导向相结合，改革实现生态环境保护职能有效整合，是推进国家生态环境治理体系和治理能力现代化的一场深刻变革

（一）坚持问题导向，突出重点领域，聚焦解决一批长期想解决而没有解决的重大问题

一是部门职责分散交叉重复，内耗突出，叠床架屋、九龙治水、多头治理的管理体制已对生态文明建设和生态环境质量改善形成了较大制约。

二是生态环境监测和执法效能不高。多部门标准与数据不一致，"多个大盖帽管着一个草帽""多个大盖帽管不好一个草帽"等现象并存，监测执法力量分散、效率不高。

三是部门配置、机构职能划分与生态系统完整性理论不相符，没有实现山水林田湖草的生态系统管理方式，特别是监管者和所有者没有很好地区分开，既是运动员又是裁判员，监管者的权威性和有效性不强，生态环境等公共利益没有得到很好保障。

通过整合分散的生态环境保护职能，将机构改革与制度完善有机统一，实现了生态和城乡各类污染排放监管与行政执法的统一，有利于生态与污染防治工作的统筹协同，为污染防治攻坚战保驾护航，为生态文明建设提供体制机制保障。

（二）坚持目标导向，既立足当前，又放眼未来，实现生态环境治理体系和治理能力现代化

一是实现所有者与监管者的分离。党的十八届三中全会审议通过深化改革的决定，习近平总书记当时在说明中就特别强调监管者和所有者要分开，监管者和所有者要相互独立、相互配合、相互监督。组建生态环境部，统一并显著加强监管职能，解决了"运动员""裁判员"集一身的问题，落实了习近平总书记的这一重要要求。

二是实现系统综合管理。将分散在各部门的生态环境保护职责整合到一个部门，从监管者的角度把山水林田湖草统一起来，推动生态环境保护的城乡统筹、陆海统筹、区域流域统筹、地上地下统筹，实现要素综合、职能综合、手段综合，增强系统性、整体性和协同性，保障国家生态安全，建设美丽中国。

这次改革既立足当前，针对实现第一个百年奋斗目标面临的突出矛盾和问题，是突破性的、系统性的整体解决方案，力度、深度和广度前所未有，是实现生态环境质量总体改善的及时雨，也有利于加快推进生态文明建设、保障国家生态安全和建设美丽中国。

这次改革更放眼未来，充分体现、贯彻落实了习近平总书记山水林田湖草系统治理、所有者和监管者分离的重要战略思想，为新形势下推进生态文明建设指明了方向和路径，勾画出美丽中国建设的宏伟蓝图，为实现第二个百年奋斗目标打好基础、立好支柱、定好架构、创造有利条件，对于实现生态环境治理体系和治理能力现代化具有重大而深远的意义。

（三）这次改革问题导向和目标导向兼顾，将建立健全有利于加快改善生态环境质量的体制机制，推进国家生态环境治理体系和治理能力现代化

这次改革是以习近平同志为核心的党中央站在党和国家事业发展全局，适应新时代中国特色社会主义发展要求作出的重大决策部署，是党中央全面深化改革的重大举措，是推进国家生态环境治理体系和治理能力现代化的一场深刻变革，具有历史性、标志性和里程碑性的意义。

按照山水林田湖草是一个生命共同体的理念，坚持生态系统整体性和管理综合性相结合，以生态系统整体性、系统性及其内在规律为基本遵循，以改善和提高生态环境质量为目标，以解决现行生态环境保护管理体制存在的突出问题为导向，协同推进自然资源与环境保护监管，统筹生态保护与污染防治，加强生态环境保护职能，是党的十八大以来生态文明建设改革的延续、深化和集成，也是重大突破，是系统与科学的设计。改革后机构设置更加科学，职能更加优化，权责更加协调，监督监管更加有力，运行更加高效。

生态环境部门要在积极稳妥推进机构改革、加快生态环境质量改善进程中，切实做到两手抓，两手都要硬。

一方面，统筹做好过渡期内各项日常工作，着眼长远和大局，尽早谋划应对新体制机制运行可能出现的新情况，抓紧建立与体制改革相适应的机制、制度、政策体系，推动绿色发展新格局，尽快释放改革红利，充分发挥社会主义制度的优越性。

另一方面，紧紧抓好党中央确定的重点目标任务，切实担负起中央赋予的新使命、新职责和新任务，抓紧推动污染防治攻坚战的战役谋划、战役准备和战役冲锋，打赢蓝天保卫战，打好柴油货车污染治理、城市黑臭水体治理、渤海综合治理、长江保护修复、水源地保护、农业农村污染治理7场标志性重大战役，以重点突破带动整体推进，在加快改善环境质量的新进程中获得新的更大成效。

二、定位于监管者，强化对生态环境保护的监管履职，不包办、不替代、不弱化属于"党政同责、一岗双责"范畴内的党委和政府及其相关部门的生态环境责任

改革后党中央和国务院对生态环境部的基本职责定位是"监管"，统一行使生态与城乡各类污染物排放的监管和行政执法职责，监管者可以说是生态环境部门的基本定位和这次生态环境领域改革的初心之一。

这其中，有两点需要辩证处理好。一是按照当代政治理论，法治的根本在于控制国家权力、保障社会权益。监管者并不直接参与被监督者的权力行使过程、不干预行业内部许可、管理职能行使，但可以对被监督者权力行为进行监察、督促，对权力过程进行中止或事后追究。二是我国逐步建立了"环保部门统一监管、有关部门分工负责、地方政府分级负责"的生态环境保护管理体制，这符合生态环境系统规律，符合国情。改革后其他部门履行的"管发展必须管环保、管生产必须管环保、管行业必须管环保""一岗双责"没有改变，反而需要通过强化监督检查和督察问责予以落实和强化，更不能错误地认为生态环境部门包办污染防治，对环境质量负责。

因此，改革不会走回头路，行业管理者要发挥专业优势，从生产源头做好生态环境保护工作，做好本行业生态环境保护的内部监督工作。生态环境部门要做好顶层设计，监督和指导各部门、各行各业做好生态环境保护工作。妥善处理好生态环境治理与监督、行业专业管理与综合监督管理的关系，这是改革后生态环境部门必须妥善处理、长期坚持的关键点。

当前的一项重要工作就是要完善并严格实施更加明晰的部门生态环境责任清单，通过监管者定位职责手段的创新，解决长期以来环境保护统一监管法定要求难以落实的问题，并实现与行业管理者乃至治理修复者之间的协同增效。要用好中央环保督察这一制度利器，结合省以下环保机构监测监察执法垂直管理制度改革，建立健全省督市县的机制体制，推动地方党委和政府及其有关部门落实保护生态环境、完成温室气体减排目标的责任，落实生态环境保护"党政同责、一岗双责"，形成大环保格局。

总之，通过改革系统设计，厘清所有者、治理者（修复者）、行业管理者、生态与城乡各类污染排放的监管者职责，构建发展与保护内在统一、"党政同责、一岗双责"、部门齐抓共管、政府-企业-社会共治的生态环境治理体系，从体制机制上释放加快改善生态环境质量的制度红利。

三、生态保护监管是生态环境部职能职责的有机内涵，需一体两面协同推进污染防治和生态保护

生态环境部统一行使生态监管与行政执法职责，这与自然资源部统一行使全民所有自然资源资产所有者及国土空间用途管制与生态保护修复职责各有侧重、并行不悖。

党的十八大以来，原环保部门积极贯彻落实党中央、国务院决策部署，统一划定生态保护红线，切实加强自然保护区监管，严肃查处资源开发生态破坏事件，持续推进涉及生态领域的环境保护督察问责，构建了客观公正的外部监管者形象定位。

回溯来看，党中央、国务院多个重大文件中，如《党政领导干部生态环境损害责任追究办法》《生态环境监测网络建设方案》等都是将生态与环境并列的，明确提出地方党委和政府对生态环境负总责，加快推进生态环境监测网络建设，逐步建立生态环境损害的修复和赔偿制度，加快推进生态文明建设。分析来看，生态与环境一体两面的思路一以贯之，并在这次机构改革方案中得到充分彰显。从环境保护部到生态环境部，变的不仅仅是名称，不仅仅是去掉了"保护"两字，更应该注意增加了"生态"两字。只有加强生态保护与污染防治的协调联动，治污减排与生态增容并重，才能系统整体地推动生态环境质量改善工作。也正是基于此，改革方案要求整合污染防治和生态保护的综合执法职责、队伍，相对集中行政处罚权，统一负责生态环境执法，监督落实企事业单位生态环境保护责任，实施最严格的生态环境保护制度。

从理论上讲，要注意到，一是自然资源的经济价值和生态价值是竞争替代关系，需要运用权力制衡机制，将自然资源的经济属性和生态属性分部门管理，以解决自然资源开发利用与保护之间的价值冲突和空间使用矛盾，保证价值取舍决策过程中的利益平衡关系。自然资源往往兼具开发利用的经济属性和提供生态功能的生态属性，改革实现了自然资源资产管理和开发利用行业内部监管与生态环境部门外部监管的有机分离，这是保障生态质量的最后一道防线。

二是在全民所有制下，自然资源部所行使的自然资源所有者权力，不是完整的所有权，因其不具有占有权，对自然资源使用权、收益权、处置权等都是有限定和约束的，也可分离配置。生态系统提供的调节、支持等服务具有很强的公共物品属性，具有很高的外部性，共同权力很难分割，利益权属关系难以确定和准确计量，也不具备可流转性（可交易性）。因而难以通过资产化途径实现自然资源经济属性与自然属性的统一管理，自然生态保护监管往往与一般自然资源保护的管理手段和体制有所不同。

三是生态系统的整体性和层级性决定了构建国家生态安全屏障，需要将国家公园空

间布局纳入广大国土空间的自然保护地体系构建的全局中通盘考虑。自然资源部与生态环境部分别是自然资源资产管理者和自然生态监管者，两者应相对独立、协同制衡。自然资源统一确权登记和使用许可的产权管理权，并不排斥生态环境部管理生态空间、生态保护红线等国土空间，也不排除生态环境部对各地的国家公园管理机构保护修复效果实行独立客观外部的生态监管和行政执法职责。生态环境部统一行使自然生态保护监管者职责，包括对自然资源行业系统外进行的生态保护监管，符合客观规律和基本国情，是至关重要的制度安排。

四、权威高效搞好生态环境监管，实施做实源头、做优过程、做硬结果的全过程监管

统一污染防治监管职责是改革的一个方面。这次改革，坚持一类事项原则上由一个部门统筹、一件事情原则上由一个部门负责，有助于提升城乡污染物监管"严值"。同时，以监管的统一带动、促进污染防治高效协同的大格局，建立制度、政策、数据的协同平台，可以显著提升环境污染治理的整体效能。统一生态监管职能是改革的另一面。改革后生态环境部门要实施源头、过程、结果的全过程生态监管。

一是做实"源头"监管。生态系统一旦遭到破坏或保护不当，需要较长时间恢复甚至是不可恢复，必须坚持保护优先。监管者必须将监管端口前移，对国土空间的生态安全格局进行顶层设计、整体谋划，制定自然保护地体系分类标准、建设标准并提出审批建议等，代表全体公民生态环境利益发声说"不"。强化项目、规划环境影响评价生态内容，着力做好生态空间管控、生态保护红线划定并严守、自然保护地体系评审等工作，从规划和空间布局的源头监管自然资源开发行为。

二是做优"过程"监管。强化统一负责生态环境监测、生态环境状况评估、生态环境信息发布，确保监测数据"真、准、全"。构建完善的生态监测指标和方法体系，明确生态监测的参照系或者基线，建立数据共享机制、信息公开机制，构建跨部门的监管协调机制，监测自然资源开发利用过程中的生态质量变化，控制自然资源开发过程中的生态环境影响。

三是做硬"结果"监管。要加强基于结果的生态评估，监管者要对生态修复与治理者提出修复什么、在哪里修复、修复到什么程度等方面的标准规范要求，并对修复效果进行评估。中央环保督察适时开展点穴式专项督察，曝光生态公益受损的典型案例，严格追究责任，树立生态监管权威。

排污许可"核发一个行业清理一个行业"
有关问题的法律分析与具体操作建议①

王　彬　贺　蓉　贾　蕾

摘　要　以排污许可核发为契机,采取综合手段,实现"核发一个行业清理一个行业",可以将大量游离于监管范围外的固定污染源纳入监管范围,利用无证排污严厉惩罚的威慑力推动排污单位整改达标,是解决长期以来的历史遗留问题的可行举措。其中排污许可与环评审批、达标排放关系,以及如何操作三个问题至为关键。目前来看《行政许可法》及有关环保法律法规、党中央国务院文件均无硬性明确要求,排污许可证可以视为排污单位的"身份证"而不是"合法证明"。法律分析和研究梳理表明,①探讨环评与排污许可的关系,应分清新老项目两个不同类型。"核发一个行业清理一个行业"主要针对的是环保系统大量未掌握、底数不清的现有排污单位,并非针对新建企业,因为新老项目的环评与许可关系的有关规定有所不同。《控制污染物排放许可制实施方案》《排污许可证管理暂行规定》等规定新建项目环评内容"合理确定"及"纳入"应视作内容的衔接,但并未明确将其作为申请的必要条件更未将其作为现有排污单位申领程序的"前置条件"。环境影响评价制度是新建项目的环境准入门槛,应该严格把关,谨防又欠"新账",但环评不一定是现有项目许可的准入门槛和前置条件,也即在老项目清理中不一定将许可与环评直接挂钩。②行政许可和行政处罚是两种独立的行政行为,排污许可与环评、排放等违法处罚可以并行操作而非串联操作,对环评不合法、超标排放的排污单位应按照有关要求予以查处,核发许可行政行为本身不排斥、不免除对获得许可单位的其他违法行为的处罚,不需要将其与许可核发挂钩。③国内外存在有条件许可的情况,在梳理的国内179件涉及排污许可的地方性法规规章中,8件将依法环评作为排污许可条件,1件作为新(改扩)建项目排污许可条件,3件不作为排污许可条件,目前我国并未有法律位阶的文件明确要求将依法环评、达标排污作为现有排污单位的许可条件,这应当视作充分而非必要条件。④除现行法律规定"停业""关闭"等绝对禁止排污和企业停止运营的特殊违法情形外,其他法律规定的一般违法情形,排污者具备达标可能、未

---

① 原文刊登于《中国环境战略与政策研究专报》2018年第3期。

来"应然"可以达标排放的即可以发放许可证，纳入排污许可管理范围。梳理有关法律，共有 7 大类 10 种情形为严重违法行为，企业"停业""关闭"，不能核发许可证，我们认为其中的 5 种情形绝对禁止，有 5 种情形附带情景严重、拒不整改等限定词的可交由地方裁量。

建　议　①严格无证处罚、适当放松历史遗留企业整改期间的处罚力度，实施登记管理、自动许可在内的简化管理，营造所有固定源排污单位都自愿申领许可证的氛围，"请君入瓮"，力争把所有固定源排污单位都纳入环境监管范围。②借鉴以前发放"临时许可证"的经验，在许可证核发的同时明确整改清单要求、增加许可载明事项的形式，在一般许可证许可内容之外增加适用整改期内的"黄色活页"，同时严格跟踪督促整改进程，祭起一定期限内未达整改要求即严厉处罚、吊销许可的大旗，这是当前实现"发一行清一行"的可行路径。③对许可排污单位的整改督促工作，可以采取法律、行政、经济等多种手段（不仅仅局限于许可证管理手段），可以同时并行各类处罚措施，但应适度慎用"停业""关闭""恢复原状"等处罚措施，或者将"停业""关闭""恢复原状"的执行期限延迟至整改期后，以确保"发一行清一行"顺利进行。④通过严格环评和排污许可证后监管，大幅度消灭现有排污单位违法现象后，逐步实现环评和排污许可内容的紧密衔接，可以将必须履行环评手续、达标排放作为排污单位的必要条件。

关键词　排污许可　行业清理　法律分析　操作建议

核发排污许可证时做到"核发一个行业清理一个行业"，对暂时不具备核发条件的排污单位，明确提出整改要求，并纳入监管范围。这一要求在不少地方和不少部门引起热议，调研发现，地方关注的"发一行清一行"落实的主要问题：一是存在历史遗留的建设项目环评违规问题的排污单位，是否将以环评合法作为排污许可的前提条件？二是因近年来部分行业排放标准密集加严，未及时升级污染防治设施而不能稳定达标排放的老企业，是否要将稳定达标作为排污许可前提条件？三是如何在操作层面衔接各项法律要求、推动采取综合措施，实现这一目标？

一、排污许可与环评、稳定达标关系的法律分析

排污许可属于行政许可，分析排污许可核发的合法性，首先要分析是否符合《行政许可法》，其次要分析是否符合环保法和党中央、国务院排污许可改革要求。

（一）《行政许可法》：排污许可"法定"，可根据"目的"做"具体规定"

"发一行清一行"，从法理上说，就是落实李克强总理"让市场主体'法无禁止即可

为'、让政府部门'法无授权不可为'"的要求，允许单位排污就给单位颁发许可证，不在法律规定之外设置政策障碍。

1. 行政许可"法定"即"法律规定"

《行政许可法》第四条规定："设定和实施行政许可，应当依照法定的权限、范围、条件和程序。"行政许可"法定"中的"法"有两种理解：一是狭义的法，即法律；二是广义的法，包括《立法法》规定的法律、法规、规章等。环保法有关条款已经明确，"法定"即"法律规定"。《环境保护法》规定，"国家依照法律规定实行排污许可管理制度"。

专栏 排污许可设定的有关法律规定

《行政许可法》第十六条规定："法规、规章对行政许可条件作出的具体规定，不得增设违反上位法的其他条件。"第七十四条规定，"对符合法定条件的申请人不予行政许可"的，依法给予行政处分，依法追究刑事责任。

《国务院关于严格控制新设行政许可的通知》（国发〔2013〕39号）规定："（行政法规草案）对行政许可条件作出的具体规定，不得增设违反法律的其他条件。"对增设行政许可条件的，"要按照规定的程序严格处理、坚决纠正"，"要依照行政监察法、行政机关公务员处分条例等法律、行政法规的规定严格追究责任"。

《环境保护法》第四十五条规定："国家依照法律规定实行排污许可管理制度。实行排污许可管理的企业事业单位和其他生产经营者应当按照排污许可证的要求排放污染物；未取得排污许可证的，不得排放污染物。"

《大气污染防治法》第十九条规定："排放工业废气或者本法第七十八条规定名录中所列有毒有害大气污染物的企业事业单位、集中供热设施的燃煤热源生产运营单位以及其他依法实行排污许可管理的单位，应当取得排污许可证。排污许可的具体办法和实施步骤由国务院规定。"

《水污染防治法》第二十一条规定："直接或者间接向水体排放工业废水和医疗污水以及其他按照规定应当取得排污许可证方可排放的废水、污水的企业事业单位和其他生产经营者，应当取得排污许可证；城镇污水集中处理设施的运营单位，也应当取得排污许可证。排污许可证应当明确排放水污染物的种类、浓度、总量和排放去向等要求。排污许可的具体办法由国务院规定。

禁止企业事业单位和其他生产经营者无排污许可证或者违反排污许可证的规定向水体排放前款规定的废水、污水。"

2．授权法规规章作"具体规定"，不能"增设条件"

《行政许可法》将行政许可创设权授予法律，同时规定：尚未制定法律的，行政法规、国务院决定、地方性法规、省级政府规章，均可以在一定条件下创设行政许可。但是，在法律已对排污许可作出规定的情况下，已无"创设"排污许可的可能①。

此外，《行政许可法》第十六条规定，法规、规章可以在上位法设定的行政许可事项范围内，对实施该行政许可作出"具体规定"。《行政许可法》释义要求，法规、规章在对上位法设定的行政许可作具体规定时，主要是对行政许可的条件、程序等作出具体规定，应当注意"不得增设违反上位法规定的其他条件"。

3．判定是否"增设"，应当结合"目的"

《行政许可法》释义提出②，应当结合设定行政许可的目的来判断，是对许可的条件

---

① 《行政许可法》第十四条　本法第十二条所列事项，法律可以设定行政许可。尚未制定法律的，行政法规可以设定行政许可。必要时，国务院可以采用发布决定的方式设定行政许可。实施后，除临时性行政许可事项外，国务院应当及时提请全国人民代表大会及其常务委员会制定法律，或者自行制定行政法规。

《行政许可法》第十五条　本法第十二条所列事项，尚未制定法律、行政法规的，地方性法规可以设定行政许可；尚未制定法律、行政法规和地方性法规的，因行政管理的需要，确需立即实施行政许可的，省、自治区、直辖市人民政府规章可以设定临时性的行政许可。临时性的行政许可实施满一年需要继续实施的，应当提请本级人民代表大会及其常务委员会制定地方性法规。地方性法规和省、自治区、直辖市人民政府规章，不得设定应当由国家统一确定的公民、法人或者其他组织的资格、资质的行政许可；不得设定企业或者其他组织的设立登记及其前置性行政许可。其设定的行政许可，不得限制其他地区的个人或者企业到本地区从事生产经营和提供服务，不得限制其他地区的商品进入本地区市场。

《行政许可法》第十六条　行政法规可以在法律设定的行政许可事项范围内，对实施该行政许可作出具体规定。地方性法规可以在法律、行政法规设定的行政许可事项范围内，对实施该行政许可作出具体规定。规章可以在上位法设定的行政许可事项范围内，对实施该行政许可作出具体规定。法规、规章对实施上位法设定的行政许可作出的具体规定，不得增设行政许可；对行政许可条件作出的具体规定，不得增设违反上位法的其他条件。

《行政许可法》第十七条　除本法第十四条、第十五条规定的外，其他规范性文件一律不得设定行政许可。

《行政许可法》第十八条　设定行政许可，应当规定行政许可的实施机关、条件、程序、期限。

② 《行政许可法》释义：法规、规章在对上位法设定的行政许可作具体规定时，主要是对行政许可的条件、程序等作出具体规定，应当注意两点：

1. 不得增设行政许可

……

2. 不得增设违反上位法规定的其他条件

上位法在设定行政许可时，有时没有规定条件，有时条件规定得比较概括，出现这两种情况，都需要法规、规章进一步具体规定，但不得增设违反上位法规定的其他条件。如何理解是对许可的条件进行具体化还是增设新的条件，实践中往往难以区分。应当结合设定行政许可的目的来判断。如《烟草专卖法》第十五条规定："经营烟草制品批发业务的企业，必须经国务院烟草专卖行政主管部门或者省级烟草专卖行政主管部门批准，取得烟草专卖批发企业许可证，并经工商行政管理部门核准登记。"没有对取得"烟草专卖批发企业许可证"的条件作规定，需要法规或者规章作出具体规定。如果法规、规章规定必须经营指定的烟厂生产的卷烟，就属于增设了违反上位法规定的条件。再如《计量法》第十二条第一款规定："制造修理计量器具的企业、事业单位，必须具备与所制造、修理的计量器具相适应的设施、人员和检定仪器设备，经县级以上人民政府计量行政部门考核合格，取得《制造计量器具许可证》或者《修理计量器具许可证》"。但对必须具备什么样的设施、人员和检定仪器设备没有规定。国务院计量主管部门可以作具体规定，如果计量主管部门规定生产规模必须达到多少才发证，也属于增设新的条件。

进行具体化还是增设新的其他条件。

（二）排污许可制的"目的"要求"覆盖所有固定污染源"

排污许可的目的是什么？中央有关文件已经明确。

《关于全面深化改革若干重大问题的决定》提出"完善污染物排放许可制"，《生态文明体制改革总体方案》提出"尽快在全国范围建立统一公平、覆盖所有固定污染源的排污单位排放许可制，依法核发排污许可证，排污者必须持证排污，禁止无证排污或不按许可证规定排污"。《国民经济和社会发展第十三个五年规划纲要》提出，"推进多污染物综合防治和统一监管，建立覆盖所有固定污染源的排污单位排放许可制，实行排污许可'一证式'管理。"实行排污许可"一证式"管理目的是"推进多污染物综合防治和统一监管"。《控制污染物排放许可制实施方案》针对"排污许可制定位不明确，企事业单位治污责任不落实，环保部门依证监管不到位，使得管理制度效能难以充分发挥"的问题，进一步明确了实施排污许可制的指导思想、基本原则、目标任务，要求"到2020年完成覆盖所有固定污染源的排污许可证核发工作。"

上述文件一致明确要求"覆盖所有固定污染源"。2016年11月22日，时任环境保护部部长陈吉宁在《经济日报》发表署名文章《建立控制污染物排放许可制　为改善生态环境质量提供新支撑》，提出"逐步推进排污许可证全覆盖""对符合要求的企事业单位及时核发排污许可证""做到应发尽发"。

为了完成"覆盖所有固定污染源"这一政治任务，要求除了法律明确规定排除的，均纳入排污许可制管理。

根据李克强总理"让市场主体'法无禁止即可为'，让政府部门'法无授权不可为'"的要求，允许单位排污，就要发给排污许可证，不允许单位排污，就予以关停。让单位因建设项目环评违规而无证排污且不予关停，实际上是将单位和环保部门同时置于违法状态。

（三）简化管理排污许可可不作实质审查，但也是一种许可管理方式

对行政许可的审查标准，《行政许可法》没有直接明确，司法实践和理论中存在争议。多数见解认为，行政许可不能限于形式审查，而要进行必要的实质审查，审查标准根据具体行政许可要求确定。排污许可审核标准不明确，地方环保部门担心追责。

为解决这个问题，建议借鉴《对外贸易法》中"自动许可"的规定，明确对中小排污单位简化管理，不做实质性审查，只采用登记管理的方式，根据排污单位的申报直接发证。

2004 年《对外贸易法》修订，增加了一条"自动许可"的规定："国务院对外贸易主管部门基于监测进出口情况的需要，可以对部分自由进出口的货物实行进出口自动许可并公布其目录。"商务部明确：根据《中国加入工作组报告书》第 136 段中的承诺，自加入时起，中国将使其自动许可制符合世贸组织的《进口许可程序协定》的规定。自动许可仅为备案性质，目的为监测进出口情况，履行《中国加入工作组报告书》第 136 段中的承诺。

应明确，将排污单位纳入统一的登记系统，即使采用豁免或者自动许可的方式予以简化管理，这也是一种许可管理的手段。

（四）环评违规企业，未被一律禁止排污

"环境影响评价制度是建设项目的环境准入门槛"，排污许可制是否可以发给环评违法企业？对此，法律无明确规定。

1. 环评"三同时"违法，也存在允许排污情形

建设单位既未报批环境影响评价文件，也未申请环保设施验收，而主体工程擅自投产的现象十分普遍和突出，致使新的环境污染源和生态破坏源不断出现。《环境影响评价法》《建设项目环境保护管理条例》对此规定了处罚，全国人大常委会法制工作委员会、国务院法制办和原环境保护部专门就此问题作出了多次解释。

根据上述规定，对未报批建设项目环境影响评价文件、擅自开工建设的，应当依据《环境影响评价法》第三十一条的规定，责令停止建设、处以罚款，并可以责令恢复原状。项目建成投产后，未经环评审批擅自建设的行为已经终结，应当适用《建设项目环境保护管理条例》第二十三条（原第二十八条）处理，即责令限期改正、处以罚款；造成重大环境污染或者生态破坏的，责令停止生产或者使用或者责令关闭。

因此，建设项目投产后，除"造成重大环境污染或者生态破坏"而被"责令停止生产或者使用"或者"责令关闭"，是允许排污的。而允许排污，就应该发给排污许可证。

2. 环评"三同时"，不是排污许可法定条件

现行《环境影响评价法》《环境保护法》等环保法律和《建设项目环境保护管理条例》等行政法规，均未将依法环评和"三同时"验收作为发放排污许可证的前提条件。

可供参考的是，地方性法规规章，绝大多数也未要求排污许可以依法环评为前提。检索全国人大常委会"中国法律信息库"，自 2008 年《水污染防治法》修订开始在国家法律层面推行排污许可制以来，有 179 部地方性法规规章规定了排污许可，只有 12 部规定了具体的排污许可条件。其中，只有 8 部将依法环评作为排污许可条件，1 部作为新（改扩）建项目排污许可条件，3 部不作为排污许可条件（表 1）。

表 1 规定许可条件的地方性法规规章

序号	地方性法规规章	有关条款
1	哈尔滨市重点污染物排放总量控制条例（2016）	第二十一条 排污单位申请排污许可证，应当符合下列条件：……新建、改建、扩建项目申请排污许可证除满足本条第一款第二项至第五项规定外，其环境影响评价文件应经环境保护主管部门批复
2	青岛市排污许可证管理办法（2016）	第八条 排污单位申请排污许可证，应当提交以下材料……（三）经批准的建设项目环境影响评价文件和批复文件，建设项目环境保护设施竣工验收报告和批准文件
3	浙江省排污许可证管理暂行办法（2015）	未规定
4	河北省达标排污许可管理办法（2014）	第五条 申请领取排污许可证，应当具备下列条件：（一）建设项目环境影响评价文件经有审批权的环境保护主管部门批准，或者建设项目已经依照国家、本省有关规定在环境保护主管部门备案
5	福建省排污许可证管理办法（2014）	第八条 申请排污许可证或者临时排污许可证，应当具备下列条件：（一）建设项目环境影响评价文件经有权审批的环境保护主管部门批准
6	广东省排污许可证管理办法（2013）	第七条 申领排污许可证应当具备下列条件：（一）建设项目环境影响评价文件经有审批权的环境保护主管部门批准或者按照规定重新审核同意
7	甘肃省排污许可证管理办法（2013）	第八条 申领排污许可证，应当具备下列条件：（一）建设项目环境影响评价文件经环境保护行政主管部门审核同意
8	浙江省水污染防治条例（2013）	第三十二条 企业事业单位申领排污许可证，应当符合下列条件：（一）建设项目环境保护设施已通过竣工验收
9	河南省减少污染物排放条例（2013）	第十三条 申领排污许可证应当提交以下材料……（二）建设项目环境影响评价批准文件、环境保护验收批准文件
10	本溪市水污染防治条例（2012）	第十七条 申领排污许可证应当符合下列条件，并向市、县（区）环境保护行政主管部门提交相关证明材料：（一）建设项目环境保护设施已通过竣工验收
11	包头市排污许可证管理办法（2012）	未规定
12	深圳经济特区环境保护条例（2009）	未规定

3. 规定"衔接"：环评内容"合理确定"及"纳入"，并未明确作为程序"前置条件"

关于排污许可制衔接环境影响评价制度，《控制污染物排放许可制实施方案》有三处规定：一是"基本原则"部分要求"排污许可制衔接环境影响评价管理制度"；二是"衔接整合相关环境管理制度"部分要求，"……（五）有机衔接环境影响评价制度。环境影响评价制度是建设项目的环境准入门槛，排污许可制是企事业单位生产运营期排污的法律依据，必须做好充分衔接，实现从污染预防到污染治理和排放控制的全过程监管。

新建项目必须在发生实际排污行为之前申领排污许可证，环境影响评价文件及批复中与污染物排放相关的主要内容应当纳入排污许可证，其排污许可证执行情况应作为环境影响后评价的重要依据"；三是"规范有序发放排污许可证"部分要求，"根据污染物排放标准、总量控制指标、环境影响评价文件及批复要求等，依法合理确定许可排放的污染物种类、浓度及排放量"。

可见，《控制污染物排放许可制实施方案》考虑到环境影响评价制度执行实际状况，只要求将"环境影响评价文件及批复要求"作为考虑因素之一，用于"依法合理确定许可排放的污染物种类、浓度及排放量"，仅要求新建项目"环境影响评价文件及批复中与污染物排放相关的主要内容应当纳入排污许可证"，没有要求将建设项目依法环评。

另外，《排污许可证管理暂行规定》第十条规定，核发机关根据污染物排放标准、总量控制指标、环境影响评价文件及批复要求等，依法合理确定排放污染物种类、浓度及排放量。对新改扩建项目的排污单位，环境保护主管部门对上述内容进行许可时应当将环境影响评价文件及批复的相关要求作为重要依据。

分析来看，此条应当视作有关许可内容要衔接环境影响评价内容和相关要求，应视作许可事项的具体规定之一，虽未明确规定，但并不代表或者自动视为将环境影响评价作为程序上的前置条件，尤其不能视作现有污染源申请许可的必要条件。

4. 环评作为排污许可"前提""条件"，等于强制性恢复法律已经取消的"补办环评"规定

2016年《环境影响评价法》修正案，取消了"补办环评"。建设单位未依法报批建设项目环境影响报告书、报告表，擅自开工建设的，环保部门可以责令停止建设、处以罚款，并可以责令恢复原状，不再要求"限期补办手续"并将"逾期不补办手续"作为罚款条件。

《关于做好环境影响评价制度与排污许可制衔接相关工作的通知》（环办环评〔2017〕84号）规定，"环境影响评价制度是申请排污许可证的前提和重要依据"。

如果将上述"前提"作为"条件"，由于无证排污面临严厉处罚，企业不办理环评将无法申请排污许可，等于强制性恢复法律已经取消的"补办环评"规定。

5. 改革过渡期间新老项目申请排污许可条件有所区别

许多人在讨论排污许可与环评等关系时，往往混淆了新老项目两者不同类型。新建项目，应严格执行环评有关规定，将不予许可作为违反环评等规定的配套惩罚措施并形成打击违法行为的组合拳，这是十分恰当的。但是对于现有老项目而言，不能因为一些过去"罪不至死"的、不能溯及既往的行为而产生禁止排污的处罚，也不能把其他类型问题与不予核发许可挂钩。

改革过渡期，鉴于排污许可立法尚不健全，制度建立尚处于摸索阶段，《排污许可条例》未出台，目前对环境影响评价作为排污许可前置条件的规定位阶较低，强制性不足。考虑到《环境保护法》与《环境影响评价法》近年均有所修订，因此，建议采取新老项目申请排污许可条件有所区别的办法，新项目严格执行修订后的法律，法律颁布前已存在的老项目，不将环境影响评价作为排污许可证申请的前置条件。

6. 美国和我国台湾地区经验：环评未明确"前置"，"建造许可"实质前置

美国环评与许可完全不同，相互独立，许可证的审批程序并不包括环境评估。《国家环境政策法》规定的"环境评估"是一个程序性义务，用于对某些重大联邦行动（如公路项目）的环境影响必须进行详细的多学科评估，仅需完成法定义务下的分析即可。《清洁空气法》《清洁水法》规定的许可证涉及大量的规范性和实质性的要求，大部分都与空气质量直接相关。

美国《清洁空气法》针对固定污染源规定了建设许可和运营许可。每个新建污染源或进行重大改/扩建工程的现有污染源，在获取建设许可证（preconstruction permit）之后才能开工建设，称为新源审批（New Source Review，NSR）许可。对于一定阈值以上的重点污染源（包括取得建设许可证的重点源），在开始正式运营之前需要取得运营许可证（operating permit），且该运营许可证通常会纳入建设许可证的条款和要求。

我国台湾地区规定环境影响评价可代替固定污染源设置许可。《大气污染防治法》规定，固定污染源需要申请设置许可证和操作许可证，环境影响评价可以替代设置许可证[1]，而申请操作许可证以取得设置许可证为前提。[2]

综上判断，排污许可"有机衔接"环评，主要是充分利用环评内容，而不是将环评作为排污许可核发的前置条件。在建设项目环评与排污许可制更紧密衔接之后，可以通过修订法律法规，将建设项目依法环评和环保设施"三同时"作为排污许可条件。目前，对缺少环评"三同时"手续的已建项目发放排污许可，不存在法律障碍。

（五）达标排放是排污全程要求，而非许可条件

稳定达标排放是对固定污染源的运行全过程的基本要求，《行政许可法》及有关环保法律没有明确规定为排污许可条件，实际上也不可能作为排污许可条件。

---

① 《固定污染源设置变更及操作许可办法》第九条规定："应实施环境影响评估之固定污染源，其所属公私场所得检具空气污染防制计划及第七条或前条规定之文件，合并于环境影响评估程序审查，环境影响评估审查通过后，径向直辖市、县（市）主管机关或中央主管机关委托之政府其他机关申请核发设置许可证，并缴纳证书费。前项许可证内容，依审查通过之环境影响说明书、评估书及审查结论核发。"

② 《固定污染源设置变更及操作许可办法》第十二条："公私场所应于取得固定污染源设置许可证后，始得进行固定污染源设备安装或建造，并应依许可证内容进行设置或变更。"

1．逆向推理：达标排放为排污许可条件，则超标即无证

如果达标排放作为排污许可条件，超标排放就违反了排污许可条件，不符合许可条件即应撤销行政许可，但是现行法律没有规定也无意向规定超标排污即撤销排污许可。依照现行《大气污染防治法》第九十九条和《水污染防治法》第八十三条，超标排污情节严重的，才能责令停业、关闭。因此，对于有符合要求的治污设备、具备达标"应然"可能的排污单位，可以发放许可证。

2．美国和我国台湾地区经验：排放标准作为排污许可要求而非许可条件

美国排污许可根据基于技术的排放标准和基于环境质量的标准，综合确定排污单位的排放限值。排放限值根据许可证落到具体企业，而不是在颁发许可证之前直接适用于企业。在第一轮颁发排污许可证缺乏适用标准的条件下，《清洁水法》允许发证人员根据最佳专业判断（Best Professional Judgment，BPJ）确定排放限值。

我国台湾地区 2003 年版《事业废（污）水排放地面水体许可办法》规定，要求申请排放许可者提交试车计划书等材料，申请简易排放许可文件者才可以三个月内符合放流水标准的检测报告代替。[①]

3．地方性法规规章：普遍未将达标排污作为许可条件

只有《哈尔滨市重点污染物排放总量控制条例》（2016）和《河北省达标排污许可管理办法》（2014）将达标排放作为排污许可条件。

此外，《河南省减少污染物排放条例》（2013）和《包头市排污许可证管理办法》（2012）对超标排放的发放临时排污许可证。（见表 1）

4．行政处罚与行政许可："并行"而非"串行"

有一种流行的观点认为：行政许可只能发给合法排污单位，对违法排污单位发放许可，等于许可违法！

实际上，这种观点并没有法律依据。行政许可和行政处罚是两种独立的行政行为。对于固定污染源来说，排污就要经过许可，排污达标不是核发排污许可的条件，排污超标也不是吊销排污许可的条件。此外，违法排污就要处罚，处罚可以发生在许可前，也可以发生在许可后。

---

① 《事业废（污）水排放地面水体许可办法》第三条：新设废（污）水处理设施者，应检具其设施工程计划书及试车计划书；已设置废（污）水处理设施者，应检具试车计划书及功能测试合格报告书。但申请简易排放许可文件者，得以三个月内符合放流水标准之水质检测报告替代之。

二、将所有排污单位纳入环境监管范围意义重大

排污许可核发一个行业就要清理一个行业，通过对排污单位分类处置，逐步解决环境管理的历史遗留问题，实现将固定污染源全部纳入排污许可管理的目标。

（一）摸清排污单位底数，是实现环境管理全覆盖的必然要求

长期以来，固定污染源环境管理政出多门，数据不一，对排污单位排放要求不到位，管理对象没有实现全覆盖，一些排污单位没有纳入环境监管且长期违法生产，但基层环保部门却对辖区内排污单位底数掌握不清等问题普遍存在。据不完全统计，截至目前，至少有 50 万家以上企业处于环境监管的"真空"地带，如何管理、管好这些排污单位，是摆在眼前的现实问题。自 2015 年新《环保法》实施以来，全国加大了环境监管执法力度，开展了对环保违法违规建设项目"三个一批"的清理工作。然而，加强监管执法对象，是行业环境管理水平相对较好、已经有相关环评手续但需整改完善、或虽然相关手续不全但实际建成情况基本能实现达标排放的环保在册排污单位。即使力度再大、范围再广、时间再持久，那些环保监管之外的中、小企业依然逍遥法外。在排污许可工作以及各类涉及排污单位的清理和专项检查工作中，已积累了很多企业清单，要将清单不断完善至覆盖所有排污单位，并将所有排污单位都纳入统一的环境监管制度框架下，才能实现环境管理的精细化、全覆盖，才能避免行政资源的无效重复。

（二）将各类排污单位都纳入监管范围，实现排污许可证是身份证的重要内容

排污许可证是广义上的行政许可，是管理范围内所有排污单位的身份证，是环保监管执法部门对排污单位实施监管的管理证。从行业范围讲，属于《管理名录》的排污单位，按规定时间完成排污许可证核发；不属于《管理名录》的排污单位，也要在全国排污许可证管理信息平台填报基本信息，让排污许可证成为每一个排污单位的身份证。既然是身份证，就有单位是守法的，有单位是违法的。除了位于明令禁止建设区域内或者属于明令淘汰的等现行法律规定唯一指向"停业"或者"关闭"等绝对禁止排污和企业停止运营的特殊违法情形外，其他法律规定的一般违法情形，排污者具备达标可能、未来"应然"可以达标排放的即可以发放许可证，纳入排污许可管理范围。违法单位的违法行为发生在过去，有的违法行为甚至发生在单位建成运行前，可以秉承对单位信任的态度，相信其是有动力和意愿改过自新的，并彻底解决长期存在的违法排污单位不受环

境监管、处于监管之外的现状，分情况界定具体违法行为，并对违法排污单位分类施策，详细规定如何整改、如何获得排污许可证，最终解决违法排污单位纳入环境监管的问题。

（三）严格处罚无证排污等行为，对无证排污单位形成威慑，彻底解决历史遗留问题

通过排污许可证的核发，要彻底解决历史遗留问题，能纳入排污许可证监管的排污单位一律纳入监管范围，无法纳入监管的单位，一律采取严厉措施处罚启动关停程序。要对已完成排污许可证核发行业的无证排污行为依法进行处罚。通过严格执法，加大相关宣传力度，对无证排污的其他单位形成足够威慑力，从而让单位更有积极性主动申领排污许可证，让单位形成不敢、不能、不愿无证排污的行业氛围，尽快实现排污许可制度的全覆盖。避免排污许可证核发后，行业依然遗留一大堆问题，老旧问题变成新问题，大大降低这一环境管理手段的效果。

三、具体操作"发一行清一行"的总体思路

（一）修订完善《排污许可管理办法》

一是排污许可的管理范围调整为全覆盖。建议在适用范围或许可对象条款中将排污许可的管理范围调整为全覆盖，所有排污单位均需纳入申请排污许可证，重新定义排污单位。二是合理划分管理范围。建议《排污许可管理办法》在分类管理条款中划分重点管理、一般管理和登记管理三类：污染物产生量和排放量大或者环境危害程度高的排污单位实行排污许可重点管理；污染物产生量和排放量不大、危害程度不高的排污单位实行排污许可一般管理；污染物产生量、排放量较小、没有危害性的排污单位实行登记管理。三是分类明确核发条件。根据重点管理、一般管理和登记管理三类，分别设置核发条件，其中重点管理类建议参考《暂行规定》和《广东省排污许可证管理办法》第 7 条[①]；一般

[①] 《广东省排污许可证管理办法》第 7 条规定：申领排污许可证应当具备下列条件：

（一）建设项目环境影响评价文件经有审批权的环境保护主管部门批准或者按照规定重新审核同意；

（二）有符合国家和地方标准规定的污染防治设施和污染物处理能力。环境污染治理设施委托运营的，运营单位应当取得环境污染治理设施运营资质；

（三）按照规定进行了排污申报登记；

（四）按照规定制定污染事故应急方案，配备相应的设施、装备；

（五）按照规定标准和技术规范设置排污口；

（六）有污染物排放总量控制要求的，应当符合环境功能区划和所在区域污染物排放总量控制指标的要求；

（七）按照规定安装污染源自动监控设施，并与当地环境保护主管部门的自动监控系统联网；

（八）法律、法规和规章规定的其他情形。

管理许可条件适当放宽；登记管理可以仅列明排除条件，简化许可申报内容。四是补充登记管理类的管理措施及申领时间。目前《管理办法》只规定了重点管理类和简化管理类的管理措施，建议：补充登记管理类的申请与核发要求、申领时间、监督管理及法律责任等内容。

（二）明确纳入监管的具体内涵

从申请排污许可证，在登记系统填报信息开始即视作进入管理视野，纳入监管。对于污染影响小的排污单位，采取登记管理方式，对排污单位有一定的约束作用。对于老企业申领排污许可证、按照要求进行整改的过程，就是全口径减少污染的一个途径。

（三）实施分类操作

一是对新改扩建项目应严格遵守环评规定，通过排污许可证后监管，大幅度消灭环保违法现象，实现环评和排污许可内容的紧密衔接。二是对已有地方排污许可证的排污单位，鼓励引导其申请国家证，为避免重复许可加重企业负担，建议对已有地方证而不申请国家证的排污单位，有关监测数据和基本信息接入信息平台，地方证有效期满后再申请国家证。三是对存在问题的老项目或单位，尤其是小散乱污，是本文讨论的重点与关键，需要根据不同情形，分类操作。

（四）分行业制定整改清单

发生变动但不属于重大变动情形的建设项目，环境影响报告书（表）2015 年 1 月 1 日（含）后获得批准的，排污许可证核发部门从严核发，其他建设项目根据技术规范要求核发。

（五）违法处罚与排污许可并行，多种手段共同推进

对许可单位的整改督促工作，可以采取多种法律行政经济等多种手段，对于非必须"停产""关闭"的排污单位，如果存在其他违法行为，可以同时并行各类处罚措施，有关部门应当监管并查处，但排污许可证的申请与核发并不以违法查处为前置条件。

应当适度慎用"停产""关闭""恢复原状"等处罚措施，或者将"停产""关闭""恢复原状"的执行期限延迟至整改期后，以确保"发一行清一行"顺利进行。采取整改期间处罚适当放宽、整改期后严格处罚的原则。

四、分类处理实现"发一行清一行"的操作路径

对于存在问题的老项目，尤其是小散乱污单位，提出分类处理要求和操作程序，即根据问题严重程度和处理办法的不同，将问题项目或单位分为以下三类：

第一类可以发证的情形：①"未批先建"已建成的项目或单位；②符合环评审批要求或轻微不符合环评审批要求的"久试未验"的项目或单位；③具备达标条件可能、具有符合要求的治污设施，但存在因管理因素或者主观故意因素造成现状超标排放的项目或者单位。

对这类排污单位，应当明确规则，环保部门进行审核确认后，出具审核证明，排污单位可以申请核发排污许可证，同时按照许可管理要求严格证后监管。

第二类不能发证的情形：按照有关法律规定，必须且只能采用"停业""关闭"处罚措施的情形（不含法律规定如恢复原状等可选项）。梳理共七大类法律明确禁止排污的情形：①位于明令禁止建设区域内①；②不符合国家产业政策或命令禁止淘汰的项目②；③超过污染物排放标准或者超过重点污染物排放总量控制指标排放污染物的，情节严重的③；④煤矿未按照规定建设配套煤炭洗选设施并拒不改正的，或开采含放射性和砷等有毒有害物质超过规定标准的煤炭的④；⑤在居民住宅楼、未配套设立专用烟道的商住综合楼、商住综合楼内与居住层相邻的商业楼层内新建、改建、扩建产生油烟、异味、废气的餐饮服务项目的，并且拒不改正的⑤；⑥向水体排放油类、酸液、碱液、剧毒废液、放射性固体废物或者含有高放射性、中放射性物质的废水的；未按照规定采取防护性措施，或者利用无防渗漏措施的沟渠、坑塘等输送或者存贮含有毒污染物的废水、含病原体的污水或者其他废弃物的，情节严重的⑥；⑦生产、销售、进口或者使用列入禁止生产、销售、进口、使用的严重污染水环境的设备名录中的设备，或者采用列入禁止采用的严重污染水环境的工艺名录中的工艺的，情节严重的⑦。

---

① 《水污染防治法》第 91 条。
② 《水污染防治法》第 86 条。
③ 《环境保护法》第 60 条、《大气污染防治法》第 99 条、《水污染防治法》第 83 条等。
④ 《大气污染防治法》第 102 条。
⑤ 《大气污染防治法》第 118 条。
⑥ 《水污染防治法》第 85 条。
⑦ 《水污染防治法》第 86 条。

对这类排污单位，法律要求应依法"停业""关闭"，属于严重违法行为，因此，不能申请和核发排污许可证。分析来看，七大类10种情形中，有5种情形是应该在"发一行清一行"中不予核发许可证并直接停业关闭的：①位于明令禁止建设区域内；②不符合国家产业政策或命令禁止淘汰的项目；③生产、销售、进口或者使用列入禁止生产、销售、进口、使用严重污染水环境的设备名录中的设备；④开采含放射性和砷等有毒有害物质超过规定标准的煤炭的；⑤向水体排放油类、酸液、碱液、剧毒废液、放射性固体废物或者含有高放射性、中放射性物质的废水的。

其他5种情形，都有类似情节严重、拒不整改等限定条件，可以暂时予以核发许可证，具体可以由地方根据实际情况裁定。在这次"发一行清一行"活动期间，一些停产整治的处罚行为也可以由地方适当放宽，以达到将排污单位纳入监管、尽快解决问题这一最终目标。

第三类是可以通过整改满足的情形，也就是"发一行清一行"的主要针对对象，包括但不限于：①"未批先建"已建成的项目或单位；②存在重大变动、严重不符合原环评审批要求的"久试未验"的项目或单位；③存在超标排放等违法情形的项目或单位。

对这类项目和单位，均鼓励申领许可证，并提出整改要求，纳入监管范围。建议操作路径有两个方案：在发放许可证时点上，可以根据违法情形和地方管理需要采取两个方案，即申领时发放附带"整改要求黄色清单"特殊内容的许可证，或者整改内容达到要求后发放许可证。

方案一：排污单位申请排污许可证的同时，对尚不满足许可条件之处，要提出补办手续或整改的承诺单，列明整改清单和完成期限，核发许可证时附带整改清单，整改期满，若整改达到要求，则排污许可证继续有效，若未完成，则吊销排污许可证。另外，申请核发排污许可证与任何时间的违法处罚均不冲突，可以并行操作。

方案二：排污单位申请排污许可证，环保部门根据整改清单，给予一定整改期，整改期满，审核达到整改要求后，出具审核证明，可以核发排污许可证，同时按照许可管理要求严格证后监管。

这两个方案核发许可的时间有所不同，整改期间处罚依据也有所不同，方案一在整改期间，排污单位已经有排污许可证，因此，只能对其超标等违法行为进行处罚；方案二在整改期间，排污单位没有排污许可证，可以根据无证规定进行处罚。

比较而言，方案一的全部项目和单位均可在第一时间申请核发排污许可证，纳入排污许可管理，做到应发尽发，最快实现"发一行清一行"的目标。整改期间只能根据超标情节进行处罚，惩罚作用小，同时相应鼓励排污单位主动申领、纳入许可管理程序的激励作用大。建议在《排污许可管理办法》中采纳方案一，同时授权地方根据地方性法规规章执行地方排污许可证发放门槛。

应注意到，方案一在整改期满后存在大量吊销排污许可证的可能。同时也存在一定的法律风险问题，建议向国务院提出请示，借鉴国务院清理整顿环保违法排污单位的经验，采取过渡期处理方式，以此作为完成改革任务依据。

第三篇
环境社会治理与社会分析

全国生态环境保护大会的社会影响分析①

金　笛　郝　亮　郭红燕

摘　要　2018 年 5 月 18—19 日全国生态环境保护大会在京召开。为了解舆论焦点，做好舆论引导，政研中心对相关舆情进行了跟踪分析。我们从新闻媒体、官方微博、微信公众号、手机客户端、论坛、博客等信息传播载体筛选出 5 月 18—27 日的相关信息 27 508 条，分析发现此次舆情呈现以下特点：

第一，权威新闻媒体搭配官方微博、微信公众号是主要信息发布渠道，引发全社会关注，较好地引导了信息传播和舆论走向。

第二，大会受到全国范围关注，其中北京、浙江的网友关注度最高，行业中公共管理、教育、能源化工、通信和 IT 业关注度较高，但部分与环保相关性较强的行业领域如医药、建材、金融保险、物流等对大会关注度不高，不利于生态环保工作的全面系统推动和开展，应加强对这些领域的宣传引导。

第三，本轮舆情亮点在于部分媒体对习总书记讲话和大会精神进行了系列评论和解读，形成了系统连锁的宣传效应。解读内容主要围绕大会重要意义、美丽中国的具体目标以及相应的建设路线图等方面展开，有利于进一步明确为什么建设生态文明、建设什么样的生态文明、怎样建设生态文明等理论和实践问题。

第四，部分部委、企业与全国各省积极学习部署落实大会精神。不足一半的部委召开了传达部署落实会议，初步形成联合部署开展生态文明建设和污染防治攻坚战的舆论态势，但仍有较大空间需要动员和挖掘；全国各省（自治区、直辖市）均召开会议学习落实大会精神，东中西部与长江流域省份差异化部署重点工作；部分企业也开会落实大会精神，央企中能源资源类企业响应较积极，且在清洁能源保障、能源质量升级、污染治理等方面提出具体举措，民企中只有个别环境治理类企业进行了学习落实。

---

① 原文刊登于《中国环境战略与政策研究专报》2018 年第 14 期。

第五，网友对本次会议多为积极正面评价，支持和认可生态环境保护工作，为生态环境保护工作点赞，同时呼吁保护环境人人有责，并希望环境法律法规的制定和执行也更为严格。

第六，媒体和专家对污染防治攻坚战中的环保"一刀切"、生态环境问题曝光等相关话题讨论较多，并从提高政治站位、完善体制机制、突出重点领域、形成全社会合力等方面提出了打好污染防治攻坚战的具体建议。

关键词 全国生态环境保护大会 习总书记讲话 舆情 解读 反响

一、大会相关舆情传播以新闻媒体和官方微博、微信公众号为主要方式

我们筛选出 5 月 18—27 日的相关信息 27 508 条，其中新闻 13 414 条（占 49%），微信 10 563 条（占 38%），微博 2 370 条（占 9%），手机客户端、论坛、博客等共 1 161 条（占 4%），对数据进行话题聚焦、热词分类与排序等智能手段处理，综合分析大会相关舆情的传播趋势及特点，主要发现：

第一，新闻媒体发布的相关信息占总信息的 49%（图 1），官方微信、微博等自媒体发布的信息占比 47%，二者合计占比高达 96%，说明新闻媒体及官方微博、微信公众号为此次舆情传播的主要载体。

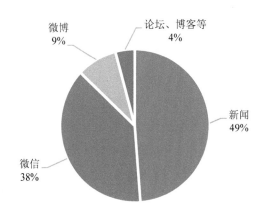

图 1 网络舆情信息占比

第二，大会 5 月 19 日闭幕，经央视新闻报道后迅速引发各新闻媒体关注、解读和评论，21—22 日达到舆情高峰，27 日之后热度逐渐降低并趋于平稳（图 2）。截至目前，

被刊发、转载数量最多的文章是人民日报发表的四论学习贯彻习近平总书记全国生态环境保护大会重要讲话的系列文章[1-4]，文章从不同的角度对习总书记讲话进行了深入解读和阐释，很好地引导了社会舆论。

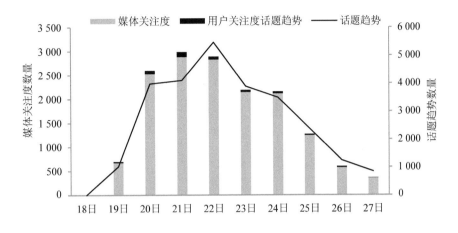

图 2　话题发展趋势

二、大会受到全国范围关注，其中北京、浙江的网友关注度最高，行业中公共管理、教育、能源化工、通信和 IT 业关注度较高，关注焦点集中在习近平出席会议并发表讲话、大会释放的信息等

TRS 网察数据分析平台显示，北京及浙江的网友对大会关注度最高，远高于其他省份。可能的原因是，北京、浙江地区的信息化程度都比较高，公众生态环境意识和主动参与意识较浓厚。此外，大会在京召开，浙江省主要负责同志参加了交流发言也是导致这两地关注程度较高的因素之一。

另外，通过百度大数据分析，关注大会的网友所属行业主要集中在公共管理领域（占 35.2%），其次为教育行业（14.8%）、能源化工业（11.1%）、通信和 IT 业（11.1%），但与环保相关度很高的其他行业如医药、建材、金融保险、物流等行业占比均不高（图3）。部分与环保相关性较强的行业领域对大会关注度不高，不利于生态环保工作的全面系统推动和开展，应进一步加大相关领域的宣传力度。网友的年龄段主要集中在25～34 岁（58%），其次为 18～22 岁（22%）、35～44 岁（10%），表明中青年更为关注此次大会。

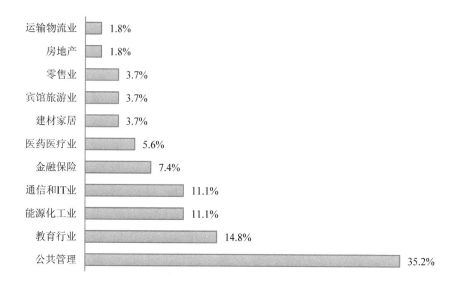

图3 用户所属行业排行

此轮舆情过程中，网友关注的话题集中在习近平总书记出席大会、习近平总书记重要讲话、大会主要内容等方面。从百度搜索词分析图（图4）可以看出："习近平出席全国生态环境保护大会发表讲话""全国生态环境保护大会释放四大信号""论学习贯彻习近平总书记全国生态环境保护大会重要讲话"等搜索词热度较高，表明现阶段网友更关注大会的高规格，关心大会传递出的新内容、新信号，同时也说明媒体宣传的内容同质性较强，未来应加强针对性的差异化解读。

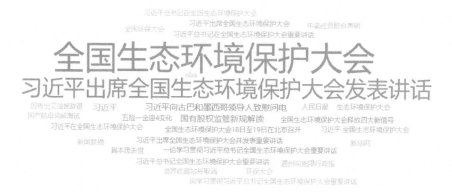

图4 搜索词云图

三、媒体的系列评论解读是本轮舆情的亮点，媒体和专家等重点从大会重要意义、美丽中国和生态文明建设的具体目标以及相应的路线图时间表等角度对大会进行深入解读

大会召开以来，人民日报、新华社、光明日报、经济日报等主流媒体与以中国环境报为代表的专业媒体纷纷进行了报道。从形式上看，相比以往，本轮舆情亮点在于部分媒体对习总书记讲话和大会精神进行了系列评论和解读，形成了系统连锁的宣传效应。例如，人民日报四论学习贯彻习近平总书记全国生态环境保护大会重要讲话，分别从加强生态文明建设的重大意义、推进生态文明建设的重要遵循、如何打好污染防治攻坚战、如何担负起生态文明建设的政治责任等方面进行了论述，重点讨论了为什么建设及怎样建设生态文明等问题。中国环境报则结合生态环境领域的具体工作，从以什么为指导、重点在哪些领域、有哪些具体抓手等角度六论学习贯彻大会精神[5-10]，统一了全国关于生态环保工作的认识，明确了下一步工作的着力点和方向。

从内容上看，媒体报道以及部分专家学者的解读主要围绕大会的重要意义、美丽中国的具体目标以及相应的建设路线图等方面展开，有利于进一步明确为什么建设生态文明、建设什么样的生态文明、怎样建设生态文明等理论和实践问题。

首先，为什么建设生态文明？媒体与专家学者分别从规格、规模、影响、时机等方面阐述了大会的重要意义，生态环境保护已经成为关乎党和国家事业发展全局的重要议题。在影响方面，常纪文认为，本次大会的关注不仅局限于生态与环境保护领域，还拓展至资源与绿色发展领域，提出一系列新理念新思想新战略，推动生态环境保护发生历史性、转折性、全局性变化；在时机方面，目前我国生态文明建设正处于"三期"叠加①的关键阶段。吴舜泽认为，这"三期"的描述，既讲了时不我待、不进则退的任务艰巨性，又讲了加快补齐生态环保短板的极端重要性，还讲了有条件、有能力的客观基础性。为全党全国统一思想、迎难而上，坚定信心[11]。可见，大会将生态文明建设的重要意义提上了新高度，生态兴则文明兴，生态衰则文明衰。要实现中华民族伟大复兴的中国梦，就必须建设生态文明、建设美丽中国。

其次，建设什么样的生态文明？大会关于 2035 年和 2050 年两个阶段美丽中国和生

---

① 我国生态文明建设正处于压力叠加、负重前行的关键期，已进入提供更多优质生态产品以满足人民日益增长的优美生态环境需要的攻坚期，也到了有条件有能力解决生态环境突出问题的窗口期。

态文明建设具体目标[①]的设定有所细化，尤其是 2050 年，在党的十九大报告中"物质文明、政治文明、精神文明、社会文明、生态文明全面提升"的基础上，进一步提出了"绿色发展方式和生活方式全面形成""建成美丽中国"等更加具体的要求，方向性和充实度都有了进一步提高。吴舜泽认为，这两个目标无论在程度上还是领域上，还是有一定的差异。2035 年的目标基本上讲生态环境质量本身较多。而讲 21 世纪中叶的目标，提出生态文明全面提升，绿色发展方式和生活方式全面形成，人与自然和谐共生，生态环境领域国家治理体系和治理能力现代化全面实现。其中除了环境质量，还涉及生态文明水平、发展方式和生活方式以及人与自然和谐共生等理念，包括治理体系和治理能力现代化，领域更全，内涵更丰富[12]。

最后，怎样建设生态文明？专家认为本次大会提出了建设美丽中国的路线图，即以六项原则[②]为指导，以健全五大体系[③]为重要抓手和依托，在五个领域实现突破[④]。关于六项原则，人民日报认为是推动我国生态文明建设迈上新台阶的思想遵循和行动指南[12]；陆军认为，坚持好这六项原则，是指导打好污染防治攻坚战、全面加强生态环境保护、推进生态文明、建设美丽中国的指导思想、力量源泉和行为遵循[13]。吴舜泽认为，这六项原则实际上是习近平生态文明思想的精髓所在。其中第一个坚持讲的是人与自然和谐共生，第二个坚持深刻揭示了发展和保护的本质关系，第三个坚持说的是为了谁和发展目的的问题，第四个坚持体现统筹兼顾、整体施策的系统思维，第五个坚持指明了改革创新是关键的抓手，第六个坚持涉及全球观[12]。关于五大体系，光明日报认为，这是一场包括发展方式、治理体系、思维观念等在内的深刻变革；是习近平生态文明思想的具体部署，也是从根本上解决生态环境问题的对策体系，需要坚决落实和长期贯彻。任勇认为，这五大体系是建设美丽中国的具体部署，也是从根本上解决生态环境问题的对策体系[13]。具体到单项制度体系，陆军认为，本次大会第一次提出了加快建立健全以生态价值观念为准则的生态文化体系，并将其上升到文化的高度；而以产业生态化和生态产业化为主体的生态经济体系，则为高质量发展埋下伏笔。人民日报和中国环境报则聚焦于环境保护的政治责任，认为地方各级党委政府主要领导是抓好生态环境保护工作

---

① 到 2035 年生态环境质量根本好转、美丽中国目标基本实现；到 21 世纪中叶，全面实现人与自然和谐共生、生态环境领域国家治理体系和治理能力现代化。

② 人与自然和谐共生原则、"绿水青山就是金山银山"原则、良好生态环境是最普惠的民生福祉原则、山水林田湖草是生命共同体原则、用最严格制度最严密法治保护生态环境原则、共谋全球生态文明建设原则。

③ 构建以生态价值观念为准则的生态文化体系、以产业生态化和生态产业化为主体的生态经济体系、以改善生态环境质量为核心的目标责任体系、以治理体系和治理能力现代化为保障的生态文明制度体系、以生态系统良性循环和环境风险有效防控为重点的生态安全体系。

④ 要加快构建生态文明体系，要全面推动绿色发展，要解决突出生态环境问题作为民生优先领域，要有效防范生态环境风险，要提高环境治理水平。

的"关键少数"，要建立科学合理的考核评价体系，用好考核评价这根"指挥棒"[4, 8]。关于五个领域中的"全面推动绿色发展"，中国人民大学教授石敏俊认为这是新时代生态文明建设的治本之策[15]。中国环境报针对提高环境治理水平给出了建议，即必须通过改革创新提升环境治理能力。要坚持问题导向，确保改革措施具有针对性；要聚焦主要问题和关键环节，哪里矛盾和问题最突出，就重点抓哪里的改革。柴发合认为，美丽中国路线图的制定回答了诸多问题，包括中国社会如何发展，社会行为如何规范，产业结构调整方向是什么，污染治理的重点是什么，用什么样的方式让生态环境持续改善。这将是未来很长一段时间，指导国家社会经济发展和生态环境保护的纲领性指示。

四、部分部委、企业与全国各省积极学习部署落实大会精神，多数网民支持认可生态环境保护工作，积极建言献策

（一）相关部委结合自身职能落实大会精神，将美丽中国建设融入工作中

2018 年《宪法》修正案第四十六条明确规定生态文明建设是国务院的主要职责之一。我们从互联网查找了国务院 26 个组成部门学习落实大会精神的新闻报道后发现，不足一半的部委召开了传达部署落实会议，经济发展部门、执法司法部门，以及具体交通、农业、健康和应急部门响应较为积极，初步形成联合部署开展生态文明建设和污染防治攻坚战的舆论态势，但仍有较大的空间需要动员和挖掘。

具体来说，仅国家发展改革委、交通部、农业农村部、公安部、司法部、自然资源部、生态环境部、国家健康委、应急管理部 9 部门召开了学习贯彻会议，并在能源消费结构、开展绿色出行行动、打好农业面源污染攻坚战、强化环境督查执法、推进法律服务、加强生态保护修复、打好污染防治攻坚战、建设健康环境、应对突发环境风险等方面做出部署。但部分部委的贯彻措施还有更大的空间，如国家发展改革委，作为宏观统筹与协调部门，其在生态文明建设中所发挥的作用远远不止优化能源结构一项，可在生态经济、制度保障、生态安全等领域发挥更大的作用。

未在网上找到相关学习部署信息的其他 17 个部委，在一定程度上也与生态文明建设密切相关。例如，工信部、住建部、水利部①、商务部、财政部、中国人民银行等都

---

① 检索发现，水利部老部长党支部召开座谈会，专题学习习近平总书记在全国生态环境保护大会上的重要讲话精神，并建议各级水利部门以学习贯彻习近平总书记在全国生态环境保护大会上的重要讲话精神为契机，将着力落实最严格水资源管理制度，严格水资源的节约和保护，全面深化河长制湖长制改革，但未能检索到水利部党组落实全国生态环境保护大会精神的相关内容。

与生态环保工作有很高的相关度，他们可通过制定相关的行业、财政、金融等政策，直接或间接影响生态环境质量改善。值得注意的是，财政部虽然出席大会并作了发言，但未能检索到其学习落实本次大会的相关报道，李克强总理提出的"研究落实出台有利于绿色发展的结构性减税政策"等要求还需要其牵头落实。此外，教育部、科技部、民政部、人社部、文化和旅游部、审计署等也都与大会提出的部分内容，如生态文化体系、生态经济体系、目标责任体系等紧密相关。

此外，通过检索，还发现中央纪律检查委员会、最高人民检察院、国家统计局、国家知识产权局、国家邮政局、国家广播电视总局、中国证监会等也召开了学习贯彻落实本次大会精神的党组会议，并结合自身工作，提出了诸多建设性意见和措施。

（二）全国各省（自治区、直辖市）均召开会议学习落实本次大会精神，东、中、西部与长江流域省份差异化部署重点工作

不同于部委，全国 31 个省（自治区、直辖市）均组织召开会议传达、学习并落实习近平生态文明思想和全国生态环境保护大会精神，但是各省在学习与贯彻落实的深度方面则差异较大。北京、河北、江苏、浙江、湖北、湖南、广东、新疆等地都制订了相对具体的落实行动或计划，而其他省份更多停留在学习筹划阶段，未提出清晰明确的落实行动。

从内容看，不同区域结合会议精神、当地经济结构和主要环境问题，对未来生态环境保护工作做出差异化部署。东部地区，传统的环境问题基本得到控制，生态环境保护工作部署更系统、全面和科学，更注重污染源头防治、生态保护修复、科技创新等，逐步从重点突破向全面提升迈进，如江苏、浙江、广东等。中部地区侧重加大生态环境保护力度、调整经济结构、能源结构、交通结构等，推动绿色发展，解决突出环境问题，如河北、山西等。西部地区强调发展绿色经济，培育和推动绿色生态产业、节能环保产业、清洁能源产业等，如甘肃、云南、广西等。此外，长江流域省份将工作重点放在水污染防治、保障长江生态环境质量改善等方面。如湖南表示全面贯彻落实长江经济带发展战略及省委《中共湖南省委关于坚持生态优先绿色发展深入实施长江经济带发展战略 大力推动湖南高质量发展的决议》，切实守护好一江碧水，让黄金水道发挥黄金作用；湖北强调深入实施水污染防治行动计划，坚持以长江大保护为抓手，深入实施湖北长江大保护"九大行动"。

（三）部分企业也落实了大会精神，央企中能源资源类企业响应较积极，在清洁能源保障、能源质量升级、污染治理等方面提出具体举措，民企中只有个别环境治理类企业进行了学习落实

企业既是污染排放者，也是污染防治的责任主体，有义务结合业务领域的主要污染物提出有针对性的治理举措，为打赢污染防治攻坚战做贡献。

为了更好地分析企业贯彻落实大会的情况，分别选取了在国内排名靠前的央企和民企各 16 家，从网上了解其学习贯彻和落实大会精神情况后发现，总体而言，积极响应大会精神的企业不多，央企中能源资源类企业如中石油、中石化、中海油和中铝集团等响应较积极，在清洁能源保障、能源质量升级、污染治理等方面提出具体举措；民企中只有个别环境治理类企业进行了学习和落实，如博天环境聚焦于"产业生态化"和"生态产业化"，将"工业+市政"双轮驱动战略升级为"工业强"＋"生态美"。

此外，作为外资控股的明星企业，阿里巴巴贯彻了大会的主旨精神，宣布推出绿色物流 2020 计划，率先向快递污染宣战，从包装、打包、配送、路径规划、回收打造绿色物流"全链路"。

（四）网友观点多为积极正面评价，支持和认可生态环境保护工作，为生态环境保护工作点赞，同时呼吁保护环境人人有责

由于大会前期未进行宣传，相关信息公布时间较晚，各官方微博、微信公众号中的评论功能受限，网友的参与度较低，没有形成较大范围的讨论。因此，只收集到了"生态环境部""新华视点""中国之声""人民日报""艾帅不帅"[①]等微博下 250 余条网友评论，详见图 5。

综合分析网友评论发现，绝大部分为正面观点，多数网友对生态环境保护工作表示认可和支持，为生态文明建设点赞："小草裁云萌：支持生态文明建设，为新时代点赞！""周牧尘 Z：现在山、水、空气、比以前好多了""今年夏天我们一起去跳伞吧：英明决策，利国利民"。

部分网友对生态环境保护工作提出自己的看法建议。期望环保执法更严格："圣灯山隐士：在生态环境保护上，政府应推行铁律苛政才行！"呼吁全民参与环保，保护环境人人有责："圣灯山隐士：生态环境保护是与我们每个人息息相关的大事。全民都应该拥护支持！""翔迷 lxn：打好污染防治攻坚战，推进生态文明建设任重道远，人人相

---

① "艾帅不帅"只是一个粉丝数不足 500 人的个人微博账号，但其发布的一条关于全国生态环境保护大会话题的微博获得了 134 条网友评论。

关，人人有责。"建议提高国民环境素养和环保意识："用户6351697338：治理的同时也要提高国民环保的意识啊 否则一边治理一边破坏，效果肯定不好。"

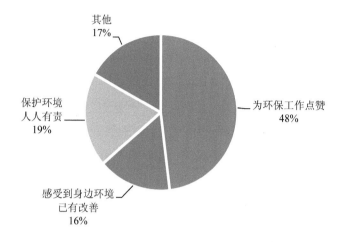

图5　网友观点分类

少部分网友反映了身边存在的环境问题："赖胖纸 T_T：老家的大唐电厂，燃煤发电，现在整个镇子的房屋楼顶都有一层煤尘，每次去阳台走一圈，脚底都是黑的，冲刷完没两天又这样""天下官员一般：你这评论都是你们自家人，全是各地环保，江苏省徐州市铜山区柳泉镇宏达化工厂污染那么严重为什么不停，保护伞太大了，太硬了。"

五、新闻媒体对污染防治攻坚战中的环保"一刀切"、生态环境问题曝光等相关话题讨论较多

（一）主流媒体关注污染防治攻坚战中的"一刀切"问题[16]

人民网、北京青年报、新华网、新京报等主流媒体报道，一些地方在督察期间存在实施集中停工停业停产等简单粗暴行为，认为这种"一刀切"行为不仅影响人民群众正常生产生活，也是一种严重的环保欺骗手段。正义网、潇湘晨报评论道，相比环境污染行为，环保"一刀切"是更加有害的"污染"，它只是为了应付督察，并不能真正解决问题[17]。"一刀切"的行为既不利于发现真问题，也在客观上将环保治理推向发展和生活的反面，不利于增进社会和民众对环保的认同。北京青年报指出，易出现被"一刀切"的行业或领域包括城市管理、生活服务业、养殖业、工程施工、工业园区、采砂采石采矿等。

近日生态环境部专门研究制定《禁止环保"一刀切"工作意见》，防止"一刀切"现象的再次发生。"环保水圈"微信公众号评论"一刀切"的根源在于急功近利与体制监管的不完善，建议在运用环境管理手段时，要将行政手段、经济手段与法律手段、信息化手段、科技手段结合使用。检察日报建议，环保治理必须注重合法性，遵循行政程序，追究效率和效益统一；要建立与《禁止环保"一刀切"工作意见》相适配的工作方法，切忌将环保与生产发展割裂，要让环保成为助力生产、服务生活不可缺少的工作。经济日报提议，要把环境治理工作做细、做精，在广泛的产业调研基础上建立起科学的退出机制，具体情况进行具体处理，治理和整改都要制定可行方案，坚持依法依规，加强政策配套，注重统筹，分类施策。同时，也要完善考评考核机制，通过科学考核杜绝懒政怠政。

（二）"主动曝光生态环境问题"得到媒体及网友广泛好评

近期相关部门主动曝光了部分生态环境问题。例如，生态环境部接连公布四批水源地环境违法问题和黑龙江省四市大气污染防治不力问责情况，中央纪委也通报了六起生态环境损害责任追究典型问题。对此，李干杰在 29 日召开的全国生态环境宣传工作会议上表示主动曝光生态环境问题也是正面宣传。

新京报评论，主动曝光生态环境问题也是正面宣传，这样的表态值得肯定。新京报认为，主动曝光生态环境问题并启动追责程序，不是曝光"丑闻"的过程，而是一条发现问题、解决问题的常规路径。环境信息充分公开，民间力量完全可以成为环保部门的强大同盟军，在环境治理中形成政府和社会的合力[20]。

澎湃新闻提出，生态环境事关每个人的切身利益，是典型的"众人之事"，就应该让"众人"知晓，凝聚"众人"的力量。在这个角度，生态环境治理，理当习惯在社会的监督和参与下展开。要做到这一点，不把曝光问题当作负面新闻看待是第一步，另外还得有主动曝光的能力。而且澎湃新闻强调，曝光生态环境的主动权，不应狭隘地理解为只属于政府部门，而是应以"主动曝光也是正面宣传"的态度，去对待民众、媒体、环保组织等对生态问题的举报和揭露[23]。

此外，"主动曝光生态环境问题"这一表态也得到了网友的广泛好评，认为敢于直面问题才能解决好问题。

六、媒体与专家关于打好污染防治攻坚战的对策与建议

对于如何打好污染防治攻坚战，媒体与专家各抒己见，观点主要可归纳为四类：

（1）提高政治站位，增强历史使命感。人民日报认为，打好污染防治攻坚战，关乎党的使命宗旨、人民福祉和民族未来；关系党和国家事业发展全局，更直接影响到全面建成小康社会目标能否如期实现[1]。搜狐时评认为，思想是行动的先导，认识是行动的动力，必须拿出务实的举措，坚定有序推进生态文明建设工作[21]。坚决落实好习近平生态文明思想，以期改造我们传统的工作策略和方式方法[5]，积极回应人民群众的所想、所盼、所急，不断满足人民群众日益增长的优美生态环境需要。

（2）完善体制机制，构建生态文明体系。中国人民大学教授石敏俊认为，要以习近平总书记提出的六项原则为指导，加快建立健全生态文化体系、生态经济体系、目标责任体系、生态文明制度体系、生态安全体系，全面推动绿色发展[15]。人民日报和中国环境报评论认为，必须辅之以严格的追责制度，才能确保上述的五大体系落地生根。宣传家网认为，要建立健全以改善生态环境质量为核心的目标责任体系，细化目标任务，防止责任落实简单化、概念化、虚无化，同时对于责任不落实或落实不到位、整改效果不明显或根本没效果的，必须适时启动问责问效程序[24]。此外，还应以体制机制创新，推动生态环境体制改革的不断深入，以及环境治理体系和治理能力的现代化[4, 8, 9]。

（3）突出重点领域，全面推动污染防治工作。中国环境报认为，重点加强工业、燃煤、机动车三大污染源治理，坚决打赢蓝天保卫战；深入实施"水十条""土十条"，确保打好七大标志性战役，开展好四大专项行动，进一步强化执法监管，大幅度提高违法成本，严厉打击违法行为。要通过环保督察、考核问责等有效措施，压实责任，传导压力，汇聚合力[7]。骆建华认为，推动污染防治工作，要采取综合性措施防治污染，从末端治理向源头治理转变；更多地采取奖励性措施，而不是惩罚性措施；更多采取"污染者付费、第三方治理"模式，而不是单一的"谁污染、谁治理"模式，提高治理水平。此外，也应把加强生态环保队伍建设作为一项重要工作来抓，创造条件，为生态环境部门聚人才、育英才[10]。

（4）凝聚社会共识，形成环保合力。新华网认为，必须坚决贯彻好一切为了"老百姓"这一习近平生态文明思想的中心[22]，搭建公众参与和沟通协商平台，畅通和完善公众参与环境决策的途径、方式和机制。对涉及群众利益的重大决策和建设项目，通过圆桌会议、意见征集、听证会等方式，广泛听取公众意见和建议。充分发挥公众和社会组织参与环境保护的作用，鼓励社会组织承担环境责任，增强社会组织间的协调配合和组织动员能力，加强对政府、企业的监督。骆建华认为，打好污染防治攻坚战需要政府、企业和社会共治，要推进 PPP、第三方治理等方式，撬动、引导更多社会资本进入环保领域。

参考文献

[1] 人民日报. 深刻认识加强生态文明建设的重大意义——一论学习贯彻习近平总书记全国生态环境
保护大会重要讲话[EB/OL].（2018-05-19）. http：//www.gov.cn/xinwen/2018-05/19/content_
5292146.htm.

[2] 人民日报. 新时代推进生态文明建设的重要遵循——二论学习贯彻习近平总书记全国生态环境保
护大会重要讲话[EB/OL].（2018-05-21）. http：//opinion.people.com.cn/n1/2018/0521/c1003-
30001472.html.

[3] 人民日报. 坚决打好污染防治攻坚战——三论学习贯彻习近平总书记全国生态环境保护大会重要
讲话[EB/OL].（2018-05-21）. http://www.xinhuanet.com/2018-05/21/c_1122865707.htm.

[4] 人民日报. 担负起生态文明建设的政治责任——四论学习贯彻习近平总书记全国生态环境保护大
会重要讲话[EB/OL].（2018-05-22）. http：//www.gov.cn/xinwen/2018-05/22/content_5292734.htm.

[5] 中国环境报. 用习近平生态文明思想武装头脑——一论学习贯彻全国生态环境保护大会精神[EB/OL].
（2018-05-22） https://www.toutiao.com/a6558117002894901773/.

[6] 中国环境报. 落实重点任务 开创宣传工作新局面 ——二论学习贯彻全国生态环境宣传工作会议
精神[EB/OL].（2018-05-31）. http://news.cenews.com.cn/html/2018/05/31/content_73343.htm.

[7] 中国环境报.凝心聚力打好污染防治攻坚战——三论学习贯彻全国生态环境保护大会精神[EB/OL].
（2018-05-24）. http://baijiahao.baidu.com/s？id=1601280685076499582&wfr=spider&for=pc.

[8] 中国环境报. 压实第一责任人的政治责任——四论学习贯彻全国生态环境保护大会精神[EB/OL].
（2018-05-25）. http：//www.cepb.gov.cn/doc/2018/05/25/178783.shtml.

[9] 中国环境报. 以改革创新提升环境治理能力——五论学习贯彻全国生态环境保护大会精神
[EB/OL].（2018-05-28）. https：//www.toutiao.com/a6560417242033422861/.

[10] 中国环境报. 打造一支能打胜仗的生态环保铁军 ——六论学习贯彻全国生态环境保护大会精
神 [EB/OL].（2018-05-29）. http://bbs.voc.com.cn/topic-8392493-1-1.html.

[11] 中国新闻网. 中国高规格生态环保大会举行 将开启生态环境保护新时代[EB/OL].（2018-05-20）.
http：//www.chinanews.com/gn/2018-05-20/8518394.shtml.

[12] 央广网. 全国生态环境保护大会在京召开 专家解读如何绘就美丽中国新图景[EB/OL].
（2018-05-20）. http：//news.ifeng.com/a/20180520/58374400_0.shtml.

[13] 新华网. 全国生态环境保护大会释放四大新信号[EB/OL].（2018-05-21）. http://news.cnnb.com.cn/
system/2018/05/21/008753640.shtml.

[14] 光明日报. 加快构建生态文明体系[EB/OL].（2018-05-22）.http：//politics.people.com.cn/n1/
2018/0522/c1001-30006417.html.

[15] 石敏俊. 生态环境保护大会释出三大重要信息[EB/OL].（2018-06-01）.http：//www.sohu.com/

a/233681241_345245.

[16] 新华网. 质疑环保管控"一刀切"[EB/OL].（2018-05-29）. http：//epaper.ynet.com/html/2018-05/29/
content_289318.htm？div=-1.

[17] 检察日报. 禁止环保"一刀切"，是治理理性的重申[EB/OL].（2018-05-30）. http：//news.ifeng.com/
a/20180530/58503991_0.shtml.

[18] 新华网. 更真、更准：我国生态环境监测改革进展顺利[EB/OL].（2018-05-25）. http：//www.
xinhuanet.com/politics/2018-05/25/c_1122889625.htm.

[19] 人民日报.科技，让环保更精准[EB/OL].（2018-05-23）. http：//politics.people.com.cn/n1/2018/
0523/c1001-30007466.html.

[20] 新京报."主动曝光问题也是正面宣传"，是政府部门应有的开放姿态[EB/OL].（2018-05-30）.
http：//baijiahao.baidu.com/s？id=1601870256127847052&wfr=spider&for=pc.

[21] 搜狐网. 打好污染防治攻坚战，要坚持"四个到位"[EB/OL].（2018-05-23）.https：//www.sohu.com/
a/232609828_114882.

[22] 新华网. 这三个字，是习近平生态文明思想的中心[EB/OL].（2018-06-05）. http：//news.cctv.com/
2018/06/05/ARTI7cBcYit0iSFOENI0iyYT180605.shtml.

[23] 澎湃新闻."曝光问题也是正面宣传"，环保就得敢于"揭丑"[EB/OL].（2018-05-30）. https：//www.
thepaper.cn/newsDetail_forward_2162397.

[24] 宣传家网. 打好污染防治攻坚战，要坚持"四个到位"[EB/OL].（2018-05-23）. http：//www.71.cn/
2018/0523/1001670.shtml.

环境污染激发公众环境关注了吗[①]

王 勇 郝翠红 施美程

摘 要 利用 CGSS2013 中国社会生活综合调查与城市匹配数据，本文从环境问题关注、环境行动及对政府环境工作评价三个层面考察了环境污染对公众环境关心的影响。研究发现：①在环境污染的驱动下，公众对环境问题更加关注，采取更加积极的私人环境行动，对政府环境工作更为不满，但是环境污染并未激发公众更深层次的公共环境行动。②面对环境污染，不同社会群体的环境关心呈现分异特征，老年人对环境问题更加关注且对政府环境工作更为不满，而城市居民的私人环境行动更为积极。③环境污染对环境关心的驱动作用在东部和中西部地区存在阶梯性差异，表现为中西部地区居民对环境问题更加关注和采取积极的私人环境行动，而东部地区居民则采取了更深层次的公共环境行动。此外，进一步的研究表明，较高的就业增长率能够缓和环境污染引致的公众尤其是低收入群体对政府环境工作的不满。

关键词 环境污染 环境关心 环境行动

一、引言

经过 30 多年的持续高速增长，粗放的经济增长模式导致生态环境严重破坏，生态环境质量改善已成为我国全面建成小康社会的突出短板。以空气污染为例，2016 年全国 338 个地级及以上城市中，254 个城市环境空气质量超标，高达 75.1%（环境保护部，2017）[②]。相关研究表明，空气污染会加剧心肺疾病的发病率，降低居民平均寿命（Ebenstein，2012；Chen et al.，2013；张晓等，2014；Ebenstein et al.，2015）。同时一些重大突发性环境污染事件也时有发生，如松花江重大水污染事件、天津滨海新区爆炸事件、常州外国语学校毒地污染事件等。这些污染事件引起了广泛的社会反响，也极大

---

① 原文刊登于《财经研究》2018 年第 11 期。
② 环境保护部，2016 年中国环境状况公报，2017 年。

地激发了公众对环境问题的关注。2015 年关于雾霾的"穹顶之下"纪录片更是被称为中国版的"寂静的春天"，这种看得见的环境危机开始催生自下而上的紧迫环境危机意识。

环境质量具有明显公共品特征，普遍存在集体理性和个人理性很难协调、"搭便车"和个体机会主义盛行等问题。现实中，由于不同个体利益诉求的差异，对环境污染的感知和承受能力也不尽相同。同时，理性经济人也面临着提高环境质量和获取经济利益的双重需求。这导致环境保护在逐渐成为社会共识的同时却难以形成集体行动（王金胜，2016）。根据《全国公众环境意识调查报告》，我国公众环境意识[①]总体水平呈上升趋势，但是环保行为则呈现倒"U"形下降趋势，成为未来环境意识总体水平能否稳步提升的关键，且公众更多地认为政府和企业应对环境问题负有重要责任[②]（闫国东等，2010）。谢瑾等（2015）基于"雾霾天，是否开车"的网民调查发现，我国网民个人参与雾霾治理责任感较差，大多数人认为雾霾治理应由政府来进行。Harris（2008）的研究也发现中国目前对待环境问题更倾向于表达环境保护意愿，而在实际行动上往往畏葸不前。随着对于环境质量需求的日益迫切，公众参与环境保护活动已经成为环境保护向更高更深层次推进的重要支点。在日益严峻的环境污染的驱动下，公众如何作出环境行为决策？源于污染的暴露和感知能够引发集体环境认知和环境行为改变吗？是更多地反思自身的生活方式，从自己做起应对环境危机，还是更多地将矛头指向政府？这些问题的回答，对于促进公众积极的环境行动，形成政府、企业和公众的环境治理合力，无疑具有重要的现实意义。

本文研究发现，环境污染激发了公众对环境问题的关注，促进了公众积极的私人环境保护行动，同时也表现出公众对政府环境工作更为不满，深层次公共环境行动依然迟缓等特征，且环境污染对不同社会群体环境关心的影响具有较大差异。与现有文献相比，本文边际贡献主要体现在：首先，现有研究大都集中于从心理学和社会学的领域来探讨环境行为的社会基础，而忽略了宏观环境和经济因素对个人环境行为的影响，本文的工作有助于把握公众环境行为的整体决策趋势和机制特征。其次，本文比较了环境污染对不同类型环境关心的影响差别，由浅层的环境关注和对政府的评价到深层的环境行动，同时本文也考察了环境污染对不同社会群体环境关心影响的异质性，这弥补了许多文献仅考察单一环境行为的不足，有助于对环境污染与环境关心的关系做出更加全面的阐释。最后，本文对环境污染影响居民环境关心的理论机制进行了梳理，并提出了个体由环境态度到环境行动的决策机制，这为更加深入的理论分析和解释提供了基础。

---

① 包括环保意识、环保行为和环保满意度 3 个方面。
② 责任主体比重由大到小分别是中央政府、地方政府、企业、个人和社会团体。

二、文献背景与研究假说

（一）环境关心及其影响因素的文献梳理

Dunlap 等（2002）将环境关心定义为，人们意识到并支持解决涉及生态环境问题的程度或意愿。然而，公众的环境关心是多元和复杂的，涉及环境感知、环境态度、环境行为等。实际上，个人的态度、意图和行为之间存在明显的差别，三者间存在一定的距离。根据计划行为理论，人的行为的产生与改变有着复杂的心理过程，态度通过行为意向产生影响，而行为意向也受到行为主观规范以及感知到的行为控制的影响（彭远春，2013）。因此，环境感知是环境关心产生的前提，环境态度体现为公众对环境的关心程度，但是环境态度不一定产生环境行动，故更深层次的环境关心则为具体的环境行动。而环境行动又可分为私人和公共两个维度（Hunter et al.，2004），前者被称为浅层环境行为，后者被称为深层环境行为（王凤等，2010）。

长期以来，对于环境关心影响因素的研究多集中在心理学和社会学领域，侧重强调认知、情感、信念、价值观、文化等因素对环境行为的影响（彭远春，2013），考察环境态度与环境行为以及环境认知—环境态度—环境行为间的线性关系（Bamberg et al.，2007；孙岩等，2012；杨成钢等，2016）。随着研究的不断深入，一些文献开始关注外在因素对环境态度和环境行为的影响。Guagnano 等（1995）提出的 A－B－C 模型，认为环境行为（behavior）是个体环境态度（attitude）和社会结构、社会制度与经济动力等外在条件（external conditions）共同作用的结果。

遵循上述理论路径，现有的研究多从个体社会经济特征和宏观经济环境两个方面进行。首先，针对社会经济特征，基本形成了以下假设（Liere et al.，1980；Jones et al.，1992；Conroy et al.，2014；栗晓红，2011）。一是年龄假设。大都认为年轻人具有更高的环境关心水平，更愿意采取积极的环境行动。因为年轻人具有更新的环境生态理念，并且由于环境污染的阶段性特征，年轻的一代相比年老的一代对环境污染具有更加深刻的印象。二是社会阶层假设。高社会经济地位者具有更强的环境偏好，低社会经济地位者更加关注基本的生存条件，而对环境污染问题相对忽视。三是性别假设。通常认为女性具有更高水平的环境关心，很大程度上是因为她们母亲的身份，更加关注环境对孩子的影响（Hunter et al.，2004；王建明等，2011）。四是居住地假设。与乡村地区相比，城市地区面临的空气污染、水污染等环境问题更为突出（范叶超等，2015），因此，城市居民具有更高的环境关心水平。此外，一些研究还考察了意识形态和政治特征的影响

（Guber，2003）。

其次，针对宏观经济因素的影响，体现为两个假说。一是经济富裕假说，即经济发展程度越高，公众环境行为越积极（Diekmann et al.，1999）。一方面，是源于收入提升对更高环境质量的需求；另一方面，预算约束线上移使更多的改善环境支出成为可能。二是经济应急假设（economic contingency hypothesis）。当宏观经济形势较差，经济弱势群体更关注经济增长，而不是环境保护。如 Elliott 等（1997）发现，在经济繁荣时期，对环境保护支出的支持增强，经济衰退时则减弱。Greenberg（2004）、Conroy 等（2014）分别基于盖洛普调查数据发现，当经济形势走弱，人们更加关注经济增长，而弱化环境保护。Kahn 等（2010）发现，低经济增长率和高失业率会降低公众对减缓气候变化的支持。

通过文献梳理可以发现，现有研究存在以下不足：其一，关于环境关心的研究多集中于社会经济特征，缺乏对环境污染影响环境关心的机制路径的系统梳理和实证检验。其二，环境关心的讨论多集中于环境态度，如对环境问题的关注，对于实际环境行动的研究很少，缺乏环境意愿与环境行动的比较。本文正是从这两个方面弥补现有研究的不足。

（二）环境污染影响公众环境关心的机制路径与假说

环境关心最直接的来源就是对于环境污染的暴露和感知，这种污染暴露机制也被称为污染驱动假说（王玉君等，2016）。首先，环境污染越严重，公众越能够感受到相应的环境风险，进而增强对环境污染的认知。对于环境污染风险的认知取决于两方面的因素，一是切实感受到环境污染带来的伤害，如健康疾病风险、生理的疼痛感和心理的愉悦感、个人的幸福感等。Gu 等（2015）基于 Helsinki 地区的研究发现，在空气污染的影响下，室外工作经历高疼痛的群体更加关心环境。二是环境污染暴露者的环境知识水平，只有具备相应的环境知识才能认清环境污染风险，进而增强环境关心程度。聂伟（2014）的研究表明，环境知识是不同区域和城乡间环境关心差异的重要因素。

其次，即使在同样污染程度下，不同社会群体暴露于环境污染的程度也存在很大的差别。与污染源越近，或经历过环境侵害，对环境问题越关心（左翔等，2016）。除此之外，关于差别暴露对环境关心的影响形成了系列假设，包括差别职业、差别体验等（范叶超等，2015）。一般认为弱势群体更容易暴露于更高的健康风险，而弱势与非弱势群体的划分很大程度上依赖于社会经济地位的高低（李梦洁，2015）。上述说明的是被动的环境关心机制，而主动的环境关心更多地体现为收入—环境偏好机制。环境质量作为较高层次的消费需求，收入越高对环境质量的偏好和要求更高，自然地就表现为更加积极的环境关心。基于上述逻辑关系，绘制环境污染影响环境关心的机制路径，如图 1 所示，同时提出以下两个待验证的理论假说：

假说1：一个地区环境污染越严重，公众的环境关心越强。

假说2：环境污染更容易驱动高社会经济地位者的环境关心。

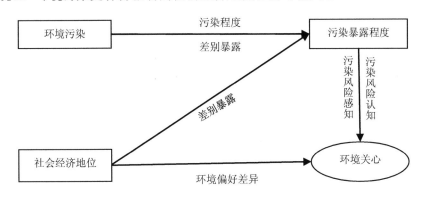

图1 环境污染、社会经济地位影响环境关心的机制路径

然而，环境态度与环境行动往往存在很大的距离。其主要差别在于，个人在表达环境关心态度时，不需要付出实际的成本，而环境行动则需要支付一定的成本，包括收入成本、时间成本等，如减少开车而增加时间成本，对闲暇时间的挤占等。一个人可能不太愿意牺牲个人的兴趣和快乐而致力于环境保护，而对于污染的感知能够促使自我牺牲的环境行动。从个人理性来看，环境行动的收益与成本并不一致，当个人收益不能弥补成本支出时，环境行动的动力就会不足。为了反映个人是否愿意付出环境行动，假设个人做出环境行动的决策取决于实际环境行动所获得的净效用 U_i：

$$U_i = R_i \big[C_i(g_i), E(g_i), g_i \big] - s_i g_i \qquad (1)$$

式中，R_i 是求导过程中的简写，代表 $R(\cdot)$ 收益函数，取决于个人消费 C_i、环境行动 g_i[1]和环境质量 E，假设单位环境行动的成本 s_i 是固定的。收益函数满足 $\partial R / \partial C > 0$，$\partial R / \partial E > 0$，$\partial R / \partial g_i > 0$，且 $\partial^2 R / \partial C^2 < 0$，$\partial^2 R / \partial E^2 < 0$，$\partial^2 R / \partial g_i^2 < 0$。效用最大化的一阶条件即为

$$\frac{\partial R_i}{\partial E} \cdot \frac{\partial E}{\partial g_i} + \frac{\partial R_i}{\partial g_i} = s_i - \frac{\partial R_i}{\partial C_i} \cdot \frac{\partial C_i}{\partial g_i} \qquad (2)$$

式（2）左边表示个人行动通过促进环境质量改善带来的间接满足感或收益[2]，第二项表示环境行动为个人带来的直接收益，比如由于个人具有一定的环境知识和认知，通

---

[1] 环保主义者更能够从环境保护行动中获得更高的效用收益。

[2] 实际上，个人环境行动对于整体环境质量的改善微乎其微，因此，该项可以忽略不计，或者可以把环境质量看作外生的。

过环境行动能够带来直接的满足感。右边第一项表示采取环境行动的固定成本，第二项表示环境行动对消费产生的挤出效应，进而降低消费带来的效用。例如，个人参加环境保护公益活动、减少汽车出行等活动均会降低个人的闲暇时间，对日常消费带来的效用产生挤出。在该效用最大化的条件下，可以确定一个最优的环境行动 g_i^*。根据 Hotelling 引理，环境行动即为环境质量和环境行动成本的函数。据此提出如下待验证的研究假说：

假说 3：环境行动成本越高，环境污染对环境关心的驱动效应越小。

如果只是关注环境问题，相应的环境行动成本几乎为零。而从环境行动的角度来说，相对于私人环境行动，更深层次的公共环境行动需要付出更高的环境行动成本[1]，如参加环境公益活动、环境保护捐款等。因此，该假说的一个备择假设是，相对于公共环境行动，环境污染更容易驱动私人环境行动。

三、模型、数据和实证结果

（一）模型、数据和变量

本文采用的数据来源于中国社会生活综合调查（CGSS2013），样本量为 11 438 人。为了检验环境污染对中国公众环境关心的影响，设定如下回归方程：

$$y_{ij} = \beta_0 + \beta_1 \text{pollution}_j + X_{ij}'\beta + Z_j'\beta + \varepsilon_{ij} \qquad （3）$$

式中，被解释变量 y_{ij} 表示第 j 个地级市第 i 个居民的环境关心。根据 CGSS2013 有关环境的调查问题，本文研究的环境关心体现在三个方面：一是对环境问题的关注[2]；二是环境行动，参照王玉君等（2016）、王薪喜等（2016）的研究，分为私人环境行动和公共环境行动[3]；三是对政府环境工作的评价，包含对中央政府和地方政府的评价[4]。

---

[1] 从 CGSS 的调查问卷可以很容易判断该特征。

[2] 对应在 CGSS2013 调查问卷的问题为：下列各种社会问题中，您认为最先需要解决的是什么？回答是环境问题为 1，否为 0。由于认为环境问题是第一需要解决的样本仅有 342 个，占全部样本的比例过低，为此根据调查问题，如果被调查者认为环境问题是第一、第二和第三需要解决的问题，均表示被调查者认为环境问题是最先需要解决的问题。

[3] 其中私人环境行动对应的问题为：在最近一年里，您是否从事过下列活动或行为？包括垃圾分类、讨论环境问题、买日常用品自己带购物袋、塑料包装袋重复利用、主动关注环境信息 5 个问题，答案依次为从不、偶尔、经常。公共环境行动对应的问题为：在最近一年里，您是否从事过下列活动或行为？包括环境保护捐款、积极参加环境宣传教育、积极参加环保活动、自费养护树林或绿地、环境问题投诉 5 个问题，答案依次为从不、偶尔、经常。

[4] 对应的问题为：您认为中央政府或地方政府环境保护工作做得怎样？设定的有序排列答案为：①片面注重经济发展，忽视了环境保护工作；②重视不够，环保投入不足；③虽尽了努力，但效果不佳；④尽了很大努力，有一定成效；⑤取得了很大成就。

在以上被解释变量中，对环境问题的关注为二值变量，对政府环境工作的评价为多值离散变量。现有的一些研究如洪大用等（2014）、王玉君等（2016）验证了 CGSS 环境关心量表具有较好的信度和效度水平，可以对这些选项进行累加分析，故将私人环境行动和公共环境行动视为连续变量。

pollution$_j$ 是第 j 个城市的环境污染强度[①]，本文分别采用 2010—2012 年各地级市年均单位土地面积的工业烟尘、SO$_2$ 排放量的对数来衡量[②]，相关数据来源于《中国城市统计年鉴》。X_{ij} 是居民个人特征，基于当前的一些研究，如王玉君等（2016）、聂伟（2014）、Rama 等（2015），包括年龄、性别、婚姻、收入、教育程度、政治面貌、工作状态、环境知识等。Z_j 是城市特征变量，包括 2010—2012 年各地级市年均的人均 GDP、人力资本和信息化水平，数据来源于《中国城市统计年鉴》。主要变量的描述性统计见表 1。

表 1　主要变量定义及描述性统计

变量	变量定义	样本量	平均值	标准差	最小值	最大值
环境关心	对环境问题的关注	10 673	0.032 0	0.176 1	0	1
	私人环境行动	10 621	9.118 4	2.331 9	5	15
	公共环境行动	10 627	5.930 6	1.614 8	5	15
	对中央政府环境工作的评价	8 793	3.158 8	1.179 4	1	5
	对地方政府环境工作的评价	8 961	3.039 4	1.179 9	1	5
环境污染强度	工业 SO$_2$ 排放量/行政区域面积	9 689	2.562 0	3.137 4	0.081 8	25.115 8
	工业烟尘排放量/行政区域面积	9 789	5.577 5	5.059 2	0.195 6	21.847 2
性别	男性为 1，女性为 0	10 673	0.501 9	0.500 0	0	1
婚姻	已婚为 1，其他为 0	10 673	0.784 3	0.411 3	0	1
年龄	周岁年龄	10 672	48.541 3	16.330 3	17	97
收入	受访前一年收入的自然对数	8 420	9.557 4	1.180 3	4.382 0	13.815 5
教育程度	小学及以下为 0，普通中学为 1，职业教育为 2，成人教育为 3，普通大学及以上为 4	10 667	1.107 0	1.243 8	0	4
政治面貌	中共党员为 1，其他为 0	10 673	0.096 5	0.295 3	0	1
工作状态	工作为 1，其他为 0	10 672	0.625 1	0.484 1	0	1
居住地	城市为 1，农村为 0	10 673	0.600 9	0.489 7	0	1
环境知识	根据 CGSS2013 环境知识量表计算	10 673	3.024 5	1.949 7	0	10
人力资本	每万人在校大学生数	10 673	5.357 8	1.188 4	2.331 7	9.067 1

[①] 虽然 CGSS2013 没有提供城市代码，但是由于其与 CGSS2010 采用同样的抽样设计，故通过两者的匹配来确定 2013 年样本的调查城市。

[②] 采用三年的均值是为了更准确地估算一个地区的污染量，用 2012 年一年的数据回归结果并没有太大改变。《中国城市统计年鉴》也提供了各地级市工业废水排放量，但是笔者认为，废水排放具有局域性，对公众环境关心的影响不如大气污染物直接和可比。而且居民也会通过搬迁等方式来规避水污染，更容易产生内生性问题，故本文未采用该变量。

变量	变量定义	样本量	平均值	标准差	最小值	最大值
信息化	移动电话用户数/总人口	10 192	5.295 4	0.444 1	4.441 3	6.381 6
经济发展	人均 GDP	9 990	10.670 0	0.516 6	9.458 6	11.508 3
矿产丰富程度	矿产储量指数	9 171	6.156 0	0.930 5	3.446 2	7.925 6

注：个人特征数据来源于 CGSS2013，城市控制变量数据来源于 2013 年《中国城市年鉴》，工具变量矿产丰富程度数据来源于《中国矿业年鉴》。

图 2 分别描绘了地区污染程度与环境关心（对环境问题的关注、对中央政府环境工作的评价、私人和公共环境行动）之间关系的散点图。可以看出，对环境问题的关注、私人环境行动与地区环境污染强度均存在明显的正相关关系，即环境污染越严重的地区，当地居民的环境关心程度和私人环境行动越强。而对中央政府环境工作的评价与地区环境污染强度之间存在明显的负相关关系，即环境污染越严重，居民对中央政府环境工作的评价越低。公共环境行动与地区环境污染强度虽然呈现正向关系，但是相对于私人环境行动的斜率小得多。

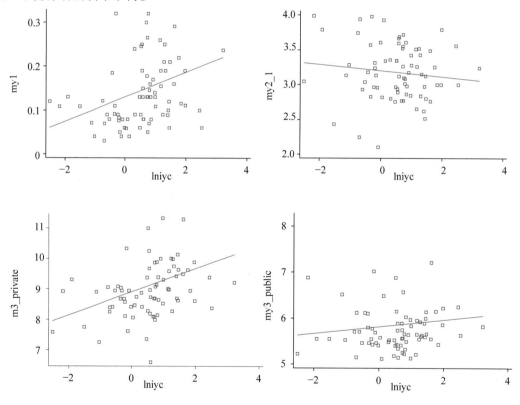

图 2　工业烟尘排放与环境关心的散点图

注：横坐标是地区工业烟尘排放强度，纵坐标是环境关心在地级市层面的均值（左上是对环境问题的关注，右上是对中央政府环境工作的评价，左下是私人环境行动，右下是公共环境行动）。

（二）基准回归结果

根据被解释变量的数据类型，分别采用 Probit、OLS 对以环境问题关注和环境行动反映的环境关心进行回归，解释变量为单位土地面积的工业烟尘排放。表2中的（1）、（3）、（5）列为未控制市级层面控制变量的回归结果，（2）、（4）、（6）列为控制市级层面控制变量的回归结果。结果表明，环境污染显著增强了公众对环境问题的关注，以及付出更加积极的私人环境行动，但是环境污染对公共环境行动的影响并不显著。这些结果证实了假说1和假说3。因为一般情况下，公共环境行动的成本相对更高，因此，相对于私人环境行动，环境污染对公共环境行动的影响较小。王玉君等（2016）的研究也认为，抗争性公共环保行为的成本和风险在环境污染严重的地区更大，导致公众不愿意参与。

表2　环境污染对环境关心的影响

变量	PROBIT		OLS		OLS	
	对环境问题的关注		私人环境行动		公共环境行动	
	（1）	（2）	（3）	（4）	（5）	（6）
工业烟尘排放	0.105 1***	0.088 1**	0.151 6***	0.121 3***	0.021 0	0.024 8
	（4.94）	（2.48）	（5.40）	（2.88）	（0.27）	（0.94）
性别	−0.118 8***	−0.107 3***	−0.490 5***	−0.469 7***	0.028 4	−0.015 3
	（−3.06）	（−2.69）	（−9.65）	（−9.40）	（0.77）	（−0.45）
婚姻	−0.058 7	−0.058 1	0.133 7**	0.205 2***	−0.005 8	0.011 4
	（−1.23）	（−1.19）	（2.04）	（3.21）	（−0.15）	（0.27）
年龄	−0.003 4**	−0.003 5**	0.007 6***	0.005 3***	0.000 2	0.000 3
	（−2.15）	（−2.13）	（3.74）	（2.67）	（0.08）	（0.21）
收入对数	0.182 7***	0.140 0***	0.194 7***	0.106 2***	0.038 0	0.041 5**
	（8.26）	（5.98）	（7.10）	（3.74）	（1.08）	（2.30）
普通中学	0.015 7	0.055 7	0.465 1***	0.442 6***	0.228 6***	0.202 5***
	（0.32）	（1.08）	（7.29）	（7.00）	（5.85）	（5.32）
职业教育	0.088 6	0.133 0	0.764 0***	0.736 4***	0.514 5***	0.459 9***
	（1.12）	（1.63）	（6.77）	（6.71）	（5.37）	（5.37）
成人教育	0.116 2	0.119 3	1.177 1***	1.055 2***	0.944 7***	0.881 4***
	（1.24）	（1.23）	（8.97）	（8.15）	（7.84）	（8.08）
普通大学及以上	0.042 4	0.057 6	1.308 0***	1.070 6***	0.882 3***	0.746 4***
	（0.55）	（0.72）	（12.08）	（9.90）	（8.34）	（9.09）
政治面貌	−0.012 0	0.014 7	0.290 2***	0.442 4***	0.318 6***	0.399 7***
	（−0.20）	（0.24）	（3.41）	（5.20）	（3.53）	（5.82）

变量	PROBIT		OLS		OLS	
	对环境问题的关注		私人环境行动		公共环境行动	
	（1）	（2）	（3）	（4）	（5）	（6）
工作状态	−0.104 3**	−0.093 4*	−0.094 7	−0.078 5	0.116 7**	0.093 8**
	（−2.07）	（−1.82）	（−1.46）	（−1.24）	（2.24）	（2.30）
居住地	−0.032 3	−0.064 7	0.714 5***	0.590 7***	0.092 1	−0.014 2
	（−0.72）	（−1.35）	（11.95）	（9.66）	（1.12）	（−0.37）
环境知识	0.057 8***	0.059 9***	0.217 3***	0.196 8***	0.074 6***	0.067 8***
	（5.36）	（5.42）	（14.81）	（13.46）	（4.61）	（6.76）
城市人力资本		0.078 3		0.095 8		−0.157 9***
		（1.11）		（1.14）		（−2.87）
城市信息化		0.134 1		0.286 7***		−0.060 0
		（1.52）		（2.89）		（−1.04）
城市人均GDP		0.069 2		−0.357 4***		0.040 9
		（0.91）		（−3.99）		（0.69）
是否省会城市	未控制	控制	未控制	控制	未控制	控制
省份固定效应	未控制	控制	未控制	控制	未控制	控制
Pseudo R^2/ R^2	0.072 3	0.020 5	0.215 4	0.263 9	0.102 4	0.167 4
N	7 685	7 685	7 649	7 649	7 654	7 654

注：表中小括号内为 t 值，均采用稳健标准误计算。***、**、*分别表示在1%、5%和10%水平上显著。

为了考察环境污染对公众环境责任认识的影响，分别以公众对中央和地方政府环境保护工作的评价作为被解释变量进行有序 Probit 回归，见表3。结果表明，环境污染导致公众对政府环境工作的评价降低，且对中央政府环境工作评价的下降更为明显，这反映出公众对中央和地方政府环境责任评价的分化。这一结论无疑是非常有意思的，同时也是合理的。一方面，说明我国公众的环境保护态度多是政府依赖型；另一方面，公众认为中央政府需要承担更多的环境保护责任。这种对政府环境保护的依赖有着深刻的制度根源，即自上而下的环境政策（周娟，2010）。从另一个角度来说，在环境污染日益加剧的情况下，公众对地方政府环境工作的容忍度要高于中央政府，因为前者与当地的经济发展关系更为密切，这也从侧面说明公众在经济增长于环境上的权衡。

表3　环境污染对公众环境责任认识的影响

变量	OPROBIT		OPROBIT	
	对中央政府的评价		对地方政府的评价	
	（1）	（2）	（3）	（4）
工业烟尘排放	−0.017 1	−0.126 0***	−0.059 7***	−0.086 5***
	（−1.08）	（−5.20）	（−3.82）	（−3.68）

变量	OPROBIT		OPROBIT	
	对中央政府的评价		对地方政府的评价	
	（1）	（2）	（3）	（4）
性别	−0.013 1	−0.004 3	−0.048 6*	−0.040 4
	（−0.46）	（−0.15）	（−1.75）	（−1.44）
婚姻	0.022 8	0.007 5	0.001 7	0.004 9
	（0.64）	（0.21）	（0.05）	（0.14）
年龄	0.005 2***	0.006 3***	0.004 8***	0.004 7***
	（4.53）	（5.32）	（4.32）	（4.07）
收入对数	−0.022 0	−0.036 9**	0.018 4	−0.035 7**
	（−1.46）	（−2.28）	（1.23）	（−2.22）
普通中学	−0.125 2***	−0.074 0**	−0.074 5**	−0.066 9*
	（−3.46）	（−2.02）	（−2.14）	（−1.89）
职业教育	−0.140 2**	−0.058 5	−0.062 3	−0.020 8
	（−2.46）	（−1.01）	（−1.10）	（−0.36）
成人教育	−0.280 7***	−0.259 5***	−0.206 3***	−0.218 3***
	（−3.97）	（−3.60）	（−2.86）	（−2.97）
普通大学及以上	−0.230 3***	−0.172 3***	−0.027 6	−0.052 5
	（−4.02）	（−2.92）	（−0.49）	（−0.91）
政治面貌	0.211 1***	0.238 0***	0.086 6**	0.148 4***
	（4.97）	（5.46）	（2.05）	（3.43）
工作状态	−0.005 6	−0.002 7	−0.022 2	−0.016 2
	（−0.15）	（−0.07）	（−0.63）	（−0.46）
居住地	−0.213 4***	−0.185 0***	−0.085 4***	−0.133 4***
	（−6.42）	（−5.27）	（−2.62）	（−3.92）
环境知识	−0.045 5***	−0.045 9***	−0.031 5***	−0.030 6***
	（−5.62）	（−5.56）	（−3.96）	（−3.80）
城市人力资本		−0.172 5***		−0.260 8***
		（−3.40）		（−5.23）
城市信息化		0.005 5		−0.008 8
		（0.09）		（−0.14）
城市人均 GDP		−0.079 0		0.180 8***
		（−1.43）		（3.20）
是否省会城市	未控制	控制	未控制	控制
省份固定效应	未控制	控制	未控制	控制
Pseudo R^2	0.014 4	0.016 4	0.005 5	0.011 1
N	6 435	6 435	6 549	6 549

注：表中小括号内为 t 值，均采用稳健标准误计算。***、**、*分别表示在1%、5%和10%水平上显著。

根据有序 Probit 模型的回归结果，在表 2 和表 3 的基础上进一步报告在自变量取均值时，污染对环境关心影响的边际效应，见表 4。结果表明，单位土地面积的工业烟尘排放每增加一个百分点，公众认为环境问题是最先需要解决问题的概率就显著上升 1.89个百分点，对中央政府环境保护工作的认可（即居民选择 y=4 和 y=5 的概率）显著下降3.69 个百分点，对地方政府环境保护工作的认可显著下降 3.02 个百分点。

表 4　环境污染对公众环境关心的边际影响

因变量	p（y=1）	p（y=2）	p（y=3）	p（y=4）	p（y=5）	样本量（N）
对环境问题的关注	0.018 9***	—	—	—	—	7 685
	(2.48)					
对中央政府的评价	0.021 1***	0.025 8***	0.009 9***	−0.017 7**	−0.019 2***	6 435
	(5.18)	(5.19)	(5.17)	(−2.12)	(−5.11)	
对地方政府的评价	0.012 8***	0.019 4***	0.002 1***	−0.013 7***	−0.016 5***	6 549
	(3.67)	(3.68)	(3.39)	(−3.68)	(−3.67)	

注：上述边际效应分别对应表 3 中（2）、（4）、（6）列的估计结果，表中小括号内为 z 值，***、**、* 分别表示在 1%、5% 和10% 的水平上显著。

对于个人特征变量来说，男性对环境问题的关注以及实际的环境行动均显著低于女性。老年人对政府环境保工作的评价更高，且老年人的私人环境行动显著高于年轻人。收入越高的人，越认为环境问题最重要，具有更加积极的私人和公共环境行动，但是收入越高，对中央政府环境保护工作的评价越低。不同受教育群体对环境问题的关注没有显著差异，但是教育水平越高，就会采取更加积极的环境行动，同时对政府环境保护工作的评价也越差。城乡居民对环境问题的关注差异不明显，但是城市居民的环境行动显著高于农村居民，同时城市居民对政府环境工作的评价更差。除了年龄之外，这些结果与现有的一些关于不同社会人口特征间环境关心差别的研究一致（Conroy et al.，2014）。老年人环境关心高于年轻人的原因可能在于，一方面中青年人更加关注个体生计等问题，相应较少关心环境问题；另一方面，可能由于老年人接受集体主义教育较多，社会责任感相对较强（宋言奇，2010；王建明等，2011）。除此之外，婚姻状态仅对私人环境行动的回归结果显著，已婚者的私人环境行动显著高于未婚者，某种程度上，这可能与父母的身份有关。共产党员对政府环境工作的评价显著高于非共产党员，同时共产党员进行私人和公共环境行动的概率也明显高于非共产党员，这表明党员更愿意支持和参加政府的环境公共事务。工作与否不会影响个人对政府环境工作的评价，但是处于工作状态的群体进行私人环境行动的概率较低，采取公共环境行动的概率较高。这可能是由于很多公共环境行动多由单位团体统一组织，更有机会参加环境保护公共活动。环境知识水平越高，公众进行实际环境行动就越多，对政府环境保护工作的评价越差，这与理论的预期相一致。

此外，从城市层面来看，经济发展水平越高，对环境问题的关注度越高，且能够增进对地方政府环境保护工作的好评。信息化水平能促进居民积极地采取私人环境行动，说明媒体以及环境消息的披露更有助于增加公众的环境保护参与（Conroy et al.，2014）。此外，人力资本水平越高的城市，对中央政府环境保护工作的评价越差，采取实际环境行动的概率越低，这在一定程度上反映了环境需求与环境行动的差距。

（三）内生性和稳健性检验

逆向因果和遗漏变量可能导致表 2 和表 3 的回归结果有偏且非一致。但是就上述回归结果而言，逆向因果关系和遗漏变量问题可能并不严重。首先，更加积极的环境问题关注和环境行动可能通过个人环境行为或者促进政府加强环境管制等方式减轻环境污染，但是这并不会对历史上的地区环境污染产生影响。本文采用的是 2013 年 CGSS 数据与 2010—2012 年城市环境污染的匹配数据，也就是说上述回归中的逆向因果关系可能并不明显。其次，影响当前各地级市环境关心行为的因素，也不会对历史上的环境污染水平产生影响。

为了规避上述回归中可能存在的内生性偏误，本文采用各地级市的矿产资源储备量作为地区环境污染的工具变量。因为矿产资源的开采以及矿石能源的燃烧是空气污染的重要来源，一般而言，资源型城市的环境污染也更加严重。本文基于各地级市的矿山数量来表征一个地区的矿产储量水平。《中国矿业年鉴》提供了各省地级市的大型、中型、小型和微小矿山企业的数量，我们参照陈硕等（2014）的方法①，对不同规模的矿山进行加权求总得出各地区矿产资源储量的指数，将大型矿山的权重设为 4，中型矿山的权重设为 3，小型矿山的权重设为 2，微小矿山的权重设为 1。基于此，本文采用两阶段模型进行估计，其中对环境问题关注的估计采用 IV-Probit 方法，为了简便起见，其他均采用 2SLS 方法进行估计。回归结果表明，环境污染激发了公众对环境问题的关注，驱动公众采取更加积极的私人环境行动，但是环境污染对公共环境行动的影响并不显著。在环境责任认识上，环境污染降低了对政府环境工作的评价，且对中央政府的影响要大于地方政府。

---

① 他们采用大、中、小煤矿数量反映该地区煤炭储量的丰富程度。

表5　工具变量估计结果

	对环境问题的关注	私人环境行动	公共环境行动	对中央政府的评价	对地方政府的评价
	（1）	（2）	（3）	（4）	（5）
工业烟尘排放	0.116 9[**]	0.350 2[***]	−0.003 3	−0.089 3[***]	−0.070 2[**]
	(2.09)	(6.49)	(−0.09)	(−2.86)	(2.16)
是否省会城市	控制	控制	控制	控制	控制
省份固定效应	控制	控制	控制	控制	控制
其他控制变量	控制	控制	控制	控制	控制
R^2	0.773 9	0.262 0	0.162 8	0.111 7	0.073 9
N	6 809	6 781	6 789	5 753	5 866
第一阶段回归					
矿产丰富程度（IV）	0.736 7[***]	0.774 8[***]	0.774 9[***]	0.783 7[***]	0.785 3[***]
	(73.46)	(83.36)	(83.32)	(78.66)	(74.17)
第一阶段F值	594.62	8 809.43	8 887.61	651.42	10 327.61

注：表中小括号内为t值，均采用稳健标准误计算。[***]、[**]、[*]分别表示在1%、5%和10%的水平上显著。为了节约篇幅，个人特征和城市特征变量的回归结果没有报告。

为了进一步考察回归结果的稳健性，本文分别引入单位土地面积的工业二氧化硫排放和城市可吸入颗粒物（PM_{10}）的年均浓度作为各地级市环境污染的替代变量[①]进行估计，前者回归结果见表6上半部分，后者回归方程结果见表6下半部分，两部分的回归均控制了人口特征和城市特征变量以及是否省会城市、省份固定效应稳健性。估计结果进一步表明，环境污染增加了公众对环境问题的关注，导致对政府环境保护工作评价的降低。在环境行动上，环境污染激发了私人的积极环境行动，对公共环境行动的影响则不显著。

表6　稳健性估计结果

	对环境问题的关注	私人环境行动	公共环境行动	对中央政府的评价	对地方政府的评价
	（1）	（2）	（3）	（4）	（5）
	以工业SO_2排放作为环境污染变量				
工业SO_2排放	0.104 7[***]	0.134 1[***]	0.062 3	−0.022 8[***]	−0.011 0[**]
	(2.87)	(3.23)	(0.84)	(−5.70)	(−2.35)
Pseudo R^2/R^2	0.033 2	0.260 2	0.165 0	0.043 8	0.030 8
N	7 773	7 737	7 742	6 498	6 615

① 其中前者采用的是各地级市2010—2012年均值。后者由于数据来源限制，采用的是2012年各地级市PM_{10}年均浓度，相关数据来源于《中国环境状况公报》以及各地级市环保局网站。PM_{10}是在环境空气中长期飘浮的悬浮微粒，对大气能见度影响很大，也最容易被公众感知。感谢匿名审稿人提出的宝贵修改建议。

	对环境问题的关注	私人环境行动	公共环境行动	对中央政府的评价	对地方政府的评价
	（1）	（2）	（3）	（4）	（5）
	以 PM_{10} 年均浓度作为环境污染变量				
PM_{10} 年均浓度	0.074 3**	0.461 7***	0.218 7	−0.161 0***	−0.109 9**
	(2.22)	(2.67)	(1.36)	(−8.92)	(−7.56)
Pseudo R^2/R^2	0.064 4	0.253 0	0.168 6	0.037 1	0.047 1
N	6 972	6 944	6 945	5 971	5 891
个人和城市特征变量	控制	控制	控制	控制	控制
是否省会城市	控制	控制	控制	控制	控制
省份固定效应	控制	控制	控制	控制	控制

注：表中小括号内为 t 值，均采用稳健标准误计算。***、**、*分别表示在1%、5%和10%的水平上显著。为了节约篇幅，个人特征和城市特征变量的回归结果没有报告。

在表6稳健性回归的基础上，我们进一步以各地级市的矿产资源储备量作为工具变量对工业 SO_2 排放和 PM_{10} 浓度进行内生性检验。表7汇报的是采用2SLS法的第二阶段回归结果，可以看出结果依然显著，结论与表6回归结果一致。

表7　针对工业 SO_2 排放和 PM_{10} 浓度的内生性检验结果

	对环境问题的关注	私人环境行动	公共环境行动	对中央政府的评价	对地方政府的评价
	（1）	（2）	（3）	（4）	（5）
工业 SO_2 排放	0.163 1**	0.515 3***	−0.004 9	−0.132 7***	−0.104 9**
	(2.07)	(6.46)	(−0.09)	(2.87)	(2.16)
R^2	0.050 1	0.259 3	0.162 7	0.114 0	0.073 5
N	6 639	6 781	6 789	5 753	5 873
PM_{10} 浓度	0.302 7**	2.462 3***	1.868 2	−1.831 8***	−1.621 2***
	(2.28)	(3.79)	(1.65)	(4.74)	(4.65)
R^2	0.032 1	0.244 9	0.150 9	0.105 7	0.075 6
N	5 910	5 963	5 968	5 100	5 179

注：表中小括号内为 t 值，均采用稳健标准误计算。***、**、*分别表示在1%、5%和10%的水平上显著。为了节约篇幅，个人特征、城市特征变量以及2SLS法的第一阶段回归结果没有报告。

由于当前的结果可能与问卷中关于公共环境行为调查的问题和测量的滞后性有关，因此，本文还通过对私人和公共环境行为的各个调查问题进行回归检验。表8是针对反映私人环境行动和公共环境行动的不同具体问题的回归结果，与表2和表3的回归结果类似。结果表明，工业烟尘和 SO_2 排放显著促进了私人环境行动，针对每个私人环境行为的调查问题均正向显著。在公共环境行动上，针对不同污染物的大部分回归结果都不显著，说明公众的公共环境行为对于环境污染的反应较弱，仅工业 SO_2 排放对公众更多参与自费养护树林或绿地和要求解决环境问题的投诉、上诉产生了积极的促进作用。而对环保捐款、参加政府、单位和民间环保团体环境活动的影响不显著。这反映了在环境污染的驱动下，公众更多地表现为抗争行为，而对政府和其他社会团体的相关公益活动参加较少。当然，这也可能源于政府环境信息公开的不足以及环境社会团体力量的薄弱。

表 8　针对具体调查问题的回归结果

私人环境行动	是否垃圾分类投放	是否讨论环保问题	是否采购带购物篮或购物袋	是否对塑料包装袋重复利用	主动关注报道的环境问题
	（1）	（2）	（3）	（4）	（5）
工业烟尘排放	0.067 2***	0.075 9***	0.018 1	0.084 2***	0.074 3***
	（2.89）	（3.37）	（0.87）	（3.93）	（3.26）
工业 SO_2 排放	0.048 0*	0.106 9***	0.008 6	0.047 8**	0.066 3***
	（1.83）	（4.18）	（0.38）	（2.01）	（2.59）
公共环境行动	为环境保护捐款	参加政府和单位的环境宣传教育活动	参加民间环保团体举办的环保活动	自费养护树林或绿地	参加要求解决环境问题的投诉、上诉
	（1）	（2）	（3）	（4）	（5）
工业烟尘排放	−0.015 4	0.000 6	−0.013 4	0.032 7	0.012 9
	（−0.54）	（0.02）	（−0.47）	（1.23）	（0.37）
工业 SO_2 排放	−0.003 5	0.021 1	−0.000 3	0.152 3***	0.082 9**
	（−0.10）	（0.67）	（−0.01）	（5.05）	（2.03）

注：表中小括号内为 t 值，均采用稳健标准误计算。***、**、*分别表示在1%、5%和10%的水平上显著。为了节约篇幅，个人特征和城市特征变量的回归结果没有报告。

（四）环境污染与不同社会群体的环境关心

基于环境污染影响公众环境关心的理论机制，一方面，不同社会阶层群体暴露于环境污染的程度不同；另一方面，不同社会阶层群体对环境质量的偏好也并不一致，这会导致不同社会群体环境关心的异质性。为了对假说 2 做出验证，参照现有研究，进一步考察在环境污染冲击下，不同收入、性别、年龄、居住地环境关心差异，将前文的回归方程拓展为

$$y_{ij} = \beta_0 + \beta_1 \text{pollution}_j + \beta_2 \text{pollution}_j \times \text{ind}_{ij} + X_{ij}' \beta + Z_j' \beta + \varepsilon_{ij} \tag{4}$$

式中，ind_{ij} 是个人特征，包括收入、性别、年龄和居住地；其他的变量与式（3）

一致，对应不同被解释变量的回归方法也与上文相同。

从表9中的回归结果可以看出，在对环境问题的关注上，不同收入群体间不存在显著差别，但是老年、男性和城市群体更加关注环境问题。这说明在环境污染的外部冲击下，不同社会群体对环境问题的关注呈现分化特征。但这并非社会经济地位的差别导致，可能更多的是源于对环境污染的差别体验和感受。实际环境行动方面，在环境污染的影响下，城市居民的私人环境行动显著高于农村居民。而环境污染对不同收入、性别和年龄群体的私人和公共环境行动均不存在显著差别。这在一定程度上与空气污染的暴露和感知有关，根据基准回归结果，这说明在环境污染的驱动下，各类社会群体均采取了积极的环境行动。在对政府环境工作评价方面，环境污染与个体特征的交叉项回归结果大都不显著，说明不同年龄群体对于政府环境工作的评价较为一致。从回归结果来看，相对于年轻群体，环境污染导致老年群体对政府环境工作的评价更差，这可能源于老年群体对于空气污染的感受更为明显。

表 9　环境污染与不同社会群体的环境关心

	对环境问题的关注	私人环境行动	公共环境行动	对中央政府的评价	对地方政府的评价
	（1）	（2）	（3）	（4）	（5）
收入特征					
工业烟尘×个人收入	−0.012 2	0.001 7	−0.022 6	0.018 8	0.022 2
	（−0.63）	（0.07）	（−1.52）	（1.35）	（1.60）
工业 SO₂×个人收入	−0.003 3	0.008 9	−0.019 1	0.018 0	0.008 5
	（−0.19）	（0.42）	（−1.46）	（1.44）	（0.68）
年龄特征					
工业烟尘×年龄	0.004 1***	0.002 3	0.000 1	−0.002 1**	−0.001 2
	（3.06）	（1.44）	（0.13）	（−2.16）	（−1.26）
工业 SO₂×年龄	0.003 4***	0.002 0	0.000 2	−0.002 3**	−0.001 2
	（2.97）	（1.37）	（0.17）	（−2.57）	（−1.43）
性别特征					
工业烟尘×性别	0.058 1	−0.015 3	0.007 7	−0.023 5	−0.003 5
	（1.47）	（−0.31）	（0.22）	（−0.83）	（−0.12）
工业 SO₂×性别	0.071 2**	−0.015 4	0.015 4	−0.017 3	−0.009 5
	（2.08）	（−0.34）	（0.49）	（−0.66）	（−0.37）
城乡特征					
工业烟尘×城乡	0.079 2*	0.157 6***	−0.028 4	0.007 3	0.040 6
	（1.79）	（2.86）	（−0.77）	（0.24）	（1.35）
工业 SO₂×城乡	0.032 4	0.137 1***	−0.026 1	0.011 4	0.009 3
	（0.81）	（2.69）	（−0.77）	（0.40）	（0.33）

注：表中小括号内为 t 值，均采用稳健标准误差计算。***、**、*分别表示在1%、5%和10%的水平上显著。为了节约篇幅，仅汇报了环境污染与个人特征交叉项的结果，个人特征和城市特征变量的回归结果没有报告。

（五）环境污染与不同地区公众的环境关心

在不同社会群体特征差异的基础上，本文进一步考察不同地区的差别。为此，将样本划分为东部地区和中西部地区分别进行回归，比较环境污染驱动环境关心边际效应的差异。分地区样本的回归，主要有两点考虑：一是中西部地区的经济发展水平与东部地区存在明显的差异，根据经济繁荣假说，不同经济发展阶段，公众对于环境的关心程度存在阶段性差异；二是东部地区的环境治理相对于中西部地区更加积极，从环境污染趋势来看，东部地区大都越过了污染排放的峰值阶段，而中西部地区大都处于污染峰值或接近峰值阶段（王勇等，2016），通过地区分样本的考察也是对经济繁荣假说验证的深化。

通过表 10 的回归结果可以发现一些很有价值的结果。首先，相对于东部地区，中西部地区的环境污染激发了公众对环境问题的关注，这是因为中西部地区的环境污染日趋严重，公众的感知也更加明显。其次，环境污染驱动了东部地区的公共环境行动，而在中西部地区，私人环境行动显著提升，这在一定程度体现了环境污染驱动环境关心的阶梯性差异，东部地区公众的环境行动向更深层次的环境关心延伸，这也反映了环境关心的阶段性差别。最后，就对政府环境工作评价而言，在东部和中西部地区，环境污染均导致公众对中央和地方政府的不满意度增加，且对中央政府的负面评价要大于地方政府，这与前文的回归结果一致。相比较而言，在中西部地区，环境污染导致对政府环境工作的负面评价更为显著，这与中西部地区日益严峻的环境形势有一定的关系。

表 10　环境污染与不同地区公众的环境关心

	解释变量	对环境问题的关注	对中央政府的评价	对地方政府的评价	私人环境行动	公共环境行动
		（1）	（2）	（3）	（4）	（5）
东部地区	工业烟尘	−0.072 4	−0.033 9**	−0.015 0	−0.113 4	0.090 4
		（−0.75）	（−2.54）	（−1.13）	（−1.30）	（1.94）
	工业 SO_2	−0.217 0**	−0.011 7	−0.025 3*	−0.082 8	0.083 0**
		（−2.24）	（−0.89）	（−2.02）	（−1.19）	（2.16）
中西部地区	工业烟尘	0.066 2*	−0.015 6***	−0.014 7***	0.177 4***	−0.020 9
		（1.90）	（−4.69）	（−3.12）	（4.30）	（−0.78）
	工业 SO_2	0.086 3**	−0.027 3***	−0.019 7***	0.187 0***	0.065 7**
		（2.16）	（−6.66）	（−3.52）	（4.11）	（2.18）

注：表中小括号内为 t 值，均采用稳健标准误计算。***、**、*分别表示在1%、5%和10%的水平上显著。为了节约篇幅，仅汇报了环境污染与个人特征交叉项的结果，个人特征和城市特征变量的回归结果没有报告。

四、进一步的讨论：经济应急假设成立吗

经济应急假设认为，当经济形势较差，人们会将问题的关注集中于经济发展，从而弱化环境保护。同时根据前文的研究可知，环境污染导致公众对中央和地方政府的差评。据此逻辑，自然的一个问题就是，较好的经济发展形势能够缓解环境污染引致的公众对于政府的不满吗？为此，本文进一步考察经济增长和环境污染与公众对政府环境工作评价的关系，即经济增长放缓是否会缓解公众对环境问题的关注，以及缓和环境污染引致的公众对政府的不满。根据已有的相关研究，如 Conroy 等（2014）、Dienes（2015），通常认为弱势群体[①]更容易面临经济发展与环境污染的权衡。为此，本文根据个人收入平均值将样本划分为高收入和低收入样本分别进行回归：

$$y_{ij} = \beta_0 + \beta_1 \text{pollution}_j + \beta_2 \text{pollution}_j \times \text{economy}_j + X_{ij}'\beta + Z_j'\beta + \varepsilon_{ij} \qquad (5)$$

式中，economy_j 表示地区的经济状况，其他变量定义与式（4）一致。对于地区经济状况，本文分别采用各地级市 2010—2012 年的年均实际 GDP 增长率和就业增长率来衡量，其中就业增长率基于城镇单位及私营和个体就业人数来计算。两者虽然都能用来衡量经济发展形势，但是差别在于，源于 GDP 的考核机制，地方官员片面追求 GDP 的政绩观导致政府环境保护行为对于 GDP 增长率更加敏感，这是地方环境保护行为弱化，环境污染愈加严重的一个重要制度原因，也被称为"环保的忧伤"（偶正涛等，2005；孙伟增等，2014）。而公众可能会对就业指标更加敏感，因为就业好坏会直接关系到公众的切身利益[②]。当经济增长放缓，但是就业率可能仍然会保持相对稳定。为此，我们同时采用这两个变量进行回归和比较。回归结果见表 11。

表 11 分别汇报了环境污染与地级市 GDP 增长率和城镇就业增长率对高、低收入群体环境关心的交叉影响，即式（5）中的 β_2 系数。首先，在对环境问题的关注上，低收入群体在经济发展和环境污染间确实存在权衡，即经济增长越快，就业形势越好，低收入群体对环境问题的关注越高。但是针对高收入群体的交叉项回归结果则大都不显著甚至系数为负，说明经济应急假设对于高收入群体并不成立。从对政府的评价来看，GDP 增长与环境污染交叉项的回归结果大都不显著，而就业增长与环境污染交叉项的回归结果均显著为正。也就是说，当就业增长率较高，环境污染会导致公众对中央和地方政府

---

① 在本文中用收入水平来反映。
② 例如，2014 年的临沂环保风暴，关停大量的企业，大量工人失业，带来了潜在的社会问题风险，当地盗抢案件有抬头趋势（陈诗一等，2015）。

环境工作评价的提升。这说明，公众对于就业增长更加关注，会缓解环境污染带来的对政府的负面评价。也从一个侧面反映出，公众更加担心环境保护会影响就业而非经济增长，公众对政府的态度会在就业和环境之间进行权衡。从回归系数大小和显著性来看，这种权衡在低收入群体表现得更为明显，这也与之前的理论机制分析较一致。

表 11　经济发展、环境污染与环境关注和政府评价

	收入组	对环境问题的关注	对中央政府的评价	对地方政府的评价	对环境问题的关注	对中央政府的评价	对地方政府的评价
		（1）	（2）	（3）	（4）	（5）	（6）
		GDP 增长速度			就业增长率		
工业烟尘排放	低收入	0.090 5***	0.004 2	0.020 5	0.002 8***	0.001 5***	0.001 7***
		(2.65)	(0.23)	(1.10)	(3.26)	(3.01)	(3.54)
	高收入	−0.002 2	0.029 6	0.030 9	0.002 3***	0.001 6***	0.001 6***
		(−0.08)	(1.52)	(1.58)	(2.95)	(3.00)	(3.45)
工业 SO₂ 排放	低收入	0.103 6***	0.002 1	0.021 3	0.000 5	0.002 2***	0.002 3***
		(3.34)	(0.11)	(1.08)	(0.96)	(4.95)	(5.07)
	高收入	−0.050 7**	0.022 2	0.038 7**	0.000 4	0.001 6***	0.002 1***
		(−2.19)	(1.25)	(2.13)	(0.70)	(3.17)	(4.64)

注：表中小括号内为 t 值，均采用稳健标准误计算。***、**、*分别表示在 1%、5% 和 10% 的水平上显著。为了节约篇幅，仅汇报了环境污染与城市经济状况交叉项的回归结果。回归过程控制了个人、城市层面控制变量以及省份固定效应。

五、结论与启示

本文从个人对环境问题的关注、对政府环境工作的评价和实际的环境行动三个方面分析了地区污染程度对个人环境关心的影响。实证分析得到的基本结论是：①环境污染激发了公众的环境关心，体现在认为环境问题更为重要，对政府环境工作的评价更差，以及采取更加积极的私人环境保护行动。但是环境污染并没有激发公众更深层次的公共环境行动。②针对个人社会特征的异质性分析发现，面对污染时，不同社会群体的环境关心呈现分化特征，主要体现为老年、男性和城市群体更加关注环境问题。在环境污染的驱使下，城市居民采取私人环境行动的积极性更高，但是环境污染对公共环境行动的影响并不明显。相对于农村居民，城市居民对政府环境工作的评价更差。③从地区层面来看，环境污染对环境关心的驱动性作用在东部和中西部地区存在阶梯性差异，表现为中西部地区居民开始关注环境问题和采取积极的私人环境行动，东部地区居民则开始采取更加积极的公共环境行动。④进一步针对地区经济状况所做的考察表明，整体来看，经济应急假设对于低收入群体成立，即经济形势越好，低收入群体对环境问题的关注越高。经济增长速度并未影响公众因环境污染对中央和地方政府环境保护工作的评价，但是就业增长能够缓解环境污染激发的公众对政府环境保护工作的负面评价，且这种作用在低收入群体表现得更为明显。

本文的研究具有很强的政策启示。首先，并不是环境污染越严重，公众的环境行动越积极，特别是对于公共环境行动来说。这说明环境态度与环境行动具有很大的距离，环境污染能够促使公众关注环境问题的集体理性，但是在实际环境行动上这种集体理性很难形成。因此，面对个人理性与集体理性的冲突，政府需要发挥积极的引导作用。一方面，要引导和支持公众参与积极的环境保护行动；另一方面，需要健全公众参与积极环境行动的市场体系和制度体系，降低公众参与环境行动的成本，提升公众参与环境行动的获得感。其次，政府积极的环境信息公开和披露，有助于增强公众的环境关心，引导公众的环境行动。同时及时的信息发布也有助于树立政府的正面形象，改善公众对政府环境保护的评价。最后，积极的环境需要有利的经济发展条件支撑，公众的积极环境关心也会在环境和就业之间进行权衡。因此，环境保护工作同时需要考虑如何保证更加充分的就业。政府可以通过一些公益性的环境项目引导公众的环境参与，同时也要考虑通过增加环境治理投入和环境基础设施建设等方面创造更加充分的就业环境。

公众参与环境影响评价的一个实证研究

——基于山东、云南两省的问卷调查①

郝　亮　杨威杉

摘　要　通过问卷调查的形式，研究山东、云南两省公众参与环境影响评价的现状，内容包括公众认知、信息的公开与获取、公众意见咨询与反馈等方面。回收的 1 952 份有效问卷的统计分析结果表明：现阶段我国公众对环境影响评价的认知与参与程度较低，近半数的受访者认为不能获取所有必要的文件、信息公开渠道建设较为落后、公众参与的时间节点滞后以及信息完整度有待提高。此外，参与者的代表性与能力不足、反馈机制不完善也制约着公众更好地参与环境影响评价。究其原因，相关群体禀赋较差、法律法规不健全是公众参与环境影响评价面临的内部与外部障碍。

关键词　公众参与　环境影响评价　实证研究　山东　云南

环境影响评价（以下简称环评）是我国环境保护制度的关键组成，其中的公众参与环节对环境问题解决方法的再评估与公众参与态度的再考量具有重要意义。环评是首批明确将公众参与纳入其中的制度之一，20 世纪 70 年代以来，该制度已成为世界范围内广泛应用的环境决策手段，可确保各种令人担忧的环境问题在决策做出前得到考虑。

一般认为，公众参与有利于顺利地实施项目、更好地实现与发展协作治理。通过参与，公众可增强主人翁责任感，推动社会持续发展、法制建设与社会和谐。公众参与环评的目的在于改善规划和项目质量、通过预防诉讼和进度延误降低实施成本、满足法律要求、提高公民主动参与意识、促进民主、保护个人权益以及使项目成果得到认可等[1,2]。反之，缺乏公众参与，环评就丧失了作为可持续发展工具的作用与意义。

为推动环评中的公众参与进程，本文基于 2013 年对山东、云南两省公众开展的问

---

① 原文刊登于《干旱区资源与环境》2018 年第 10 期。

卷调查，识别参与环评相关群体的禀赋特征和面临的困难，并分析其背后的原因，以期为落实党的十九大报告中提出的"保障人民知情权、参与权、表达权、监督权"与"构建政府为主导、企业为主体、社会组织和公众共同参与的环境治理体系"等要求提供经验与借鉴，提高公众参与的有效性、公共管理的透明度和公共决策的公正性。

一、数据来源与研究方法

（一）研究方法

问卷调查法也称"书面调查法"或"填表法"，是用书面形式间接收集研究材料的一种调查手段，即通过调查表间接获取被调查者对有关问题的意见和建议。相比于其他获取公众意见的方法，问卷调查是目前最常用的工具，也是咨询公众的一种可大规模实施、相对便宜且不具约束力的方法，可有效避免矛盾和公开冲突。

（二）问卷设计

环境影响评价中的公众参与行为，既是公民的自主选择，也受当时的社会与制度环境影响。换言之，微观层面的个体属性和宏观层面的社会与制度等因素都会影响公众参与环评的效果。基于此，本文以山东、云南两省的公众为对象，通过问卷调查的方式，揭示公众参与环评的现状，探究现阶段存在的问题及其形成的原因。

其中，山东省位于我国北方的东海岸，正经历着经济转型发展和大规模基础设施扩张；与之不同，云南省位于我国西南，民族众多，许多自然资源尚未得到开发，经济社会发展相对落后，因此，选择山东、云南两省在社会方面具有较好的代表性。同时，在选取调查对象时也尽可能覆盖各行业、各地区、各年龄层次、各教育背景的公民，以确保样本在特征属性方面的比例与结构合理，符合两省的居民构成和社会发展特点，可有效满足研究需求。此外，问卷遵循简明、易懂、避免倾向性的设计原则，内容主要涵盖公众对环评的认知、信息的公开与获取、公众意见咨询与反馈等方面。

（三）数据来源

本文数据源于 2013 年 5—6 月在山东、云南两省开展的问卷调查，其中，云南省发放调查问卷 1 300 份，回收 1 052 份，回收率为 80.9%；山东省发放 1 000 份调查问卷，回收 900 份，回收率为 90%。为确保问卷质量，调查前选取了 20 名对环评有一定经验的人员进行培训，调查过程中由调查员对每名调查对象针对问题逐条进行细致讲解，问卷尽可能由被调查者自己填写，若有困难，则由工作人员现场提问后代笔。

二、结果与分析

（一）公众认知

公众对环境影响评价的认知程度较低是现阶段的主要问题。表 1 所示的问卷结果显示：在受访者中，51.4% 的公众不了解环评的目的和过程，参与过环评的公众比例仅为 36.4%。其中，山东省公众对环评的认知程度明显高于云南省。山东省有约 63% 的受访者知道环境影响评价，而云南省这一比例仅为 39%，较山东省低 24%。在环境影响评价的参与度方面也具有类似特点：山东省有 49.3% 的受访者参与过环评，而云南省仅有 27.5% 的受访者参与过，前者比后者高 21.8%。

表 1　不同省份公众了解或参加环评的调查结果

样本类型		主题问句	
		您是否了解环境影响评价的目的和过程	您是否参加过环境影响评价
	总体样本	48.6%	36.4%
不同省份	山东省	62.3%	49.3%
	云南省	39.3%	27.5%
不同居民类型	城市	56.1%	41.8%
	郊区	45.4%	36.5%
	农村	30.7%	18.8%
不同年龄层	<21 岁	34.4%	26.0%
	21～30 岁	56.7%	43.2%
	31～40 岁	51.1%	38.9%
	41～50 岁	40.3%	27.0%
	51～60 岁	28.8%	18.6%
	>60 岁	31.6%	28.9%
不同教育程度	小学	29.9%	30.9%
	初中	34.7%	24.0%
	高中	43.3%	32.1%
	本科	56.5%	41.6%
	硕士	59.2%	34.7%
	博士	65.6%	62.3%

城市公众对环评的认知程度和参与频率高于郊区和农村。针对公众类型的调查结果显示，无论是公众对环评的了解程度还是参与频率，其居民类型所占比例由高到低依次皆为城市、郊区、农村，呈现出由城市向农村逐步递减的趋势。此外，除城市居民对环评的了解程度比例高于50%外，其他类型的公众比例均低于半数。

中青年是了解和参与环评的主体人群。在了解环评的人群中，年龄在21～30岁、31～40岁的公众比例最高，两者皆高于50%；同时，相较于其他年龄层，该群体也是参与环评的主体。此外，分析对环评的熟悉程度、参与频率与人群受教育程度间的关系发现，对环评的熟悉程度与人群受教育程度呈正相关关系；至于是否参与过环评与人群受教育程度虽然不存在严格的正相关关系，但也呈现出一定的正相关趋势。

如表2所示，虽然有近七成的公众认同环评是解决项目环境问题的适当工具，但山东、云南两省公众持此看法的比例却相差较大：79.7%的山东公众认为环评是一种适当的工具，而云南省仅有60.9%的公众同意该观点。同样，认为公众可通过参与环评影响决策过程的人群比例不容乐观：只有66.0%的受访者认为公众参与环评就有机会影响决策，这一比例在山东和云南分别为76.4%、56.3%。最后，不足七成的受访者获悉公众依法享有参与环境影响评价的权利，对于这一点也存在山东受访者的认知高于云南的现象。

表2 不同省份公众对环评认知的调查结果

样本类型		主题问句		
		您认为环境影响评价能否作为全面反映建设项目环境影响的工具	您认为环评中的公众参与是否能为公众影响决策提供契机	您是否知道公民依法享有环境影响评价公众参与的权利
	总体样本	69.6%	66.0%	65.7%
不同省份	山东省	79.7%	76.4%	75.3%
	云南省	60.9%	56.3%	54.0%

总体而言，调查结果表明现阶段公众对环评的认知和参与程度均呈现较低水平，但山东公众的表现明显优于云南。原因在于山东经济和社会发展较快，2013年人均GDP达8 201美元，城市化率为52.4%。相比之下，云南经济发展起步晚，文化、科学、教育及管理水平较落后，工业发展与城市化进程较慢以及资源分布不均等决定了该省的发展水平低、人力资源不足、公众对环评认知程度低、参与频率不高。可见，正如马斯洛需求曲线所揭示的规律，经济社会发展水平对公众参与环评效果有着较为明显的正向影响。

（二）信息的公开与获取

完整、及时的信息是公众有效参与环评的基本条件之一[3]。我国涉及环评透明度和信息披露事宜的法规条例并不多见，尽管《建设项目环境影响评价政府信息公开指南》和《环境影响评价公众参与暂行办法》规定了建设项目环评必须进行信息公开，但是却由项目开发商或环评机构选择信息公开的方式和方法。因此，公众获取的信息质量完全取决于这些机构的能力和意愿。

目前环评公开的信息十分有限，公众很难看到环评报告的简本或完整本。公开的信息通常只涵盖以下几方面：项目概述、潜在环境影响描述、防止或降低环境影响的对策清单等。未披露的信息则包括施工项目或计划批准条件、原因及禁忌描述，减小或消除重大负面影响方案的选择和对比。有限的项目信息从根本上削弱了公众形成意见和提出客观质询的能力，其做出不符合实际甚至错误的判断，意见的合理性和客观性遭受质疑，最终降低公众参与的有效性。

公众获取信息困难，近半数参与环评的公众认为他们只能够获取有限的环评文件。如表 3 所示，47.3%的受访者认为他们不能获取所有必要的文件。由于环境保护部门、建设方与评估机构垄断了环境影响评价信息，现有的信息公开指南和办法对信息垄断又没有处理规定，导致在实际操作过程中，大部分关键信息被隐藏，仅少量无关信息被披露。

表 3　不同省份公众获取环评信息渠道的调查结果

样本类型		主题问句	
		公众是否能够获取环境影响评价相关文件	您是通过何种途径获悉在建/拟建项目的环境影响评价公众参与信息
总体样本	主管单位公告	52.7%	29.8%
	当地新闻或电视媒体		26.4%
	街道社区张贴的海报		24.8%
	其他		19.0%
山东省	主管单位公告	68.3%	24.1%
	当地新闻或电视媒体		27.8%
	街道社区张贴的海报		25.3%
	其他		22.8%
云南省	主管单位公告	33.6%	44.6%
	当地新闻或电视媒体		22.7%
	街道社区张贴的海报		23.5%
	其他		9.1%

根据表 3 所示，主管单位公告、当地新闻或电视媒体以及街道社区张贴的海报是当前环评信息公开的主要渠道，三者分别占比 29.8%、26.4%、24.8%。其中，占比最高的主管单位公告由于张贴地点的局限，其影响范围要低于另外两种方式，信息传播效果不佳。值得注意的是，在云南约有 44.6%的公众通过主管单位公告获取信息，可见，该省在信息公开渠道建设方面亟待加强。

（三）公众意见咨询与反馈

1. 咨询模式

公众意见虽非高水平的专业知识和技术信息，但对于揭示建设项目的环境与社会影响却至关重要。相关单位通过系统的意见征询和整理[①]，可全面、深入地发掘潜在问题，从而最大限度地消除或降低建设项目的负面影响。

《环境影响评价公众参与暂行办法》中规定的公众咨询模式包括意见调查、专家咨询、论坛、研讨会、听证会等形式，但截至目前，尚无相关法律条例对不同环境影响评价阶段适用的公众参与模式和深度、是否强制要求采纳听证会及其他互动咨询模式以使意见咨询更为高效等问题作出解释和规定。

如表 4 显示，在山东和云南，问卷调查是受访者参与最多的活动形式。值得注意的是，在公众参与难度较大、要求较高的听证会与座谈会方面，云南省的表现明显好于山东。云南省有 43.6%的受访者通过听证会或座谈会的方式参与过环评，而山东省这一比例仅为 31.9%，两者相差 11.7%。

表 4　不同省份公众参与环评意见咨询的调查结果

样本类型		主题问句		
		您以何种形式参与过由环评单位开展的公众参与活动	您认为目前信息公开提供的环评公众参与时间是否足够	您认为获取的环评信息是否完整
总体样本	问卷调查、采访	40.8%	60.8%	56.8%
	听证会、座谈会	35.4%		
	其他	23.8%		
山东省	问卷调查、采访	38.2%	73.1%	76.5%
	听证会、座谈会	31.9%		
	其他	29.9%		
云南省	问卷调查、采访	47.0%	50.2%	39.9%
	听证会、座谈会	43.6%		
	其他	9.4%		

---

① 为避免建设项目中环评编制单位在公众参与中走过场、企业提供或编造公众同意等虚假信息以欺骗审批单位等现象，2017 年颁布的《建设项目环境影响评价技术导则　总纲》在工作程序中将公众参与和环境影响评价文件编制工作分离，环评中的公众参与部分将由企业自行承担，单独报送。

2．参与时间

公众参与阶段的时间长短与提交意见的时间跨度相互关联。目前，公众参与环评的时间节点较晚，尽管在建设项目环评报告草案审批前，公众参与工作就已开始，但在规划准备或项目可研阶段并未包括公众参与①。

意见反馈的时效是影响公众参与有效性的关键。针对公众参与环评时间与接收信息完整程度的调研结果显示，山东和云南的受访者对这一问题的看法存在较大差异。如表4所示，云南受访者中约50%认为公众参与提供的时间足够，仅39.9%认为提供的信息完整；而山东受访者中这两个指标分别高达73.1%和76.5%，原因在于2012年山东省环境保护厅印发了《山东省环境保护厅关于加强建设项目环境影响评价公众参与监督管理工作的通知》，对环境影响评价公众参与的实施主体、调查对象、调查方案、调查内容、信息公告等9个方面作出具体规定，对于规范和指导山东省环境影响评价公众参与工作起到了重要作用。

信息公开与意见反馈的时间过短以及信息获取的不完整，导致公众难以形成客观科学的意见。一般情况下，专业评估机构尚需花费数月完成环评报告的讨论和编写，而目前公众意见提交期仅为10天，在此期间缺乏专业知识和技能的公众，很难就该项目形成有理有据、逻辑严谨的反馈意见，导致公众参与大多沦为象征性行为。

3．参与者

在环评参与者方面，主要存在3个问题：一是缺乏识别目标人群的规定或标准。《中华人民共和国环境影响评价法》第十一条②和第二十一条③中对于"公众"的识别和定义没有相关说明，这导致在实际操作中"公众"的范围常常被随意划定，某些理应遭受影响的"公众"很可能被排除在外。例如，只识别即将受到项目影响的区域，即识别区内的"公众"，不考虑潜在的可能受到项目影响、更大区域范围的"公众"，从而造成识别区域以外的公众很少看到识别区内分发的海报、宣传册，无法获得有关的环评信息，更没有机会参与环境影响评价。

二是没有准则规定如何选择参与环评的"利益相关方"。政府部门和专家往往通过提供咨询意见等方式参与环评，并对结果产生一定程度的影响，但二者是否属于"利益

① 提前公众参与介入时间对于参与效果有效性的提高尚存争议。一种观点认为，尽管理论上公众尽早参与有助于保持后续步骤的连续性，但是由于规划准备阶段或项目可研阶段环评的专业技术性过高，公众参与的效果有待商榷。另一种观点认为，即便参与成本较高且成效有限，公众尽早参与也势在必行。

② 《中华人民共和国环境影响评价法》第十一条："应当在该规划草案报送审批前，举行论证会、听证会，或者采取其他形式，征求有关单位、专家和公众对环境影响报告书草案的意见。"

③ 《中华人民共和国环境影响评价法》第二十一条："建设单位应当在报批建设项目环境影响报告书前，举行论证会、听证会，或者采取其他形式，征求有关单位、专家和公众的意见。"

相关方"却缺乏判断准则，至于其角色和参与方式更未有明确规定。

三是具有专业知识和技术的环保组织贡献不足。尽管法律规定了"其他机构"具有代表"公众"参与环评的权利，但目前环保组织在公众参与环评中所承担的职能却非常有限。原因在于这些具有专业知识和技术的环保组织需要一定的时间来征询、汇总公众意见，最后提交意见时往往已过期，导致其介入所带来的实质性贡献有限，影响公众参与的有效性。

4.反馈机制

环评中公众意见的反馈机制尚不完善：首先，尽管《环境影响评价法》和《环境影响评价公众参与暂行办法》中规定应认真对待公众意见、在环评报告中解释为何接受或拒绝公众意见，但均未明确意见反馈过程等相关细节；其次，虽然大部分公众的意见在环评报告中给予了答复，并可通过网站等渠道获取相关信息，但具体怎样处理意见、如何评估公众参与的针对性以及与极力反对项目的公众沟通等问题仍旧存在；最后，公众参与意见对决策结果的影响有限。问卷结果显示，仅56.1%的受访者表示收到过主管部门有关公众参与结果的反馈，58.4%的受访者认为最终决策考虑了公众意见。

三、讨论

（一）相关群体禀赋较差，降低其参与环评的意愿和能力

随着我国经济结构的转型升级，污染产业正逐步向远郊和农村转移。然而，相比于城市，郊区和农村地区经济水平有限，居民受教育水平相对较低，对于环境相关知识的理解程度明显低于城市居民。具体表现为公众很少有意识去了解环评项目公告的内容，更少有村民主动要求获取环境影响评价报告简本、参与环境影响评价过程。此外，郊区和农村的居民主要还是通过居（村）委会的广播或电视接收相关信息，很少通过阅读报纸、浏览网站获取信息。如表3显示，目前环境影响评价公众参与的主要信息获取方式是主管单位公告、当地新闻或电视媒体以及街道社区张贴的海报，然而这在农村地区往往并不奏效。

虽然近年来我国公众对环境保护的关注度不断提高，但环评是一项具有很强的技术性和不确定性的方法和制度，需要运用高度专业性以及综合多学科的知识。这些知识需要通过长期专业学习才能获得，因此，大多数公众并不具备。目前，我国公众的环境风险知识往往是建立在经验和直觉基础上的，专业知识的不足给公众参与环评造成了障碍：公众不仅对某一项目的环境影响理解有限，而且也难以形成并准确提出相关意见，

造成公众意见的理性化程度较低，甚至容易受到错误观点的误导，不能正确认识自身权益与真实的、根本的利益所在，导致调查结果有时不能反映其原本持有的观点和态度。

最后，我国公众自我组织能力弱、难以形成有组织的力量追求共同的环保目标。分散的、个体化的行动难以对占有大量社会资源、经济资源的强势决策者或利益集团施加影响，而非理性甚至暴力的行动也难以真正解决问题。截至目前，社会对如何理性地、平和地、持续地、有组织地争取合理环境诉求还没有形成共识。

（二）法律法规不健全，尚未形成良好的外部制度环境

1.《环境影响评价法》仍不完善

《环境影响评价法》是公众参与环境影响评价的法律保障，但目前来看，《环境影响评价法》仍不完善：首先，公众参与的主体范围并未明确，也没有适度扩展。参与环评的公众范围与确定标准并不明确，目前只考虑了卫生与环境防护距离之内的公民，而在防护距离外可能受到建设项目影响的潜在公众和机构还没有纳入考虑，更未考虑参与公众的性别、年龄、教育背景等相关因素[4]。参与公众的主体范围未能扩展。除受影响的公民、单位和专家外，没有包括虽未受影响但有利害关系或者有兴趣的相关群体以及环保组织，也没有通过立法等手段促进环保组织发展，使其成为推动环境保护事业发展与进步的重要力量[5]。

其次，公众参与的适用范围依旧较小。无论是编制、填报环评报告表（登记表）或报告书的建设项目，还是专项或综合性规划均未能开展公众参与；另外，在与环评有关的法律法规制定或其他决策过程中也没有引入公众参与制度。

再次，公众参与的阶段未能提前。目前尚未将公众参与的阶段提前到判断项目或规划有无必要编制环评报告书的阶段以及环评报告书内容框架初步确定阶段，依然是以环评报告书草案的编制阶段为起点。另外，目前环评报告中的公众讨论阶段过于短暂，根据欧盟的经验，这一阶段至少需要 30 天。

最后，通过座谈会或听证会等形式开展公众参与意见咨询未能广泛采用。相对于问卷调查，组织座谈会和听证会的难度较大，考虑到环评工作现状，可采取逐步推行的方式。对潜在环境风险较大、污染物排放浓度较高、总量排放较大的建设项目，应优先采取座谈会或听证会等形式。

2.《环境影响评价公众参与暂行办法》有待细化

《环境影响评价公众参与暂行办法》是国家环境保护主管部门发布的部门规章，专门针对环境影响评价的公众参与问题进行了较为系统的规定。然而，作为细化环评操作性规则最为有效的途径，《环境影响评价公众参与暂行办法》目前未能发挥应有的作用。

具体来说，一是公众意见的反馈处理程序不健全。尚未规定对于环境影响评价报告书草案编制前未采纳的公众意见需要说明理由并附证明材料，对于环评报告书草案编制阶段未采纳的意见也未能组织建设单位或主管部门与公众进行质证与辩论。目前，对于未采纳公众意见且未进行理由说明或质证辩论的环评仍然给予审批，相关部门对于不能接受的意见没有提交详细的解释说明，以致公众的意见无法得到反馈和解答。

二是公众对环评信息的知悉途径较少。目前公众知悉环评信息的方式效果较差，没有依据环境影响评价项目或规划所在区域的地理环境及当地公众生活条件等具体情况规定易于为参与环评的公众了解掌握的信息公开渠道，并且表达环评中涉及环境问题的语言也较为晦涩。此外，在项目环评中，很少有受过高等或专业教育的个人、组织以及在环保领域有一定信誉的机构被邀请参与，致使无法提供较为专业的反馈意见。

三是在进行环境影响评价公众参与之前，尚未开展参与公众对环评了解程度摸底调查工作。一般而言，如果公众了解环评和公众参与的相关知识，可以直接开展公众参与活动；如果公众没有接触过环评、也不了解公众参与知识，则需要在信息公示的同时，对公众进行基本知识的普及，确保公众了解环评和公众参与的目的和程序。但截至目前，法律条文中没有开展摸底调查工作的相关规定。

四是日常宣传，环保知识普及不足。部分地方政府和环境保护部门未能很好地利用电视、网络、报纸、广播、宣传栏等各种形式普及环保知识。此外，对于与公众紧密相关的参与环境保护的渠道，如环境影响评价公众参与等也介绍不多。但毋庸置疑的是，在短期内无法改变公众受教育程度的前提下，开展环境知识宣传与培训可有效提高公众参与的积极性和有效性[6]。

四、结论

公众参与环境影响评价的有效性受公众自身禀赋、社会与制度等多重因素影响，本文通过分析山东、云南两省公众问卷调查的数据，得出如下结论：经济社会发展水平较高地区的公众对环境更加关切，也更有意愿和能力参与环境影响评价，因此，山东省公众参与环评的各项指标均好于云南省。

但总体来看，现阶段我国公众对环评的认知与参与程度依然较低：虽然六成以上的公众认同环评是解决项目环境问题的适当工具、享有依法参与环评的权利并有机会影响决策，但仍有近半数的受访者认为其不能获取所有必要的文件、信息公开渠道建设较为落后、公众参与时间与信息完整度有待改善。此外，参与者的代表性与能力不足、反馈机制不完善也制约着公众更好地参与环境影响评价；究其原因，部分公众禀赋较差、《环境影响评价法》与《环境影响评价公众参与暂行办法》等法律法规不健全是公众参与环境影响评价面临的内部与外部障碍。

参考文献

[1] Ciaran O. Public participation and environmental impact assessment：Purposes，implications，and lessons for public policy making [J]. Environmental Impact Assessment Review，2010（30）：19-27.

[2] Li W X，Liu J Y，Li D D. Getting their voices heard：Three cases of public participation in environmental protection in China [J]. Journal of Environmental Management，2012（98）：65-72.

[3] 刘萍，陈雅芝. 公众环境知情权的保障与政府环境信息公开[J]. 青海社会科学，2010（2）：183-186.

[4] 王雪梅. 中欧环评公众参与机制的比较与立法启示[J]. 中国地质大学学报（社会科学版），2014，14（4）：34-43.

[5] Anne N G，Peter P J，Driessen A K，et al. Public participation in environmental impact assessment：why，who and how？ [J]. Environmental Impact Assessment Review，2013（43）：104-111.

[6] 吕彦昭，伍晓静，阎文静. 公众参与城市生活垃圾管理的影响因素研究[J]. 干旱区资源与环境，2017，35（11）：21-25.

火电造纸企业排污行为信息公开的合规性和
实质性定量评价案例研究①

郭红燕　刘卓男　李　晓

摘　要　我国排污单位信息公开内容不全面、质量不高,尤其是关键性的信息并未完全公开,无法完整、准确地勾勒出其排污行为的合规性和真实表现。鉴于此,我们研究构建了一套相对科学合理的、服务于加强监管约束排污行为的企业排污行为定量评价指标体系,包括排污信息、资源能源信息、环境管理信息、企业基础信息4大类一级指标和34个具体指标,同时附加信息公开的及时准确等质量表征的参考项,并以石家庄全市持证排污的35家火电和造纸企业为案例进行评价。

定量评价发现,信息公开的全面性、合规性、实质性、准确性均有不少问题:①企业排污行为信息公开不理想,合规性指标平均得分率为46.2%。②主要问题在于,企业未能完整公开包括实际排放类信息、资源能源信息以及重要环境管理信息等关键、实质信息。主要污染物实际排放浓度、实际排放量、达标情况及超标原因说明等得分率只有32%、63%、25%。无一家企业公开突发环境事件应急预案、行政处罚、环境影响评价等信息。③不同所有制企业信息公开表现有较大差异,外资企业公开情况最好,其次是国有企业,民营企业公开情况最差。造纸企业均为民营企业,其公开表现远不如外资企业和国有企业居多的火电企业。④排污许可信息公开情况欠佳,只有一半的企业公开了排污许可证年度执行报告,多数企业未完整公开主要污染物的实际排放浓度。

建　议　一是修改企业环境信息强制公开相关规定,将与排污直接相关的信息,如固体废物及危险废物的产生和处置情况、行政处罚、能源消耗及节能情况、水资源消耗及节水情况等,列入重点排污单位强制公开范围。二是定期持续开展企业排污行为信息公开评价并公布结果。三是加大对排污许可证年度执行报告编制和公开的监管力度。四是依据信息公开评价结果,对企业实施不同频次的检查,并建立信息公开黑名单制度和联合惩戒机制。

关键词　环境信息公开评价　信息公开合规性　排污许可制度

---

① 原文刊登于《中国环境战略与政策研究专报》2018年第23期。

一、问题提出和研究的意义

企业环境信息公开，是一项综合、系统、有效的环境管理手段。全面的、实质性的信息公开能够通过影响政府决策、投资者行为、消费者行为、其他利益相关方（如债权人、供应商、购货商、员工、厂区附近单位和居民等）的行为、环保公益组织的行为等，促进社会各界对企业进行监督，促使企业改善环境行为。

经过多年的实践和发展，我国企业环境信息公开制度不断建立完善，但其执行情况和效果并不理想，并未对企业环境行为起到应有的约束作用。究其原因，一是信息公开内容不全面，尤其是实质性、关键性的信息并未完全公开，如企业实际排放类信息、资源能源信息等，不利于社会监督和参与。二是信息公开的质量不高。部分企业监测数据造假，社会公众难以辨认；信息公开渠道平台分散，社会公众只能获取有限的、片段式的信息，无法完整、准确地勾勒出企业的排污行为；信息公开的准确性、及时性、用户友好性均有待提高。

在此背景下，亟须识别企业应公开的实质性、关键性的排污行为信息，并在此基础上构建一套系统科学的企业排污行为信息公开评价体系，对企业信息公开情况进行评价并公开评价结果，促进企业环境信息全面系统实质公开。

近年来，国内外学者在量化评估企业环境信息公开方面开展了大量研究。美国密歇根州立大学的 Joanne Wiseman[①]早在 20 世纪 80 年代就提出企业环境信息披露指数，但该指数主要关注企业的环境会计信息，如污染防治成本和计划投资等，而对具体污染物的相关信息关注较少，且指标的赋分规则也不尽合理[②]。之后，很多研究在这一基础上开展相关工作，但进展较小。直到 2008 年，澳大利亚学者 Peter Clarkson 等[③]对 Wiseman 的指数的合理性提出质疑，并根据全球报告倡议组织（GRI）发布的《企业可持续发展报告指南》，创建了一套较为全面的企业环境信息披露指标体系，涉及企业治理结构和管理体系、诚信、环境绩效、环境支出、环境愿景和战略、环境形象及环境活动等方面，但同样存在企业排污行为指标不够细化及评分标准简单、随意、不合理等问题。

国内的学者则更多是借鉴国际上企业可持续发展或社会责任评价开展相关研究。例

[①] Wiseman J. An evaluation of environmental disclosures made in corporate annual reports. Accounting Organizations & Society，1982，7（1）：53-63.

[②] 主要根据内容描述详细程度及定性定量赋分，如基本描述、具体描述、定量描述的得分依次为 1 分、2 分、3 分。

[③] Clarkson P M，Li Y，Richardson G D，et al. Revisiting the relation between environmental performance and environmental disclosure：An empirical analysis. Accounting Organizations and Society，2008，33（4-5）：303-327.

如，复旦大学环境经济研究中心开发了企业环境信息披露指数，从愿景、经济、治理、排放、碳指标等方面评估上市公司企业环境信息披露情况。中国环境新闻工作者协会等单位从环境管理、环境绩效、环境信息沟通等方面，对沪深交易所上市公司的环境信息披露进行评价。中国社会科学院开展企业社会责任评价工作，其中一部分涉及企业环境责任相关内容。

对国内外相关研究进行梳理总结发现，现有的研究对于我国生态环境系统推动重点排污单位环境信息公开存在三方面的致命缺陷：一是评价的全面性、系统性不够，导向不明确。由于现有的研究主要沿用和参考了国际上的评价标准，评价内容侧重于企业可持续发展或社会责任，对生态环境部门监管的重点排污单位的信息公开要求考虑较少；评价对象侧重于上市公司以及国企民企中前 100 强等的集团公司，不针对污染排放贡献大的单个生产企业；评价的目的以保护利益相关方的经济利益为主，而不是直接改善企业环境，因此现有研究并不能很好地推动企业改善环境。二是缺乏对公开合规性的考量。以往研究大多不是以我国法律法规对环境信息公开的要求规定为基础构建评价指标和体系，故缺乏对企业信息公开合规性的评价。我们在调研的过程中也经常发现，大多做评价工作的研究机构和学者并不知道生态环境系统关于重点排污单位信息公开要求，不清楚排污许可制度关于企业信息公开的规定。三是对信息的实质性公开程度考量不够。新的排污许可制度出台前，企业的主要污染物及应公开的排污信息难以判定，所以评价企业信息公开程度的标准极为模糊，很多评价只看有无排污相关信息、定性还是定量信息就打分，但对到底这个企业应该公开哪些排污信息、实际公开程度如何，完全没有考量。

基于此，为打破以往研究的局限，为生态环境部门提供有针对性的、精准化的参考，本文通过梳理总结我国现行的制度文件中有关企业环境信息公开的要求，研究构建了一套相对系统科学的符合我国实际的企业排污行为信息公开评价指标体系和方法，并以石家庄火电造纸企业为案例对其公开情况进行评估，了解企业各类信息公开的程度及存在的问题，并提出政策建议，为打好污染防治攻坚战助力。

二、企业排污行为信息公开评价指标体系构建

（一）评价目的和思路

通过梳理我国现行的企业环境信息公开相关法律法规和政策文件，以信息公开推动企业污染防治工作的贡献大小和重要性为赋权原则，研究构建一套系统科学的符合我国

实际的企业排污行为信息公开评价指标体系和方法，对企业履行国家环境信息公开要求的情况进行评估，刺激企业改善环境信息公开情况，最终改善环境行为。

（二）主要政策依据

本指标体系的构建，主要参考了国家及有关部门发布的企业信息公开制度和文件，涉及一般企业、重点排污单位、国有企业、中央企业、上市公司等的强制公开和自愿公开规定。指标体系覆盖了生态环境部门颁发的所有制度文件①中强制要求企业公开的内容，如排污许可类信息、实际排放信息、资源能源消耗信息、排污许可执行情况、基础信息等，以及部分自愿性信息公开要求，例如节能节水、固废危废等信息；同时参考了国家及其他部门的信息公开制度文件②的部分强制性信息公开要求，如行政处罚信息等，最终形成了企业排污行为信息公开指标体系。

（三）指标体系构成及赋权

企业排污行为信息公开评价指标体系，主要由排污信息、资源能源信息、环境管理信息、企业基础信息4大类信息一级指标和34个具体信息二级指标组成，用于定量考察企业排污行为信息公开的全面性、完整性。同时，指标体系增加了一个参考项，用于定性反映企业信息公开的质量，包括公开的及时、准确、用户友好等方面。评价方法采用百分制，满分一百分。

具体指标的权重，主要依据该指标信息公开对推动企业污染防治工作的贡献大小和重要性来确定，同时也会考虑社会对该指标的关注程度及企业公开该信息的难易程度和工作量。指标信息公开对企业污染治理的推动作用越大，社会对其关注度越高，企业公开其消耗的工作量越大，则该指标权重也应该越大（指标体系及赋分情况见表1）。

按照上述指标权重确定原则，在一级指标（四大类信息指标）中，"排污信息"的公开最有利于全社会共同推动企业污染治理工作，社会对其关注程度也最高，其权重占比设置也最高，为50%；接下来依次是"资源能源信息""环境管理信息""企业基础信息"，权重占比设置分别为25%、20%、5%。

---

① 包括《环境信息公开办法（试行）》《企业事业单位环境信息公开办法》《排污许可管理办法（试行）》《排污许可暂行规定》《排污单位环境管理台账及排污许可证执行报告技术规范总则》《排污单位自行监测技术指南 总则》《企业环境报告书编制导则》。

② 包括《中华人民共和国环境保护法》《中华人民共和国证券法》《企业信息公示暂行条例》《中央企业履行社会责任的指导意见》《关于国有企业更好履行社会责任的指导意见》《上市公司信息披露管理办法》《公开发行证券的公司信息披露内容与格式准则第 2 号——年度报告的内容与格式》《公开发行证券的公司信息披露内容与格式准则第3 号——半年度报告的内容与格式》。

表 1 企业排污行为信息公开评价指标体系

一级指标	二级指标	指标代码	分值（分）	指标说明
排污信息（50分）	主要污染物种类	A1	1	排污许可信息公示系统和排污许可证副本中核定的主要污染物名称
	主要污染物排放方式	A2	1	各项主要污染物的排放方式（大气污染物排放形式、废水污染物排放规律）
	主要污染物排放去向	A3	1	各项主要污染物的排放去向
	污染物排放口位置和数量	A4	2	有组织废气和废水的各排放口的经纬度和数量
	大气污染物无组织排放源的位置和数量	A5	1	无组织废气的各排放口的位置和数量
	主要污染物许可排放浓度	A6	2	排污许可证副本中各项主要污染物的许可排放浓度限值
	主要污染物许可排放量	A7	2	排污许可证中各项主要污染物的许可年排放量限值
	主要污染物实际排放浓度	A8	15	有自行监测要求的各排放口各项主要污染物的实际排放浓度
	主要污染物实际排放量	A9	15	排污许可证副本中有许可年排放量限值的各项主要污染物的实际排放量
	主要污染物排放达标情况及超标原因说明	A10	10	说明是否超标，有超标排放情况的，说明排放口、污染物、超标时段、实际排放浓度、超标原因等，以及向环境保护主管部门报告及接受处罚的情况
资源能源信息（25分）	能源消耗及节能情况*	B1	10	企业使用的主要能源种类、消耗量或强度，及节能情况
	水资源消耗及节水情况*	B2	10	企业使用的水资源消耗量或强度，及节水情况
	主要原辅材料及其他资源消耗情况	B3	5	企业使用的主要原料、辅料及其他资源用量
环境管理信息（20分）	环境保护方针、目标、规划*	C1	1	—
	内部环境管理体系建设与运行情况	C2	1	环境管理机构及人员设置情况、环境管理制度建立情况、排污单位环境保护规划、环保措施整改计划等情况说明
	环境管理台账记录执行情况	C3	2	是否按排污许可证要求记录环境管理台账的情况说明
	突发环境事件应急预案	C4	2	
	环境行政处罚	C5	2	企业因一般环境违法行为，被环境保护行政机关依照环境保护法规处以行政制裁的情况

一级指标	二级指标	指标代码	分值（分）	指标说明
环境管理信息（20分）	排污许可证年度执行报告	C6	1	排污单位根据排污许可证和相关规范的规定，对自行监测、污染物排放及落实各项环境管理要求等行为的年度报告
	信息公开情况	C7	1	信息公开的方式、内容、频率及时间节点等情况说明
	污染防治投资情况	C8	1	防治设施计划总投资、报告周期内累计完成投资等情况说明
	污染防治设施的建设运行情况及异常情况说明	C9	2	—
	产排污环节	C10	1	各项主要污染物的产排污环节信息
	自行监测执行情况	C11	2	自行监测要求执行情况，并附监测布点图；说明是否满足相关标准与规范要求；对于非正常工况和特殊时段，说明废气有效监测数据数量、监测结果；对于未开展自行监测、自行监测方案与排污许可证要求不符、监测数据无效等情形，说明原因及措施
	建设项目环境影响评价情况	C12	2	新（改、扩）建项目环境影响评价及其批复、竣工环境保护验收等情况
	固体废物及危险废物的产生和处置情况*	C13	2	各类固体废物和危险废物的产生量、综合利用量、处置量、贮存量、倾倒丢弃量；危险废物具体去向等
企业基础信息（5分）	单位名称	D1		—
	法定代表人	D2	0.5	—
	生产地址	D3	0.5	—
	联系方式	D4	1	—
	统一社会信用代码	D5	0.5	—
	所属行业	D6	0.5	—
	地理位置	D7	1	生产地址的具体经纬度
	基本生产信息	D8	1	主要生产设施、主要产品及产能
参考项	包括两方面的内容：①因监测数据造假或数据公开质量问题受到行政处罚的情况；②经证实的企业环境信息公开的及时性、准确性、用户友好性等方面的负面报道情况			

注：本指标体系主要由合规性指标（即强制性公开指标）组成，同时也包含少数非合规性指标（即自愿性指标）。如B1中的"节能情况"、B2中的"节水情况"、C1"环境保护方针、目标、规划"、C13"固体废物及危险废物的产生和处置情况"为非合规性指标，共占11分，其余指标均为合规性指标，共占89分。

* 代表该指标全部或部分为非合规性指标。

相应地，每类信息对应的二级指标的权重和分值也存在差别，具体表现为：

（1）在"排污信息"对应的二级指标中，污染物实际排放类信息的权重要远高于由生态环境部门核定的排污许可类信息。污染物实际排放类信息，包括主要污染物的实际排放浓度、实际排放量、达标情况及超标原因说明等，这些信息直接反映企业排污状况，社会关注度高，企业公开工作量相对较大，公开后也便于社会监督及有关部门监管，其公开对企业污染治理促进作用也最为明显，故这类指标权重较高。

（2）在"资源能源信息"对应的二级指标中，能源消耗及节能情况、水资源消耗及节水情况等指标社会关注度高、统计和公开难度相对较大，其权重设置要高于其他资源信息指标。

（3）在"环境管理信息"对应的二级指标中，部分直接影响企业排污行为，且管理成本和公开难度较大的环境管理信息指标权重设置，高于其他一般环境管理信息指标。环境管理台账记录执行情况、突发环境事件应急预案、环境行政处罚、污染防治设施的建设运行情况及异常情况说明、自行监测执行情况、建设项目环境影响评价情况、固体废物及危险废物的产生和处置情况等指标权重设置都相对较高。

（4）在"企业基础信息"对应的二级指标中，公开后对企业影响较大、有利于社会监督企业排污行为的信息指标权重均高于其他指标，如联系方式、地理位置、基本生产信息等指标权重相对较高。

为了使企业排污行为信息公开的各项指标及其权重科学合理，项目组梳理总结和查阅了国内外相关研究文献，并在初步形成指标体系后，先后多次听取了专家、地方环保部门及代表性企业的意见和建议，最终确定各项指标及各个方面的权重，形成兼具可行性和适用性的指标体系。

此外，在具体实施评价时，针对部分企业不产生某些指标对应的信息，本文进行了变权处理。如当企业无污染物外排，无大气污染物无组织排放，无环境行政处罚，没有进行污染防治投资和建设项目环境影响评价时，相对应的排放口位置和数量、大气污染物无组织排放源的位置和数量、环境行政处罚、污染防治投资情况、建设项目环境影响评价情况等指标权重均调整为 0，其余指标权重则按比例相应提高。

三、石家庄企业排污行为信息公开评价结果及分析

（一）样本选取与数据来源

本次评价选取石家庄市 2017 年取得排污许可证的所有火电造纸企业共 35 家作为评

价对象[①]。其中，火电企业 16 家，造纸企业 19 家。火电企业中有 7 家国有企业、4 家外资企业及 5 家民营企业，而造纸企业全部为民营企业（表 2）。

表 2　样本特征汇总表

行业	国有企业		外资企业		民营企业		总　计	
	数量	占比/%	数量	占比/%	数量	占比/%	数量	占比/%
火电企业	7	20	4	11.4	5	14.3	16	45.7
造纸企业	0	0	0	0	19	54.3	19	54.3
总　计	7	20	4	11.4	24	68.6	35	100

评价数据收集工作主要集中于今年 6 月 10 日到 8 月 17 日，历时两月有余。开展评价所需的企业数据，主要来自互联网公开渠道，如全国排污许可证管理信息平台、河北省国家重点监控企业自行监测信息公开平台、企业信用信息公示系统、企业官网及其他平台等。总体而言，当前企业公开的环境信息较为分散，几乎没有一个企业在单个平台上依照要求完整公开所有的信息，均分布在不同的平台上。如全国排污许可证管理信息平台上只有部分企业的年度、季度或月度执行报告，河北省国家重点监控企业自行监测信息公开平台上有部分企业的实时监测浓度、自行监测报告等自行监测信息，企业信用信息公示系统上有企业自行公开的行政处罚信息，有的企业在官方网站上公开了部分基础信息。因此，需要从各平台上收集、整合、比对、分析，最终梳理出企业信息公开数据，得出评价结果。这既给评价数据收集工作带来了难度，更是不利于生态环保工作的社会监督和参与。

（二）评价结果与分析

1. 总体得分情况

企业总体得分情况不理想。最高得分不足 70 分，超过一半的企业得分低于 50 分，40%的企业得分低于 25 分；多数企业在公开生态环境部门核定的排污许可类信息和企业基础信息方面没有难度，得分不高的原因在于未能完全公开包括实际排放类信息、资源能源信息，以及各项环境管理信息等实质性信息。

本评价指标体系满分为 100 分。石家庄市样本企业的总体得分情况：35 家企业分数差异较大，最低分为 15.4 分，最高分为 69.8 分，平均得分为 41.6 分，标准差达到了 20.9。其中，0～25 有 14 家，占比 40%；25～50 分有 4 家，占比 11.43%；50～75 分有 17

[①] 依据《固定污染源排污许可分类管理名录》中的相关规定，火电和造纸企业均应在 2017 年年前取得排污许可证，并实行排污许可可重点管理。

家，占比 48.57%；75 分以上 0 家。可见，超过一半的样本企业得分都在 50 分以下，企业排污行为信息公开整体表现不好（表 3）。

表 3　企业排污行为信息公开得分分布情况

颜色表征	企业得分	企业数量	占比/%
黑色	0～25 分	14	40.00
红色	25～50 分	4	11.43
黄色	50～75 分	17	48.57
绿色	75～100 分	0	0

对于评价结果处于不同得分区间的企业，本文依次用黑色（0～25 分）、红色（25～50 分）、黄色（50～75 分）、绿色（75～100 分）表示。根据图 1 及附件企业排污行为信息公开评价指标体系评分标准表，可以发现，处于不同分值段的企业，其公开内容及形式存在明显不同，具体如下：

黑色（0～25 分）：黑色企业基本上只公开了生态环境部门核定的排污许可类信息及企业基础信息，绝大多数未公开有利于社会监督的关键性、实质性环境信息，如实际排放类信息、资源能源信息，以及除产排污环节以外的各项环境管理信息。得分在 20～25 分的企业也只是相对多公开了部分实际排放类信息。同时，黑色企业均未公开排污许可证年度执行报告，大多数未公开自行监测报告。这类企业均为民营造纸企业。

红色（25～50 分）：与黑色企业相比，红色企业分值增加主要体现在，增加了部分实际排放类信息，也增加了包括产排污环节、排污许可证年度执行报告、自行监测执行情况等信息的公开，但其他的实质性信息公开很少。个别企业，如得分最高的赵县东升纸板厂，还公开了部分社会关注度较高的资源能源信息。此外，只有部分红色企业公开了排污许可证年度执行报告，且公开的内容不完整。红色企业中民营企业和国有企业各占一半。

黄色（50～75 分）：与红色企业相比，黄色企业加大了公众关注度较高、公开难度较大的实际排放类信息、资源能源信息以及环境管理信息的公开程度。黄色企业全部公开了排污许可证年度执行报告，其中大部分企业公开了自行监测报告。同时，黄色企业以国有企业和外资企业为主，二者占比超过一半。

绿色（75～100 分）：由于样本企业均未完整公开实际排放类信息、资源能源信息和环境管理信息，故所有样本企业得分均未超过 70 分，本区间无任何企业。可见，企业排污行为信息公开的改善空间还很大。

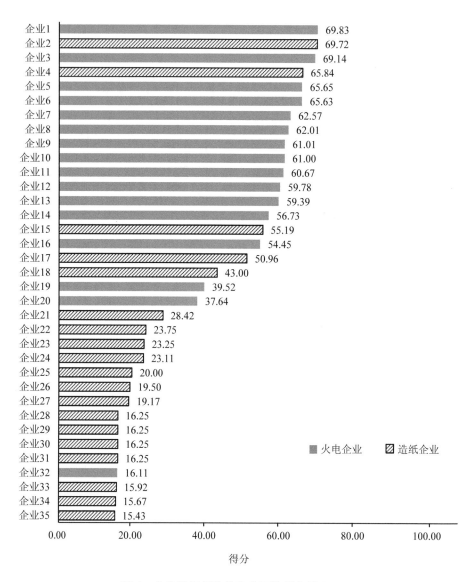

图 1　企业排污行为信息公开总得分情况

2．合规性指标得分情况

企业合规性指标总体得分不乐观。样本企业排污行为信息公开均未达到国家要求的公开水平，甚至无一家企业达到国家要求公开程度的 80%，企业合规性指标最高得分率仅为 78.5%，平均得分率仅为 46.2%。

本指标体系主要由有强制公开要求的合规性指标组成，也包含少数自愿性指标，如 B1 中的节能情况、B2 中的节水情况，以及 C1（环境保护方针、目标、规划）、C13（固体废物及危险废物的产生和处置情况）。合规性指标总分为 89 分，自愿性指标为 11 分。合规性指标得分率越高，说明企业履行国家强制公开环境信息的要求越到位，对有强制公开要求的信息的披露程度也越好；相反，合规性指标得分率低，则说明企业未能很好履行我国信息公开法律法规要求，未能依法依规公开相应信息。

根据表 4，分析企业合规性指标得分（得分率①）情况发现，目前样本企业排污行为信息公开均未达到合规水平，无一家样本企业按照国家要求全部公开相应的环境信息，甚至没有一家企业的合规公开程度达到 80%，企业合规性指标最高得分率仅为 78.5%，平均得分率仅为 46.2%，总体状况令人担忧。

表 4　合规性指标得分率分布情况

企业得分率/%	企业数量	占比/%
0～25	11	31.4
25～50	7	20.0
50～75	14	40.0
75～80	3	8.6
80～100	0	0

比较表 4 和表 3 可以发现，样本企业合规性指标得分率分布情况与企业总体评价指标得分率分布情况基本一致，但合规性指标得分整体略高。这说明企业更重视强制性指标的公开，但由于本文指标体系所选的自愿性指标备受社会关注，也能极大地促进企业环境行为改善，因而也应该加强企业相应信息的公开。

3. 四大类信息公开指数②得分情况

"企业基础信息"公开指数平均得分（得分率 97.1%）最高，"排污信息"公开指数得分（得分率 53.2%）一般，"资源能源信息"和"环境管理信息"公开指数平均得分最低（得分率分别为 18.4% 和 27.6%），后两项是企业最主要的失分项；"排污信息"和"环境管理信息"是拉开样本企业得分差距的主要指标。

本指标体系包含的四大类信息"排污信息""资源能源信息""环境管理信息""企业基础信息"的公开指数，满分分值为 50 分、25 分、20 分、5 分。评价结果显示，这4 个指数的平均得分分别为 26.6 分、4.6 分、5.5 分、4.9 分，对应的得分率依次是 53.2%、18.4%、27.6%、97.1%。可见，对于样本企业而言，"企业基础信息"公开指数得分比较

---

① 得分率为企业实际得分占指标满分的比重。
② 四大类信息公开指数，对应企业排污行为信息公开评价指标体系中的四个一级指标的得分情况，包括"排污信息""资源能源信息""环境管理信息""企业基础信息"。

容易，"资源能源信息"和"环境管理信息"是最主要的失分项（图2）。

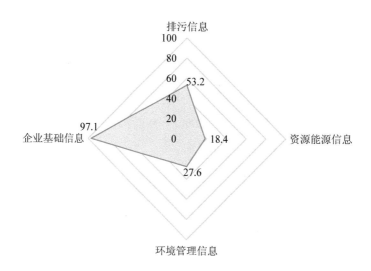

图2　四大类信息公开指数得分率（%）

同时，根据图3可知，企业在"企业基础信息"和"资源能源信息"公开指数得分率上相对接近和集中，前者的得分率主要集中在高得分率区间（75%～100%），后者的得分率主要集中在低得分率区间（0～25%），样本企业在这两个指数的得分上不存在明显差距；而在"排污信息"和"环境管理信息"公开指数上，样本企业得分差异较大。这两个指数的不同得分区间都分布着一定数量的企业，特别是"排污信息"公开指数的4个得分区间，企业基本是均匀分布。可见，"排污信息"和"环境管理信息"是拉开企业得分差距的主要指标。

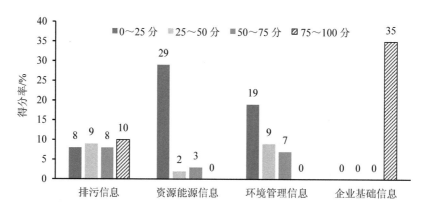

图3　四大类信息公开指数得分率分布

（1）排污信息公开情况

"排污信息"公开指数满分为 50 分，样本企业最高得分为 45.5 分，最低为 9.2 分，平均得分为 26.6 分。根据图 4，多数许可排放类信息，如主要污染物种类、排放口位置和数量、大气污染物无组织排放源的位置和数量、许可排放浓度、许可排放量等指标的得分率均为 100%，主要污染物的排放方式和排放去向指标得分率分别为 94% 和 96%，说明除少数企业没有公开污染物排放方式和去向信息外，多数企业对许可排放类信息都进行了公开。但同时，主要污染物实际排放浓度、实际排放量、达标情况及超标原因说明等实际排放类指标的得分率只有 32%、63%、25%，这些指标都是主要的失分项，说明企业在公开属于监管重点、且对于社会监督企业排污行为十分关键的实际排放类信息方面还有较大的提高空间。

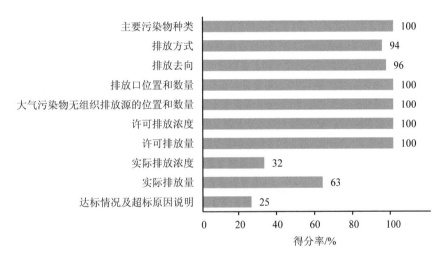

图 4　排污信息二级指标得分率

（2）资源能源信息公开情况

"资源能源信息"公开指数满分为 25 分，样本企业最高得分为 17 分，最低为 0 分，平均得分为 4.6 分。根据图 5，资源能源信息包含的所有二级指标，即能源消耗及节能情况、水资源消耗及节水情况和主要原辅材料及其他资源消耗情况，平均得分率均较低，分别为 31%、7% 和 17%。说明企业目前对于资源能源信息的收集和公开还不够重视，或不愿意向公众公开该类直接反映其环境行为的信息，以减少社会监督可能带来的社会经济成本。

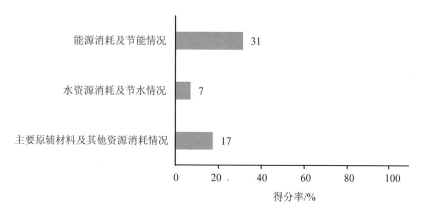

图 5　资源能源信息二级指标得分率

实际上，排污许可证年度执行报告被要求须包含并公开企业能源（燃料）消耗、水资源消耗及主要原辅材料信息，但由于很多企业没有年度执行报告，导致这些资源能源信息指标得分率都比较低。而且，我们发现，即使有年度执行报告公开，企业公开水资源消耗信息的程度也很低。

（3）环境管理信息公开情况

"环境管理信息"公开指数满分为 20 分，样本企业最高得分为 15 分，最低为 1.11分，平均得分为 5.5 分。如图 6 所示，除了产排污环节指标，其他各项环境管理信息指标的得分率均不高。造成这一表现的主要原因是，产排污环节信息是被相关规定[①]要求放在排污许可证副本中，且要经过生态环境部门审核的信息，故几乎所有企业都基本按照要求在排污许可证副本中公开了产排污环节信息。其他环境管理信息中，内部环境管理体系建设与运行情况、环境管理台账记录执行情况、排污许可证年度执行报告、信息公开情况、污染防治投资情况、污染防治设施的建设运行情况及异常情况说明、自行监测执行情况、固体废物及危险废物的产生和处置情况的得分率分别为 29%、38%、49%、34%、8%、29%、26%、27%；而环境保护方针、突发环境事件应急预案、环境行政处罚、建设项目环境影响评价四项信息得分率为 0，企业没有公开相关信息。这说明大多数企业或是不愿意公开可能直接影响企业排污行为的环境管理信息，或是还未建立科学有效的内部环境管理体系，缺乏相应的信息及公开能力。

---

① 参见《排污许可管理办法（试行）》。

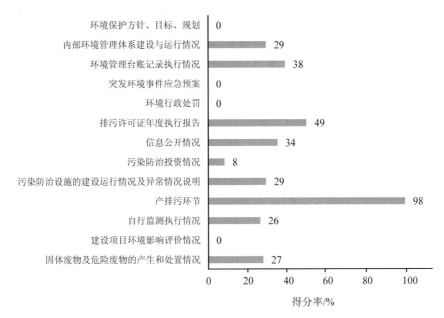

图6 环境管理信息二级指标得分率

（4）企业基础信息公开情况

"企业基础信息"公开指数满分为5分，样本企业最高得分为5分，最低为4分，平均得分为4.9分。企业基础信息公开情况普遍较好，除联系方式和基本生产信息得分率（分别为91%和94%）稍低外，其他信息公开的得分率均为100%（图7）。失分的原因，一方面，个别企业未按要求公开主要生产设施和主要产品产能，这可能导致公众无法对排污企业形成完整清晰的认知，故削弱了公众监督企业排污行为的客观性、科学性和可行性；另一方面，个别企业未在排污许可证副本中公开联系方式，这可能导致关注企业排污行为的公众无法快速直接地通过排污许可系统联系并监督企业。

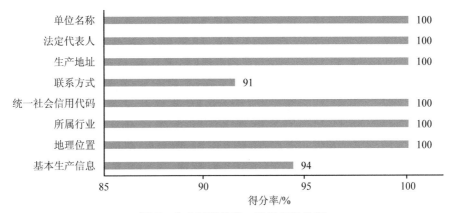

图7 企业基础信息二级指标得分率

总体而言（图8），企业基础信息公开较完善，而排污信息、资源能源信息和环境管理信息等直接反映企业排污行为及其管理、公众关注度较高的信息公开情况较差，不利于公众和监管部门通过公开的信息对企业排污行为进行全面、科学、有效的监督，从而无法真正推动企业排污行为的改善。

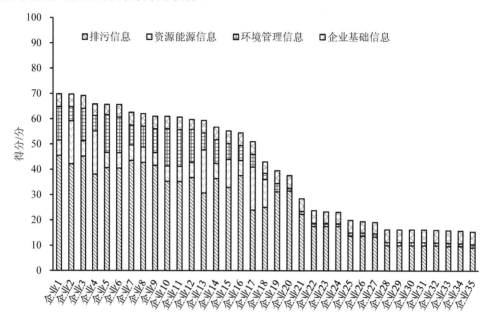

图8　不同企业四大类信息公开指数得分情况

4. 具体指标得分及公开情况

图9展示了每一项二级指标所有样本企业的平均得分情况，34项二级指标得分率呈现明显差异。得分率居前列的指标有主要污染物种类、排放方式、排放去向、排放口位置和数量、大气污染物无组织排放源的位置和数量、许可排放浓度、许可排放量等许可排放类信息，以及产排污环节、单位名称、法定代表人、生产地址、联系方式、统一社会信用代码、所属行业、地理位置、基本生产信息等基础类信息。失分情况较多的指标为实际排放浓度、实际排放量、达标情况及超标原因说明等实际排放类信息，能源消耗及节能情况、水资源消耗及节水情况、主要原辅材料及其他资源消耗情况等统计公开成本较高的资源能源类信息，以及环境保护方针目标规划、突发环境事件应急预案、环境行政处罚、污染防治投资情况、污染防治设施的建设运行情况及异常情况说明、自行监测执行情况、建设项目环境影响评价情况、固体废物及危险废物的产生和处置情况等重要类环境管理信息。

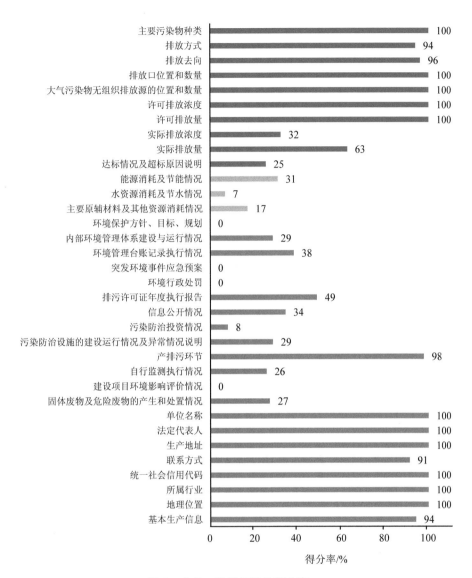

图9　企业二级指标平均得分率

下面对部分环境管理信息指标的公开情况进行具体分析：

（1）突发环境事件应急预案：多数企业有应急预案但不公开，不利于社会的监督和配合

公众可以通过企业的突发环境事件应急预案了解企业的应急方案，从而适时配合和监督企业开展应急工作，既有利于公众对企业环境行为的监督，同时也有益于增加对企业的理解和信任。然而，样本企业中没有一家企业自行公开了突发环境事件应急预案，

这可能导致环境事件发生时，企业周边群众无法及时采取应急及保护措施，从而造成严重的环境和社会影响。根据前期调研情况，实际上石家庄大部分企业都已制定了突发环境事件应急预案，但企业仅在地方环境部门进行了备案，却从未向社会公开，导致应急预案并未最大限度发挥其应有的作用。

（2）环境行政处罚：尽管国家对企业行政处罚有强制公开要求，但目前无一家样本企业公开环境行政处罚信息，或应将该信息纳入环境信息强制公开范围

从石家庄市环境保护局官网等平台可以查询到，样本企业中的石家庄诚峰热电有限公司、河北华泰纸业有限公司等 14 家公司[①]在 2017 年均受到一次或一次以上的环境行政处罚，处罚原因主要是企业未采取有效扬尘防护措施而导致扬尘污染，少量处罚理由涉及大气污染物超标排放、违反固体废物污染防治相关规定、监测数据有误等方面。受处罚企业大多数为火电企业，外资企业、国有企业、民营企业分别占 3 家、6 家、5 家。但也许出于保护企业形象、避免经济损失和社会风险等原因，企业均未自行公开相关信息。这可能导致公众、消费者、投资者无法有效通过各种方式监督和督促企业改善环境污染行为，从而造成一定的环境和经济影响。究其原因，目前虽有相关规定要求企业公开行政处罚信息[②]，但生态环境系统关于信息公开的法律法规中并未对此作出直接规定，故可能导致企业在公开排污行为信息时忽视了该项信息的公开，后期或应将其纳入环境信息公开的有关规定中。

（3）建设项目环境影响评价情况：开展建设项目环评的样本企业并没有公开相关信息，公众很难在环评审批前获取相关信息并参与进去

科学合理的建设项目环境影响评价能够很大程度上减少企业新建项目带来的环境影响，而建设项目环评信息的公开则是公众参与和监督项目环评的基础。根据规定[③]，建设单位在向环境保护主管部门提交建设项目环境影响报告书（表）前，应依法主动公开建设项目环境影响报告书（表）全本信息，但事实并非如此。从石家庄市环境保护局官方网站上了解到，样本企业中的石家庄柯林滤纸有限公司和元氏县金鹏纸业有限责任公司于 2017 年开展了建设项目环评，但在公开渠道并未找到两家公司自行公开的相关

---

① 这 14 家公司具体包括河北吉藁化纤有限责任公司、石家庄诚峰热电有限公司、赵县赵州热电有限公司、河北华电石家庄裕华热电有限公司、河北华电石家庄鹿华热电有限公司、华能国际电力股份有限公司上安电厂、中节能河北生物质能发电有限公司、河北宏源热电有限责任公司、石家庄市藁城区天意热电有限公司、石家庄市藁城区恒丰利经贸有限公司、河北华泰纸业有限公司、石家庄益丰纸业有限公司、中电投石家庄高新热电有限公司、国家电投集团石家庄东方能源股份有限公司新华热电分公司。

② 《企业信息公示暂行条例》第十条规定：企业应当自下列信息形成之日起 20 个工作日内通过企业信用信息公示系统向社会公示……（五）受到行政处罚的信息。

③ 参见《建设项目环境影响评价政府信息公开指南》（2013 年 11 月发布）。

信息，所以此项指标得分为 0。虽然公众可以通过环保部门的网站获得该类信息，但由于缺乏前期建设单位的信息公开环节，公众参与的机会大大减少，降低了社会监督企业排污行为的效果。

（4）排污许可证年度执行报告：只有不到一半的样本企业公开了年度执行报告。未公开年度执行报告的主要是民营企业，少部分国有企业也未公开

排污许可证年度执行报告是目前企业公开环境信息最重要的载体之一，完整的年度执行报告应包含本次评价中的绝大部分指标。依据相关规定①，本次评价涉及的样本企业都应公开 2017 年排污许可年度执行报告，然而，样本企业中一半企业未按要求公开，年度执行报告公开得分率仅为 49%。这一重要载体的缺失，可能也是导致本次评价总体得分不高的原因之一。

进一步分析发现，35 家样本企业中，有 17 家公开了年度执行报告，其余均未公开。其中，外资企业共 4 家，全部公开了年度执行报告；国有企业共 7 家，有 5 家进行了公开，做到了大部分公开；而 24 家民营企业中有 8 家进行了公开，仅为 1/3。未公开年度执行报告的，主要为民营企业。

（5）自行监测执行情况：部分企业公开了自行监测的结果，但基本未公布自行监测执行规范及异常情况说明等信息，影响社会对监测结果真实有效性的判断，不利于社会监督

排污许可制度要求企业在年度执行报告中公开自行监测执行情况，包括企业自行监测是否满足相关标准与规范要求、自行监测是否正常、异常情况是否提交有关部门、未开展自行监测的原因等情况的说明。然而，样本企业的自行监测执行情况公开得分率仅为 26%，仅 1/4 的企业公开了相关信息，且均是通过自行监测年度报告公开，而非排污许可年度执行报告。可能的原因是大部分企业将自行监测执行情况理解为自行监测结果，只公开了企业主要污染物的监测浓度和达标情况等，而未公开自行监测执行规范情况及异常情况说明等，这些信息的缺失，将直接影响到社会对企业自行监测工作规范性及监测结果是否真实有效的判断。

（6）固体废物及危险废物的产生和处置情况：仅约 1/4 的企业公开了相关信息，应考虑将其纳入强制公开范围，减少企业在固体废物、危险废物处置环节的违法违规行为

目前固体废物、危险废物产生处置信息并不属于强制公开要求范围，故在本次评价中也被列为自愿性指标。样本企业的固体废物及危险废物的产生和处置情况公开的平均

---

① 《排污单位环境管理台账及排污许可证执行报告技术规范　总则》中规定，对于持证时间超过 3 个月的年度，报告周期为当年全年（自然年），对于持证时间不足 3 个月的年度，当年可不提交年度执行报告，排污许可证执行情况纳入下一年度执行报告。本次评价的样本企业持证均已超过 3 个月。

得分率仅为27%，仅1/4的企业完整公开了相关信息，大部分企业未公开任何固体废物、危险废物产生和处置的相关信息。其中，样本企业中的石家庄市藁城区恒丰利经贸有限公司、河北华泰纸业有限公司、国家电投集团石家庄东方能源股份有限公司新华热电分公司还曾因违反固体废物、危险废物污染防治管理制度被处以行政处罚。企业及时、全面、真实地公开固体废物、危险废物信息可以使公众对其固体废物、危险废物的产生和处置行为进行及时有效的监督，从而促进其改善相应行为，避免造成严重环境影响，同时也有助于企业减少因环境违法造成的经济损失。因此今后或应考虑将固体废物、危险废物产生处置信息纳入信息公开法律法规中，强制要求企业公开该类信息。

5. 不同所有制企业表现对比

外资企业整体公开情况最好，其次是国有企业，民营企业公开情况最差，民营企业远低于外资企业和国有企业公开水平；国有企业有政治意愿和能力公开，但现实表现差强人意，有较大改进空间；而民营企业应是未来监管重点。

不同所有制企业的排污行为信息公开得分存在明显差异（图10）。其中，外资企业平均得分最高，达到63.58分，且各企业得分差异相对较小；其次是国有企业，平均分为54.92分；民营企业得分相对较低，平均分为34.02分，且各企业得分差异相对较大。

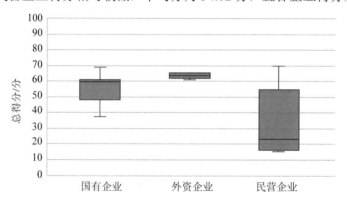

图10　不同所有制企业得分情况对比

造成上述情况可能的原因是，很多外资企业具备先进的国际环境意识和管理理念，为降低环境风险引发的经济成本，会较好地遵守企业所在国的法律法规，故环境信息公开相对较好；国有企业，有政治意愿也有经济和专业能力公开环境信息，比民营企业公开程度好，但其公开情况还很不理想；民营企业发展参差不齐，但总体更关注经济成本和效益，部分企业缺乏人力或财力开展信息公开，因此在环境信息公开方面表现较差。

对比不同所有制企业一级指标得分情况发现（图11、图12），除企业基础信息外，在其他信息的公开程度上，基本上都是外资企业最好，国有企业次之，民营企业最差。

具体情况是，外资企业、国有企业、民营企业在企业基础信息公开上的得分率分别为95%、97%、98%，公开程度均较好；在资源能源信息公开上的得分率分别为23%、17%、18%，公开程度均较差；在排污信息公开上，外资企业得分率最高（83%），国有企业得分率为72%，略低于外资企业，而民营企业排污信息得分率仅为43%，远低于外资企业和国有企业；三类企业在环境管理信息上的公开对比情况与排污信息十分相似，外资企业、国有企业、民营企业的环境管理信息得分率依次为58%、49%、16%。这说明排污信息和环境管理信息是拉开不同所有制企业，尤其是国有企业和民营企业得分差距的主要指标，也是民营企业在信息公开上亟须注意的方面。

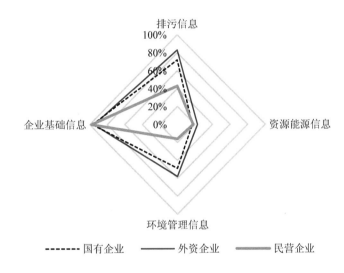

图 11　不同所有制企业一级指标平均得分率

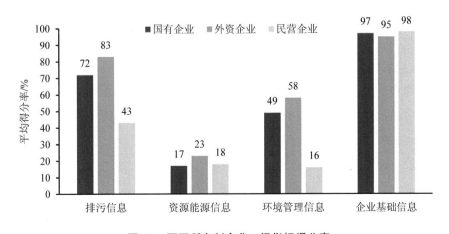

图 12　不同所有制企业一级指标得分率

6. 不同行业企业表现对比

火电行业的样本企业信息公开整体表现明显好于造纸行业的企业。造纸企业均为民营企业，民营企业总体表现欠佳，可能是拉低造纸行业企业总体公开水平的原因之一。

不同行业企业的得分差异较明显（图 13）。火电企业平均得分为 56.55 分，且企业得分差异相对较小；造纸企业平均得分 29.16 分，企业得分差异相对较大。总体而言，火电企业公开整体表现明显优于造纸企业。进一步分析发现，样本企业中的造纸企业均为民营企业，民营企业总体公开表现欠佳，这或许是导致造纸企业信息公开情况较差的主要原因之一。

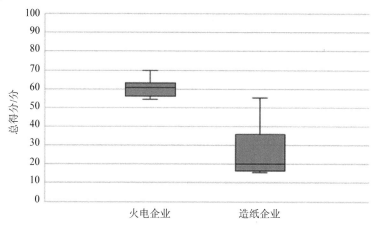

图 13　不同行业企业排污行为信息公开总得分对比

对比不同行业企业一级指标得分情况发现（图 14），火电和造纸企业的资源能源信息得分率分别为 22% 和 15%，其表现均有待提升；火电企业和造纸企业的基础信息得分率分别为 98% 和 97%，表现均较好；同时，火电企业的排污信息和环境管理信息得分率分别为 73% 和 47%，而造纸企业这两项一级指标对应的得分率仅为 36% 和 11%，表现远远落后于火电企业，说明这两个指标是拉开这两个行业企业平均得分的主要指标。

7. 企业信息公开质量表现

部分样本企业曾因监测设备无法正常使用、监测数据失真、自动监测比对不合格等问题受到环境部门的行政处罚，这部分企业公开的环境信息尤其是与监测结果相关的信息的准确性有待考证，信息公开的质量大打折扣。

样本企业中，赵县赵州热电有限公司、石家庄市藁城区天意热电有限公司、河北华泰纸业等企业曾于 2017 年因监测设备无法正常使用、监测数据失真、自动监测比对不合格等问题被环境部门查处，其中 3 家企业受到行政处罚（表 5）。以上情况一定程度上影响了企业实际排放信息，特别是实际排放浓度、实际排放量、达标情况等涉及监测数据的信息公开的准确性,从而可能拉低企业排污行为信息公开的整体表现。此外,从互联网等公开渠道,没有发现媒体对此次评价的 35 家样本企业的负面新闻报道。

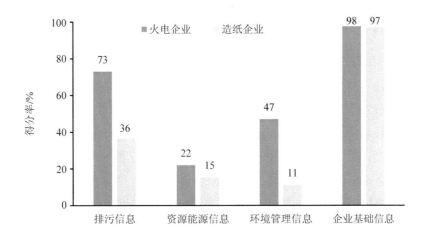

图 14　不同行业企业一级指标得分情况

表 5　样本企业监测数据相关环境行政处罚记录

单位名称	案件类型	违法行为	处罚依据	罚款金额	结案日期
赵县赵州热电有限公司	大气	在线监控设施不正常使用	《中华人民共和国大气污染防治法》第一百条第三项	2 万元	2017-04-17
石家庄藁城区天意热电有限公司	大气	涉嫌自动监测比对不合格	《中华人民共和国大气污染防治法》第一百条第三项	3 万元	2017-08-26
河北华泰纸业有限公司	大气	自动监控仪吹扫系统不能正常运行,烟尘参数与调试检测报告不一致,过量空气系数、氮氧化物值转换系数未按规定设置,导致监测数据失真	《中华人民共和国大气污染防治法》第九十九条第一款第三项	50 万元	2017-11-30

四、主要结论及建议

（一）主要结论

通过对石家庄市 35 家火电造纸企业排污行为信息公开情况开展评价，我们发现：

（1）企业排污行为信息公开总体情况不理想。样本企业最高得分不足 70 分，超过一半的企业得分低于 50 分，40%的企业得分低于 25 分；合规性指标公开程度严重不足，企业合规性指标最高得分率仅为 78.5%，平均得分率仅为 46.2%，无一家企业达到国家要求的公开水平，甚至无一家企业达到国家要求公开程度的 80%。

（2）多数企业在公开生态环境部门核定的排污许可类信息和企业基础信息方面没有难度，得分不高的原因在于未能完全公开包括实际排放类信息、资源能源信息，以及重要的环境管理信息等实质性信息。"资源能源信息"和"环境管理信息"是企业最主要的失分项，公开程度较差。而"排污信息"和"环境管理信息"则是拉开样本企业得分差距的主要信息类型，企业在这两类信息公开上的得分差异较大。

（3）对部分环境管理信息指标公开情况进行分析发现：①关于"突发环境事件应急预案"，多数企业有应急预案但不公开，不利于社会的监督和配合。②关于"环境行政处罚"，尽管国家对企业行政处罚有强制公开要求，但目前无一家样本企业主动公开环境行政处罚信息，或应将该信息纳入生态环境部门环境信息强制公开范围。③关于"建设项目环境影响评价情况"，开展建设项目环评的样本企业并没有公开相关信息，公众很难在环评审批前获取相关信息并参与进去。④关于"排污许可证年度执行报告"，只有不到一半的样本企业公开了年度执行报告。未公开年度执行报告的，主要是民营企业，部分国有企业也未公开。⑤关于"自行监测执行情况"，部分企业公开了自行监测的结果，但基本未公布自行监测执行规范及异常情况说明等信息，影响社会对监测结果是否真实有效的判断，不利于社会监督。⑥关于"固体废物及危险废物的产生和处置情况"，仅约 1/4 的企业公开了相关信息，应考虑将其纳入环境信息强制公开范围，减少企业在固体废物、危险废物处置环节的违法违规行为。

（4）比较不同所有制企业公开情况发现，外资企业整体公开情况最好，其次是国有企业，民营企业公开情况最差，且民营企业远低于外资企业和国有企业公开水平；国有企业有政治意愿和能力公开，但现实表现差强人意，有较大改进空间；而民营企业应是未来监管重点。

（5）比较不同行业企业公开情况发现，火电行业的样本企业公开整体表现，要明显好于造纸行业的企业。造纸企业均为民营企业，民营企业总体表现欠佳，可能是拉低造纸行业企业总体公开水平的原因之一。

（6）排污许可制度的制定和实施，能够系统推动我国企业环境信息公开工作。但根据现有数据，样本企业离排污许可信息公开制度要求还有较大差距。首先，企业公开信息的关键载体为排污许可证副本和排污许可证年度执行报告。目前大部分企业通过副本公开了排污许可类信息和企业基础信息，但只有不到一半的企业公开了年度执行报告，这意味着一半以上的企业没有按规定公开实际执行信息。其次，在已公开年度执行报告的企业中，实际排放类信息公开表现一般，许多企业都未完整公开所有主要污染物的实际排放浓度；资源能源信息公开较差，只有少数企业公开了能源消耗量、原辅材料使用量、取水量等信息；环境管理类信息公开情况相对较好，大多数企业都参照环境管理要求公开了有关实际执行情况，但存在部分信息公开不全面不规范等问题。

（7）在企业信息公开质量方面，部分样本企业因监测设备无法正常使用、监测数据失真、自动监测比对不合格等问题受到环境部门的行政处罚，这部分企业公开的环境信息尤其是与监测结果相关的信息的准确性有待考证，信息公开的质量大打折扣。

（8）企业有无排污许可证年度执行报告，直接影响其实际排放类信息、资源能源信息和重要环境管理信息的公开程度，因此企业完整公开年度执行报告将大大提升企业排污行为信息公开的整体表现。

从本次案例研究的结果，可以一窥我国火电造纸行业企业排污行为信息公开的大致情况：全国火电造纸企业排污行为信息公开整体情况可能不容乐观，信息公开的全面性、合规性、实质性、准确性均可能存在较多问题并有较大改进空间。可能大部分火电造纸企业信息公开都达不到国家合规水平。其中，实际排放类信息、资源能源信息和重要环境管理信息等实质性信息的公开，可能仍是推动企业排污行为信息公开的重点和难点。相对于外资企业，可能国有企业信息公开还有较大差距需要弥补，而民营企业的差距更大，应是未来生态环境部门监管的重点。

（二）政策建议

为提高企业环境信息公开的全面性、系统性、实质性，以及及时性、准确性及用户友好性，便于社会各界系统了解或推算企业污染治理状况，清晰勾勒企业排污和环境表现，加大社会监督和参与的力度，结合本评价的结果，提出如下建议：

（1）修改企业环境信息强制公开相关规定。借《环境信息公开办法（试行）》和《企业事业单位环境信息公开办法》修订之际，将企业固体废物及危险废物的产生和处置情况、环境行政处罚、能源消耗及节能情况、水资源消耗及节水情况等与企业环境排污表现直接相关的信息都列入重点排污单位强制公开范围，为社会监督提供条件。

（2）定期持续开展企业排污行为信息公开评价并公开评价结果。以本报告评价指标体系和评价方法为基础，经过科学论证并进一步完善，形成科学合理可行的评价体系和方法，定期持续对我国重点排污单位的环境信息公开情况进行评价并公开评价结果，促进有关政府部门及社会对其的监管监督。

（3）加大对持证企业排污许可证年度执行报告编制和公开的监管力度。排污许可证年度执行报告是持证企业公开相关信息的最重要的载体之一，其编制及公开直接决定了企业排污行为信息公开的总体水平。为促进企业规范编制并公开年度执行报告，建议：一是持续定期公布各地未按要求公开执行报告的企业数量和清单；二是加大对执行报告的内容和规范性的抽查检查力度，对不符合要求的企业进行告知并按规定进行相应的处罚。

（4）依据信息公开评价结果，实施差异化的监管方式。首先，对信息公开表现不同的企业实施不同频次的检查。对信息公开表现较好的企业采取不定期抽查或少抽查的方式，对公开程度不好的企业定期开展专项检查或增加检查次数。其次，建立企业环境信息公开黑名单制度和联合惩戒机制。将检查中发现的严重不按要求进行公开或者公开内容不真实、弄虚作假的企业列入黑名单，联合其他企业管理部门如国资委、证监会等开展联合惩罚，并进一步加大检查频次，同时针对表现好的企业实施鼓励和奖励机制，少检查甚至不检查。

（5）定期培训提高企业信息公开能力和水平。很多企业有意愿公开，但不知如何规范公开，或者担心公开后可能引发不确定的社会风险。因此应定期组织培训，培训的内容不仅要包括信息公开的相关法律法规和具体的操作流程规范，如公开的重要性，应公开什么、如何公开、不公开应承担的责任等，还应包括信息公开可能引起的社会风险的应对能力和技巧，打消企业顾虑，促进企业积极公开环境信息。

附件 1：指标体系评分标准

企业排污行为信息公开评价指标体系评分标准

一级指标	二级指标	指标代码	评分标准	参考文件
排污信息（50分）	主要污染物种类	A1	总分为 1 分，有信息得 1 分，没有不得分	《排污许可管理办法》《企业事业单位环境信息公开办法》
	主要污染物排放方式	A2	总分为 1 分，按实际公开占应公开信息（各排放口各项主要污染物的排放方式）比例评分	
	主要污染物排放去向	A3	总分为 1 分，按实际公开占应公开信息（各排放口各项主要污染物的排放去向）比例评分	《排污许可管理办法》
	污染物排放口位置和数量	A4	总分为 2 分，有排放口信息得 2 分，没有不得分；如企业污染物不外排，则进行变权处理	
	大气污染物无组织排放源的位置和数量	A5	总分为 1 分，有排放口位置信息得 1 分，没有信息不得分；如企业无大气污染物无组织排放，则进行变权处理	
	主要污染物许可排放浓度	A6	总分为 2 分，按实际公开占应公开信息（各排放口各项主要污染物的许可排放浓度限值）比例评分	
	主要污染物许可排放量	A7	总分为 2 分，有许可排放量信息得 2 分	
	主要污染物实际排放浓度	A8	总分为 15 分，按实际公开占应公开信息（有自行监测要求的各排放口污染物的实际排放浓度）比例评分	《排污许可管理办法》《企业事业单位环境信息公开办法》
	主要污染物实际排放量	A9	总分为 15 分，按实际公开占应公开信息（排污许可证副本中有许可年排放量限值的污染物的实际年排放量）比例评分	
	主要污染物排放达标情况及超标原因说明	A10	总分为 10 分，没有达标或超标判定结果且没有超标排放说明的不得分；污染物实际排放浓度全面达标且有达标或超标判定结果的满分；污染物实际排放浓度有不达标的，达标情况占 6 分，超标原因占 4 分	《排污许可管理办法》《排污单位环境管理台账及排污许可证执行报告技术规范总则》
资源能源信息（25分）	能源消耗及节能情况	B1	总分为 10 分，实际消耗信息（总量或能耗强度）占 6 分，如排污许可证副本中无相关依据则只得 3 分；节能信息占 4 分	《企业环境报告书编制导则》《环境信息公开办法》《排污单位环境管理台账及排污许可证执行报告技术规范总则》
	水资源消耗及节水情况	B2	总分为 10 分，水资源实际消耗情况（消耗量或强度）占 6 分；节水情况信息占 4 分	

一级指标	二级指标	指标代码	评分标准	参考文件
资源能源信息（25分）	主要原辅材料及其他资源消耗情况	B3	总分为 5 分，有主要原辅材料实际消耗信息得 5 分，如排污许可证副本中无相关依据则只得 2.5 分	《排污许可管理办法》《排污单位环境管理台账及排污许可证执行报告技术规范总则》
环境管理信息（20分）	环境保护方针、目标、规划	C1	总分为 1 分，有信息得 1 分，没有不得分	《企业环境报告书编制导则》《环境信息公开办法》
	内部环境管理体系建设与运行情况	C2	总分为 1 分，有具体的相关信息描述得 1 分，没有不得分	《排污许可管理办法》
	环境管理台账记录执行情况	C3	总分为 2 分，有相关具体信息得 2 分，没有不得分	
	突发环境事件应急预案	C4	总分为 2 分，有信息得 2 分，没有不得分	《企业事业单位环境信息公开办法》《环境信息公开办法》
	环境行政处罚	C5	总分为 2 分，在当地环保部门官网、蔚蓝地图上有环境行政处罚记录，企业未自行公开或未在企业信用信息公示系统上公开的不得分；公开的按实际公开占应公开信息比例评分；如在当地环保部门官网、蔚蓝地图上无企业环境行政处罚记录，则进行变权处理	《企业信息公示暂行条例》
	排污许可证年度执行报告	C6	总分为 1 分，有信息得 1 分，没有不得分	《排污许可管理办法》
	信息公开情况	C7	总分为 1 分，有信息公开的内容和方式得 1 分，没有不得分	
	污染防治投资情况	C8	总分为 1 分，计划总投资和累计完成投资信息各占 0.5 分；如计划总投资为 0，则进行变权处理	《环境信息公开办法》《排污许可管理办法》
	污染防治设施的建设运行情况及异常情况说明	C9	总分为 2 分，污染防治设施具体建设运行情况的相关信息占 1 分，异常情况说明占 1 分（年度执行报告中相关板块有信息或说明无异常情况）	《企业事业单位环境信息公开办法》《环境信息公开办法》《排污许可管理办法》《排污单位环境管理台账及排污许可证执行报告技术规范总则》
	产排污环节	C10	总分为 1 分，废气 0.5 分（有组织废气 0.25 分，无组织废气 0.25 分），废水 0.5 分	《排污许可管理办法》
	自行监测执行情况	C11	总分为 2 分，按实际公开占应公开信息比例评分	

一级指标	二级指标	指标代码	评分标准	参考文件
环境管理信息（20分）	建设项目环境影响评价情况	C12	总分为2分，地方分局、石家庄市环保局、河北省环保厅以及生态环境部官网上有企业环评信息，且企业自行公开得2分，企业未自行公开的不得分；如以上平台上无企业环评信息，则进行变权处理	《排污许可管理办法》《企业事业单位环境信息公开办法》
	固体废物及危险废物的产生和处置情况	C13	总分为2分，固体废物及危险废物的产生信息占1分，处置信息占1分	《排污单位自行监测技术指南》《环境信息公开办法》《企业环境报告书编制导则》
企业基础信息（5分）	单位名称	D1	—	《企业事业单位环境信息公开办法》《排污许可管理办法》
	法定代表人	D2	总分为0.5分，有信息得0.5分，没有不得分	
	生产地址	D3	总分为0.5分，有信息得0.5分，没有不得分	
	联系方式	D4	总分为1分，其他平台上有但排污许可证上没有该信息扣0.5分	《企业事业单位环境信息公开办法》
	统一社会信用代码	D5	总分为0.5分，其他平台上有但排污许可证上没有该信息扣0.25分	《企业事业单位环境信息公开办法》《排污许可管理办法》
	所属行业	D6	总分为0.5分，有信息得0.5分，没有不得分	《排污许可管理办法》
	地理位置	D7	总分为1分，其他平台上有但排污许可证上没有该信息扣0.5分	《排污许可证管理暂行规定》
	基本生产信息	D8	总分为1分，有信息得1分，没有不得分	《排污许可管理办法》《企业事业单位环境信息公开办法》
参考项	包括两方面的内容：①因监测数据造假或数据公开质量问题受到行政处罚的情况；②经证实的企业环境信息公开的及时性、准确性、用户友好性等方面的负面报道情况			

第四篇
农业农村环境治理

以水环境质量改善为核心，
建立监督指导农业面源污染治理的制度框架[①]

殷培红　耿润哲　裴晓菲　王　萌　杨生光

摘　要　为了更好地为生态环境部履行"监督指导农业面源污染治理"职责提供技术支撑，政研中心组织开展了专题研究，先后赴长江经济带、东北三省、北京、河北、内蒙古等 15 省份 19 个地级市调研，在京分别召开了"第三届流域综合管理与农业面源治理国际研讨会""农业面源污染监管专题研讨会"。分析认为：①在监管目标指标方面，受多种因素影响，农药化肥施用总量减小、粪肥资源化利用率提高并不一定代表农业面源水污染负荷量的降低。②在监管的主要环节方面，可从节水控污和控肥两个关键点切入，并关注土壤流失带走的氮磷情况，重视水土保持工作。③在监管主体责任认定方面，农业面源水污染具有累积性和滞后性，已有研究成果检测出的滞后期在 1～100 年，这增大了辨识区域责任主体、厘清责任边界的难度。因此制定管理目标、评估考核办法时要慎重，水质变化也要区分历史责任。④在监测体系建设方面，现有针对点源管理和行政区断面考核为主的水质监测体系和监测规范，无法满足农业面源管理追溯区域责任主体、厘清责任的需要。⑤在管理方式方面，根据水污染物类型和空间传输规律，以流域为单元，识别关键源区，突出重点，针对源头和迁移过程关键影响因子，分区分类采取全过程系统配置治理措施，统筹实施生态治理与污染防治是农业面源污染治理成本效益最优的路径选择。

建　议　①要充分认识农业面源水污染治理的长期性。②应引入流域生态系统治理理念，综合分析水（降水、径流、壤中流等）、土壤、地形、植被、受纳水体的生态功能等多种要素对水质的相互影响，统筹生态治理与污染防治，统筹点源与面源治理。③建立农业农村、水利、自然资源等多部门在空间规划、信息共享、政策协同、监测网络建设、治理技术标准与法规制定、资金分配等方面的联动机制。当前要按照流域汇水特点优化监测站点布局，修改已有监测技术规范，建立多部门协同的全过程农业面源污染监测体系。④各级生态环境部门

---

① 原文刊登于《中国环境战略与政策研究专报》2018 年第 6 期。

作为监督者，主要负责识别农业面源污染治理重点流域、确定责任区域和厘清部门责任、开展有关规划协调与政策环境友好性评估、措施效果与规划执行考核评估等。⑤依托第二次污染源普查成果，识别农业面源污染监管的重点区域，选择试点示范区，针对源头和迁移过程关键影响因子，分区分类提出管控目标、评估考核标准、区域责任主体"溯源追踪"技术方法，为在全国开展农业面源污染监督指导工作提供经验参考。

关键词 面源污染 治理 监督指导 制度框架

2018 年 3 月，国务院机构改革方案明确了生态环境部履行"监督指导农业面源污染治理"的职责。农业面源污染成因复杂，如何确定监管有效的责任主体、厘清监管者与治理修复者、行业管理者之间的关系，研究提出与监管者职能定位相适应、具有实操性的制度安排、政策手段、工具方法、考核评价体系，建立农业、林业草原、水利等行业管理者以及生态环境监管者协同共治的职责体系，对打好打赢污染防治攻坚战意义重大。

为了更好地为生态环境部履行这项新职责提供技术支撑，政研中心结合第二次全国污染源普查农业源入河系数测算、国家发改委联合生态环境部等五部委起草《关于加快推进长江经济带农业面源污染治理的指导意见》前期调研等工作，开展专题系列调研，于 2018 年 3—11 月，先后赴长江经济带、东北三省、北京、河北、内蒙古、广西等 15 省份 19 个地级市调研，与地方发改委、农业农村、水利、生态环境等部门数十名管理干部交流座谈。在京组织召开了"第三届流域综合管理与农业面源治理国际研讨会""农业面源污染监管专题研讨会"。来自国务院发展研究中心、农业农村部农村经济研究中心、中国科学院东北地理与农业生态研究所、清华大学、北京师范大学、中国水利水电科学研究院、黄河水科院引黄灌溉工程技术研究中心、北京市水利科学研究所、密云区水土保持工作站、安徽省环巢湖生态示范区建设领导小组办公室、英国环境研究委员会生态与水文研究中心、美国地质调查局水科学中心切萨皮克湾项目办公室、以色列达冈农业自动化集团等十多位中外学者和管理专家，围绕农业面源水污染的特点，国内外已开展的农业面源水污染治理、监测和监管经验，开展农业面源污染监管的主要抓手以及现有工程技术在农业面源水污染治理中的应用等方面进行了深入探讨和交流。

一、基于水质改善的农业面源监管需要关注的问题

近年来我国陆续出台了《水污染防治行动计划》《关于加快推进长江经济带农业面源污染治理的指导意见》《农业农村污染治理攻坚战行动计划》《关于打好农业面源污染

防治攻坚战的实施意见》等一系列政策文件，明确了农业面源治理任务，但与大气、固体废物污染防治相比，还未建立起农业面源污染防治监督管理制度体系，尚未找到实用、易行、有效的管理方式和管理手段。从农业面源水污染防治角度，专家和地方干部集中反映了以下几个值得关注的问题。

（一）受多种因素影响，农药化肥施用总量减小并不一定代表农业面源水污染负荷量的降低

以农药用量为例，官方发布的统计数据是制剂量，也就是市场上购买的商品量，并未考虑农药浓度的差异，100 万 t 20%浓度与 200 万 t 10%浓度的农药毒性成分含量是一样的。又如化肥施用量，农业部门掌握的一般情况是我国粮食、蔬菜、林果种植平均每亩化肥施用量分别为 20 kg、40 kg、70 kg，减少大田作物改为林果业会明显增加化肥施用量。但是从输出的氮和磷负荷强度来看，根据我们收集整理的 30 余篇国内已发表文献，涵盖长江中下游流域、太湖流域、西苕溪流域、内蒙古高原、南四湖流域、辽河流域等区域的研究结果表明，果园的总氮或总磷负荷强度在不少情况下是低于水田、旱地的（图 1、图 2）。因此，从水质改善角度来说，仅以化肥施用量作为农业面源水污染治理主要控制目标是不全面的。

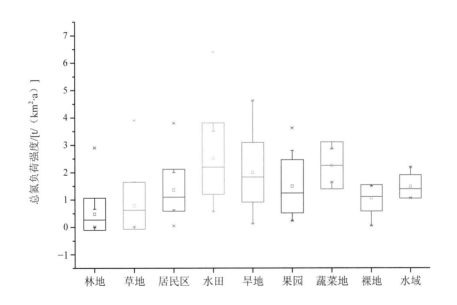

图 1　不同利用类型土地总氮负荷强度

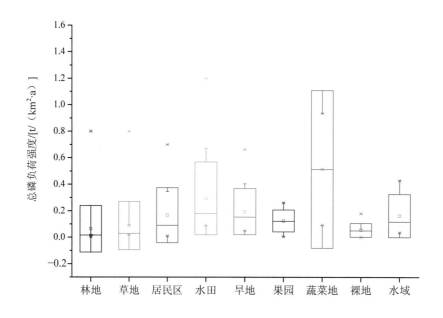

图 2　不同利用类型土地总磷负荷强度

（二）粪肥资源化利用率提高不一定代表农业面源水污染负荷量的降低

如果粪肥还田的量远超农作物的吸收量，这些未被作物利用的氮、磷以及其他污染物仍然会以面源的形式进入河道污染水体。有研究表明粪肥还田可能导致的氮、磷养分流失量从痕量级到粪肥总量的 50%以上不等[1-4]，特别是在冬季施用粪肥，由于地表覆盖少，施用的养分与土壤之间的交换作用低，大部分养分只停留在土壤表层，导致如果有径流产生就会造成大量的养分流失。为有效防止此种现象发生，加拿大和欧洲等国家颁布了冬季禁止施粪肥的相关法律措施，新西兰、美国十多个州也颁布了粪肥管理规定。

（三）现有水质监测体系和监测规范无法满足农业面源溯源与追溯污染区域责任主体、厘清责任的需要

当前的监测点位（含国控、省控）多针对点源管理和行政区界限而设定，并未充分考虑流域汇水关系，农区为主的区域监测点位不足。大多数水质监测没有同时监测流量和水质，也不要求汛期增加监测，这种水质监测数据难以用于区分点源、面源对河湖水质的影响程度。

（四）农业面源污染的累积性和滞后性，增大了辨识区域责任主体、厘清责任边界的难度

农业面源污染物通常不是直接排入河道，除非污染源距离受纳水体距离较近，否则污染物入河过程并非在一次降雨事件中完成，而是在降水、地形、植被、土壤等因素多次共同作用下完成[5-12]。这一现象从时间上来看，已有研究成果检测出滞后期在 1～100 年（图3）。这说明面源污染控制措施发挥效用需要时间，水质变化也要区分历史责任，制定管理目标、评估考核办法时要慎重，不能急于求成。

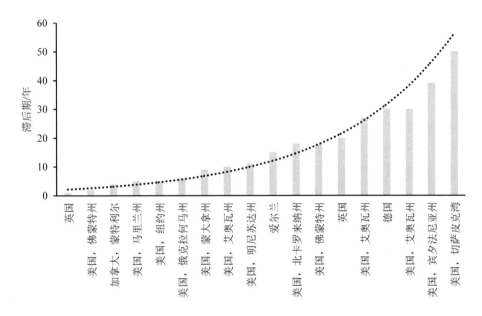

图3　不同地区农业面源污染物流域滞留时间

（五）灌区农田退水影响大，但是目前对农田灌区排水监管存在很多空白

相比传统的面源径流入河过程，农田退水排口是通过将大规模农田（通常 30 万亩以上）的径流以灌渠进行收集后集中排放，具有排水量大、污染物浓度高、污染物量大且来源复杂等特征，在汛期和雨季出现短历时、高强度、高负荷的集中排放，对水环境质量的影响不容忽视。以 2016 年为例，我国 30 万亩及以上的大型灌区有 456 处，占全国灌溉耕地总面积的 30.2%，灌溉排水量接近全国年废水排放量的 68.80%。根据《全国农田面源污染排放系数手册》计算，2016 年全国大型灌区农田废水总氮、总磷排放量占排放总量的 70.72%、10.58%[①]。其中长江经济带沿岸是我国大型灌区分布最集中的地区，有 138 个大型灌区，灌溉排水量、总氮、总磷污染物排放量分别占灌区总量的 30.20%、32.29%、38.09%。但是目前很少对这些大型灌区开展水质监测，对其排水系统没有水质管理要求，且灌区排水口分布情况不详。

二、关于农业面源水污染监管的基本思路考虑

（一）农业面源污染来源多样、迁移过程复杂、区域差异明显，开展农业面源污染监管工作要以全国农业面源污染的分区分类为基础，做好顶层设计

首先，我国农业面源污染类型多样。农业面源水污染包括以下四种类型：一是农田污染型，主要由灌溉、降水驱动迁移进入水体的农田污染；二是农村生活型，分散的农村生活源随着降雨径流而形成的农业面源污染；三是养殖型，主要指农村散养、水产养殖导致的农业面源污染；四是水土流失型的农业面源污染。这四种污染类型在我国不同区域表现形式和程度是不一样的，各有地方特色，同时，污染物传输过程具有明显的流域水文汇流特征和空间异质性。所以，要进行全国监管，首先要对全国农业面源污染的类型和传输过程进行归纳分类，分区提出考核标准，从源头和影响迁移过程的关键因子进行控制和监管。

其次，农业面源污染监管要根据污染物空间传输规律，抓关键源区，突出重点地区、重点排放源。如饮用水源地、粮食主产区、养殖业重点省份、农业面源污染为主的水质不达标地区、灌溉系统完善的大中型灌区等。此外，农业面源污染来源虽然分散，但也不是所有空间区域的污染源都会对水体产生直接影响，而是受降水、地形、地表/地下径流、土壤淋溶、林草截留等因素相互叠加影响，污染物在迁移过程中会在一定空间内相对聚集，形成传输通道。如果污染源不在传输通道上，就不一定对水体产生较大影响。例如，山地丘陵区和平原河网区的农田污染物的入河风险会相差 5~6 倍[13,14]。通常关键源区所占的流域面积比例不高，但是却贡献了流域污染物负荷总量的大多数（表 1）。针对此类问题，以磷指数（phosphorus index）为代表的农业面源污染关键源区识别技术已经在美国 47 个州的农业面源污染监管、措施配置、环境纠纷法庭裁决中得到很好的应用[15]。

---

① 全国总量数据参考环境统计数据得出。

表 1 现有关于农业面源污染关键源区研究成果及面积比例

序号	区域	关键源区		污染负荷贡献比例/%	参考文献
		流域面积/km²	占总面积比例/%		
1	浙江省绍兴市	—	14.5①	74.8	刘珮勋等，2018，水力发电
2	太湖流域	36 900	29.86①	51.4	吴春玲，2013，广东水利水电
3	密云水库上游流域	4 888	7.95①	54.2	欧洋等，2008，首都师范大学
4	美国亚拉巴马州 Saugahatchee Creek 流域	570	4.4③	26.5	Niraula, et al. 2013, Ecological Modeling
			7.7①	23.1	
			11.75②	13.9	
5	贵州红枫湖流域	1 900	39.6③	76.9	耿润哲等，2016，农业工程学报 耿润哲等，2017，环境科学研究
			25.03②	77.2	
			25.02①	72.8	
6	天津市武清区	1 574	9.58①	27.84	张汪寿，2012，首都师范大学
7	山东青岛大沽河流域	6 131.3	9.51②	40.7	吴家林，2013，中国海洋大学
			15.8①	32.72	
8	美国切萨皮克湾布朗河流域	7.3	10①	90	Gburek, 1998, Journal of Environmental Quality

注：①表示磷（含溶解态、颗粒态、总磷）；②表示总氮；③表示泥沙。

（二）根据农业面源污染发生的原因和主要影响因素，农业面源污染监管可从节水和控肥两个关键点切入

田间的水肥管理是形成农业面源污染管理的必要条件。目前提的较多的都是化肥控制，而从农业面源污染对水质影响的角度，水的因素更不可忽视。全国农业用水占用水总量的 60%，仅宁夏灌区一年要排将近 10 亿 m³ 水。有水灌溉，或者是降雨不一定能够造成农业面源污染，但是如果形成了农业面源污染就必须有水的参与，如果能把水节约下来，驱动力和载体就会减少，就能起到控污的作用。对于一般灌溉引起的农业面源污染主要是节水控污。此次机构改革将农业节水职能划转到农业农村部，有助于农业面源污染治理和集中统一监管。

（三）要关注土壤流失带走的氮、磷情况，重视水土保持工作

以往水土保持工作主要强调控制土壤侵蚀，减少水土流失，注重蓄水、保土、保肥，虽然没有完全针对农业面源污染控制，但从过程和结果来看，在一定程度上有助于农业面源污染治理。水土保持有很长系列的监测数据，能够评估比如说梯田通过控制水土流

失之后能够减少多少氮、磷。从土壤肥力和农民的角度来说，氮、磷是有机营养物质，不是污染物，通过农田排水资源化利用，采取措施再灌溉一次，也有利于削减化肥施用量和流失量。节水、提高化肥利用效率都有比较方便且具有可操作性的监测考核方法。

（四）以流域为单元进行生态系统治理是国内外农业面源污染治理成本效益最优的路径选择

与设施治污技术路线所面临的运维资金和用地投入难相比，生态治理不改变用地属性，与农民生产活动紧密联系，后期维护费用低，综合收益率好，容易形成长期治理效应。例如，水利部门一直在各地推动清洁小流域项目，在北京密云、怀柔水库库区实施的 3 个小流域生态系统治理成本为 555.3 万元，单位污染物的削减成本为 0.1～0.15 元/t 污水。从治理效果来看，地表径流、总氮、总磷的负荷削减效率，蛇鱼川小流域分别为 41%、49%、42%，桃源仙谷小流域分别为 50%、72%、64%，北宅小流域分别为 34%、43%、64%[6]。

（五）多部门、多领域、多行业融入农业面源污染防治要求

以切萨皮克湾流域农业面源污染防治中的马里兰州、弗吉尼亚州和宾夕法尼亚州为例，这三个州在分别包括农业、林业、水土保持、土地资源管理、土地规划、城市开发以及大气污染防治等 9 个相关领域的法律、政策、规划中融入了农业面源污染防治的具体要求。其中马里兰州融入农业面源污染的条款有 45 条、弗吉尼亚州有 43 条、宾夕法尼亚州有 35 条。

三、关于适用于农业面源水污染监管的监测体系建设

（1）国内外经验表明，直接监测农业面源污染通量难度大、不确定性高，目前主要采用模型模拟，但结果也多用于规划、政策引领，用于考核与问责、行政执法依据要慎重。

（2）从溯源厘清区域、流域和管理部门责任，改善水环境质量的角度，应以子流域为单元，监测支流出口水质，必要时上溯到上一级支流出口。根据支流出口断面水质监测所控制的流域内污染源排放类型结构确定治理重点是面源还是固定源，不要单一的就面源说面源，就固定源说固定源，要融合在一起。

（3）对于有灌溉系统的农田，采用排水口监测方式也不一定能够识别农业面源水污染的责任区域。主要因为，灌区各级排水沟渠系统比天然河网复杂，土地经营者多，灌

区内受城镇化、工业化影响，很多灌区排水沟都是点源与面源、工业与农业的污水混排沟。此外，灌区水系人工渠化、硬化比例高，闸坝调度控制水体流动，污染物传输过程独特，水质变化与农业生产过程联系直接，需要专门建立监测体系。

（4）要建立全过程的农业面源污染监测体系。田块尺度面源监测的氮磷等排放量，最后进入到水体，其中的迁移过程和影响因素复杂，适合评估田间面源源头治理措施效果，虽然难以直接用于分析自然水体的水质变化情况，但有利于界定农业生产部门的责任。

（5）分析农业面源污染物对水质的影响要注重监测影响其传输过程的关键要素。如与土壤、径流、土地覆盖与利用变化等因素的监测相结合。相关监测体系建设，一方面生态环境部门要与相关部门现有监测体系形成互补，同时也要考虑到这些部门关注的重点不同，现有监测点位和侧重不是针对农业面源污染，生态环境部门也要增加或优化现有监测站点。通过过程监测，有助于确定水土保持、生态治理相关部门（水利部、林草局）的农业面源污染治理责任。

（6）土地覆盖与利用变化更适合用于宏观、中观尺度进行监测，更容易识别面源污染负荷空间和数量变化趋势。例如，土地利用类型的变化可能导致农业面源污染物输出强度变化 10 倍左右（如图 1、图 2 所示）。实施坡耕地退耕还林后对总氮污染负荷削减量能够达到 8%～30%，对总磷和泥沙的负荷削减量能够达到 8%～35%[16-18]。有研究表明在水环境质量受损的 10～12 年之前，就能够观测到对应河岸缓冲带和林草系统已经受损[19]。又如对美国大西洋中部高地的研究发现，流域农田及植被岸边带中的林地指标的变化能够解释总氮、溶解性磷及悬浮物变异的 65%～84%[20]。因此，对林草系统和河岸带动态的监测具有预警性意义。

（7）需要根据农业面源污染特点修订监测技术规范。农业面源污染具有周期性，这个周期性与农作物的生长过程、灌溉和降水过程相契合。例如，我国台湾地区有关监测机构会在暴雨时增加监测，流速或流量监测是水质监测必不可少的内容。

四、关于农业面源水污染治理技术政策体系

（1）开展农业面源污染治理技术与措施效果评估。目前推广的很多农业面源污染治理措施，效果怎么样，推广以后跟水环境质量改善的关系怎么样，还没有进行评估。

（2）建立农业面源污染治理技术体系。从科研和示范角度，国内产生了不少农业面源污染治理技术，目前更多的是局部或者是单项设施的研究试验，成型、整套的技术体系还不成熟，有待进一步完善。可以借鉴美国农业面源污染治理技术方法（如 BMPs），

按照我国的实际情况加以改造，指导推动农业面源污染治理工作。

（3）农业面源污染治理的经济政策亟待完善。农业面源污染治理不仅是技术问题，也是经济问题。老百姓多用化肥和农药会增加成本，他们也希望少施肥、少用农药。北京市农委对推广条田缓释肥技术给予补助，辅以自动灌溉系统，用缓释肥，一季施一次，不用再进行人工施肥，既节省了人力，又减少了污染。又如欧盟、日本通过补助有机农产品标志产品，有效推动了化肥农药减量技术推广使用。

（4）制定生态治理工程技术规范。生态沟渠和人工湿地是当前国内常用的农业面源污染过程控制治理措施，国外多推广亲自然河道技术，但除了极个别地方，这类生态治理技术普遍没有技术标准，建设施工主要依据相关技术单位的设计方案。现在有很多伪生态工程，打着生态的名义，完工以后却没有产生生态效果。例如，人工湿地建设在湿地选址、基质材料配比、建设规模（主要指最大处理量）以及对地表径流的收集范围等方面缺乏科学合理的测算和评估，很多人工湿地本质上成为绿地公园，基本不具备截污净化功能。有些生态截污沟渠坡度过陡，流速过快，植物稀疏，滞留吸收效果大打折扣。

五、有关建议

综合以上观点，并结合我们过去几年的研究，提出以下工作建议：

（1）农业面源水污染来源多样、迁移过程复杂，制度设计要充分认识其长期性、复杂性，坚持不懈，久久为功，方可善作善为。

（2）要实现水环境质量改善，农业面源水污染防治必须引入流域生态系统治理理念，综合分析水（降水、径流、壤中流等）、土壤、地形、植被、受纳水体的生态功能等多种要素对水环境质量的相互影响，统筹生态治理与污染防治、点源与面源治理，任何局部环节的治理措施都难以持续稳定地改善水环境质量。

（3）建立多部门联动管理机制，厘清监管责任边界。要建立农业农村、水利、自然资源等多部门在空间规划、信息共享、政策协同、监测网络建设、治理技术标准与法规制定、资金分配等方面的联动机制。农业农村部负责组织、推动农民进行水肥一体化管理、科学使用农药化肥和农田节水。水利部门负责流域水土保持、清洁小流域治理工程。自然资源部门负责有关生态治理措施建设用地，人工湿地、植被缓冲带等生态截污工程建设。各级环保部门作为行业外监督者，主要负责识别农业面源水污染治理重点流域、确定责任区域和厘清部门责任、开展有关规划协调与政策环境友好性评估、措施效果与规划执行考核评估等。

（4）鉴于农业面源监管基础薄弱，应以重点地区典型流域为单元，试点先行，迈出农业面源监管制度建设的第一步。以第二次污染源普查成果为基础，开展全国范围的农业面源污染现状评估，识别全国农业面源污染监管的重点区域（粮食主产区、养殖重点区以及大中型灌区内的面源污染负荷超载区和重要传输通道等），选择试点示范区。

（5）农业面源污染面广、区域差异大，农业面源污染监管要根据水污染类型和空间传输规律，抓关键源区，突出重点地区，针对源头和迁移过程关键影响因子，分区分类提出管控目标、评估考核标准以及区域责任主体"溯源追踪"技术方法。

（6）完善农业面源污染监测评估网络。在重点面源水污染治理地区，综合考虑不同分区内农业面源污染的主要特点，按流域汇水规律，对自然资源部、生态环境部、农业农村部、水利部等部门、地方政府以及高校科研院所等所建现有的监测点位（含水质、水文、农田、林草地）的布局、监测指标、监测频率等在面源污染监管中的适用性进行调研评估。从监测点位增补或调整、监测指标体系构建、监测频率（常规监测、暴雨径流监测）、重点监测单元布局、现状监测和预警监测等方面对现有监测网络进行完善。现有站点中符合农业面源水污染防治监测要求的各部门站点，以加挂牌子方式纳入国家农业面源污染监测网，给予一定运维资助，推动实现数据共享。

参考文献

[1] Steenhuis T S，et al. Winter-spread manure nitrogen loss[R]. Transactions of the ASAE [American Society of Agricultural Engineers]（USA），1981，24（2）.

[2] Midgley A R，Dunklee D E. Fertility runoff losses from manure spread during the winter[J]. Equity Health & Human Development，1945.

[3] Sarah P，et al. Mapping the global distribution of trachoma[J]. Bull World Health Organ，2005，83（12）：913-919.

[4] Jian L，et al. A review of regulations and guidelines related to winter manure application[J]. Ambio，2018：1-14.

[5] 贺缠生，傅伯杰，陈利顶. 非点源污染的管理及控制[J]. 环境科学，1998（5）：88-92，97.

[6] 北京市水土保持工作总站. 密云水库流域水土流失和面源污染防治研究[R]. 北京，2013.

[7] 杨林章，吴永红. 农业面源污染防控与水环境保护[J]. 中国科学院院刊，2018（2）：168-176.

[8] 耿润哲，殷培红，原庆丹. 红枫湖流域非点源污染控制区划[J]. 农业工程学报，2016（19）：219-225.

[9] 郝芳华，等. 大尺度区域非点源污染负荷计算方法[J]. 环境科学学报，2006，26（3）：375-383.

[10] 王晓燕，等. 流域非点源污染控制管理措施的成本效益评价与优选[J]. 生态环境学报，2009，18（2）：540-548.

[11] Bureau W L F. Nonpoint source and water pollution abatement and soil conservation programs[R].

Informational Paper，2007：66.

[12] McCarty J A，Haggard B E. Can We Manage Nonpoint-Source Pollution Using Nutrient Concentrations during Seasonal Baseflow？[J]. Agricultural & Environmental Letters，2016，1（1）.

[13] 李兆富，杨桂山，李恒鹏. 基于改进输出系数模型的流域营养盐输出估算[J]. 环境科学，2009，30（3）：668-672.

[14] 桂平婧，等. 四川省农村生活非点源污染负荷估算及评价研究[J]. 中国农学通报，2015，31（18）：152-162.

[15] Sharpley A，et al. Evaluation of phosphorus site assessment tools：Lessons from the USA[J]. Journal of environmental quality，2017，46（6）：1250-1256.

[16] 王晓燕，等. 最佳管理措施对非点源污染控制效果的预测——以北京密云县太师屯镇为例[J]. 环境科学学报，2009（11）：2440-2450.

[17] Gitau M，Gburek W，Jarrett A. A tool for estimating best management practice effectiveness for phosphorus pollution control[J]. Journal of Soil and Water Conservation，2005，60（1）：1-10.

[18] 孟凡德，等. 最佳管理措施评估方法研究进展[J]. 生态学报，2013（5）：1357-1366.

[19] 陈利顶，等. 基于"源-汇"生态过程的景观格局识别方法——景观空间负荷对比指数[J]. 生态学报，2003（11）：2406-2413.

[20] Jones K B，et al. Predicting nutrient and sediment loadings to streams from landscape metrics：a multiple watershed study from the United States Mid-Atlantic Region[J]. Landscape Ecology，2001，16（4）：301-312.

以环境质量改善为目标的贵安新区生态安全格局构建虚拟①

耿润哲　殷培红　马　茜

摘　要　以贵安新区为例，将水环境安全格局与大气环境安全格局纳入城市综合生态安全格局的评价框架，将 GIS 空间分析技术、ArcSWAT 模型、WRF-Chem 空气质量模型等进行耦合，对水环境、大气环境、石漠化、生物多样性、自然人文环境以及基本农田等在内的 6 项生态安全格局因子进行分析；将贵安新区生态安全格局划分为底线、满意和理想 3 个不同等级，并在此基础上对贵安新区城市扩展方案进行模拟。结果表明，贵安新区底线级生态安全格局面积为 215.6 km²，满意级生态安全格局面积为 473.9 km²，理想级生态安全格局面积为 828.4 km²，分别占贵安新区总面积的 11.3%、24.9% 和 43.6%。生态宜居扩展模式下城市建设用地面积为 179.8 km²，生态与经济均衡扩展模式下城市建设用地面积为 708.9 km²，经济优先扩展模式下城市建设用地面积为 1 288.9 km²，分别占贵安新区总面积的 9.5%、37.3% 和 67.8%。综合生态安全格局的划定可作为一种有力的空间管控手段，以实现城市生态环境保护与宜居城镇的和谐发展。

关键词　生态安全格局　ArcSWAT 模型　WRF-Chem 模型　贵安新区

近 30 年来，随着我国城镇化的快速发展，城市规模和建设用地的比例不断增加，扰动并破坏了城市原有的土地利用格局，引起了系列生态环境问题[1-2]，如森林破坏、水土流失、农田损毁、空气污染以及水环境恶化等，严重威胁着区域内人口、社会、经济以及动植物系统的可持续协调发展[3-5]。

Ifeanyi 等[6]于 2000 年左右提出了城市生态安全理论，该方法能够对城市扩张和经济发展对城市生态系统空间格局和功能变化所产生的影响进行有效评估。生态安全格局（Ecological Security Pattern，ESP）评价作为实现区域生态系统安全的有效手段，受到众

---

① 原文刊登于《中国环境科学》2018 年第 5 期。

多学者的关注。生态安全格局是一种区域生态空间的组合模式，能够对区域生态空间的组合模式、斑块特征以及廊道系统等关键生态过程进行控制，进而有效保护区域生态系统的功能，减少环境污染的影响[10]。国外的生态安全格局构建主要集中于"生态基础设施""绿色基础设施"领域，生态安全格局的划分方法主要包括基于 GIS 技术的适宜性评价法[11-12]、最小阻力模型[13-14]、成本-距离空间分析模型[15-16]以及基于景观生态学"源-汇"理论的空间格局划分方法[17-18]。这些方法通过对区域景观格局的廊道组成、斑块特征、下垫面条件进行等级划分，进而反映区域生态系统的"压力-响应"过程，获取生态安全格局的组成模式，对保护区域自然、生态以及资源环境起到了重要的推动作用。

水和大气环境污染问题作为当前大多数城市所面临的主要环境问题，对其进行有效的预防和控制对维护区域生态系统安全和健康具有重要意义。现有评价方法对环境污染物在空间的传输过程以及转化机理方面表征不足，使得评价结果在实际应用中对环境污染问题的控制不够精准[19]，主要表现在以下 3 个方面：①未充分考虑水环境质量的改善需求，仅考虑了水资源总量的保护要求；②未能以空气质量对人体健康的影响为目标，未将空气污染物浓度分布特征纳入城市生态安全格局评价体系，如 $PM_{2.5}$ 浓度对人体健康的影响；③所划定的生态安全格局对水环境和大气环境的重点防控区域识别精度较低，仅考虑了资源的承载力需求而并未对污染物承载力的空间分布进行识别，导致对可能的环境污染高风险区约束性不足。例如，美国威斯康星州曾投入巨资进行河岸缓冲带建设以控制水环境污染，发现虽然能够有效地削减污染物的入河量，但是由于空间格局约束上的破碎性较高，一旦缓冲带间出现缺口，对水环境污染物的削减效率会大幅度降低，同时河岸缓冲带由于其对污染物的滞留作用，也会转变为污染物的"源"[20-21]。因此，在城市生态安全格局的划分中如何识别水和大气环境污染的关键区域，构建城市水环境和大气环境污染控制的生态景观空间模式，纳入城市生态安全格局划分的整体评价方案中，对于实现城市生态安全和控制环境污染具有重要的理论和现实意义[22]。

贵州省贵安新区是国务院批复的第八个国家级新区，生态系统整体较为脆弱，同时受到外源传输和内源释放的影响，区域内水环境和大气环境状况存在较高的超标风险。区域生态环境与社会经济发展之间的潜在矛盾日益凸显，城市生态安全格局和建设用地扩展的约束预案亟须建立。本文基于景观安全格局的原理和方法，引入机理模型识别城市水环境污染安全格局和大气环境污染安全格局，利用最小累积阻力模型和"成本-距离"评估模型，以建设用地适宜性评价为基础进行城市发展用地的扩展预案评价；从有利城市建设的角度出发，分析适宜建设的用地范围；从生态保护的角度出发，对城市用地进行建设适宜性约束评价，将城市生态环境承载力转化为建设用地的生态适宜量，以构建不同生态环境建设目标下的发展情景，划定城市生态安全格局和开发建设扩展预案。

一、研究区概况与研究方法

（一）研究区概况

贵安新区位于贵州省贵阳、安顺两市之间，是一个正在建设中的新区，分布范围为 26°11′7″～26°36′56″N、105°56′20″～106°39′10″E。地处高原型亚热带季风湿润气候区，年均降雨量为 1 113～1 367 mm，且自西向东递减。平均相对湿度为 79%，年平均气温为 12.8～16.2℃。贵安新区属于喀斯特低丘缓坡地貌，地势西高东低，总体较为平缓，海拔在 960～1 682 m。境内丘陵、山地大部分属于石漠化敏感地区。地表河流有马场河、麻线河、羊昌河、乐平河、青岩河等，流域总面积占新区总面积的 80%。森林覆盖率达 42%，具备发展健康产业的天然优势。现有人口 84 万人，主要产业以第二产业（50.98%）、第三产业（40.79%）产业为主。水环境的主要污染源为农业种植（40%～54%）和畜禽养殖（22%～35%），大气环境的主要污染源为工业污染排放（53%～67%）。

（二）数据来源及处理

以贵安新区 1 900 km^2 区域为研究对象，以 2013 年为研究基准年，数字高程模型（DEM）采用中国科学院地理空间数据云平台提供的分辨率 30 m×30 m 数据（http://www.gscloud.cn/）；土地利用数据为贵州省国土资源厅提供的 4 m×4 m 分辨率影像数据，采用目视解译获取；2010—2014 年逐日气象数据由中国科学院地理科学与资源研究所提供；2010—2014 年逐日径流量数据由贵州省水文水资源局提供；总氮、总磷、泥沙等水质数据由贵州省贵阳市两湖一库管理局提供；2013 年贵安新区社会经济统计年鉴由贵州省统计局提供。相关空间数据的处理在 ArcGIS10.1 和 ENVI5.0 平台中完成，所有数据转换成 Albers 双标准纬线等积圆锥投影、Krasovsky 椭球体。气象数据的处理采用 Matlab2012a 平台完成。

（三）研究方法

本研究采用 ArcGIS10.1、ArcSWAT2012、WRF-Chem 等模型软件，通过空间缓冲分析、最小累积阻力模型、水污染物传输过程模拟以及大气污染物转化过程模拟等，分别对城市生态安全格局和城市建设用地扩展安全格局进行分析，共包括 10 项二级安全格局指标，分别为水环境质量安全格局、大气环境质量安全格局、生物多样性保护安全格局、地形安全格局、土地利用安全格局、道路安全格局、生态红线安全格局、农田安全格局、地表水供给安全格局、喀斯特敏感区安全格局。

1．建设用地扩展适宜性评价

根据城市用地建设适宜性评价的基本原理，结合地区特征和数据的可获取性，对城市发展用地选择具有共性且影响相对较大的地形、地质、生态、土地利用、城市建设等独立因子[23]。地形因子主要评价坡度、坡向、高程等因素，地质因子主要对地质灾害敏感性进行评价，生态因子主要评价河流、湖库、自然保护区等因素，土地利用因子主要对现状土地利用类型及管控类型进行评价，城市建设因子主要评价高速公路、国道、干道等道路因素，以及城市基础设施的吸引力。按照各评价因子对区域建设贡献水平的影响，将评价因子划分为多个适应性等级，本研究在对比相关研究因子权重的基础上，通过专家打分方法最终综合确定了各因素的因子权重值。

2．生态安全格局约束性评价

采用累计阻力模型和"成本-距离"评估模型分别对生物多样性保护格局和基本农田保护格局进行评价；采用 ArcSWAT 模型在对流域水环境污染关键源区识别的基础上，综合考虑水环境污染物的"源—传输—转化—汇"等过程，识别地表水环境质量改善所需的生态安全格局[24]；采用 WRF-Chem 模型对空气污染物的空间分布进行识别，在此基础上结合 SO_2 和 $PM_{2.5}$ 的人体致病耐受度浓度，识别空气污染物的生态安全格局[25]。限于篇幅，水环境和大气污染物的空间分布识别相关内容详见耿润哲等[21]和殷培红等[22]的研究，在此不再赘述。

3．贵安新区生态安全格局划定

以人类生存安全和理想人居环境为目标，识别水资源安全、地质灾害安全、大气质量安全、水环境质量安全、生物保护安全、农田安全等敏感区域和重要生态过程（景观阻力面），构建包含底线安全格局（生态环境敏感区）、满意安全格局（生态环境一级缓冲区）、理想安全格局（生态环境二级缓冲区）3个级别的水资源安全格局、地质灾害安全格局、大气质量安全格局、水环境质量安全格局、生物保护安全格局、农田安全格局，叠加构建贵安新区综合生态安全格局（图1）。其中，基本底线安全格局内的生态环境较为脆弱，受人类活动影响可能会超过生态系统自身修复的阈值。这个区域内重要的生态要素或人类生命安全可以得到最基本的保障，若人类活动干扰逼近该区域，则整个城乡系统处于低安全水平；满意生态安全格局是缓冲人类活动对自然生态系统空间胁迫的格局；理想生态安全格局内所有生态要素得到很好的保护，生态系统的各种生态功能最为完善，人类可以安全、健康、可持续的发展。

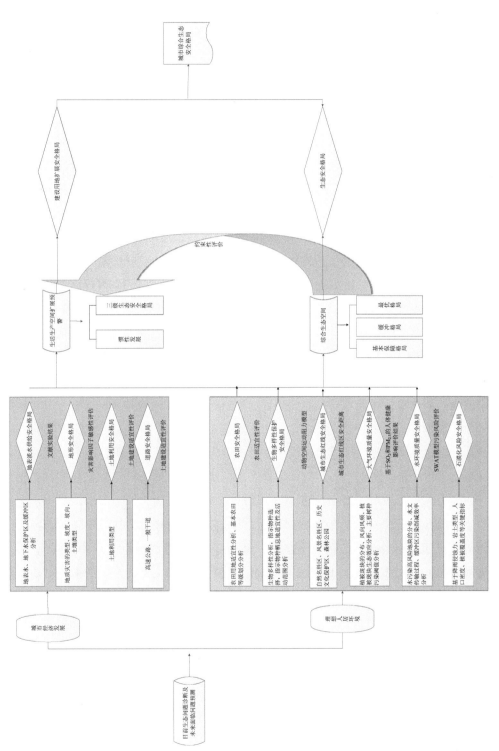

图 1　贵安新区生态安全格局构建技术路线

二、结果与分析

（一）水环境安全格局

贵安新区淡水供给主要依靠境内羊昌河、麻线河、马场河、乐平河、松柏山水库上游河流以及红枫湖水库、松柏山水库等地表河流及中部地区的地下淡水补给。因此，贵安新区淡水供给安全格局分为地表淡水供给安全格局和地下淡水补给安全格局。为防止区域内现有污染源对地表水环境的污染，维护区域水环境安全，保护区域内的各级河流、湖泊、水库、坑塘、低洼地以及城市水源地，本文采用基于流域水环境污染关键源区识别的水环境安全格局划定技术，采用 ArcSWAT 模型作为水环境污染关键源区识别模型，通过对污染物的"源-汇"过程进行模拟识别，将河道、湖泊、水库 50 m 缓冲区作为底线范围，严格控制开发。运用 ArcSWAT 模型对 2020 年规划发展情境下贵安新区水环境污染风险等级进行评价，结果表明，仅占流域总面积约17.12%的高风险区，其污染物入河量却达到了流域总入河量的约 50%[22]。其土地利用方式多为农田，且具有坡度大、距离河道较近、单位面积施肥量较高等特点，体现了较为明显的面源污染特征。因此，当强/持续降雨事件发生时，这些区域具有产流快、污染物输出量大、入河迅速等特点，会对湖库水质产生较大的负面影响。基于此，在考虑下垫面传输机制的情况下确定水环境污染控制的高风险区作为理想安全格局。参考 Dorioz 等的研究成果，将 50～100 m 缓冲区作为满意范围，尽量避免建设，宜采用生态化工程措施，恢复自然河道；100～150 m 缓冲区为理想范围，可进行适当建设，建设项目应达到相应的防洪标准[24]。同时为了保障城乡饮用水安全，防止水源污染，将地表水一级保护区作为严格保护的底线范围，二级保护区为满意范围，二级保护区 50 m 缓冲区或准保护区为理想范围，减少水源保护区的建设项目与活动。水环境安全格局的详细划分结果及技术方法可参考本课题组已发表的贵安新区水环境治理文章[21]（图 2）。其中底线安全格局的面积为 36.6 km²，满意安全格局的面积为 122.2 km²，理想安全格局的面积为 199.2 km²。经模型模拟可知，水环境安全格局的划定能够削减总氮和总磷负荷的 60%～70%。

（二）大气环境安全格局

绿地能够释氧固碳、降温增湿、降噪抗污，是改善城市生态环境的重要景观类型。但当大气污染物浓度超过绿地斑块内优势树种的忍耐限度时，绿地生态功能将会受到严重影响。本研究基于大气 SO_2 和 $PM_{2.5}$ 浓度对绿地生态系统的影响和人体健康的影响划分贵安新区大气环境安全格局。

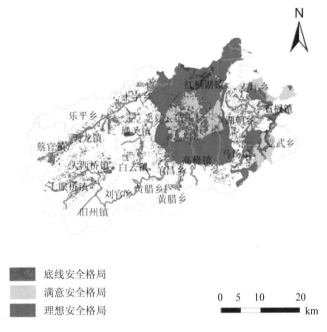

图2　贵安新区水环境安全格局

贵安新区大型绿地斑块的先锋树种为乔木、松木等。本文参照刘厚田等对马尾松对SO_2的响应关系研究结果[28-32]，以先锋树种对SO_2浓度的敏感程度将其划分为慢性伤害和急性伤害，对应的SO_2浓度分别为0.66 mg/m^3、1.31 mg/m^3，当SO_2浓度持续4 h达到3.39 mg/m^3时，便达到伤害阈值。由于风速、风向、风频等气象因素对污染物浓度扩散具有显著影响，本文结合贵安新区常年气象数据，以大型绿地斑块为源，利用WRF-Chem模型计算斑块边缘SO_2浓度为0.66 mg/m^3、1.31 mg/m^3和3.39 mg/m^3时对应的各风向污染源距离[25]。工业污染源对城镇建成区的影响也十分重要：当SO_2浓度为10～15 mg/m^3时，人类呼吸道纤毛运动和黏膜分泌功能均受到抑制；浓度达20 mg/m^3时，引起咳嗽并刺激眼睛；浓度为100 mg/m^3时，支气管和肺部组织将明显受损。本文参考苏泳娴等的研究，选取10 mg/m^3、20 mg/m^3、100 mg/m^3作为阈值[9]，来控制污染源远离城镇建成区的距离，用以制约城镇建成区和工业污染源的扩展，以城镇规划建成区和各类自然保护区为源，以贵安新区2020年130万人情景下的大气SO_2污染物浓度为阻力面，划分大气"底线安全格局""满意安全格局""理想安全格局"（图3）。

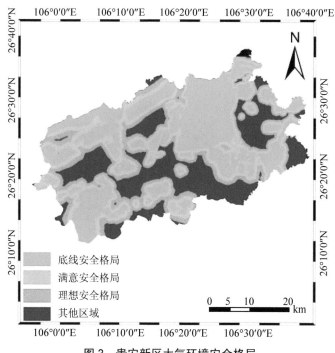

图 3　贵安新区大气环境安全格局

PM$_{2.5}$ 对健康影响的阈值研究表明，在很低的污染水平仍可观察到大气颗粒物对人群健康的影响。迄今为止的研究未能明确地观察到大气颗粒物对人群健康不产生影响的浓度。对美国哈佛等 6 个城市 PM$_{2.5}$ 污染水平与人群总死亡率之间进行剂量反应关系分析发现，在低于 30 μg/m^3 的条件下，PM$_{2.5}$ 与人群总死亡率之间呈现线性的剂量反应关系曲线，且该曲线可低至 2 μg/m^3；进一步分析交通来源的 PM$_{2.5}$ 与人群总死亡率之间的剂量反应关系，在 PM$_{2.5}$ 浓度低于 20 μg/m^3 条件下也未呈现出阈值，且曲线的斜率更大[28]。目前认为，颗粒物对人体健康的影响是没有阈值的，但由于颗粒物来源和化学组分复杂且与健康效应相关，因此颗粒物暴露导致人体健康影响的暴露-效应关系更为复杂，可能呈现出非线性增加的趋势[28]。基于此，本研究尝试基于贵安新区 PM$_{2.5}$ 浓度空间分布，采用基于统计分析的自然断裂法将 PM$_{2.5}$ 浓度的空间分布划分为 4 个等级。同样以城镇规划建成区和各类自然保护区为源，以 PM$_{2.5}$ 浓度为阻力面，划分大气"底线安全格局""满意安全格局""理想安全格局"（图 3）。最终通过与基于 SO$_2$ 浓度的大气安全格局进行叠加，获得贵安新区综合大气安全格局（图 3）。贵安新区大气环境底线安全格局占新区面积 47.9%，满意安全格局占新区面积 10.3%，理想安全格局占新区面积 14.6%（表 1）。

表 1　贵安新区大气环境安全格局控制面积

大气安全格局	SO₂控制安全格局		PM₂.₅控制安全格局		大气环境安全格局	
	面积/km²	比例/%	面积/km²	比例/%	面积/km²	比例/%
底线安全格局	957.6	50.4	910.6	47.9	909.4	47.9
满意安全格局	209.3	11.0	198.3	10.4	194.9	10.3
理想安全格局	213.2	11.2	394.3	20.7	277.7	14.6
合计	1 380.1	72.6	1 503.2	79	1 382	72.8

（三）基本农田保护安全格局

复合生态系统的理论研究表明，农田在一定时期是具有生态效益的生态空间组成部分，对于改善城市的生态环境质量具有重要作用[33-36]。基于《贵安新区土地利用总体规划（2013—2030）》[33]，以现有农田面积及空间分布特征为"源"，采用最小累积阻力模型，参考付海英等对耕地适宜性评价的研究成果，通过对地形坡度、土壤类型、坡向、灌溉保证率、交通通达性等农田用地适宜性影响因子进行分级和叠加分析[37]，获取贵安新区土地耕作适宜性分布图。把适宜性最高的土地作为一级农田用地，叠加基本农田保护现状图，提取目前基本农田中的一级农田用地，以其作为源，以农田用地适宜性分析结果为阻力面，模拟贵安新区农田保护安全格局，结果表明基本农田保护安全格局的总面积为 712.8 km²（图 4）。

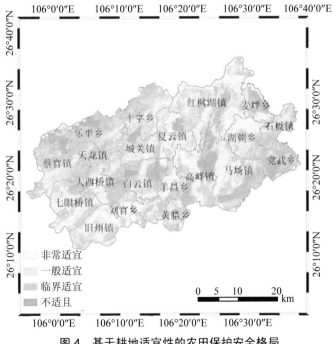

图 4　基于耕地适宜性的农田保护安全格局

（四）生物多样性保护安全格局

由于人类活动的干扰，贵安新区原生森林面积不断缩减，野生动物数量逐渐降低。目前较高质量的原生森林主要分布在贵安新区中部、西北部海拔较高的区域，是野生动物栖息地的优先选择。景观生态学认为，保证最小适宜生物面积和生境之间的连通性是物种生存的必要条件，景观类型与保护源地的特征越接近，其对生态流的阻力也越小。[38-39]本文基于《贵安新区土地利用总体规划（2013—2030）》[33]中规定的生物多样性保护区和部分植被覆盖度较高的原生性森林作为生物种群源地，以土地覆盖类型作为阻力因子，根据不同土地覆盖类型与源地的差异，赋予0～500的阻力系数（表2），基于 ArcGIS 平台，运用地理信息系统的最小阻力模型，构建野生动物的三级安全格局：底线安全格局（即保护野生动物得以生存的最基本栖息地）、满意安全格局（即保护野生动物最基本栖息地之间的连通性）、理想安全格局（即同时保护野生动物现有和潜在栖息地），其中底线安全格局的面积为 388.6 km^2，满意安全格局面积为 330.4 km^2，理想安全格局面积为 362.9 km^2（图5）。

表2　生物多样性保护空间阻力因子与阻力系数

土地利用类型	阻力系数	土地利用类型	阻力系数
有林地	0	水域	10
灌木林	10	果园、草地	30
水田	100	旱地	300
建设用地	400	公路	500

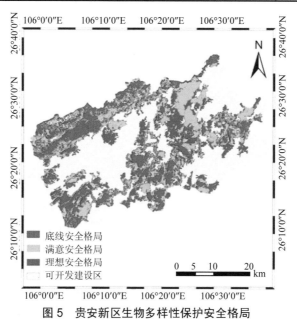

图5　贵安新区生物多样性保护安全格局

（五）城市自然人文安全格局

为了维护区域人文安全，保护区域内的自然名胜区、风景名胜区、历史文化保护区、森林公园等人文资源，同时考虑本文在实际应用中与现有法规以及其他现有规划在空间上的融合问题，将贵安新区各类保护区的核心范围作为底线保护区，参考俞孔坚等[37]、叶玉瑶等[38]在北京和广州市生态安全格局划定中关于自然人文景观安全格局的研究方法，以严格控制区或核心区周边 500 m 缓冲区为满意范围，以一般保护区或核心区1 000 m 缓冲区为理想范围，划定贵安新区自然人文安全格局。其中底线安全格局面积378.8 km²，满意安全格局面积 147.1 km²，理想安全格局面积 151.2 km²（图 6）。

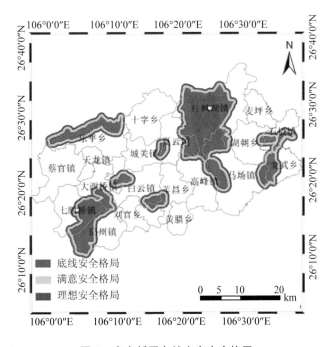

图 6　贵安新区自然人文安全格局

（六）石漠化风险安全格局

贵安新区内碳酸盐岩广布，碳酸盐岩抗风化能力强，酸不溶物含量低，成土速率慢，平均每形成 1 cm 的土层需要 8 000 年左右的时间[39]。因此，在喀斯特地形分布地区土层极薄，在暴雨冲刷下极易流失而造成石漠化。为了有效规避石漠化所造成的生态环境风险，本文借鉴修正的通用土壤流失方程（RUSLE）模型中降雨侵蚀力的评价方法[40]，对贵安新区的降雨侵蚀力因子及空间分布进行评价，并纳入贵安新区石漠化评价的综合指标体系中，根据喀斯特石漠化的内容和特点，从现状评价、危险性评价以及在两者评价结果的基础上对石漠化风险防范安全格局进行划分。根据现有贵州省石漠化研究资料，初步将石漠化划分为轻度、中度和强度 3 级。现状评价指标包括植被覆盖率、岩石裸露率、土层厚度、植被类型；危险度指标包括坡度、岩性、地形切割度、人口密度、陡坡耕地率以及降雨侵蚀力。通过对以上 10 项指标进行分类评价，并对其进行空间叠置分析，得到贵安新区石漠化风险安全格局分布图。其中，理想安全格局（轻度石漠化，1 455.5 km^2）内景观上岩石裸露较明显，已不宜发展农业，可适当发展林牧业；满意安全格局（中度石漠化，174.9 km^2）岩石出露面积大，水土流失严重，土地利用类型上属于难利用地；底线安全格局（强度石漠化，157.6 km^2）内基岩大面积出露，许多地方甚至已无土可流，基本失去利用价值，景观与裸地石山几乎没有区别（图 7）。

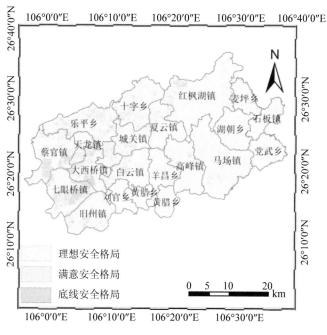

图 7　贵安新区石漠化风险安全格局

三、综合生态安全格局的划定

将水环境安全格局、大气环境安全格局、生物多样性保护安全格局、基本农田安全格局、自然人文安全格局以及石漠化风险安全格局等 6 个单因子生态安全格局进行等权重叠加，基于"木桶原理"去除重复区域和板块，构建了贵安新区底线、满意、理想 3

种发展水平下的综合生态安全格局。生态安全底线水平是维护区域生态安全的最低标准和核心区域，是保障生态系统最重要的源和关键区域的空间组成，是城镇规模扩展不可逾越的底线，在城市总体规划中应当纳入禁止开发区，其面积为 215.6 km²，占贵安新区总面积的 11.3%；生态安全满意水平，是包围在底线生态安全格局外的重要战略缓冲地带，应纳入禁止或限制建设区，其面积为 258.3 km²，占贵安新区总面积的 13.6%；生态安全理想水平，是最优的自然生态系统与城镇系统物质与能量的汇聚、交流以及转换的区域，是生态安全格局构成的理想状态，可以进行有条件的开发建设活动，其面积为 354.5 km²，占贵安新区总面积的 18.7%，三种级别的生态安全格局总面积为 828.4 km²，占贵安新区总面积的 43.6%（图 8）。

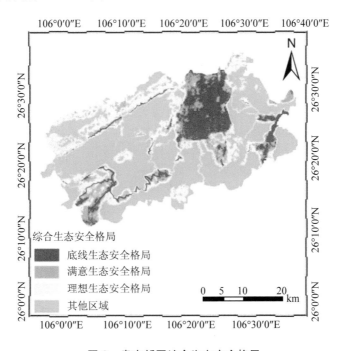

图 8　贵安新区综合生态安全格局

四、基于生态安全格局的建设用地扩展模式

本文基于贵安新区生态安全格局的空间分布特征，分别构建了生态宜居、生态与经济均衡和经济优先 3 种城市建设扩展方案，探索在贵州省生态文明示范区建设背景下贵安新区未来城镇建设用地的空间增长模式。"经济优先"是根据贵安新区城市总体规划对新区未来发展趋势和人口规模的情景预测来确定城市建设用地的扩展需求。本文采用

类比法，在对包括我国深圳、日本东京以及韩国首尔等城市的人口规模增长趋势进行预测的基础上，确定贵安新区未来人口规模最高可达到130万人[22]。同时，结合地区特征和数据的可获取性，对城市发展用地选择具有共性且影响相对较大的地形、地质、生态、土地利用、城市建设等11项影响因子。按照各评价因子对区域建设贡献水平的影响，将评价因子划分为多个适应性等级，划定城市开发建设适宜性空间格局。由于工业空间和农业空间会对城镇产生大气和水环境污染，三者之间的扩展会相互约束，呈现复合型分布模式。因此，在三种安全格局模式下，为了更好地模拟城镇空间、工业空间和农业空间的扩展方案，本文以现有工业用地为源，构建工业用地对城镇区域扩展约束的大气环境安全格局，同时以农业空间为源，构建农业空间对城镇区域扩展约束的水环境安全格局，然后叠加得到综合生态安全格局，并采用三种不同等级的生态安全格局对城镇建设用地的适宜性评价结果进行约束性分析，获取三种不同发展情境下的城市开发建设扩展模式（图9）。结果表明随着生态空间面积的增大，与之对应的建设用地空间面积不断减少，反之亦然。

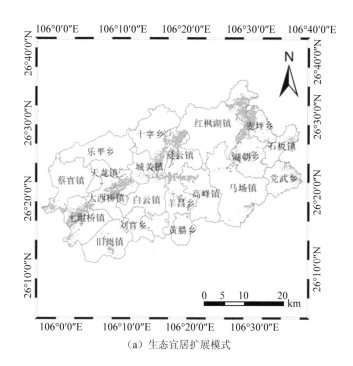

（a）生态宜居扩展模式

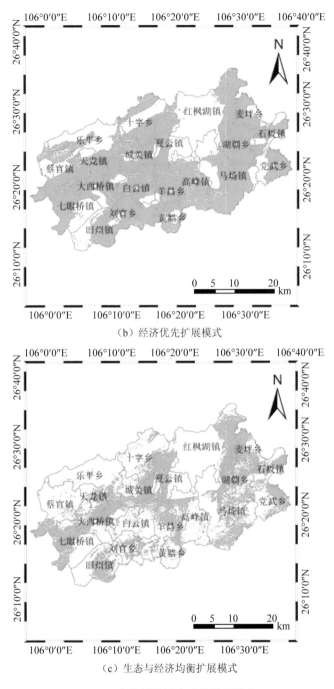

（b）经济优先扩展模式

（c）生态与经济均衡扩展模式

图9　贵安新区城市建设扩展模式

　　在经济优先扩展模式下，贵安新区建设用地沿主要交通干线和水系呈现"摊大饼"式的扩展，各乡镇建设用地连片发展，林地、农田等生态空间的连通性极低，无法与城市空间形成有效融合，生态服务功能受损严重。在该模式下，城市建设用地面积达到 1 288.9 km²。在生态与经济均衡扩展模式下，东南部平原地区的建设用地仍然连片扩展，但是密度有所降低；西部山区的建设用地开发强度明显降低，生态保护区与建设用地之间能够实现良好的均衡。在该模式下，可提供的建设用地面积为 708.9 km²。在生态宜居模式下，贵安新区的林地、草地、农田等具有生态服务价值的用地类型得以有效连通，破碎度明显降低，能够有效约束城市建设用地的无序扩展，建设用地呈现零星的均匀分布特征，各乡镇之间建设用地的连通性较低，可提供的建设用地规模为 179.8 km²。对比三种不同的城市扩展模式可以发现，基于生态安全格局约束情景下的生态宜居和生态与经济均衡发展模式下的建设用地扩展模式，更能适应贵安新区未来城市发展中"环境—经济—社会"协调发展的目标，是未来城镇发展的最优模式。

五、结论

（1）本文选取水环境、大气环境、石漠化风险、基本农田保护、生物多样性保护以及自然人文等 6 个因子构建了贵安新区 3 种不同等级的综合生态安全格局。其中底线安全格局面积为 215.6 km²，满意安全格局面积为 473.9 km²，理想安全格局的面积为 828.4 km²。

（2）将水环境安全格局和大气环境安全格局引入生态安全格局综合评价指标体系中，能够有效提升生态安全格局对于城市环境质量改善的约束作用，其中水环境安全格局可有效削减总氮和总磷负荷的 60%～70%，大气环境安全格局的划定则能够使安全格局内的大气污染物浓度低于对人体的致伤浓度。

（3）基于已构建的生态安全格局，对贵安新区建设用地的适宜性评价结果进行约束性模拟，构建贵安新区 3 种不同等级的建设用地扩展模式，生态宜居扩展模式下建设用地面积为 179.8 km²，生态与经济均衡扩展模式下建设用地面积为 708.9 km²，经济优先扩展模式下建设用地面积为 1 288.9 km²。通过生态约束评价，可有效协调城市空间扩展与生态环境约束之间的矛盾，弥补了传统建设用地选择仅考虑经济发展而忽略生态环境保护的不足。同时，评价单元以乡镇行政界线进行划分，可有效提升建设用地管控的精准性和可操作性。

参考文献

[1] Deng J S，Wang K，Hong Y，et al. Spatio-temporal dynamics and evolution of land use change and landscape pattern in response to rapid urbanization[J]. Landscape and Urban Planning，2009，92（3/4）：

187-198.

[2] Su Y，Chen X，Liao J，et al. Modeling the optimal ecological security pattern for guiding the urban constructed land expansions[J]. Urban Forestry & Urban Greening，2016，19：35-46.

[3] 方创琳，王岩. 中国城市脆弱性的综合测度与空间分异特征[J]. 地理学报，2015，70（2）：234-247.

[4] Tan P Y，Hamid A R B A. Urban ecological research in Singapore and its relevance to the advancement of urban ecology and sustainability[J]. Landscape and Urban Planning，2014，125（SI）：271-289.

[5] Wu J，Xiang W，Zhao J. Urban ecology in China：Historical developments and future directions[J]. Landscape and Urban Planning，2014，125（SI）：222-233.

[6] Ifeanyi C E，Francis C E. The environment and global security[J]. Environmentalist，2000，20（1）：41-48.

[7] Yu K J. Security patterns and surface model in landscape ecological planning[J]. Landscape and Urban Planning，1996，36（1）：1-17.

[8] 于磊，邱殿明，刘莉，等. 基于 SPCA 和 AHP 联合方法的滦河流域生态环境脆弱性变化规律分析[J]. 吉林大学学报（地球科学版），2013，43（5）：1588-1594.

[9] 苏泳娴，张虹鸥，陈修治，等. 佛山市高明区生态安全格局和建设用地扩展预案[J]. 生态学报，2013，33（5）：1524-1534.

[10] Knaapen J P，Scheffer M，Harms B. Estimation habitat isolation in landscape planning[J]. Landscape and Urban Planning，1992，23（1）：1-16.

[11] 刘孝富，舒俭民，张林波. 最小累积阻力模型在城市土地生态适宜性评价中的应用——以厦门为例[J]. 生态学报，2010，30（2）：421-428.

[12] 李纪宏，刘雪华. 基于最小费用距离模型的自然保护区功能分区[J]. 自然资源学报，2006，2：217-224.

[13] Adriaensen F，Chardon J P，De Blust G，et al. The application of 'least-cost' modelling as a functional landscape model[J]. Landscape and Urban Planning，2003，64（4）：233-247.

[14] 陈利顶，傅伯杰，赵文武. "源""汇"景观理论及其生态学意义[J]. 生态学报，2006，5：1444-1449.

[15] 王琦，付梦娣，魏来，等. 基于源-汇理论和最小累积阻力模型的城市生态安全格局构建——以安徽省宁国市为例[J]. 环境科学学报，2016，36（12）：4546-4554.

[16] Liu X，Liu L，Peng Y. Ecological zoning for regional sustainable development using an integrated modeling approach in the Bohai Rim，China[J]. Ecological Modelling，2017，353（SI）：158-166.

[17] Steven R C，John F W，Wang L，et al. Effects of Best- Management Practices in Otter Creek in the Sheboygan River Priority Watershed，Wisconsin，1990-2002[R]. Wisconsin：Wisconsin Department of Natural Resources，Madison，Wisconsin，2006.

[18] Vrebos D，Beauchard O，Meire P. The impact of land use and spatial mediated processes on the water quality in a river system[J]. Science of The Total Environment，2017，601：365-373.

[19] Li F，Liu X，Zhang X，et al. Urban ecological infrastructure：an integrated network for ecosystem services and sustainable urban systems[J]. Journal of Cleaner Production，2017，163（1）：s12-s18.

[20] 王海鹰，张新长，康停军. 基于 GIS 的城市建设用地适宜性评价理论与应用[J]. 地理与地理信息科学，2009，25（1）：14-17.

[21] 耿润哲，殷培红，马茜. 基于关键源区识别的饮用水水源保护区划研究[J]. 环境科学研究，2017，30（3）：329-339.

[22] 殷培红，耿润哲，张学珍. 贵安新区城市环境总体规划[R]. 北京：环境保护部环境与经济政策研究中心，2017.

[23] 耿润哲，殷培红，原庆丹. 红枫湖流域非点源污染控制区划[J]. 农业工程学报，2016，32（19）：219-225.

[24] Dorioz J M，Wang D，Poulenard J，et al. The effect of grass buffer strips on phosphorus dynamics - A critical review and synthesis as a basis for application in agricultural landscapes in France[J]. Articulture Ecosystems & Environment，2006，117（1）：4-21.

[25] 彭立，杨振乾，刘敏敏，等. 大气污染物与绿化植物光合速率的关系研究[J]. 生态环境学报，2015，24（7）：1166-1170.

[26] 另青艳. 大气 SO_2 污染下园林植物光谱特征及光合特性研究[D]. 武汉：华中农业大学，2013.

[27] 刘厚田，李一川. 重庆南山大气 SO_2 污染与马尾松衰亡的关系[J]. 生态学报，1990，4：305-310.

[28] Schwartz J，Laden F，Zanobetti A. The concentration-response relation between $PM_{2.5}$ and daily deaths[J]. Environmental Health Perspectives，2002，110（10）：1025-1029.

[29] Xie Y，Dai H，Dong H，et al. Economic Impacts from $PM_{2.5}$ Pollution-Related Health Effects in China：A Provincial-Level Analysis[J]. Environmental Science & Technology，2016，50（9）：4836-4843.

[30] 王如松，欧阳志云. 社会-经济-自然复合生态系统与可持续发展[J]. 中国科学院院刊，2012，27（3）：337-345.

[31] 陈亮，王如松，王志理. 2003 年中国省域社会-经济-自然复合生态系统生态位评价[J]. 应用生态学报，2007，8：1794-1800.

[32] 汪嘉杨，宋培争，张碧，等. 社会-经济-自然复合生态系统生态位评价模型——以四川省为例[J]. 生态学报，2016，36（20）：6628-6635.

[33] 贵安新区国土资源局. 贵州省贵安新区土地利用总体规划（2013—2020 年）[R]. 贵安新区，2016.

[34] 付海英，郝晋珉，朱德举，等. 耕地适宜性评价及其在新增其他用地配置中的应用[J]. 农业工程学报，2007，1：60-65.

[35] 盛敏杰. 景观生态学与生物多样性保护[J]. 安徽农学通报（下半月刊），2012，18（2）：17-18.

[36] 李晓文，胡远满，肖笃宁. 景观生态学与生物多样性保护[J]. 生态学报，1999，3：111-119.

[37] 俞孔坚，王思思，李迪华，等. 北京市生态安全格局及城市增长预景[J]. 生态学报，2009，29（3）：1189-1204.

[38] 叶玉瑶，苏泳娴，张虹鸥，等. 生态阻力面模型构建及其在城市扩展模拟中的应用[J]. 地理学报，2014，69（4）：485-496.

[39] 王世杰，季宏兵，欧阳自远，等. 碳酸盐岩风化成土作用的初步研究[J]. 中国科学（D 辑：地球科学），1999，5：441-449.

[40] 许月卿，周巧富，李双成. 贵州省降雨侵蚀力时空分布规律分析[J]. 水土保持通报，2005，4：11-14.

第二次全国污染源普查中农业源污染物入河系数测算技术路线与关键方法探讨①

耿润哲　殷培红

摘　要　受陆面削减、水体自然降解以及土壤背景值的影响，农业源污染物实际入河量并不等同于产污量和排放量，仅以产污量和排放量不足以充分说明农业源对水体环境质量的影响。因此，引入入河系数，测算农业源污染物自产污单元到入水体之前的传输过程中的变化情况，对于准确合理地测算农业源污染物入河量，厘清部门责任、制定合理的减排控污措施具有重要的现实意义。目前，我国入河系数测算仅限于局部流域，未能覆盖全国。由于农业源污染物传输过程的空间异质性强，不宜简单地将少量的小尺度精细化模拟或实测结果向大尺度区域或全国推广运用，而采取实测入河系数的方法则投入高、耗时长、工作量大。为了满足便捷、科学、准确的普查工作要求，建议采用"传输过程类型相似性外推"方法，以数值模拟为主，辅以必要的实地监测验证的技术方案开展全国县域尺度的农业源污染物入河系数核算。技术方案主要包括以下3个方面：①选取影响农业源污染物陆面传输过程的降雨、地形、地表径流、地下蓄渗/地下径流以及植物截留五类关键因子对全国流域基本测算单元进行分区分类，运用规范的空间抽样方法，在每个类型区内选取适量"嵌套式"典型流域基本测算单元，作为其测算结果由小尺度流域向大尺度流域扩展，进而向全国范围内具有地带相似性的区域推广；②通过评估、筛选、集成已有相关参数测定成果，典型流域基本测算单元模型测算，必要的补充性、校验性的实地监测等多种方法，建立可视化的全国流域基本测算单元入河系数参数库；③运用GIS手段和水系网络分析方法将流域尺度获取的入河系数，与县域行政单元进行空间匹配，获取全国县域尺度的农业源污染物入河系数参数库，为进一步核算县域农业源污染物入水体负荷量奠定基础。

关键词　入河系数　农业面源　国家尺度　污染负荷

---

① 原文刊登于《中国环境战略与政策研究专报》2018年第8期。

多年来农业源污染物对水环境质量的实际影响一直存在较大争议，原环境保护部、农业部等相关部门对此也高度关注。为科学、准确测算农业源污染物入水体的实际负荷量，第二次全国污染源普查（以下简称二污普）增加了农业源污染物入河系数（以下简称入河系数）的测算工作。此项工作对于厘清部门责任、制定合理的减排控污措施具有重要的现实意义，也为今后以流域为单元，以水环境质量改善为目标，完善总量控制方案和排污许可制的顺利实施奠定基础。

一、全国入河系数测算存在的难点及普查特殊要求

农业源污染物入河系数是指在流域产污单元内产生、累积的污染物被降雨和下垫面介质驱动、传输、拦截后最终进入对应子流域内主河道的污染物负荷量与污染物产生量的比例。入河系数侧重于陆面污染物自然削减过程，不包括河道水体自然净化过程，也不同于污染源产污系数。

入河系数测算由一套基于"嵌套式"流域水文传输过程及空间分布特征的参数核算体系构成，包括降雨、地形、地表径流、地下蓄渗/地下径流以及植物截留构成的五大类影响因子及其对应的算法体系，而非针对某条河流的一个参数值或一种模拟计算方法。各个因子（主要指自然地理要素）及其对应的测算参数在全国空间范围内具有区域地带相似性，能够在更大尺度上推广应用。总体来看，获取全国的农业源污染物入河系数主要有以下三个关键技术和难点。

（一）便捷、科学、准确地识别全国范围内农业源污染物入河全过程

随着 GIS 技术的发展，现有机理模型可以较为精确地对污染物入河的各个过程进行刻画，但是受限于数据的可获得性、模型运算空间尺度的局限性等，现有精细化的机理模型并不适用于国家尺度的污染源普查工作。而传统的经验模型方法只考虑了污染物入河的部分过程，导致其计算结果难以满足污染源普查工作对结果可靠性的要求。同时不同类型和同种类型不同形态的污染物输移过程也存在较大差异，如磷的流失主要是以颗粒态形式通过土壤侵蚀和地表径流过程流失，而氮的流失则主要通过地下蓄渗/地下径流过程流失[1-3]。以上这些因素，均对国家尺度的入河系数测算制造了较大的障碍和困难。因此，如何对污染物自产污单元至最终入河的传输路径进行准确识别，在保证测算精度的前提下，尽可能简化测算过程就成为入河系数测算需要解决的第一个关键问题。

（二）小尺度区域精细化模拟结果向大尺度区域推广应用

受限于工作时间短、资金支持有限等客观因素的影响，同时考虑到农业源污染物传输过程的地带相似性特征，选择一定数量能够代表在全国范围内农业源污染物入河传输特征的典型流域基本测算单元，对其进行精细化的测算，就成为满足当前现实工作需求的有效途径。但是，现有研究表明农业源污染物的空间运移过程受到水文传输的影响，在空间扩展中大多呈现出了非线性的累积概率分布关系[4]。同时受污染物之间以及污染物的不同形态之间在时空尺度上相互转化作用的影响，现有关于农业源污染物入河量的科研成果大多是针对田块、小流域或流域尺度内的农业源污染物入河量进行精细化的监测或模拟，实现方法通常较为复杂，受传输过程的空间异质性影响，小尺度区域的测算结果不能简单地向大尺度流域乃至国家尺度进行推广。因此，如何选取关键少数的典型流域基本测算单元，才能满足准确、全面、合理地推算出国家尺度的入河系数体系则成为本次入河系数研究工作的第二个难点。

（三）以流域测算的入河系数与县域统计和污染源普查数据的空间匹配

农业源污染物所具有的水文径流传输特征要求，必须以流域为空间单元核算其入河系数[5-6]。第二次污染源普查和第三次农业普查统计数据都是以行政区划为工作单元，因此，如何将流域尺度的入河系数测算结果与行政区划尺度的普查结果相结合，是本次入河系数测算需要解决的第三个难点。

二、构建基于传输过程类型外推的入河系数测算五因子体系的可行性分析

（一）国家尺度入河系数的核算应当以经验模型为主

目前入河系数的测算方法可细分为实地监测、传统经验模型和机理模型三大类（表1、表2）。

表1　农业源污染物入河系数测定方法的适用性分析

适用性		实地监测	传统经验模型	机理模型
污染物入河过程表达	污染源	高	高	高
	累积效应	高	低	中
	传输路径控制	高	中	高

适用性		实地监测	传统经验模型	机理模型
尺度	地块	高	高	高
	农场	高	高	高
	流域	中	高	高
	国家	低	高	低
复杂性	单一方法	高	低	高
	综合方法	高	低	高
数据需求	地块	中	低	中
	农场	中	低	中
	流域	高	中	中到高
	国家	高	中	中到高
不确定性	地块	低	中	中
	农场	低	中	中
	流域	中	中	高
	国家	高	中	高

表2　农业源污染物入河系数测定方法的适用性分析

模型	类别	空间尺度	时间尺度	适用区域	优势	局限性
输出系数模型	经验型	流域尺度	年	全国范围	数据资料少、操作简便	精度一般低于机理模型
SCS-CN, VSA-CN	经验型	流域尺度	年	全国范围	模型成熟、所需数据资料少、操作简便	精度一般低于机理模型
USLE	经验型	流域尺度	年	全国范围	数据资料少、操作简便	精度一般低于机理模型
AGNPS	机理型	子流域	日	农业流域	可对不同子流域的土壤侵蚀空间分布及其对水质的影响进行模拟，且计算速度较快	对河道水文过程模拟的不足
HSPF	机理型	子流域或流域尺度	日	农业流域和城市区域，大尺度区域	对径流的模拟效果较好	对实测基础数据要求较高，模型稳定性较低
SWAT	机理型	地块至流域尺度	日	地形起伏明显的农业流域	考虑了汇流和泥沙汇合过程，结合GIS开发了水土保持模块，易于使用	对于地块尺度到子流域尺度的水文传输过程表征不足，但可改进

　　实地监测结果准确度高，能对污染物传输过程进行监测，但是由于适用的空间尺度多为地块或小流域尺度，且监测成本高，不适于在国家尺度的工作中进行推广应用。

　　传统经验模型包括污染负荷当量法（输出系数模型）、径流模数估算法、水文线分割法等方法，通常采用"黑箱"的方式对污染物传输过程进行概化表示。具有计算简单，易于扩展使用、适用于国家区域尺度等优势，但是其测算精度一般低于机理模型和实地监测法，并且对地下径流（包括壤中流）过程考虑不足，直接使用会导致测算结果误差较大，难以真实反映污染物的实际入河量。

机理模型则是通过对表征农业源污染物入河全过程的大量参数、函数式进行高度集成。能够对污染物从产污单元到入河的时空运移过程进行较为清晰的刻画，结果也较为直观。但操作较复杂，同时对数据和人员专业素质要求较高、耗时较长且可模拟的空间尺度最高为百万级流域尺度。

（二）在经验模型中基于传输过程类型外推的输出系数改进模型能够在国家尺度入河系数体系测算中发挥重要的作用

基于径流模数的污染物入河量计算法、"产污量—河流污染通量"反推法、传输机理类型外推的输出系数改进模型是目前我国在国家尺度的农业源污染物入河系数测算中常用的三类经验模型方法（表3）。

表 3 常用经验类模型的适用性分析

计算方法	实现方式	优势	局限性
污染源-河流污染通量反推法	将污染物传输过程视作黑箱系统，以流域为单元对污染源产污量与河流污染物入河量之间的差值反推获取入河系数	①计算简便；②对以工业点源为主要污染源的区域具有较好的适用性	①区分点源和非点源对入河量的共同作用是个技术难点；②对污染物传输过程的考虑不足；③很难规避氮磷等污染物在河道的累积效应对入河系数估算的影响；④测算区域的选取标准导致可推广性较差
基于径流模数的污染物入河量计算方法	采用水利部门提供的地表径流模数结合遥感影像识别的土地类型，获取污染物入河量	①计算简单；②易于扩展使用；③适用于大尺度区域的研究	①对磷的入河量具有较好的表征；②对氮的入河量表征不足，特别是无法对氮淋溶过程进行表达；③忽略了氮磷迁移模式差异的影响
传输过程类型外推的输出系数改进模型	①基于单位面积/个体的污染物输出系数核算污染物负荷量；②对污染物入河关键环节及参数进行修正和补充	①模拟精度相对较高；②适用于大尺度流域/区域污染物入河量的模拟	①传输过程为灰箱过程；②存在一定的负荷-浓度响应的不确定性

基于径流模数的污染物入河量计算法具有计算简单快速、易于扩展使用且适用于大尺度区域等优势，不足是仅对污染物入河过程中的一个环节，即表径流过程进行表征。

因此，适用于溶解态污染物入河量的测算，而无法对经土壤侵蚀过程、地下径流以及地下蓄渗过程传输的入河量进行测算，导致计算的入河量通常低于实际的入河量，特别是对于以地下径流过程传输为主的含氮污染物的测算结果误差更大。

"产污量-河流污染通量"反推法将污染物传输过程视作"黑箱"系统，不考虑污染物入河前各个传输过程的影响，将传输过程概化为一个整体参数，通过计算某一独立的流域单元污染源产污量与河流污染物通量（一般由河流水质浓度乘以流量获得）之间的差值来表示该流域内所有污染源的入河系数。该方法同样具有计算简便快速的优点，但是由于在河流污染物通量的计算过程中很难区分工业点源排放量与农业源污染物入河量对河流水质浓度的影响，并且该方法将污染物入河的各个环节进行概化，导致无法建立概化因子与不同区域地带差异性之间的函数关系，很难将某一典型流域的实测结果在其他区域进行使用。因此，以该方法获取的农业源污染物入河量通常存在较高的不确定性，计算精度难以满足污染源普查工作的需要。同时随着测算流域尺度的增大，河流长度、规模也不断增加，上游来水与河流内源释放污染物对河流污染物通量的计算结果很难规避，特别是无法区分氮、磷等具有长期累积性的污染物在河道的累积效应对入河系数估算的影响。导致使用该方法所获取的入河系数在向更大尺度空间的推广应用时具有很大的局限性与不确定性。

传输过程类型外推的输出系数改进模型则是通过将传统输出系数模型"黑箱"变"灰箱"的方式来测算污染物入河系数。该方法具有模型结构简单，能够根据不同区域特征来增减测算参数以反映区域地带差异性所导致的污染物入河过程的差异性。通过对污染物入河的全过程环节进行测算，获取具有空间坐标的单位面积/个体入河系数体系，进而核算污染物入水体负荷量。有研究表明该方法的模拟精度相对传统输出系数模型提高了约 20%，测算误差能够降低到 30% 以内，基本能够满足农业源污染物入水体负荷量普查工作的实际需求。同时，由于该方法是对影响农业源污染物入河的关键参数进行测算，能够通过建立各个参数与对应位置的典型自然地理参数间的函数关系（如地表径流因子与区域降水量和坡度之间的相应关系），使其在更大尺度的国土空间上具有较好的可推广性，适用于大尺度流域/区域污染物入河量的模拟。同时该方法可通过对典型流域基本测算单元开展必要的补充实地监测（如对不同土壤类型的饱和持水量进行监测，以获取不同区域土壤下渗能力的差异对五因子中的下渗及地下径流因子的不确定性影响），以识别由于区域自然地理条件差异所导致的五因子测算模拟结果的精度，最大限度地降低外推过程中的不确定性影响。

综上所述，农业源污染物的产生、迁移、转化及削减等环节以及进入河道的过程中，由于受到区域位置、水文、气象、下垫面条件以及人为活动等过程的影响，在入河量的测算中，必须对污染物的传输过程进行详细的刻画，通过构建入河系数体系的方式，将影响农业源污染物入河的各个过程进行分解，进而建立各个因子与对应的自然要素间的函数关系，以满足典型流域基本测算单元的精细化测算结果向国家尺度外推的需求。同时，考虑传输过程的农业源污染物入河量核算方法（即增加测定入河系数）受污染物种类、影响传输的自然因子以及非农业源排放的影响和干扰明显小于利用河流污染物通量和农业源产污量反推以及基于径流模数的污染物入河量测算方法，在保证测算结果准确度方面具有明显优势。

三、农业源污染物入河系数体系测算的技术路线

（一）基于传输过程类型外推的入河系数测算方案总体思路

通过以影响农业源污染物入河的关键因素为依据对全国进行合理的分区分类，从中选择一定数量能够代表全国地理空间差异性的典型流域测算基本单元，采用以经验模型模拟为主、必要的实地监测为辅的技术方法对各个典型流域基本测算单元的入河系数五因子体系进行精细化的模拟和验证，通过建立五因子与其对应空间位置的自然要素间的非线性响应关系，将典型流域基本测算单元的五因子测算结果向其所代表的更大尺度区域进行空间外推，进而获取国家尺度的入河系数五因子体系，最后通过采取加权空间统计方法将所获取的流域单元的入河系数体系向县域尺度行政单元进行准确匹配，作为测算农业源污染物入水体负荷量的重要依据（图1）。

（二）合理分区分类以满足参数向大尺度区域推广的需要

为有效应对典型区域或流域入河系数参数库向大尺度区域推广的不确定性和单一模型在国家尺度区域内使用中的方法局限性问题，需要对"嵌套式"典型流域基本测算单元按照传输过程进行分区分类。

第一步，流域基本测算单元划定。采用当前国内外通用的流域水文单元切分方法，以全国高精度数字高程模型（DEM）数据和十大流域分区为依据，并与现行的流域水生态功能分区和水资源三级分区结果进行参比，考虑到农业源污染物在流域空间单元内传输的有效性和可监测性，将全国划分为 7 000 多个平均面积为 1 000 km^2 左右，具有空间嵌套关系的流域基本测算单元。

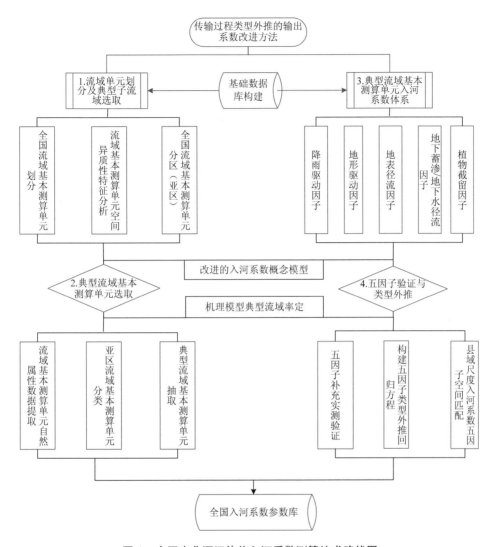

图 1　全国农业源污染物入河系数测算技术路线图

第二步，基于传输过程的流域基本测算单元分区分类。参考查阅国内外 143 篇农业源污染物入河研究相关文献，从影响农业源污染物入河系数全过程的五大因子入手（图2），选择坡度、降水量、降雨次数、林草地面积、植被覆盖度以及土壤-河流地貌综合分区六项指标作为全国分区分类的主要指标，分别对 10 大流域（大区），采用聚类分析完成全国传输过程的分区分类，划定 40 多个类型区（亚区）。其中坡度主要反映地形影响因子在全国范围内的变化特征；降水量和降水次数主要反映降雨驱动因子在全国范围内的变化特征；土壤-河流地貌综合分区、坡度以及降水主要反映地表径流因子在全国范围内的变化特征；土壤和植被覆盖度主要反映地下蓄渗和地下水径流因子在全国内的变化特征；林草面积以及植被覆盖度主要反映植物截留因子的变化特征。

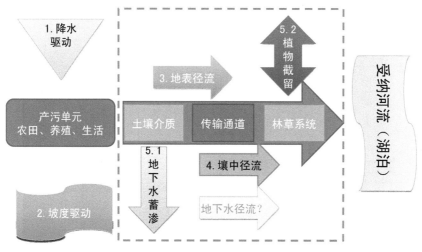

图2　农业源污染物入水体的全过程示意图

第三步，典型流域基本测算单元选取。逐一在10大流域区内，以影响流域农业源污染物传输河流地貌的代表性、流域水文传输过程的空间可扩展性、土地利用格局的代表性，采用定量和定性指标组合评价的方式，对各个亚区内所包含的流域测算基本单元进行分析，选出每个亚区内能够代表亚区特征的优势类别因子，在此基础上采用主因子分析的方法识别导致农业源污染物入河系数空间变异的关键指标，以此作为选择典型流域测算基本单元的主要依据，从中选择一定数量有代表性的典型流域基本测算单元开展入河系数的细化模拟测算，作为向更大尺度空间范围推广的依据。

（三）建立污染物入河全过程的入河系数五参数测算方法

建立基于经验的入河系数测算模型系统（包括降雨、地形、地表径流、地下蓄渗/地下径流以及植物截留因子测算的子模型），分别测算入河系数五因子，在补充必要实测验证的基础上对其进行耦合，建立五因子之间的函数关系式：

$$\lambda_i = \frac{L_{sub}}{S_{sub}} = f(\alpha, \beta, TI, LI, RI) \qquad （1）$$

式中，λ_i——入河系数；

L_{sub}——流域基本测算单元出口农业源污染物负荷量；

S_{sub}——流域基本测算单元坡面产生农业源污染物负荷量；

TI——地表径流因子（transportation index）；

　　α——降雨驱动因子；

　　β——地形驱动因子构成；

　　LI——地下蓄渗/地下水径流因子（leaching index）；

　　RI——植物截留因子（retention index）。

上式中"五大因子"在不同区域，不同尺度，有不同类型的外推方法和函数关系，需要基于全国分区、分类采取必要的实验监测对模拟结果进行验证后获取。

考虑到各个流域基本测算单元所在区域特征的差异性，需要推荐合适的计算模型（如在地表径流因子的计算中，针对南方土壤湿度较高的区域推荐使用基于超渗产流机制的 SCS-CN 模型，而针对北方干旱地区则推荐采用基于蓄满产流机制的 VSA-CN 模型），构建全国入河系数模拟备选模型库，以解决全国范围内区域差异性所导致的单一模型在应用方面的局限性的影响。

（四）将流域尺度入河系数转化到县域尺度的入河系数

通过将流域尺度的参数结果绘制成精度为 1 km×1 km 网格地图，根据区域差异性每个网格具有不同或相同的参数值，进而采用空间离散化的方式，将每个 1 km×1 km 网格内的参数精准匹配到对应的行政区划（县域）内，形成县域入河系数库，从而做到与污染源普查结果相衔接。

（五）必要的补充实验监测以保证测算结果准确性

在全国范围内，根据流域分区结果，采取嵌套式典型流域和标准径流小区监测实验结合的方式，针对部分典型流域基本测算单元补充开展坡面产流及污染物流失风险实验测定工作，分别对不同区域、不同下垫面基质、不同坡度、不同气象条件下的影响入河系数准确性的关键参数进行实验校准。其中土壤水分与养分输移观测用来验证地下水蓄渗以及地下径流传输过程参数；标准径流小区实验用来验证污染物地表径流流失过程参数；嵌套式小流域实验用来验证污染物植物截留以及流域空间运移过程参数；污染物土壤介质的吸附/解吸附实验用来验证土壤蓄渗过程参数；最终构建全国农业源污染物入河系数参数库。

四、海河区入河系数及部分因子外推试算

以本课题组在海河流域、密云水库流域采用传输过程类型外推的输出系数改进模型和典型小流域实地监测结合的方法的研究为例（图 3～图 6），农业源污染物入河量的模

拟精度相对传统输出系数模型提高了约30%，测算误差降到了35%以内，基本能满足农业源污染物入河量模拟的实际需求（表4、表5）。同时，由于该方法是对影响农业源污染物入河的关键参数进行测算，在地理空间上具有较好的可推广性，适用于大尺度流域/区域污染物入河量的模拟。海河流域典型流域基本测算单元的降雨因子向全流域外推的回归关系式：

$$y = 0.040\,2x^2 - 27.81x + 5\,301.4 \qquad (2)$$

式中，x —— 降雨量；

y —— 降雨驱动因子。

通过将海河流域其他区域的降雨量数据代入公式中进行计算，即可获取海河流域全区的降雨驱动因子。

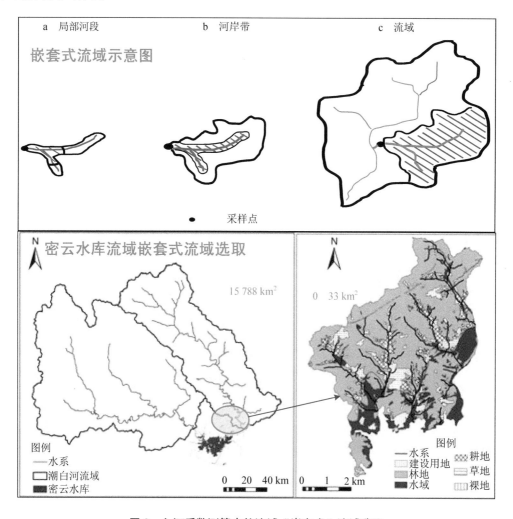

图3　入河系数测算中的流域"嵌套式"流域选取

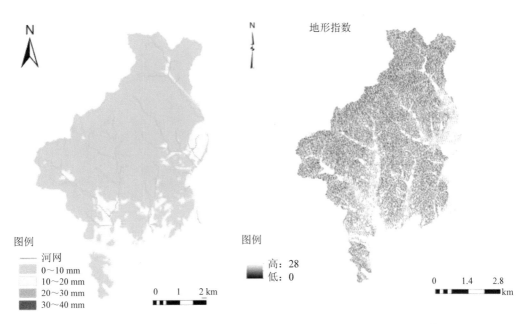

图 4 典型流域基本测算单元降雨和地形入河驱动因子分布（33 km²）

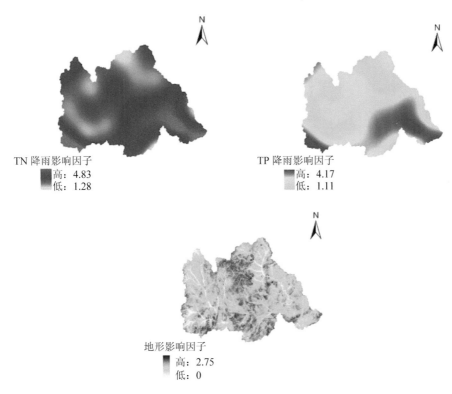

图 5 流域尺度降水和地形入河驱动因子分布（15 788 km²）

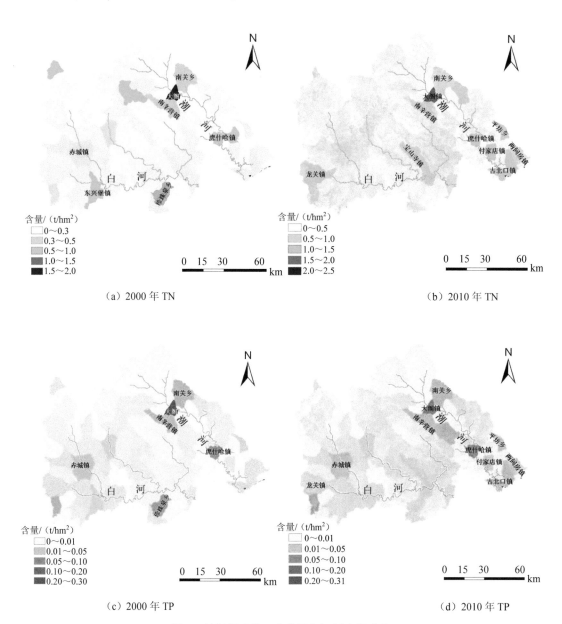

（a）2000 年 TN

（b）2010 年 TN

（c）2000 年 TP

（d）2010 年 TP

图 6　镇级行政单元农业源入河量空间分布

表4　基于传输过程类型外推的改进输出系数模型与传统经验模型模拟精度对比

年份	子流域	TN 模拟结果					TP 模拟结果				
		实测值/（t/a）	传统经验模型/（t/a）		类型外推的输出系数改进模型/（t/a）		实测值/（t/a）	传统经验模型/（t/a）		类型外推的输出系数改进模型/（t/a）	
			模拟值	相对误差	模拟值	相对误差		模拟值	相对误差	模拟值	相对误差
2000年	潮河	193.98	315.41	63%	257.34	33%	1.93	0.62	−68%	1.26	−35%
	白河	138.78	224.05	61%	122.59	−12%	1.60	1.22	−24%	1.56	−2%
绝对平均误差				62%		22.5%			46%		18.5%
2010年	潮河	385.43	506.34	31%	330.16	−14%	1.78	0.84	−53%	1.31	−27%
	白河	317.55	360.32	13%	270.15	−15%	1.78	1.19	−33%	1.95	9%
绝对平均误差				35%		14.5%			43%		18%

表5　海河区潮白河流域部分乡镇农业源入河系数五因子试算结果

序号	地名	入河系数体系（五大因子）				
		降雨影响因子	传输因子	地形因子	截留因子	蓄渗因子
1	乡镇1	2.21	0.14	0.90	13.22	0.49
2	乡镇2	3.22	0.15	0.79	11.81	0.71
3	乡镇3	1.79	0.14	0.75	13.74	0.37
4	乡镇4	1.72	0.11	0.90	13.46	0.43
5	乡镇5	1.96	0.11	1.01	13.47	0.38
6	乡镇6	2.48	0.10	1.06	12.70	0.48
7	乡镇7	1.86	0.14	0.92	13.60	0.42
8	乡镇8	1.58	0.11	1.16	14.20	0.32
9	乡镇9	3.30	0.13	0.92	13.05	0.46
10	……	2.14	0.06	1.10	13.95	0.45

五、基于传输过程类型外推的输出系数改进方法的主要技术优势

（一）能够做到"流域-区域"相结合，分别给出区县和流域单元的两种空间尺度下的入河系数

农业源污染物入河过程的水文传输特征决定了对其入河系数和入水体负荷的测算

必须以流域为基本的计算单元，污染源普查工作、普查数据和核算结果的发布则必须在行政单元内进行，因此需要坚持流域单元搞研究、行政单元搞普查相结合的方式，以确保测算结果和数据的合理性和可靠性。在结果输出时，可通过基于统计分析的单位面积权重等空间匹配方式，将流域基本测算单元的入河量分配到对应水文传输路径的区县单元内，获取两种不同空间单元内的入河量测算结果，以满足不同的管理需求。

（二）能够有效解决小尺度精细化模拟参数向大尺度区域推广时存在的系统误差和不确定性问题

通过"点-面"结合的方式，以影响入河系数测算的关键因子为依据对全国进行分区、分类（降雨、土壤、土地利用、坡度等）。以十大流域区为基础，将全国划分成平均面积 1 000 km² 左右的流域基本测算单元作为入河系数测算的基本单元①。通过建立流域基本测算单元内每个离散化网格与之对应的自然要素之间的响应关系，根据区域农业活动相似性、流域水文传输过程的空间可扩展性特征，将流域基本测算单元的测算结果向其所代表的分区内其他流域单元进行推广应用。

（三）能够在保证测算精度和操作简便的前提下，有效降低普查工作量

坚持以经验模型为主、实地监测为辅的污染物入河系数测算技术路线。完整考虑驱动因素（降水、坡度）、地表径流传输、地下水储蓄、壤中径流传输及植被截留过程等影响污染物入河的主要因素。以此为依据对传统经验模型进行改进，形成一套能够全面客观地反映农业源入污染物入河系数和入水体负荷核算方法体系，从而准确把握农业源污染物对水环境质量影响的贡献程度，为以改善环境质量为核心的水体环境污染控制管理工作提供技术支撑。

（四）能够匹配农业源普查的空间信息，实现"一源一参数"的准确核算

建立 1 km×1 km 网格分辨率的全国流域基本测算单元入河系数空间参数库，以地理信息系统为操作平台，对国土空间数据、气象数据、污染源普查数据以及入河系数参数体系（五大因子）在空间上融合，开发相应的核算软件平台，实现每个"农业源所在点—传输路径"之间的空间单元内都有其对应的入河系数参数库，有效降低国家尺度农业源入河量测算较高的时空异质性所带来的测算误差，实现普查员在调查时，可借助"互联网+"平台实现污染源普查工作，提高工作效率和普查精准度。

---

① 由于污染物在流域内的传输过程会受到流域尺度变化的影响，在一定尺度范围内，下游河道水环境质量对上游汇入污染物的响应几乎为零。因此，农业源河量的核算要在合适的流域空间尺度内进行。

（五）方法适用性分析

以上方法适用于陆地面源入河系数的测算（反映地表和地下过程对面源污染物的削减程度）。以入河系数乘以农业面源的源排放量，可得出农业面源入河量；如果乘以生活、工业城市等面源产生量，可得出非农业面源的入河量。而农业源入河量应该分三部分：陆地农业面源、农业点源、入河道水产养殖。即以入河系数核算入河量最大优点是，不受源的类型影响，反映的是各种来源污染物入河前的陆地削减过程。而陆地削减过程则由五大参数组成，具有地理空间上的相似性，因而便于通过总结参数规律，向国家尺度进行推广应用。

参考文献

[1] White M J，Storm D E，Busteed P R，et al. A quantitative phosphorus loss assessment tool for agricultural fields[J]. Environmental Modelling & Software，2010，25（10）：1121-1129.

[2] Vadas P A，Bolster C H，Good L W. Critical evaluation of models used to study agricultural phosphorus and water quality[J]. Soil Use and Management，2013，29：36-44.

[3] Trevisan D，Quétin P，Barbet D，et al. POPEYE：A river-load oriented model to evaluate the efficiency of environmental policy measures for reducing phosphorus losses[J]. Journal of Hydrology，2012，450-451：254-266.

[4] Ghebremichael L T，Watzin M C. Identifying and controlling critical sources of farm phosphorus imbalances for Vermont dairy farms[J]. Agricultural Systems，2011，104（7）：551-561.

[5] Caille F，Riera J L，Rosell-Melé A. Modelling nitrogen and phosphorus loads in a Mediterranean river catchment（La Tordera，NE Spain）[J]. Hydrology and Earth System Sciences，2012，16（8）：2417-2435.

[6] Soranno P A，Hubler S L，Carpenter S R et al. Phosphorus Loads to Surface Waters：A Simple Model to Account for Spatial Pattern of Land Use[J]. Ecological Applications，1996，6（3）：865-878.

[7] 耿润哲，王晓燕，焦帅，等. 密云水库流域非点源污染负荷估算及特征分析[J]. 环境科学学报，2013（5）：1484-1492.

[8] Ding X，Shen Z，Hong Q，et al. Development and test of the export coefficient model in the upper reach of the Yangtze River[J]. Journal of Hydrology，2010，383（3）：233-244.

[9] 李思思，张亮，杜耘，等. 面源磷负荷改进输出系数模型及其应用[J]. 长江流域资源与环境，2014（9）：1330-1336.

[10] 邢宝秀，陈贺. 北京市农业面源污染负荷及入河系数估算[J]. 中国水土保持，2016（5）：34-37，77.

[11] Buchanan B P，Archibald J A，Easton Z M，et al. A phosphorus index that combines critical source areas and transport pathways using a travel time approach[J]. Journal of Hydrology，2013，486（6）：123-135.

第五篇
环境和经济关系

中国环境保护与经济发展关系的40年演变[①]

吴舜泽　黄德生　刘智超　沈晓悦　原庆丹

摘　要　本文回顾了改革开放 40 年间中国环境保护与经济发展的双向互动过程，揭示了环境保护与经济发展的阶段性演化历程与动态转变特征。二者的演化趋势表现为三阶段特征，通过理念层面、机构层面、制度层面、实践层面的变迁，环境保护由服从、服务于经济发展逐步过渡至融入经济发展，不仅在经济发展中掌握越来越多的话语权，更在"绿水青山就是金山银山"的指引下倒逼经济绿色转型、推动地方经济高质量发展。伴随着中国改革开放的深入与持续推进，环境保护将在未来发展中发挥更大作用。

关键词　环境保护　经济发展　改革开放　污染排放　绿色发展　污染防治攻坚战

　　1978 年，中国拉开了改革开放序幕，掀起了大规模经济建设热潮。虽然改革开放初期尚未明确提出建立市场经济的目标，但以经济建设为中心却一直是中国改革的方向。与此同时，随着《中华人民共和国环境保护法》的正式颁布，环境保护迈上法制轨道、逐步受到重视，环境保护与经济发展进入了相互影响、相互作用、相互制约的新阶段。本文将通过对 40 年来环境保护与经济发展互动过程中的阶段性特征进行分析，为正确处理好新时期环境保护与经济发展关系提供参考和借鉴。

一、改革开放以来中国环境保护与经济发展关系的演变历程

（一）1978—1992 年，经济增长加速，环境问题开始显现，环境保护服从、服务于经济发展

　　1978 年是改革开放的重要起点，经济发展加速，迎来了高速增长期。1978—1992

---

① 原文刊登于《环境保护》2018 年第 20 期。

年，从数量规模上看，中国国内生产总值（GDP）由 3 678.7 亿元上涨至 27 194.5 亿元（图1）；从经济结构上看，中国工业化进程加快，第一产业、第二产业、第三产业的结构日趋合理，第二产业占比保持高位、第三产业占比显著提升（图2）。

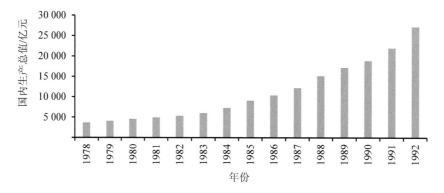

图1　1978—1992年GDP变化趋势

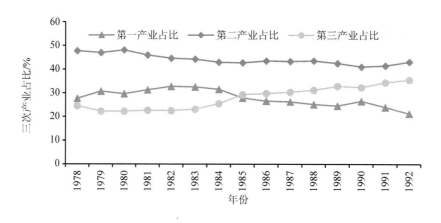

图2　1978—1992年三产业占比变化趋势

　　与此同时，环境污染、生态破坏等问题开始显现，在局部地区频发并日益严重。漓江水系污染、官厅水库污染等环境污染事件不仅在20世纪80年代造成了极大的社会反响，也对环境保护工作的起步和发展产生了重要影响。据1989年环境状况公报，从大气污染状况来看，大部分城市冬季二氧化硫污染严重，北方城市中日均值超标的达43%，南方城市为29%。以水污染状况看，淮河水系中氨氮、挥发酚、亚硝酸盐氮、铅、铜等污染加重；松花江水系耗氧有机物、氨氮、挥发酚、亚硝酸盐氮污染呈上升趋势，个别江段存在汞和石油污染；大辽河水系所有监测断面的氨氮、耗氧有机物年均值均显著超标，挥发酚、耗氧有机物和氨氮污染均显著加重[1]。

究其根源，在以经济建设为中心的时代大背景下，环境保护让步于经济发展。一些地方和部门重经济发展、轻环境保护，抓经济手硬、抓环保手软，甚至以牺牲环境为代价去换取一时一地的经济发展[2]。在经济发展加速的同时，环境问题开始显现，但环境保护服从、服务于经济发展。

（二）1992—2012 年，经济高速发展给生态环境带来巨大压力，环保得到重视和加强，环境保护负重前行，仍滞后于经济发展

在社会主义市场经济体制初步建立的 1992 年，中国掀起了新一轮的大规模经济建设，开始了长达 20 年的高速增长期。以当年价格计算，国内生产总值由 1992 年的 27 194.5 亿元上涨至 2012 年的 540 367.4 亿元，增长近 19 倍（图 3）；人均生产总值由 1992 年的 2 334 元上涨至 2012 年的 40 007 元，增长 16 倍。

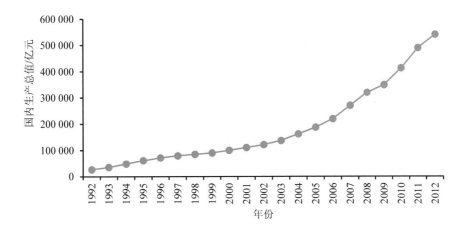

图 3　1992—2012 年 GDP 变化趋势

这一时期环境保护得到进一步重视，经济高速增长既为环境保护提供充裕的资金支持，也给环境保护带来巨大压力和挑战、对环境保护造成严重冲击，环境保护远远滞后于经济发展，环境保护成效并不理想。“十五”期间，部分总量目标未能完成，二氧化硫排放总量和工业二氧化硫排放量两项指标不仅未能下降，反而有所反弹：2005 年全国二氧化硫排放量比 2000 年增加了 27%；COD 排放量仅比 2000 年减少了 2%，未完成削减 10% 的控制目标[3]。2008 年后，大规模的基础设施建设再次促进了钢铁、水泥、化工、煤电等项目纷纷上马，导致了一系列严重的环境问题。根据《中国环境经济核算研究报告》，仅 2004—2008 年的 5 年，环境退化成本从 5 118.2 亿元上涨至 8 947.6 亿元，增长了 74.8%；虚拟治理成本从 2 874.4 亿元提高到 5 043.1 亿元，增长了 75.4%。环境退化

成本占 GDP 的比例高达 3%[4]。

总体上看，1992—2012 年是我国经济增长黄金时期，同时也是我国生态环境保护压力骤增阶段。经济高速发展严重冲击生态环境，污染物排放居高不下，环境污染和生态破坏事件高发多发。环境保护面临巨大压力、负重前行，同时仍远远滞后于经济发展。

（三）2012 年以后，经济发展进入新常态，环境保护得到前所未有的重视，逐步融入经济发展，并具备越来越大的话语权

2012 年以后，中国经济结束了近 20 年年均 10%左右的高速增长期，进入增速放缓的新常态时期。而伴随着"培育新动能、改造提升传统动能、淘汰落后产能"等一系列供给侧结构性改革，国民经济运行稳中有进、稳中向好。2017 年国内生产总值 827 122 亿元，同比增长 6.9%。投资、消费、进出口结构显著优化，消费已成为经济增长的主要驱动，近年来我国消费对经济增长贡献率均高达 50%以上。"新动能"成长加快、成为经济增长的重要动力，高技术产业、战略新兴产业、装备制造业等技术改造步伐显著提升。2017 年，工业机器人、民用无人机、新能源汽车、城市轨道车辆、锂离子电池、太阳能电池等新兴工业产品产量分别增长 68.1%、67%、51.1%、40.1%、31.3%、30.6%，呈现高速增长态势。

也正是在这个阶段，大气、水、土壤污染等环境问题大范围爆发，尤其是 2013 年发生了全国大范围的重污染天气过程，直接推动了生态环境保护工作被提上更加重要的议事日程，生态环境保护在经济社会发展中备受关注，也逐步掌握了越来越多的话语权。《大气污染防治行动计划》《水污染防治行动计划》《土壤污染防治行动计划》的相继颁布实施，使得打赢蓝天保卫战、打好污染防治攻坚战等环保工作有效推进。自 2015 年 12 月在河北省启动督察试点后，中央环保督察在两年内实现了对全国 31 个省（区、市）督察全覆盖。督察进驻期间，共问责党政领导干部 1.8 万多人，受理群众环境举报 13.5 万件，直接推动解决群众身边的环境问题 8 万多个[5]。2018 年，中央全面深化改革委员会第一次会议审议了《关于第一轮中央环境保护督察总结和下一步工作考虑的报告》，强调要以解决突出环境问题、改善环境质量、推动经济高质量发展为重点，夯实生态文明建设和环境保护政治责任[6]，推动环境保护督察向纵深发展。此外，深入落实"党政同责、一岗双责"，压实地方党政部门责任。"党政同责"要求加强地方党委特别是"一把手"在环境治理中的责任，"一岗双责"强调将环保统筹整合到党政各部门的职能中，抓发展必须抓环保，管生产必须管环保，真正把环保贯穿到工作的各个方面。随着环境保护在经济发展中的话语权逐步增加，环境保护与经济发展协同并进的理念日益深入人心，生态环境质量也得到了明显改善。从 2012—2016 年，环保、社会公共服务及其他

专用设备制造的固定资产投资完成额较 2003—2012 年急剧上涨（图 4）。2018 年，空气质量持续改善，上半年全国 338 个地级及以上城市细颗粒物（$PM_{2.5}$）浓度同比下降 8.3%；可吸入颗粒物（PM_{10}）浓度同比下降 3.7%。水环境质量稳中向好，全国水质优良（Ⅰ～Ⅲ类）断面比例同比上升 2.7 个百分点；劣Ⅴ类断面比例为 6.9%，同比下降 2.2 个百分点[7]。

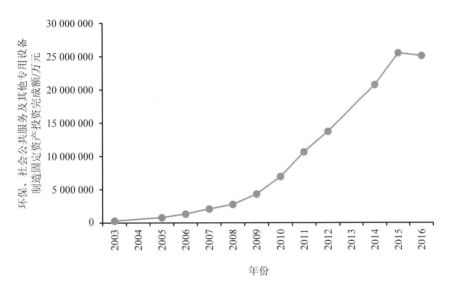

图 4 2003—2016 年环保、社会公共服务及其他专用设备制造的固定资产投资完成额变化趋势

2012 年以后，特别是党的十八大以来，随着经济发展进入新常态和供给侧结构性改革的全面启动，环境保护得到高度重视，在经济发展中的话语权显著提升，环境保护与经济发展的关系逐步理顺，环境保护有效融入经济发展过程中，环境质量也得到明显改善。

二、中国环境保护与经济发展关系 40 年演变的主要特征

处理好环境保护与经济发展的关系，是我国一直在努力探索解决的重大现实问题。改革开放 40 年以来，中国环境保护与经济发展的关系随时代的发展演变不断发生变化，概括起来主要有以下 4 个特征。

（一）理念层面：从"重经济轻环保"向"绿水青山就是金山银山"转变

在社会主义初级的特殊历史阶段，党和国家的根本任务是集中力量进行社会主义经

济建设。在以经济建设为中心的时代大背景下，环境保护并未受到充分重视。1992年邓小平南方谈话后，中国由计划经济向市场经济转轨、掀起了新一轮的大规模经济建设[8]，同时也造成环境污染和生态破坏问题日益严重，"重经济轻环保"产生的问题与后果开始受到关注和重视。在"九五"规划制定中，国家明确将以"经济发展，保护资源和保护生态环境协调一致"为核心思想的"可持续发展战略"作为国家战略，同时颁布的《中国二十一世纪议程》制订了中国实施"可持续发展战略"的国家行动计划和措施。尽管国家拉开了环境污染治理的序幕，但仍在一定程度上重蹈西方"先污染后治理"的老路，环境保护始终服务于甚至让位于经济发展。

"十五"期间，党中央提出了树立科学发展观、构建和谐社会的重大战略思想。2002年，我国出台了《清洁生产促进法》，标志着我国污染治理模式由末端治理开始向全过程控制转变，这是我国首次为循环经济正式立法，环境与经济协调发展的理念在法律层面得到体现。党的十七大进一步提出"建设生态文明"的战略目标，"基本形成节约能源资源和保护生态环境的产业结构、增长方式、消费模式""主要污染物排放得到有效控制，生态环境质量明显改善，生态文明观念在全社会牢固树立"。党的十八大更进一步强调"必须树立尊重自然、顺应自然、保护自然的生态文明理念，把生态文明建设放在突出地位，融入经济建设、政治建设、文化建设、社会建设各方面和全过程，努力建设美丽中国，实现中华民族永续发展"。党的十九大强调"必须树立和践行绿水青山就是金山银山的理念"。习近平同志反复强调"要正确处理好经济发展同生态环境保护的关系，牢固树立保护生态环境就是保护生产力、改善生态环境就是发展生产力的理念，更加自觉地推动绿色发展、循环发展、低碳发展，绝不能以牺牲环境为代价去换取一时的经济增长""绿水青山就是金山银山"的理念是正确处理环境保护与经济发展关系的根本遵循。一系列的国家战略、计划、措施的提出，充分体现了在国家层面环境与经济协调发展理念的逐步形成，环境保护与经济发展的关系在理念上经历了从"重经济轻环保"向"绿水青山就是金山银山"转变的历史过程。

梳理改革开放40年以来环境保护与经济发展关系在理念上的演变脉络不难发现，在特定的历史阶段，面对人民日益增长的物质文化需要同落后的社会生产之间的矛盾，环境保护服务于甚至让位于经济发展具有特殊的时代性和历史的必然性。但随着生态环境问题的日益凸显、环保意识的不断提升和全面环保行动的广泛开展，"重经济轻环保"的发展理念已经难以适应时代发展的新要求和人民的新期待，环境保护与经济发展的关系从"重经济轻环保"逐步向"绿水青山就是金山银山"的理念转变。

（二）机构层面：从"强经济弱环保"向"环境与经济并重融合"转变

经济主管部门在机构设置中一直占据着主要地位。种类繁多的经济主管部门分门别类、鳞次栉比、协调统一，掌握着国家的经济命脉。相对于较为强势的经济部门，环保部门一直较为弱势，直到1973年8月第一次全国环境保护会议后，1974年10月25日国家层面的环保主管部门国务院环境保护领导小组正式成立，统一管理全国的环境保护工作。

虽然国务院环境保护领导小组成立，并且其职责为督促各地成立相应的环保机构，对环境污染状况进行调查评价，对污染严重的地区开展了重点治理，但领导小组始终处于临时状态，环保部门并不是一个独立机构，与经济部门相比话语权极低。直至1982年，国家组建"城乡建设环境保护部"，内设环境保护局，"国环办"的临时状态才得以改变。1984年12月，城乡建设环境保护部环境保护局改为国家环境保护局后，1988年7月，环境保护工作从城乡建设环境保护部分离出来，成立直属国务院的"国家环境保护总局"（副部级）。至此，"环境管理"才成为国家的一个独立工作部门[8]。尽管如此，环保在各部门中仍然处于较低较边缘的位置，与经济部门的强势形成鲜明对比，"强经济弱环保"的状况一直未能得到实质性改变。

1998年，国家环境保护局升格为国家环境保护总局，成为国务院主管环境保护工作的直属机构。2008年，国家环境保护总局升格为环境保护部，成为国务院组成部门。2018年，组建中华人民共和国生态环境部，职责为制定并组织实施生态环境政策、规划和标准，统一负责生态环境监测和执法工作，监督管理污染防治、核与辐射安全，组织开展中央环境保护督察等工作[9]，实现了污染防治与生态保护的统一。至此，生态环境保护在机构改革中不断得到发展完善，在职能上不断得到加强，在国家相关经济活动中逐步获得话语权、产生影响力，环境与经济协调发展在机构设置和职能履行层面具备了基本条件和重要保障。

除环保机构逐渐升级、由小环保发展到大环境外，地方及相关部门的环保机构设置也愈加完善。地方环保机构列入政府组成部门，大多数省区环保机构一直延伸到乡镇。各部门特别是产业和综合部门成立环保机构，做到管生产、管环保，管行业、管环保。

相较于拥有充分话语权的经济部门，环保部门机构设置既能将分散于相关部门的污染防治与生态保护职责统一，避免了多头管理、职责交叉重叠、责权不明晰、监管不到位等问题，同时也强化并完善了相关部门的环保机构设置，进而在与经济部门沟通协调、分工合作时，有效实现了从"强经济弱环保"到"环境与经济并重融合"的转变。

（三）制度层面：从"经济发展缺乏环保约束"向"经济发展承担环保责任"转变

"以经济建设为中心"的指导思想虽然在很长时间内有效推动了经济高速发展，但由于环保对经济发展缺乏有效约束机制和制度，也在一定程度上导致了牺牲生态环境质量、片面追求经济效益的后果。同时在考核机制和地方利益的驱动下，极易出现经济部门或地方政府影响或干预环保监测、环保执法等的现象，导致以"保增长、保就业"为核心的经济部门与以"污染防治、生态保护"为核心的环保部门各自为政、各行其道，从而经济发展不受环境保护的约束，经济发展不需要承担环境污染和生态破坏的代价。

党的十八大以来，我国生态文明体制改革密度高、推进快、力度大、成效多，经济发展承担环保责任愈加深入。2016年，中央层面首次提出制定并落实环境保护责任清单；中国人民银行等七部委发布《关于构建绿色金融体系的指导意见》，对环保、节能、清洁能源、绿色交通、绿色建筑等项目投融资、项目运营、风险管理提供金融服务。2017年，中央全面深化改革领导小组审议通过40多项生态文明和生态环境保护具体改革方案。并且，中央环保督察、"党政同责、一岗双责"等各类生态环境保护相关制度的出台和落实，压实地方党委和政府在环境保护方面的主体责任，有效抑制地方无节制经济开发的冲动，切实通过制度实现了从"经济发展缺乏环保约束"向"经济发展承担环保责任"转变，从而推动环境与经济相互约束、责任共担、成果共享，推动环保与经济走上协调发展、共同促进的良性轨道。

以最严格的环境保护制度约束无序的经济发展和无节制的过度开发，从"经济发展缺乏环保约束"向"经济发展承担环保责任"转变，将生态环境保护和生态文明建设充分融入经济社会发展之中，成为环境保护与经济发展关系40年演变过程中的重要特征。

（四）实践层面：从"经济增长损害生态环境、环境承载力达到或接近上限"向"环境保护支撑经济发展、经济发展与环境保护相协调"转变

改革开放以来，中国经济取得了巨大成就。但高投入实现的数量和规模的扩张，造成了大量低水平的重复建设和资源、能源的巨大浪费，也导致了生态环境的进一步恶化。尽管污染减排取得了较大进展，但经济发展造成的环境污染代价持续增长，环境污染和生态破坏形势严峻。2014年中央经济工作会议表明，过去能源资源和生态环境空间相对较大，现在环境承载能力已经达到或接近上限[10]。

但在"绿水青山就是金山银山"等一系列重要思想的指导下，我国推动环境与经济

协调发展相关工作取得积极成效。其一，在环保督查倒逼地方企业成功转型的同时，经济指标非但有没有大幅下滑、反而显著上升。依据 2017 年环境保护部通报，山东济南、河南郑州等地新动能不断增加，高耗能、高污染、高排放的低端供给进一步减少，工业发展实现了新旧动能的换道转挡，固定资产投资、财政收入等经济指标实现了大幅度增长。其二，绿色发展实现了生态环境效益与经济效益双赢。例如，浙江等地深入实践"绿水青山就是金山银山"，把环境保护与推进生态经济相结合来化解两者对立的矛盾，把环境保护与倒逼企业转型升级、改变政府管理方式、推进资源产权制度等联动起来，用鲜活的事实证明了绿水青山可以变成金山银山；且环境保护与财富增长进入相互促进的良性循环，实现了更高质量、可持续的经济增长，破解了在传统工业经济系统内无法解决的诸多难题，开创了自然资本增值与环境改善良性互动的生态经济新模式[11-12]。

总而言之，在实践层面，我国经济发展与环境保护关系经历了经济发展损害生态环境、环境保护与经济发展双赢的演变，体现了从"经济增长损害生态环境、环境承载力接近上限"向"环境保护支撑经济发展、经济发展与环境保护相协调"转变的特征，践行"绿水青山就是金山银山"理念取得积极成效。

三、新时期正确处理好环境保护与经济发展关系的新要求

（一）坚持以习近平生态文明思想和"绿水青山就是金山银山"作为正确处理好环境保护与经济发展关系的思想指引和行动指南

习近平生态文明思想高屋建瓴、深中肯綮、博大精深，是一个从实践到认识再到实践的循环开放体系，是被实践证明了的真理，是生态价值观、认识论、实践论和方法论的总集成，对于推动生态文明和美丽中国建设具有很强的科学性、针对性和指导性，是正确处理好环境保护与经济发展关系的思想指引和行动指南。

习近平同志"绿水青山就是金山银山"的提出，指明了环境保护与经济发展的演进方向，具有极其重要的理论意义和实际指导价值。"绿水青山就是金山银山"，是对绿色发展最接地气的诠释和表达，深刻揭示了发展与保护的本质关系，指明了实现发展与保护内在统一、相互促进、协调共生的方法论。绿水青山既是自然财富、生态财富，又是社会财富、经济财富。保护生态就是保护自然价值和增值自然资本的过程、保护经济社会发展潜力和后劲的过程[8]。必须树立和贯彻新发展理念，处理好发展与保护的关系，推动形成绿色发展方式和生活方式，努力实现经济社会发展和生态环境保护协同共进。

习近平生态文明思想和"绿水青山就是金山银山"为正确处理好环境保护和经济发

展的关系提供了重要的认识论和实践指南，坚持深入贯彻习近平生态文明思想，全面践行"两山论"，是实现环境与经济协调发展的重要法宝。

（二）坚持以加快形成绿色发展方式和生活方式、建设美丽中国作为正确处理好环境保护与经济发展关系的根本任务和长远目标

习近平同志在中共中央政治局第四十一次集体学习时强调，推动形成绿色发展方式和生活方式，是发展观的一场深刻革命。这就要坚持和贯彻新发展理念，正确处理经济发展和生态环境保护的关系，像保护眼睛一样保护生态环境，像对待生命一样对待生态环境，坚决摒弃损害甚至破坏生态环境的发展模式，坚决摒弃以牺牲生态环境换取一时一地经济增长的做法，让良好生态环境成为人民生活的增长点、成为经济社会持续健康发展的支撑点、成为展现我国良好形象的发力点，让中华大地天更蓝、山更绿、水更清、环境更优美。

作为正确处理好环境保护与经济发展关系的根本任务和长远目标——绿色发展方式和生活方式的重要性、紧迫性、艰巨性应得到充分重视，把推动形成绿色发展方式和生活方式摆在更加突出的位置，要加快构建科学适度有序的国土空间布局体系、绿色循环低碳发展的产业体系、约束和激励并举的生态文明制度体系、政府企业公众共治的绿色行动体系，加快构建生态功能保障基线、环境质量安全底线、自然资源利用上线三大红线，全方位、全地域、全过程开展生态环境保护建设。

推动形成绿色发展方式和生活方式，要进一步加快转变经济发展方式，加大环境污染综合治理，加快推进生态环境保护修复，全面促进资源节约集约利用，倡导推广绿色消费，完善生态文明制度体系。通过对绿色发展方式的构建和绿色生活方式的培养，将生态文明建设放在突出地位，融入经济建设、政治建设、文化建设、社会建设各方面和全过程，推动"美丽中国"建设发展，从而最终实现人民"美好生活"和中华民族伟大复兴这两个宏伟奋斗目标。

（三）坚持以坚决打好污染防治攻坚战、补齐生态环境短板作为正确处理好环境保护与经济发展关系的关键举措和必然要求

习近平同志在2017年7月26日省部级主要领导干部"学习习近平总书记重要讲话精神，迎接党的十九大"专题研讨班发表的重要讲话中指出，经过改革开放近40年的发展，人民生活显著改善，对美好生活的向往更加强烈，人民群众的需要呈现多样化多层次多方面的特点，期盼有更优美的环境。要坚决打好污染防治的攻坚战，使全面建成小康社会得到人民认可、经得起历史检验。

正确处理好环境保护和经济发展的关系，必然要求环境保护与经济发展协同并进、实现双赢。虽然生态环境保护工作取得了前所未有的成绩，但是总体上看，我国环境保护仍滞后于经济社会发展，环境承载能力已经达到或接近上限，优质生态产品供给能力难以满足广大人民日益增长的需要，生态环境保护形势依然十分严峻，成为全面建成小康社会的明显短板[8]。为了尽快补齐补好这块短板，党的十九大将污染防治攻坚列为决胜全面建成小康社会的三大攻坚战之一，全国生态环境保护大会对打好污染防治攻坚战做出了全面部署，《中共中央　国务院关于全面加强生态环境保护坚决打好污染防治攻坚战的意见》出台，对打好污染防治攻坚战的目标和任务等提出明确要求和安排。

（四）坚持以最严格环保制度和完善的市场机制倒逼经济绿色转型、推动高质量发展作为正确处理好环境保护与经济发展关系的有效途径和重要保障

习近平同志强调，新时代我国经济发展的特征，就是由高速增长阶段转向高质量发展阶段。高质量发展就是能够很好满足人民日益增长的美好生活需要的发展，是体现新发展理念的发展，是创新成为第一动力、协调成为内生特点、绿色成为普遍形态、开放成为必由之路、共享成为根本目的的发展，就是从"有没有"转向"好不好"。从环境保护工作的角度来看，"好不好"一定程度上就取决于"环境质量好不好"，优美的生态环境也是高质量发展的题中要义。

推动高质量发展，是当前和今后一个时期确定发展思路、制定经济政策、实施宏观调控的根本要求，生态环境保护工作必须按照这一要求，在推动经济发展方式转变、经济结构优化、增长动力转换上下功夫，在推动形成绿色发展方式和生活方式上有更大作为。

通过绿色转型、绿色发展实现高质量发展，是正确处理好环境保护与经济发展关系的有效途径和重要保障。充分发挥生态环境保护在推动高质量发展中的作用关键在于坚持以最严格的环保制度和完善的市场机制倒逼经济绿色转型，强化源头控制，严格项目环境准入，强化环保执法，从严治理环境污染，完善市场机制，发挥市场的决定性作用，在解决突出环境问题、改善生态环境质量的同时，推动我国经济在实现高质量发展上不断取得新进展，努力实现环境效益、经济效益、社会效益的多赢。

四、环境保护与经济发展关系演变的启示

（一）正确处理好环境保护与经济发展的关系，尊重可持续发展的客观规律

从环境保护角度看，经济发展需考虑生态环境，优化城市、产业空间布局，加强环

保基础设施建设，促进环境与经济和谐共生。从经济发展角度看，现阶段我国主要矛盾为人民日益增长的美好生活需要和不平衡不充分的发展之间的矛盾，美好生活离不开美好环境，亟须顺应人民群众的新期待，全面落实经济建设、政治建设、文化建设、社会建设、生态文明建设五位一体总体布局，促进现代化建设各方面相协调，促进生产关系与生产力、上层建筑与经济基础相协调，不断开拓生产发展、生活富裕、生态良好的文明发展道路。

（二）充分吸取历史和国际经验教训，创新开辟绿色发展之路

中国经济发展已经进入从追求高速度到重视高质量的新时代，绝不能牺牲环境、以浪费资源为代价换取一时的经济增长。通过学习借鉴其他国家和地区在环境保护方面的先进经验、广泛听取社会各界的建议和声音，创新开辟绿色发展之路，避免走先污染后治理的老路。生态环境部已与意大利、瑞典、挪威、丹麦、英国等国开展多层次交流合作，学习借鉴各国生态环保理念和经验，支持引导环保产业技术合作，极大地促进了国内环境政策标准制定和技术水平提升。

（三）以高效的环境经济政策推动生态环境高水平保护和经济高质量发展

按照市场经济规律的要求，运用价格、税收、财政、信贷、收费、保险等经济手段，调节或影响市场主体的行为，以实现经济建设与环境保护协调发展的我国环境经济政策框架体系基本建立。包含环境财政、环境价格、生态补偿、环境权益交易、绿色税收、绿色金融、环境市场、环境与贸易、环境资源价值核算、行业政策等内容的环境经济政策一定程度上推动了环保、经济协调发展。为进一步促进生态环境高水平保护与经济高质量发展，可通过实行绿色税收、加强环境收费力度、建立绿色资本市场等方式促进环保技术创新、增强市场竞争力、降低环境治理成本。

参考文献

[1] 国家环境保护局. 1989 年中国环境状况公报[J]. 环境保护，1990（7）：2-5.

[2] 陈吉宁. 以改善环境质量为核心　全力打好补齐环保短板攻坚战——在2016年全国环境保护工作会议上的讲话[J]. 环境经济，2016（Z1）：7-19.

[3] 雪琳. "十五"期间环境质量总体好转二氧化硫和COD排放量未完成"十五"计划[J]. 环境保护，2006（4b）：79.

[4] 於方，马国霞，齐霁，等.中国环境经济核算报告 2007—2008[M]. 北京：中国环境科学出版社，2012.

[5]　杨晓. 严惩环境污染"保护伞"问责无所作为"太平官"[EB/OL]. 2018-05-25. http://www.jcrb.com/anticorruption/jrt/ffjrtd164_48596/index.html.

[6]　刘奇，张金池，孟苗婧. 中央环境保护督察制度探析[J]. 环境保护，2018（1）：50-53.

[7]　生态环境部. 坚持问题导向目标导向，压实责任精准施策　污染防治攻坚战成效明显[EB/OL]. 2018-08-14.http://news.sina.com.cn/o/2018-08-14-doc-ihhtfwqq8672615.shtml.

[8]　曲格平. 中国环境保护四十年回顾及思考——在香港中文大学"中国环境保护四十年"学术论坛上的演讲[J]. 中国环境管理干部学院学报，2013（3）：1-5.

[9]　国务院机构改革十大关键词[J]. 中国民政，2018（5）：21-22.

[10] 2014 年中央经济工作会议[EB/OL]. 2014-12-10. https://baike.baidu.com/item/2014%E5%B9%B4%E4%B8%AD%E5%A4%AE%E7%BB%8F%E6%B5%8E%E5%B7%A5%E4%BD%9C%E4%BC%9A%E8%AE%AE/16241017？fr=aladdin.

[11] 黄承梁. 习近平新时代生态文明建设思想的核心价值[J]. 行政管理改革，2018（2）：22-27.

[12] 张孝德. "两山"之路是中国生态文明建设内生发展之路——浙江省十年"两山"发展之路的探索与启示[J]. 中国生态文明，2015（3）：28-34.

加严环境管理对大小型企业长短期影响各异，
严防"一刀切"
——基于影响机理与脉冲响应模型的实证分析[①]

刘智超　杨姝影　黄德生　文秋霞　张晨阳

摘　要　目前全口径工业企业数据掩盖了现阶段工业企业规模和行业分异特征。"规上"大企业的增长波动于 2017 年年末才开始显现，且 2018 年 5 月已止跌。但小型企业在 2016 年年末、2017 年年初就已经初现颓势，并且下滑趋势持续至今。叠加"资管"新规等多重不利影响的小企业极易成为"先停后治"等"一刀切"的对象，需要对小企业特别关注，避免个别地方简单粗暴行为放大环境管理对其负面影响，力图给中小企业更多的机会和空间[1]。

研究表明，环境管理对不同规模企业存在显著不同的长短期作用机制。环境管理业固定资产投资与工业污染防治投资具有较好的关联性，将其作为分析环境管理政策力度对工业企业主营业务影响的因子，发现环保趋严会使环保成本内化并存在不同的影响时段。短期来看，全国总体分析，企业个体产量与收入下滑、价格上涨，存在短暂的、有限的阵痛期，大企业约为 4 个月、小企业约为 5 个月。长期来看，全国总体分析，20 个月以内环保趋严后对大企业、小企业影响变为积极正面，推动了要素重新配置、产量尤其是"规上"大企业产量快速上涨，直接促进、继而加速了产业升级与经济增长，也可以通过市场传递效应推动供给侧结构性改革、需求端的消费结构升级。

基于环境管理业固定资产投资月度数据和工业企业主营业务收入月度数据，模型实证分析表明，环境管理对"规上"大企业的短期抑制作用显著弱于小企业，对大企业的长期促进作用显著强于小企业。以脉冲响应的变动趋势来看，第 1 期（第 1 个月，下同）环保加严政策对大中型企业的主营业务收入的负向冲击仅为 −0.05（即对数化后的环境管理业固定资产投资一单位标准差的正向冲击导致对数化后的工业企业主营业务收入下滑 0.05，下同）。第 2 期起，虽然环境管理对大企业的作用效果由负转正，约为 0.035，但由于第一期冲击过强，

---

① 原文刊登于《中国环境战略与政策研究专报》2018 年第 24 期。

基本需累积至第 4 期（第 2 期、第 3 期、第 4 期冲击值累加，下同）才能弥补第 1 期造成的负面影响，这意味着环保对大企业的短期负面冲击经历 4 期后才逐渐消失。第 4 期后，环境管理的当期影响与累积影响均显著为正，呈现出显著且长期的环保加速大企业主营业务收入增长特征。与之相对应，环境管理第 1 期对小型企业的主营业务收入负向冲击高达−0.075，累积至第 5 期才能弥补第 1 期造成的负面影响，其负面作用时间与影响效果均显著高于大企业。第 5 期后至研究期末，虽然环境管理对小企业的当期影响与累积影响均显著为正，但相较于大企业，脉冲响应曲线收敛速度较快，环境管理对小企业的长期正向促进作用远低于大企业。

建　议　一是进一步细化"散乱污"可操作性内涵，避免将其与小企业、民营企业直接或者间接挂钩；二是进一步深化"放管服"，对"散乱污"企业关停并转、对合法合规的小微企业加大扶持力度，缩短产业调整阵痛期；三是环保政策应因"企"制宜、分类施策，出台细化防止"一刀切"的有效措施。

关键词　环境管理　企业规模　长短期机制　"一刀切"

据 2018 年 8 月国家统计局月度数据，我国共有工业企业 374 552 家，其中，大中型企业 58 959 家，小型企业 315 593 家[①]。大企业规模大、产值高，在国民经济中占据着重要的支柱地位；小企业虽然规模小、产值低，但其在吸纳就业、促进社会和谐稳定发展方面，同样发挥着不可替代的重要作用。鉴于大企业、小企业差异化的经营模式与产业方向，在环境管理过程中应该对症下药、有的放矢。但环境管理对不同规模企业到底存在怎样的作用机制，现阶段尚未得到统一的答案，这不仅可能造成施策不科学、不分类指导、要求不切实际[2]，同时也让环境监管的质量效果大打折扣。鉴于如上背景，本文试图从影响机理与实证检验两方面入手，揭示环境管理对不同规模企业的长短期影响，以期为不同规模企业的环境政策研究及决策提供理论与技术支撑。

一、环保政策对不同规模企业的影响机理分析

本文基于微观经济学框架下的供给、需求理论，同时借鉴了技术贸易壁垒[3]方面的相关研究，分析环保加严态势下不同规模企业受到的长短期影响。假设经济系统中仅存在生产同质产品的两家厂商，产量较高、平均生产成本较低的企业视为大企业，产量较

---

① 从 2011 年开始，工业企业年报规模划分按《统计上大中小微型企业划分办法》（国统字〔2011〕7 号）执行。大中型工业企业为从业人员 300 人及以上并且主营业务收入在 2 000 万元及以上的工业企业。研究中将全口径工业企业数据与大中型工业企业数据差值视为小型企业数据，按照大中型企业定义倒推，从业人员小于 300 人或者主营业务收入小于 2 000 万元的是小型企业。

低、平均生产成本较高的企业视为小企业。初始状态下，厂商供给曲线与消费者需求曲线相交于点（Q_1，P_1）（图1、图2）。

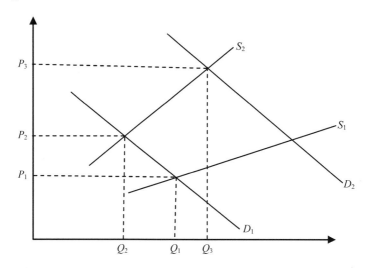

图1　不考虑技术进步条件下的总供给曲线与总需求曲线变动趋势

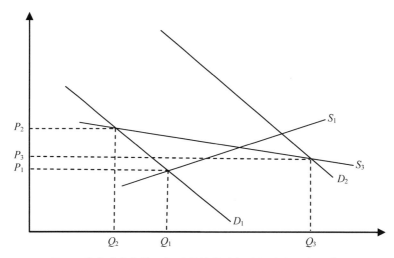

图2　技术进步条件下的总供给曲线与总需求曲线变动趋势

随着环保政策推行，两家企业环境成本内化、生产成本增加，并且与平均生产成本类似，大企业具有较低的平均环保成本、小企业具有较高的平均环保成本。短期来看，环保政策冲击导致厂商成本（生产成本与环保成本）与价格上涨，价格上涨又进一步导致消费者需求量下滑。供给与需求的均衡点由（Q_1，P_1）移动至左上方（Q_2，P_2），产品价格由 P_1 上涨至 P_2，厂商的供给量由 Q_1 下滑至 Q_2（如图1、图2所示）。因此可以认为，环境管理对整体市场短期存在一定的负面效应，对产品供求产生了不利影响。大企业不仅规模大、产量高，更具有较低的平均生产成本与平均环保成本，因此面对环保政策的冲击，即使短期产量水平、利润水平均出现下滑，但因其抵御风险能力较强，生产经营受到环保政策的影响相对有限。与之相对应，由于小企业规模较小、产量较低、平均生产成本与平均环保成本也相对较高，环保政策直接降低了小企业的产量与利润，可能导致小企业停产、倒闭。

长期来看：①如果尚未出现大规模技术进步，大企业与小企业可以改变其要素投入与生产模式以适应环保要求。企业生产方式的变动增加了生产成本，加之技术、资源等因素的制约，供给弹性显著变小，供给曲线由 S_1 向左上移动至 S_2。在价格上涨与供给不足的双重驱动下，大、小企业会自发地选择扩大生产规模。新供给又进一步创造了新的需求，需求曲线由 D_1 移动至 D_2，供给与需求的均衡点由（Q_2，P_2）移动至右上方（Q_3，P_3）。环保政策实施后的产品供给数量显著增多，增加了 Q_3-Q_2；产品价格显著上涨，增加了 P_3-P_2；总产出规模也大幅度上升，由 P_1Q_1 上涨至 P_3Q_3（图1）。②如果生产过程出现大规模的技术创新，并且技术创新的边际效益可以有效弥补环保高压态势、资源限制等因素导致的边际成本，则供给函数有可能由 S_1 向右下旋转至 S_3（图2）。供给曲线与需求曲线的均衡点可能先由（Q_1，P_1）移动至左上方（Q_2，P_2），再移动至右下方（Q_3，P_3），总产量显著上涨、产品价格显著下降。

由图1、图2的变动趋势不难发现，相较于小企业，低成本、高利润促使大企业可以尽快度过环境管理加严政策的阵痛期。而小企业即使试图调整生产结构、引进环保设施以满足环保需求，但因其规模有限、投资有限，受到的影响相对较大。

环境管理趋紧、趋严下的产品供给量、生产函数的动态作用关系如图3所示。其中，横轴为产量或时间（Q 或 t），纵轴为环境管理强度（ES），f 为生产函数。初始条件下，环境管理强度 ES_1 与生产函数 f_1 相交于（Q_1，ES_1）点，产量为 Q_1。但伴随着环境管理强度提升至 ES_2，短期来看，生产函数未能及时调整，环境管理强度与生产函数相交于（Q_2，ES_2），产量下滑至 Q_2。长期来看，劳动、资本、能源等要素均可以重新投入与配置以匹配标准提升后的环保要求，生产函数由 f_1 右移至 f_2、产量由 Q_2 上涨至 Q_3。同理，如果环境管理强度继续提升，产量也将先下滑而后上涨，呈现出动态循环的上涨特征。这意味着无论大企业、小企业，一旦跨越了环保的阵痛期，产量等经济效益都将呈螺旋式上升。

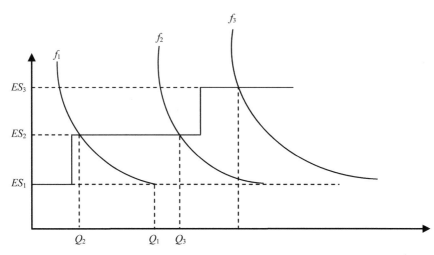

图3　环境保护下的企业产出长期动态变动趋势

从理论上看，环境管理对不同规模企业存在完全不同的长短期作用机制。无论大企业、小企业，短期来看，环保趋严均会导致产量下滑，推动产品价格上涨，进而可能对企业经营、经济发展产生一定的抑制作用，并且，这种抑制作用对小企业相对强烈。但长期来看，环保标准提升推动了要素重新配置与产量上涨，尤其是大企业的产量上涨。因此可以认为，环保对企业的负面影响是短暂的、有限的，不同规模企业所受冲击大小、持续性存在差异，但在跨越了要素重新投入与配置的阵痛期后，环保将直接促进甚至加速经济增长。

二、工业企业数据实证分析

（一）"规上"大企业与小企业发展态势出现分异

鉴于数据的时效性与连续性，本文主要基于月度数据予以分析。数据[①]显示，2011年2月—2018年8月，全口径工业企业主营业务收入呈现出先上涨后下滑的倒"U"形趋势。虽然总量规模由2011年的84.33万亿元上涨至2017年年末的116.46万亿元，但近年来，基本从2017年7月起，主营业务收入增速[②]急剧下滑，近14个月[③]持续负增长（图4）。

---

① 除工业污染源治理投资来源于《中国环境统计年鉴》外，其余数据均来源于国家统计局月度、年度数据。

② 国家统计局数据中，1月数据缺失，2月主营业务收入数据为1月与2月之和。因不能得到准确的前3月增速数据，本文仅测算每年度4月至12月增速，下同。

③ 2017年8月主营业务收入增速略高于0，仅为1.89%；2017年12月主营业务收入增速为5.88%；2018年1月、2月、3月主营业务收入增速依现有数据不可测，因此称为近14个月。

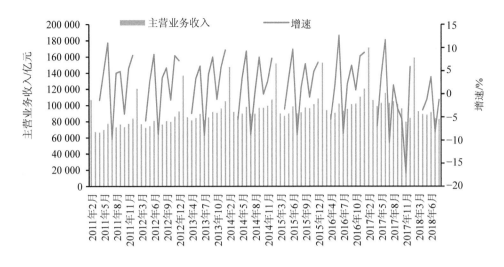

图4 全口径工业企业主营业务收入与增速演化趋势

以不同规模企业来看，虽然大中型工业企业主营业务收入在2017年年末也略有下滑，但其增速仍优于全口径工业企业。特别是进入2018年以后，2018年5月、6月大中型工业企业主营业务收入增长稳中有进、逆市上扬（图5）。

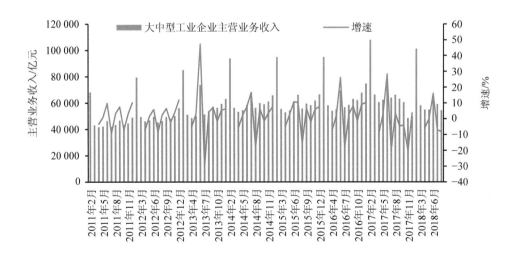

图5 大中型工业企业主营业务收入与增速演化趋势

小型工业企业的经营绩效不仅弱于大中型工业企业，也略逊于全口径工业企业。以当期值来看，主营业务收入基本于2016年年末达到顶峰，而后急剧下滑。以累计值来看，1月至8月的小型企业主营业务收入累计值逐年下滑。2018年前8个月的累计值仅为 24.11 万亿元，略高于 2013 年、远低于 2014—2017 年同期水平（图 6）。

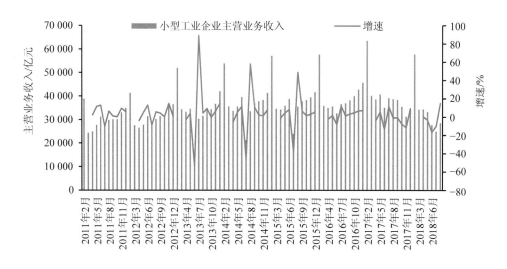

图 6　小型工业企业主营业务收入与增速演化趋势

不难发现，全口径工业企业数据掩盖了现阶段工业企业的经济特征，小型企业在 2016 年年末、2017 年年初就已经初现预势，并且下滑趋势持续至今。而大企业的增长波动于 2017 年年末才开始显现，自 2018 年 5 月起，已止跌反弹、逆市上扬。在进一步的环保管理对企业影响的分析中有必要根据企业规模分别予以分析。

（二）工业污染投资与环境管理业固定资产投资具有关联性

工业污染治理投资仅有年度口径数据。由年度数据可知，污染源治理投资增长迅猛、基本呈直线上涨特征，由 2003 年的 221.8 亿元上涨至 2016 年的 819.0 亿元（图 7），有效反映出近年来环境保护趋严、趋紧的政策倾向。

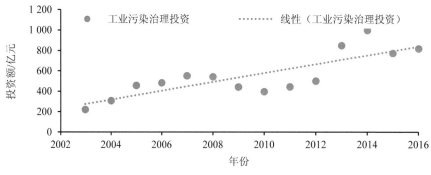

图 7　环境污染源治理投资演化趋势

为观测近年来特别是党的十九大以来的环保形势，本文将旨在制订、执行和检查环境保护计划的环境管理业的固定资产投资视为衡量环保监管形势的工具变量，固定资产投资越多表明环保力度越大、环境管理强度越严，固定资产投资越少表明环保力度越小、环境管理强度越弱。为验证环境管理业固定资产投资作为工具变量的合理性，本文分别基于演化趋势与相关性分析两方面予以验证。

其一，由演化趋势可知，2012 年 2 月—2018 年 8 月环境管理业固定资产投资基本呈现出与工业污染源治理投资一致的演化趋势（图 8），2012 年、2013 年、2014 年波动式上涨，2015 年略有下滑，2016 年显著反弹。2017 年后，环境管理业固定资产投资也基本保持高位投入。2017 年月均投资高达 318.53 亿元，2018 年 2—8 月，环境管理业固定资产投资累计增速分别为 34.2%、40.5%、36.7%、35.4%、34.1%、34.9%。

图 8　环境管理业固定资产投资演化趋势

其二，基于不同相关性检验方法，环境管理业固定资产投资年度数据与工业污染源治理投资年度数据的相关性分析结果均表明二者存在正相关性（表 1），意味着环境管理业固定资产投资可以作为衡量环保力度的工具变量。在实证检验中，结合工业企业主营业务收入数据，环境管理业固定资产投资可以有效揭示环境管理对不同规模企业的动态影响机制。

表 1　环境管理业固定资产投资与工业污染源治理投资相关性分析

检验方式	Kendall T 检验	Pearson 检验	Spearman 检验
相关系数与显著性	0.428 6[**]	0.687 4[***]	0.595 6[**]

注：**、***分别表示 1%、5%的显著性水平。

（三）环境管理固定资产投资对不同规模企业具有不同的冲击效应

在实证检验中，本文试图分别分析环境保护对全口径工业企业主营业务收入、大中型工业企业主营业务收入、小型工业企业主营业务收入的冲击影响。其中，LI、LL、LS、LE 分别为对数化处理后的全口径工业企业主营业务收入、大中型工业企业主营业务收入、小型工业企业主营业务收入、环境管理业固定资产投资。

经单位根检验与协整检验后，环境管理对全口径工业企业主营业务收入、大中型工业企业主营业务收入、小型工业企业主营业务收入的冲击效应分别如图 9、图 10、图 11 所示。横轴表示冲击作用的期间数，响应时期为 20 期；纵轴分别代表全口径工业企业、大中型工业企业、小型工业企业主营业务收入。其中，中间实线是主营业务收入对环境管理业固定资产投资的反应函数，反应大小由实线在纵轴上的垂直位置确定，外侧两条虚线是正负两倍标准差的偏离带。响应时期可由计量软件重新设定，如 10 期、40 期等。由图 9、图 10、图 11 可知，冲击尚未到 20 期，冲击的作用效果已经收敛、趋近于 0，表明环保冲击影响于 20 个月后即大约两年后就基本消失。

图 9 中，环境管理的冲击在第 1 期对全口径工业企业主营业务收入存在显著负面影响，作用效果约为-0.06；在第 2 期，作用效果转变为约 0.03 的正向效应。虽然从第 2 期起，环境管理的促进效果显著为正，但由于第 1 期冲击过强，基本需累积至第 4 期后，才能弥补第 1 期造成的负面影响。这意味着环保对工业企业的短期负面冲击经历 4 期后才逐渐消失。第 4 期后，环境管理的当期影响与累积影响均显著为正，呈现出显著且长期的环保加速主营业务收入增长的特征。

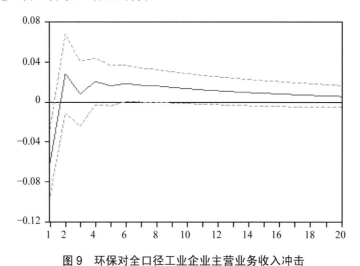

图 9　环保对全口径工业企业主营业务收入冲击

环境管理冲击对大中型工业企业的影响显著优于全口径工业企业（图 10）。在实施一个标准差冲击后，环境管理于第 1 期对大中型企业的主营业务收入存在负向效应，作用效果约为-0.05。从第 2 期起，环境管理对大中型工业企业的影响由负转正，作用效果约为 0.035。自此，环境管理对大中型工业企业的主营业务收入具有显著的促进作用，并且，这一显著促进作用具有较长的持续效应。但由于第 1 期冲击过强，基本需累积至第 4 期，环保对大企业的短期负面效应才逐渐消失。第 4 期后，环境管理的当期影响与累积影响均显著为正，呈现出显著且长期的环保加速主营业务收入增长的特征。

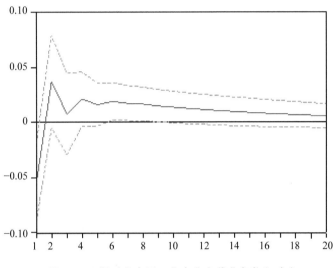

图 10　环保对大中型工业企业主营业务收入冲击

环保在第 1 期对小型企业主营业务收入的负向冲击最为强烈（图 11），其作用效果为-0.075。虽然第 2 期环保对小型企业的影响由负转正，但正向效果相对较弱，仅约为 0.01。第 4 期小型工业企业所受正向效应略有增强，也仅为 0.02 左右。较强的负向冲击导致正向效应基本累积至第 5 期才能够弥补由第 1 期造成的负面影响。第 5 期后，虽然环境管理对小企业的当期影响与累积影响均显著为正，但脉冲响应曲线迅速收敛于 0，说明环境管理对小型企业的长期促进作用远低于大型企业。

全口径工业企业、大中型工业企业、小型工业企业主营业务收入的脉冲响应验证了本文预期，即环境管理对不同规模企业存在差异化的长短期影响。总体来看，环境管理短期（4 个月）内抑制了工业企业主营业务收入增长，甚至导致其主营业务收入下滑。分企业规模来看，虽然环境管理对大中型企业、小型企业均存在短期的负面影响，分别为 4 个月与 5 个月，但对大中型企业的抑制时间与负向效果均优于小型企业。并且，从长期来看，环境保护趋紧、趋严是各类型工业企业主营业务收入增长的重要推动力，对大中型企业的推动作用也显著强于小型企业。

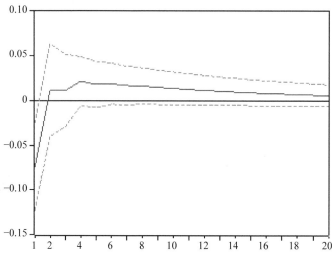

图 11　环保对小型工业企业主营业务收入冲击

三、结论与对策建议

通过环境管理对不同规模企业的长短期影响的经济理论分析与实证检验，本文得到以下结论：

1．环境管理对不同规模企业均存在显著的长短期作用机制

短期（4 个月左右）来看，环保趋严抑制企业发展，主要表现为产量与收入下滑、价格上涨。但长期来看，环境管理强度提升不仅可以推动产量或收入上涨、促进产业升级换代，更可以通过提供更高品质产品缓解甚至解决我国现阶段普遍存在的美好生活需求与落后的生产模式以及低端、同质化产品的矛盾。因此可以认为，一旦跨越了环保阵痛期后，环保不仅将直接促进甚至加速产业发展与供给侧结构性改革，也可以通过市场的传递效应推动需求端的消费结构升级。

2．因大型企业具有相对较高的产量与相对较低的平均生产成本、平均环保成本，其抵御冲击能力更强，环境管理对大型企业的短期抑制作用显著弱于小型企业、对大型企业的长期促进作用显著强于小型企业

实证结果显著证明了这一结论，第 1 期环境管理趋严对大中型企业的主营业务收入的负向冲击仅为−0.05。虽然第 2 期其对大企业的作用效果由负转正，约为 0.035，但由于第 1 期冲击过强，基本需累积至第 4 期才能弥补第 1 期造成的负面影响。第 4 期后，环境管理的当期影响与累积影响均显著为正，呈现出显著且长期的环保加速大型企业主营业务收入增长的特征。与之相对应，环境管理第 1 期对小型企业的主营业务收入负向冲击高达-0.075，累积至第 5 期才能弥补第 1 期造成的负面影响。第 5 期后至研究期末，虽然环境管理对小型企业的当期影响与累积影响均显著为正，但相较于大型企业，脉冲响应曲线收敛速度较快，环境管理对小型企业的长期正向促进作用远低于大型企业。小型企业虽然规模小、主营业务收入低，但其数量多、分布广，更贡献了中国 60% 的 GDP、50% 的税收和 80% 的城镇就业[4]。相较于大型企业可以相对较快的速度跨越阵痛期，环保在淘汰"散乱污"等落后产能、促进产业结构升级的同时，亟须对小企业特别关注，避免"一刀切"放大环境管理对其的负面影响，力图给中小型企业更多的机会和空间、"让民营经济创新源泉充分涌流，让民营经济创造活力充分迸发[5]"。

综合上述分析，要充分发挥环境保护的正面积极作用、缩短环境管理对不同规模企业造成的产业调整阵痛期、加速企业的产业升级转型，需从以下几个方面入手，具体建议如下：

1. 进一步细化"散乱污"可操作性内涵，避免将其与小型企业、民营企业直接或者间接挂钩

不可否认，大多数"散乱污"企业规模小、产值低，与小型企业、民营企业存在高度的重合性。但鉴于小型企业、民营企业在增加就业、改善民生、促进经济增长等方面的重要作用，在对"散乱污"企业的停产整治过程中，亟须细化"散乱污"内涵、提升"散乱污"企业治理的可操作性，既对"散乱污"企业严格依法整治、严格执法办案，又避免将其与小型企业、民营企业直接或者间接挂钩。

2. 进一步深化"放管服"，缩短环境管理对不同规模企业造成的产业调整阵痛期

环保对企业个体的负面效应有时难以有效避免，并且因企业规模不同，其作用时期与效果也存在较大差异。因此，为减缓这一负效应，削减和取消、下放生态环境行政审批事项，创新生态环境公共服务方式是现阶段的当务之急。

3. 环保政策需因"企"制宜、避免简单化与"一刀切"

小企业因其规模小、能力弱，难以迅速购置环保设备、进行产业升级，更易成为环保政策"一刀切"的影响对象。环保"一刀切"问题不仅损害企业权益、影响居民就业，也对生态环境保护工作造成了干扰。因此，在环境管理特别是环保政策的制定与执行过程中，对"散乱污"企业关停并转、对合法合规的小微企业加大扶持力度极其必要。

参考文献

[1] 习近平. 给中小企业更多的机会和空间[R]. 2018-10.

[2] 吴舜泽，黄德生. 专家谈放管服（三）｜"一刀切"是环境与经济双输的形式主义、官僚主义[R]. 2018-09.

[3] 徐惟，卜海. 技术贸易壁垒对技术创新和出口贸易的倒逼机制[J]. 经济与管理研究，2018，39（3）：77-81.

[4] 2017—2022 年中国企业经营项目行业市场深度调研及投资战略研究分析报告[R]. 2017.

[5] 习近平. 在民营企业座谈会上的讲话[R]. 2018-11.

京津冀大气污染综合治理攻坚行动典型政策措施的经济拉动效应研究①

安 祺 张 彬 张 莉 樊 宇

摘 要 《京津冀及周边地区2017—2018年秋冬季大气污染综合治理攻坚行动方案》(以下简称《行动方案》)提出了一系列任务要求和政策安排,取得了较好的环境效益和社会效益,但社会上也存在"环境保护影响经济发展"的一些论调。为考察《行动方案》的经济效应,本文选取燃煤锅炉治理(重点以锅炉改造进行分析解剖)、居民冬季取暖电代煤和气代煤(以下简称"双替代")、燃煤电厂超低排放改造三项典型大气污染治理政策,基于《行动方案》提出的目标和措施,结合巡查办核实的初步数据、国家能源局测算数据以及统计局相关数据等,利用统计方法、139部门或42部门的投入产出表,利用投入产出模型,在不考虑"挤出效应"的假设下,量化评估上述三项政策的经济拉动效应,得出结论如下:①通过对大气污染治理进行投入,可以拉动关联产业的经济产出,基于估算的资金投入量,计算出三项政策对国民经济的拉动总产出为9 658亿元(燃煤锅炉整治、"双替代"、燃煤电厂超低排放改造对国民经济产出拉动分别为129亿元、1 310亿元和8 219亿元);②三项典型大气污染治理政策的乘数效应均在3.5以上,意味着对领域每万元投入能获得国民经济系统3.5万元以上的新增产出,其中燃煤锅炉整治、"双替代"、燃煤电厂超低排放改造拉动系数分别为3.63、3.79和3.57;③环境政策对产业部门影响主要拉动第二产业部门的产出增长(比重均超过80%)。其中,锅炉主要拉动产业集中在设备制造、黑色和有色金属加工、商业服务及运输服务等行业,"双替代"主要拉动通用设备制造、电力、黑色和有色金属加工、商业服务及运输服务等部门,燃煤电厂超低排放改造拉动主要集中在专用设备、金属冶炼和压延加工品、建筑、化学产品、通用设备、科学研究和技术服务、电力、热力的生产和供应等行业。

关键词 大气污染治理 投入产出模型 乘数效应

---

① 原文刊登于《中国环境战略与政策研究专报》2018年第2期。

尽管环境政策的目标是解决环境问题，但是由于经济系统和环境系统之间的高度耦合，环境政策在实施过程中势必会对经济系统产生影响，这种经济影响往往会反作用于环境政策并关系着环境政策能否持续实施。为此，有必要对环境政策的经济影响，特别是对其拉动效应进行量化评估，以便为环境政策制定者提供决策支持。

一、政策背景

2017 年是我国《大气污染防治行动计划》（以下简称"大气十条"）的收官之年，为打赢蓝天保卫战，党中央和国务院做好全面部署、精准施策，大气污染治理政策频出。

2016 年 12 月 21 日，习近平总书记在中央财经领导小组第十四次会议上强调，推进北方地区冬季清洁取暖，关系北方地区广大群众温暖过冬，关系雾霾天能不能减少，是能源生产和消费革命、农村生活方式革命的重要内容。

在 2017 年年初的政府工作报告中，确定了"2+26"城市"煤改气""煤改电"任务。随后《京津冀及周边地区 2017—2018 年秋冬季大气污染综合治理攻坚行动方案》（以下简称《行动方案》）出台，其中重点任务包括深入推进燃煤锅炉治理，全面完成以电代煤、以气代煤（"双替代"）任务，重点行业升级改造等。其中，重点行业升级改造包括燃煤电厂超低排放改造。

在这些环境政策的作用下，我国大气环境质量得到明显改善。2017 年，全国空气质量同比大幅改善，其中 2017 年北京 $PM_{2.5}$ 年平均浓度为 58 $\mu g/m^3$，比 2016 年降低了两成来源，下降幅度显著，完成国家"大气十条"提出的、曾经被不少人认为基本不可能完成的任务目标。

大气污染治理取得的显著环境效益毋庸置疑，然而对于其经济影响却存在争议。有舆论认为环境政策带来了巨大的经济成本，给经济发展造成了负面影响，并主观推测近期我国经济发展面临下行压力是由于环境政策导致的。由于环境政策与经济系统间确实存在复杂的耦合关系，本文采取定量分析的方法，从宏观角度出发，选取大气污染治理政策中的燃煤锅炉治理、居民冬季取暖"双替代"和燃煤机组超低排放改造三项措施，对其经济拉动作用进行量化评估分析。

二、分析方法

（一）模型构建

投入产出法是研究经济系统（国民经济、地区经济、部门经济等）中各个部门之间投入与产出的相互依存关系的数量分析方法。借助投入产出模型可以测算最终需求变动对各行业的关联影响以及经济产出的影响。

本文采用投入产出分析方法，测算燃煤锅炉治理对锅炉行业及上下游产业的关联影响以及由此带来的经济拉动效果、"双替代"政策中政府投入引致的最终需求增加对国民经济的影响、超低排放改造新增投资通过部门间的关联对宏观经济的拉动。

投入产出模型用矩阵可以表示为

$$X = AX + Y \tag{1}$$

对 X 进行求解，解得：

$$X = (I-A)^{-1}Y \tag{2}$$

其中：
$$\begin{cases} A = [a_{ij}] \qquad a_{ij} = \dfrac{z_{ij}}{x_j} \\ I = \begin{pmatrix} 1 & \cdots & 0 \\ \vdots & \ddots & \vdots \\ 0 & \cdots & 1 \end{pmatrix} \end{cases}$$

式中，X、Y —— 分别为中国国民经济部门的总产出和最终需求；

　　　A —— 直接消耗系数矩阵；

　　　I —— 与直接消耗系数矩阵同阶的单位矩阵；

　　　$(I-A)^{-1}$ —— 完全消耗系数矩阵，又称为列昂惕夫逆矩阵，表示各部门在产品生产过程中除了与相关产业有直接联系外，还与有关部门间具有间接联系，完全消耗系数矩阵深刻反映一个部门的生产与本部门和其他所有部门发生的直接和间接的数量经济关系。

基于式（2）可得

$$\Delta X_{im} = (I-A)^{-1} \times \Delta \mathbf{fd} \tag{3}$$

$$\Delta X_{im} = (I-A)^{-1} \times \Delta \mathbf{In} \tag{4}$$

式中，ΔX_{im} —— 由最终需求增量变化，计算结果为环境政策通过改变最终需求或投资对国民经济总产出的拉动作用；

Δ**fd** —— 或投资额增量变化；

Δ**In** —— 引致的国民经济部门的总产出的增量变化情况。

（二）数据来源与处理

1．燃煤锅炉治理

基于《行动方案》和核查的初步数据，2017 年治理燃煤锅炉额定蒸吨数共计约 12.43 万蒸吨。按照计划，燃煤锅炉整治共有拆除、改造和替代三种方案。

（1）研究对象选取

由于核查初时部分数据仍在核实，为便于计算，按照已核查的三种方案额定蒸吨数各自所占比重对总体规模数据进行结构分配得出，三种方案的额定蒸吨数分别为 7.84 蒸吨、0.73 蒸吨和 3.86 蒸吨，分别占治理总量的 63%、6%和 31%（表 1）。

表 1　燃煤锅炉不同治理方案额定蒸吨数及占比

治理方案		额定蒸吨数/万 t	占比/%
拆除	取缔淘汰	7.84	63
	小计	7.84	63
改造	改造升级	0.73	6
	小计	0.73	6
替代	醇基和轻烃燃料	0.17	1.4
	集中供热	1.10	8.8
	煤改地热/风能/太阳能	0.03	0.2
	煤改电	0.25	2.0
	煤改气	2.03	16.3
	煤改油	0.03	0.2
	生物质能	0.25	2.0
	小计	3.86	31
合计		12.43	100

不同的燃煤锅炉治理方案带来的经济影响不同，为确定研究范围，有以下考虑：①拆除方案。由于拆除方案涉及相关工程，且不同的工程需要的资金投入差异较大，对其经济影响分析需要更多数据支持，因此在本文中暂不考虑。②改造方案。改造方案主要是对燃煤锅炉增加污染治理设施，由于污染治理工艺不同，需投入的资金量不同，且改造方案所涉及的额定蒸吨量在《行动方案》中所占比重较小，因此本文中暂不考虑。③替代方案。替代方案是本次研究的重点对象，考虑到集中供暖涉及的部门产出新增量不多，且其他几种替代方案所占比重较小，本文研究范围选取煤改电、煤改气以及生物

质能三种替代方案进行经济拉动作用分析。

（2）资金投入量计算

使用替代方案进行燃煤锅炉治理时，涉及的资金投入部分主要有：拆除投入、购置设备投入以及运行和维护投入，本文主要关注购置设备投入，主要考虑：①购置投入。锅炉制造行业产业链包括上游的钢材及钢制外购行业，下游的电力、冶金、化工、水泥等应用行业。②拆除投入。由于拆除的投入与拆除方案情况相似，故本文也暂不考虑。③运维投入。后期运行和维护投入是一个长期的过程，而本次研究关注短期影响，因此暂不考虑。综上，本文主要关注替代方案中新锅炉购置投入对国民经济的影响。

对燃煤锅炉进行改电和改气之后，其功率与原有设备相比可能会产生变化，根据核查初步数据，本文对核查后有新设备功率的按照新设备功率计算，对没有新设备功率或与原设备功率一致的按原设备功率计算。对煤改气和煤改电的锅炉进行统计分析，作出统计分布如图1所示。

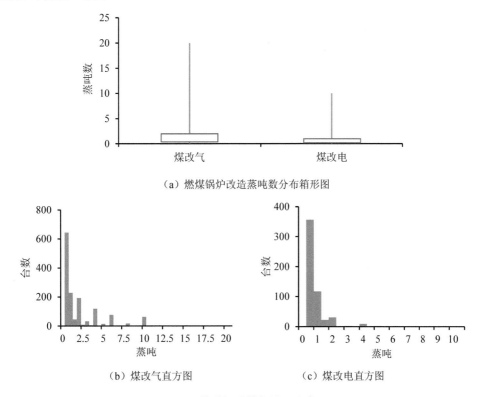

（a）燃煤锅炉改造蒸吨数分布箱形图

（b）煤改气直方图　　　　　　　（c）煤改电直方图

图1　燃煤锅炉替代统计分布图

箱形图显示此次燃煤锅炉治理涉及的锅炉大部分功率较低，每台功率主要集中在5蒸吨以下，煤改电锅炉更为集中，从直方图中也可以看出该特点。此外由于少数锅炉在

10 蒸吨以上，使得平均值与中位数偏离较多，由于不同蒸吨数、不同类型的锅炉的购置所需投入的资金存在较大差异，因此本文使用中位数来反映锅炉购置所需投入的资金量。通过对核查初步数据的统计分析，可以发现煤改气锅炉的蒸吨中位数为 1 蒸吨，而煤改电锅炉的蒸吨中位数为 0.5 蒸吨。通过与相关企业询价的方式获悉，1 蒸吨燃气工业锅炉的价格约为 15 万元/台，而 0.5 蒸吨左右的电锅炉市场售价约为 10 万元/台。基于该数值进行计算，煤改气和煤改电需要投入的资金量共计约 35.5 亿元。

2．电代煤及气代煤

基于《行动方案》和 11 月核查的初步数据，2017 年居民冬季取暖"双替代"政策涉及居民共 460 多万户，核查后已完成"双替代"任务的户数约 420 万户（与最终核实数据略有差异），其中电代煤为 1 019 013 户、气代煤为 3 185 488 户。为简化计算，根据对北京居民的初步调查，冬季取暖电代煤的成本约为 20 000 元/户，其中政府投入 18 000 元，居民投入约 2 000 元。按照 1 019 013 户进行计算，总投入为 204 亿元，其中政府投入 183 亿元[①]。根据对山东地区气代煤投入资金调查情况，购置壁挂炉的费用约 4 000 元/户，全部由政府投入，按照 3 185 488 户进行计算，政府总投入为 127 亿元。[②]

3．超低排放改造

在分析超低排放改造投资对宏观经济的拉动效应时，采用中国投入产出学会发布的 2012 年 42 部门投入产出表。国家能源局测算数据显示，超低排放改造可带动煤电节能减排领域新增投资约 2 300 亿元，主要由企业改造投资和政府投入两部分构成。实际上，一方面，政府增加环保投入可能影响其他领域政府投入，且作为强制性政策，企业超低排放改造也可能占用生产要素，影响企业生产产出；另一方面，政府采取电价补贴、增加超低排放机组发电利用小时数、减轻征收超低排放机组排污费、财政信贷支持等一系列措施激励企业加大超低排放改造力度，又缓解了改造投入对企业的短期影响。考虑到经济系统的复杂性和数据的可获得性，为简化运算，本文中将改造的投入看作外生变量，一次性投入到指定行业，不考虑后续环保运行费用和投入的挤出效应。因此，本文中假设企业投入与政府投入具有同质性，超低排放改造投入不区分政府与企业来源。

中国 2012 年投入产出表部门中没有直接对应的煤电超低排放改造相关行业。废气治理的环保投资去向主要包括工程基建费、设备购买及安装费、勘测设计及环评费，对应 2007 年 42 部门投入产出表分类为"建筑业""专用设备制造业""综合技术服务业"，

---

① 居民取暖燃煤改造费用包括政府投入及居民投入两部分，考虑到后者在无收入增加的情况下，其增加改造投入势必减少其他方面的消费支出，故本文暂不考虑这部分的经济影响效果。

② 该估算仅基于北京部分居民电代煤和山东部分城市气代煤的实地调查结果，其他地区气代煤和电代煤的资金投入仍需进一步调查。

支出去向所占比重分别为 29%、63.5%、7.5%。由于 2012 年 42 部门投入产出表部门分类与 2007 年略有差异，统一口径后，将 2007 年"建筑业""专用设备制造业""综合技术服务业"分别对应 2012 年"建筑""专用设备""科学研究和技术服务"。由于 2007 年与 2012 年时间跨度不大，因此本文中不考虑技术进步、产业结构性变化等因素，2012 年废气治理环保投资去向比例按照相关研究估算的结果进行计算。

基于以上一系列假设，估算出超低排放改造给"建筑""专用设备""科学研究和技术服务"三个行业带来的新增投资分别为 667 亿元、1 460.5 亿元、172.5 亿元。

三、结果分析

为比较特定部门投入对经济系统产出的关联和波及影响，本文根据分析需要分别采用 2012 年 139 部门或 42 部门的投入产出表进行计算。

（一）燃煤锅炉治理的经济拉动作用

由于锅炉的重新购置可以视为锅炉的最终需求在政策冲击下得到了增加，基于投入产出分析方法，测算锅炉行业最终需求增加对国民经济的影响。

（1）锅炉行业需求所产生的乘数效应[①]约为 3.63。经过计算，由燃煤锅炉替代产生的锅炉行业最终需求增加 35.5 亿元，将导致国民经济的总产出增加约 129 亿元。

（2）燃煤锅炉替代政策影响的行业较为集中。对 139 个国民经济部门的产出影响按从大到小排序，前 22 个部门由锅炉行业带动的产出增加值占全行业产出增加值的 80.6%，主要集中在设备制造、黑色和有色金属加工、商业服务及运输服务等行业，如表 2 所示。

表 2　锅炉行业拉动产值增长累计百分比前 80% 的行业部门（139 部门）

行业部门	累计百分比/%	行业部门	累计百分比/%	行业部门	累计百分比/%
锅炉及原动设备	32.99	批发和零售	60.20	道路运输	75.26
钢压延产品	38.39	钢、铁及其铸件	62.43	石油和天然气开采产品	76.66
其他通用设备	42.46	黑色金属矿采选产品	64.40	基础化学原料	77.86
有色金属及其合金和铸件	46.32	煤炭采选产品	66.37	有色金属矿采选产品	78.85

① 乘数效应是指一笔初始的投入或需求带动的投入产生的一系列产业间连锁反应，从而会使社会的经济总量发生成倍的增加。

行业部门	累计 百分比/%	行业部门	累计 百分比/%	行业部门	累计 百分比/%
电力、热力生产和供应	49.87	泵、阀门、压缩机及类似机械	68.31	专用化学产品和炸药、火工、焰火产品	79.76
有色金属压延加工品	53.02	电子元器件	70.20	废弃资源和废旧材料回收加工品	80.59
货币金融和其他金融服务	55.48	精炼石油和核燃料加工品	72.07		
金属制品	57.93	商务服务	73.76		

（二）电代煤、气代煤的经济拉动作用

由于居民购买和更换取暖设备存在挤出效应，为此，本文计算居民冬季取暖"双替代"政策时，仅限定在政府投入的资金进行分析。测算结果如下：

（1）居民取暖"双替代"政策对相关产业拉动较强。经计算，在冬季取暖电代煤和气代煤政府投入分别增加 183 亿元和 127 亿元的情况下，国民经济总产出将增加约 1 310亿元，乘数效应约为 3.79。

（2）居民取暖"双替代"政策拉动的行业相对分散。139 个部门中前 28 个部门累计拉动产值增长占全行业产值增长的 80.66%，主要集中在通用设备制造、电力、黑色和有色金属加工、商业服务及运输服务等部门（表 3）。

表 3 居民冬季取暖"双替代"政策拉动产值增长累计百分比前 80%的行业部门

行业部门	累计 百分比/%	行业部门	累计 百分比/%	行业部门	累计 百分比/%
家用器具	15.96	合成材料	53.02	泵、阀门、压缩机及类似机械	72.59
其他制造产品	26.02	精炼石油和核燃料加工品	55.39	其他通用设备	74.07
有色金属及其合金和铸件	29.66	货币金融和其他金融服务	57.76	专用化学产品和炸药、火工、焰火产品	75.49
电力、热力生产和供应	33.14	金属制品	59.98	农产品	76.62
锅炉及原动设备	36.46	有色金属压延加工品	62.03	电机	77.70
塑料制品	39.57	煤炭采选产品	64.01	造纸和纸制品	78.70
电子元器件	42.64	棉、化纤纺织及印染精加工品	65.98	化学纤维制品	79.69

行业部门	累计 百分比/%	行业部门	累计 百分比/%	行业部门	累计 百分比/%
批发和零售	45.58	石油和天然气开采产品	67.77	钢、铁及其铸件	80.66
基础化学原料	48.20	商务服务	69.52		
钢压延产品	50.63	道路运输	71.06		

（三）燃煤机组超低排放改造投入的经济拉动作用

基于 42 部门投入产出表的测算结果如下：

（1）超低排放改造投入的乘数效应为 3.57。超低排放改造新增投资 2 300 亿元，通过产业传导，对我国全行业产出的拉动作用约为 8 219 亿元，表明超低排放改造投入的经济带动效应明显。

（2）超低排放改造影响部门相对集中。对 42 个国民经济部门的产出拉动按从大到小排序，前 15 个部门由超低排放改造投资带动的产出增加值超过全行业产出增加值的81.4%，主要集中在专用设备、金属冶炼和压延加工品、建筑、化学产品、通用设备、科学研究和技术服务、电力、热力的生产和供应等行业（表 4）。

表 4　拉动产值增长累计百分比前 80%的行业构成（42 部门）

行业部门	累计 百分比/%	行业部门	累计 百分比/%
专用设备	20.9	交通运输、仓储和邮政	65.5
金属冶炼和压延加工品	33.0	金融	68.4
建筑	41.5	非金属矿物制品	71.3
化学产品	48.2	电气机械和器材	73.9
通用设备	52.1	石油、炼焦产品和核燃料加工品	76.5
科学研究和技术服务	55.7	金属制品	79.0
电力、热力的生产和供应	59.1	批发和零售	81.4
通信设备、计算机和其他电子设备	62.5		

四、结论及建议

根据上述分析，可得出如下结论：

1. 环境政策可以拉动我国经济增长

燃煤锅炉替代、居民冬季取暖"双替代"以及超低排放改造政策由于直接作用于我国相关经济产业部门，通过政府或企业在环保领域的投入，在一定程度上可以拉动我国经济增长。

2．环境政策拉动我国经济增长能力较强

通过量化评估，可以发现燃煤锅炉替代、居民冬季取暖"双替代"以及超低排放改造政策对经济系统所产生的乘数效应均在3.5以上，通过产业关联作用，对我国经济增长拉动能力较强。

3．环境政策对产业部门影响较为集中

燃煤锅炉替代、居民冬季取暖"双替代"以及超低排放改造政策对于行业部门的影响较为集中，主要为通用和专用设备制造、黑色和有色金属加工、商业服务及运输服务等行业。

4．上述环境政策主要拉动第二产业部门的产出增长

通过计算上述三项环境政策对国民经济各行业的影响可以发现其对第二产业部门影响最大，比重分别为86.2%、84.5%和82.5%。

基于上述结论，建议如下：

1．辩证看待环境政策与经济发展之间的关系

尽管环境政策的出发点是保护环境，但是通过上述分析可以发现其对经济部门的发展也是存在带动作用的，因此在制定环境政策时不仅要看到环境政策可能带来的经济成本，更应进行全面综合分析，将环境政策的经济效益纳入决策考虑之中。

2．紧密跟踪环境政策的实施情况，做好实施过程中和实施后评估工作

本文选取的政策实施情况数据是阶段性核实数据，一些方案实施的微观数据构成可能也会对拉动情况产生一定影响，还需要进行系统全面的数据收集核实和细分领域深化测算。同时，环境政策的实施对于经济系统和环境系统均会产生影响，且在实施过程中系统间的耦合作用很难在事前进行完全评估，因此建议在环境政策实施过程中和实施后尽快开展评估，并根据评估结果进行相应调整。

3．全面分析环境政策的全周期经济社会环境影响

环境政策的实施不是一个孤立的过程，除对直接作用点产生环境影响外，还会通过经济系统的产业链和产品生命周期对全行业、全过程产生影响。上述三项环境政策对国民经济行业的影响主要集中在第二产业上，在减少政策着力点上的环境污染的同时，也会通过产业传导增加其他部门的生产活动和产出，因此应从全产业链和产品全生命周期角度对环境政策的综合效益进行分析。

参考文献

[1] Fan Y，Wu S Z，Lu Y T，et al. An approach of measuring environmental protection in Chinese industries：astudy using input-output model analysis[J]. Journal of Cleaner Production，2016，137（20）：1479-1490.

[2] Miller R E，Blair P D. Input-output Analysis：Foundations and Extensions[M]. Cambridge：Cambridge University Press，2009.

[3] 樊宇. 环保活动的投入产出表构建及经济环境效益分析[D]. 哈尔滨：哈尔滨工业大学，2017

[4] 国家统计局. 2012 年投入产出表[DB/OL]. http：//data.stats.gov.cn/ifnormal.htm？u=/files/html/quickSearch/trcc/trcc01.html&h=740.

[5] 刘保. 投入产出乘数分析[J]. 统计研究，1999（5）：55-58.

[6] 廖明球. 投入产出及其扩展分析[M]. 北京：首都经济贸易大学出版社，2009.

[7] 刘起运，王万洲. 基于投入产出的环境问题结构分析[J]. 统计教育，2009（10）：44-49.

[8] 彭志龙，齐舒畅. 国民经济乘数分析[J]. 统计研究，1998（5）：50-54.

[9] 帅伟，李立，崔志敏，等. 基于实测的超低排放燃煤电厂主要大气污染物排放特征与减排效益分析[J]. 中国电力，2015，48（11）：131-137.

[10] 王依，田易凡，武艺. 我国环保产业关联效应的投入产出分析[J]. 中国环境管理，2017（4）：39-45.

[11] 吴舜泽，徐顺青，逯元堂，等. 《水污染防治行动计划》对环保产业拉动效应的定量分析研究[J]. 环境科学与管理，2016（3）：1-5.

[12] 新华社. 燃煤电厂节能减排改造进入加速期[EB/OL]. [2018-01-13]. http：//news. xinhuanet.com/2016-01/15/c_1117792317.htm.

[13] 中国投入产出学会. 2012 年投入产出表[DB/OL]. http：//www.stats.gov.cn/ ztjc/tjzdgg/trccxh/zlxz/trccb/201701/t20170113_1453448.html.

[14] 中华人民共和国环境保护部. 关于印发《京津冀及周边地区 2017 年大气污染防治工作方案》的通知[EB/OL]. [2018-01-13]. http：//dqhj.mep.gov.cn/dtxx/ 201703/ t20170323_408663.shtml.

[15] 环境保护部，国家发展和改革委员会，国家能源局. 关于印发《全面实施燃煤电厂超低排放和节能改造工作方案》的通知[EB/OL]. [2018-01-13]. http：//www.zhb.gov.cn/gkml/hbb/bwj/201512/t20151215_319170.htm？_sm_au_=iVVR2PCFSksVLj6H.

[16] 张伟，蒋洪强，王金南，等. "十一五"时期环保投入的宏观经济影响[J]. 中国人口·资源与环境，2015，25（1）：9-16.

[17] 朱法华，王临清. 煤电超低排放的技术经济与环境效益分析[J]. 环境保护，2014，42（21）：28-33.

关于禁止洋垃圾入境措施的社会与经济影响研究

——以未经分拣的废纸为例①

张　彬　李丽平　张　莉

摘　要　近期部分媒体报道废纸涨价与洋垃圾进口禁令有很大关系，甚至影响到相关产业和国民经济。通过格兰杰因果检验定量分析发现：从统计学意义上讲造纸和纸制品业生产者出厂价格指数（果）和未经分拣的废纸进口额（因）之间不存在因果关系；通过投入产出分析方法，发现禁止未经分拣的废纸进口对我国国民经济影响较小，即使全部禁止进口，对造纸行业和国民经济全行业的产出影响分别为 6.5 亿元人民币和 110.3 亿元人民币，造成产出降幅分别为 0.053% 和 0.006 8%。

建　议　积极应对和正面引导舆情；改变废纸回收付费方式，提高废纸回收率和利用率；深化洋垃圾进口禁令的经济影响和绿色贸易政策研究。

关键词　禁止洋垃圾入境　经济　社会　政策评估

　　2017 年 7 月国务院办公厅印发《禁止洋垃圾入境推进固体废物进口管理制度改革实施方案》（以下简称《实施方案》），环保部等五部委调整《禁止进口固体废物目录》，对四大类 24 种固体废物实施禁止进口措施。其中，2016 年未经分拣的废纸（税号：4707900090）进口额占到了四类禁止进口固体废物的 17% 以上。一些媒体报道，由于不再审批许可证，导致国外废纸无法进口造成纸制品价格飞涨，国内纸媒面临"最危险时期""无纸可印"，对报纸出版安全产生严重影响。针对此情景，我们组织进行了计量分析，通过格兰杰因果检验定量分析发现，从统计学意义上可以认为造纸和纸制品业生产者出厂价格指数（果）和未经分拣的废纸进口额（因）之间不存在因果关系（1 阶和 2 阶检验的 P 值均大于 0.05）；通过投入产出模型等测算，发现禁止未经分拣的废纸进口

---

① 原文刊登于《环境保护》2018 年第 23 期和《中国环境战略与政策研究专报》2017 年第 46 期。

对我国国民经济影响较小，即使全部禁止进口，即未经分拣的废纸进口贸易额由 6.3 亿美元降至 0，对造纸行业的产出影响约为 6.5 亿元人民币，造成产出降幅约为 0.053%，对国民经济全行业产出的影响约为 110.3 亿元人民币，造成产出降幅约为 0.006 8%。

一、对于禁止废纸进口的舆情分析

由于废纸可通过循环再生作为纸业生产原料，废纸进口禁令的出台受到包括循环再生行业和造纸行业的广泛关注。本文借助"拓尔思信息采集工具"（TRS SMAS），从新闻、微信、微博、论坛、平媒等 5 万余家网络媒体上进行信息采集，利用"废纸""禁止""进口"等关键词筛选出相关信息，而后对数据进行热词分类、话题聚焦、热词排序等智能手段处理，综合分析了 2017 年 7—11 月此次废纸进口禁令相关舆情的传播趋势及特点。

从 7 月颁布《实施方案》开始到 11 月 16 日止，网络共产生 24 186 条信息。其中，颁布《实施方案》和调整《禁止进口固体废物目录》两个时间节点，即 7 月和 8 月为信息产生的高峰，这两个节点所产生的信息条数占 7—11 月产生信息条数的 60% 以上，此后针对废纸进口禁令话题的信息产生数量大幅减少，舆论对于该议题的关注趋向平稳，如图 1 所示。

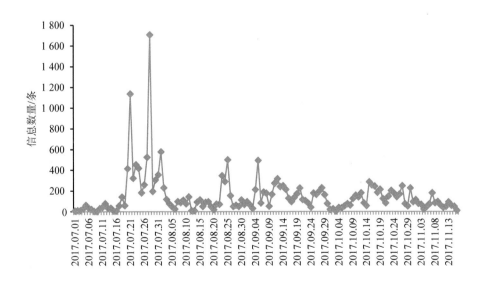

图 1　2017 年 7—11 月废纸进口禁令话题信息数量趋势图

上述舆情传播以微信为主。如图 2 所示，在抓取的信息中，微信 10 145 条（占 42%），新闻 8 384 条（占 35%），平媒 4 081 条（占 17%）。

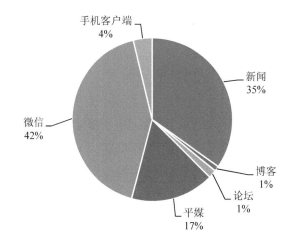

图 2　网络舆情信息占比图

就关注媒体而言，如图 3 所示，除搜狐网等综合性新闻网站（条数最多），包括中国废旧物资网等相关产业网站，以及生意宝和股吧等金融信息类网站都对废纸禁止进口禁令进行了关注和报道。

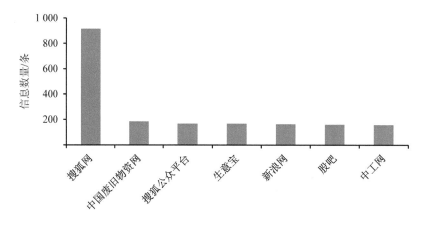

图 3　媒体排行榜

舆情收集期间形成了两次舆情高峰。7 月 18 日中国向 WTO 提出 2017 年年底禁止进口 4 大类 24 种废料，受到各新闻媒体的关注，在 7 月 19 日形成第一个舆情高峰；7 月 27 日国务院办公厅发布《关于印发禁止洋垃圾入境推进固体废物进口管理制度改革实施方案的通知》，形成第二次舆情高峰。第二次舆情高峰峰值略高于第一次。舆论话题由政策报道快速转变为相关影响分析和评估。

纵观此次舆情，尽管大量报道对废纸进口禁令政策进行了正面解读，指出禁止进口废纸的直接出发点是为了改善环境，并认为对于实现环境目标有积极的推动作用，但仍有部分话题认为废纸禁止进口政策的实施将会增加废纸循环再生企业以及造纸企业的成本，进而推高国内成品纸的价格。北京青年报报道，"随着废纸进口禁令的颁布，废旧纸张回收价格一路攀升，那么纸张提价便是不可避免的事情"。此外，还有境外媒体分析此次废纸进口禁令的影响，认为受废物进口禁令的影响，中国造纸厂无法获取大量废纸以供生产，原料成本飞涨，对中国造纸行业也造成了巨大影响。

二、我国废纸进口趋势分析

按照中国造纸年鉴统计分类，我国进口的废纸主要分为废纸箱板类（47071000）、办公室废杂纸类（47072000）、废报纸类（47073000）以及其他废杂纸类（47079000）4类。其中，其他废杂纸类（47079000）包括"回收（废碎）墙（壁）纸、涂蜡纸、浸蜡纸、复写纸（包括未分选的废碎品）"（HS 4707900010）和"其他回收纸或纸板（包括未分选的废碎品）"（HS 4707900090），前者在 2017 年进口废物管理措施之前已在《禁止进口固体废物目录》中，只有后者（HS 4707900090）是从《限制进口类可用作原料的固体废物目录》调整列入《禁止进口固体废物目录》的 4 类 24 种固体废物之一，是变化事项，也是本文的分析对象。我国进口废纸种类及关系如图 4 所示。

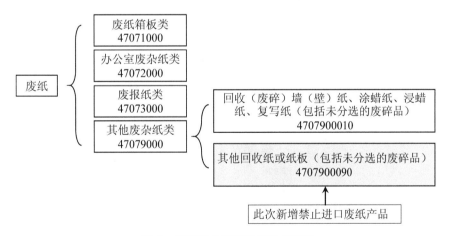

图 4 我国进口废纸种类及关系图

根据 UN Comtrade 统计数据显示，2003—2016 年我国进口废纸（4 类）数量呈稳步上升并趋于稳定趋势，进口额则呈先升后降低的趋势。2016 年我国进口废纸总量达 2 850 万 t，进口额为 49.9 亿美元，是 2003 年进口额的 4 倍左右，如图 5 所示。

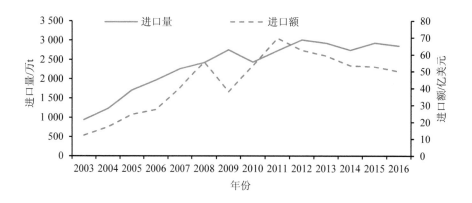

图 5　2003—2016 年我国废纸进口情况

其中，其他废纸类（47079000）在 4 类废纸中进口量并不大，2016 年进口的价值量仅占所有废纸进口的 20%左右，实物量则更低，仅为 18%。从进口区域来看，其他废纸类（47079000）主要来源于美国、日本、英国等国家和地区。相关统计数据显示，2016 年我国从美国、日本和英国进口的废纸总额分别为 20.1 亿美元、12.6 亿美元以及 11.6 亿美元，其比重如图 6 所示。

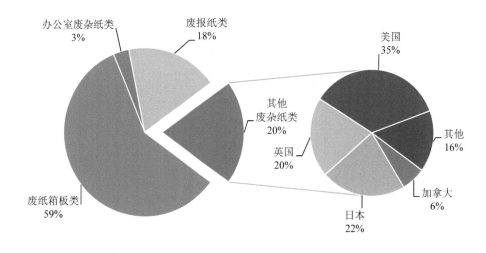

图 6　2016 年我国废纸进口主要来源及比重（价值量）

由于未经分拣的废纸（4707900090）在 UN Comtrade 的网站上无法获悉，为保持数据的一致性，将未经分拣的废纸（4707900090）按照 2016 年进口额的比重在其他废杂纸类（47079000）税号下进行拆分，2003—2016 年我国进口额如图 7 所示。可以看出，我国在 2003—2016 年的十余年期间，对于未经分解的废纸进口额呈现先增加，在 2008—2011 年大幅波动，然后趋于稳定下降。

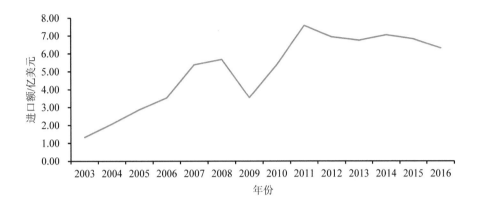

图 7　2003—2016 年我国未经分拣的废纸进口额变化图

三、废纸进口禁令对经济影响的初步分析

废纸作为造纸行业重要的中间产品投入，其进口量可能会对造纸行业生产成本产生直接影响，进而通过市场的传导和调节作用影响到成品纸的价格、造纸行业收入以及前后关联产业的产出。

（一）方法论

为定量化分析废纸进口禁令所产生的经济影响，通过与世界自然基金会（WWF）、全球环境战略研究所（IGES）等国际组织及上海交通大学等国内学术机构的专家进行研讨，确定在研究中使用格兰杰因果检验方法以及投入产出分析方法。

1. 格兰杰因果检验方法

在时间序列情形下，两个经济变量 X、Y 之间的格兰杰因果关系定义为：若在包含了变量 X、Y 过去信息的条件下，对变量 Y 的预测效果要优于只单独由 Y 的过去信息对 Y 进行的预测效果，即变量 X 有助于解释变量 Y 的将来变化，则认为变量 X 是引致变量 Y 的格兰杰原因。

使用格兰杰因果检验方法是为了检验废纸进口额是否能在统计学意义上成为解释国内成品纸价格变动的原因。研究使用的数据为：2003—2015 年未经分拣的废纸（4707900090）进口额、2003—2015 年造纸行业出厂价格指数表征的成品纸价格。其中未经分拣的废纸（4707900090）进口额是基于 UN Comtrade 数据计算得出，造纸行业出厂价格指数来自《中国统计年鉴》。

根据《中国统计年鉴》，造纸和纸制品业生产者出厂价格指数是以上年为基准 100 计算的数据。为在时间序列上分析价格指数的变化，本文对该指数进行调整，以 2003 年为基准价格指数，得出历史趋势如图 8 所示。可以看出，2008 年成品纸及纸制品等出厂价格大幅上升，2009 年又快速回落，2007—2011 年波动较大，2011 年之后处于较稳定的下降趋势。

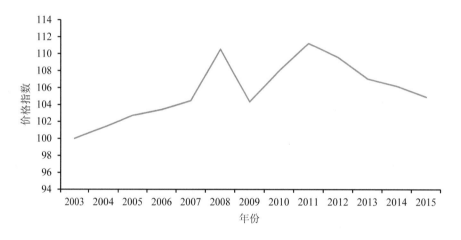

图 8　2003—2015 年我国造纸和纸制品业生产者出厂价格指数

（2003 年指数为 100）

2．投入产出分析方法

投入产出分析方法是研究经济体系（国民经济、地区经济、部门经济、公司或企业经济单位）中各个部分之间投入与产出的相互依存关系的数量分析方法。本文基于国家统计局编制的 2012 年 139 部门投入产出表，利用投入产出分析相关计算公式，计算禁止进口未经分拣的废纸（4707900090）对我国造纸和纸制品行业（部门代码：22036）以及全行业产出的影响。需要说明的是，本文使用的是竞争性投入产出表来测算禁止废纸进口的经济影响，相对于使用非竞争性投入产出表，估算出的国内影响会略高一些。

计算公式如下：

$$\Delta \boldsymbol{X}_{im} = [\boldsymbol{I} - (\boldsymbol{I} - \hat{\boldsymbol{m}})\boldsymbol{A}]^{-1} \times \Delta \mathbf{im}$$

$$
\begin{cases}
\boldsymbol{A} = [a_{ij}], a_{ij} = \dfrac{z_{ij}}{x_j} \\[4mm]
\boldsymbol{I} = \begin{pmatrix} 1 & \cdots & 0 \\ \vdots & \ddots & \vdots \\ 0 & \cdots & 1 \end{pmatrix} \\[6mm]
\hat{\boldsymbol{m}} = \begin{bmatrix} m_1 & \cdots & 0 \\ \vdots & \ddots & \vdots \\ 0 & \cdots & m_j \end{bmatrix}, m_j = \dfrac{M_j}{\sum_j z_{ij} + f_j} \\[6mm]
\Delta \mathbf{im} = \begin{pmatrix} 0 \\ \Delta m_j \times x_{ij} \\ 0 \end{pmatrix}
\end{cases}
$$

（二）初步结论

1. 未经分拣的废纸进口额与造纸行业出厂价格指数无因果关系

对造纸和纸制品业生产者出厂价格指数和未经分拣的废纸（4707900090）进口额两个变量进行计量分析。由 ADF 检验可知造纸和纸制品业生产者出厂价格指数和未经分拣的废纸进口额时间序列均为平稳序列。进一步对造纸和纸制品业生产者出厂价格指数和未经分拣的废纸（4707900090）进口额两个变量进行格兰杰因果检验，显著性水平取 5%，滞后期取值 1～2，结果如表 1 所示。

表 1　出厂价格指数与废纸进口额格兰杰因果检验结果

滞后期	零假设	F 统计量	P 值	决策
1	未经分拣的废纸进口额不是造纸和纸制品业生产者出厂价格指数的格兰杰原因	0.611 78	0.454 2	接受
	造纸和纸制品业生产者出厂价格指数不是未经分拣的废纸进口额的格兰杰原因	0.816 14	0.389 9	接受
2	未经分拣的废纸进口额不是造纸和纸制品业生产者出厂价格指数的格兰杰原因	4.322 00	0.068 8	接受
	造纸和纸制品业生产者出厂价格指数不是未经分拣的废纸进口额的格兰杰原因	3.367 42	0.104 6	接受

结合 F 检验和 P 值，从表 1 可以看出，当滞后期数为 1 期时，未经分拣的废纸进口额对造纸和纸制品业生产者出厂价格指数没有显著影响，反之也没有影响，表明两者之

间是伪相关，即不存在因果关系；当滞后期数为 2 期时，也得到相同结论。

2. 禁止未经分拣的废纸进口对我国经济影响不显著

根据国家统计局公布的 2012 年 139 部门投入产出表，利用投入产出分析方法，对我国禁止未经分拣的废纸进口产生的经济影响进行计算。

基于我国 2016 年未经分拣的废纸进口情况，如果我国实施全部禁止进口措施，即未经分拣的废纸进口贸易额由 6.3 亿美元降至 0，通过产业传导，废纸进口减少额对造纸行业的产出影响约为 6.5 亿元人民币，造成产出降幅约为 0.053%。

对全行业产出而言，由于进口废纸产品既有前向关联，又存在后向关联，通过投入产出方法估算禁止进口废纸对我国全行业产出的影响约为 110.3 亿元人民币，造成产出降幅约为 0.006 8%。将影响分到三次产业中，对第一、二、三产业产出的影响分别为 1.2 亿元人民币、96.8 亿元人民币以及 12.3 亿元人民币，如图 9 所示。

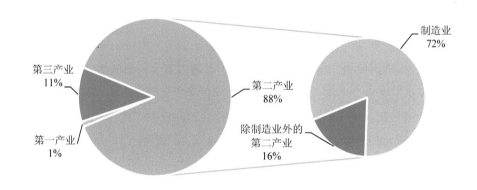

图 9　禁止废纸进口对各产业影响分布

（三）原因分析

通过定量分析，可以发现未经分拣的废纸进口额与成品纸价格无因果关系，且全部禁止进口后，对国民经济的影响较小，仅为 0.006 8%，进一步分析认为造成上述结果的原因有：

一是进口的未经分拣的废纸（4707900090）在我国使用的纸浆中所占比重较小。2016 年我国未经分拣的废纸（4707900090）进口量为 500 余万 t，约占进口废纸浆的 13%。而进口废纸浆在我国使用的全部纸浆中仅占 24.7%。通过折算，由进口的未经分拣的废纸制成的废纸浆仅占到我国全年使用纸浆量的 3.2%。

二是未经分拣的废纸（4707900090）在成品纸制造过程中可以被其他废纸或原材料

替代。调整后的《禁止进口固体废物目录》仅涉及 47079000 税号下的产品，其他三类废纸产品均不在禁止目录下。此外，我国造纸所用纸来源包括我国的废纸浆和其他纤维原材料，在市场机制下，被禁止进口的未经分拣的废纸可以很快被其他原材料替代。

三是造纸行业集聚度相对较高。相关统计显示我国前 10 位的造纸企业产能已经占到整个行业的 37%，对于原料成本控制和市场定价能力较强。

四是中国废纸回收率和利用率在逐年增高。根据相关统计，我国废纸回收率从 2003 年的 30.4%增加到 2015 年的 46.8%，废纸利用率从 2003 年的 55.8%提高到 2015 年的 72.6%。回收和再利用的废纸在一定程度上能够替代用作原料的进口废纸。

此外，成品纸价格除受成本影响外，还受市场需求的影响。

综上可以得出，未经分拣的废纸（4707900090）进口额与成品纸价格之间不存在因果关系，且禁止进口未经分拣的废纸（4707900090）对造纸行业和国民经济影响较小。

四、政策建议

基于上述分析和结论，结合舆情演变进展，建议如下：

1．积极应对和正面引导舆情

组织召开与四类固体废物行业以及相关产业的座谈会，解释相关政策，了解其需求，共同探讨解决和替代办法，宣传定量化研究成果，打消疑虑。广泛利用媒体，包括报纸、网络、环保部微博微信等加强宣传报道。不仅政府解读相关政策，也鼓励专家发声，包括将本文适时发布。宣传内容应包括：政策解读；政策对经济的影响；进口固体废物的环境影响，如垃圾围城的片子要大力宣传。

2．改变废纸回收付费方式，提高废纸回收率和利用率

由原来回收者付费转变为多种付费方式，降低国内废纸回收行业的成本。建议选取重点行业进行试点，如对快递业实施由消费者付费购买包装纸盒（箱），政府采购的办公用纸由使用单位付费回收等。通过多种手段激励废纸回收和利用，提高国内废纸回收率和利用率，满足国内造纸行业对原料的需求。

3．深化洋垃圾进口禁令的经济影响和绿色贸易政策研究

进一步深入研究分析废塑料、纺织废料等洋垃圾进口禁令的经济和贸易影响。开展固体废物管理措施的贸易政策研究，包括出口退税、进口管制措施等。

我国港口货物运输"公转铁"
环境成本效益定量评估[①]

李媛媛　黄新皓　姜欢欢　李丽平　刘胜强

摘　要　《中共中央　国务院关于全面加强生态环境保护　坚决打好污染防治攻坚战的意见》《打赢蓝天保卫战三年行动计划》将优化调整交通运输结构、提高沿海港口大宗货物铁路货运比例作为污染防治攻坚的重要举措。本文重点分析天津港煤炭"公转铁"政策实施效果，从典型港口和全国港口层面分析港口"公转铁"的环境成本效益。

研究认为：一是天津港煤炭"公转铁"政策具有环境和经济的双重效益。实施"公转铁"政策前后，2017年与2016年相比天津港集运煤炭量减少3 473.6万t，削减CO 3 500.2 t、NO_x 9 325.3 t、VOCs 412.6 t、$PM_{2.5}$ 261.4 t和PM_{10} 289.2 t，共计可节约67.31亿元的运输成本。二是从目前港口大宗货物运输方式和比例来看，不同区域的货运方式与铁路集疏运的比例存在显著差异，铁路集疏运还未成为港口的主要货运方式。2016年，三个典型港口中天津港的铁路运输比例最高，其煤炭铁路集运比例为37.5%，金属矿石铁路疏运比例为21.4%；深圳港集装箱铁路运输比例不到0.5%，而上海港集装箱铁路运输比例为零。三是从不同港口和货物类型来看，"公转铁"实现了污染物的减排，但边际成本会降低、减排成本会逐步增加。当天津港金属矿石铁路疏运比例增加到80%时，污染物削减率为60%，单位减排成本为8.51万元/t；当天津港金属矿石铁路疏运比例提高至100%时，污染物削减率达到80%，但单位减排成本大幅增加到28.69万元/t，减排成本增加了约20万元/t。就深圳港和上海港而言，"公转铁"虽有一定减排效果，但效果不显著。两港集装箱铁路运输比例增加到15%时，污染物削减率约为40%左右；当集装箱铁路运输比例增加到30%时，污染物削减率才能达到80%以上，单位污染物减排成本为78万元/t。四是从全国港口"公转铁"成本和环境效益预测来看，铁路运输代替公路运输后显著降低了CO、NO_x的排放量，污染物减排的协同效应凸显，且煤炭"公转铁"的单位污染物减排成本最低。随着港口铁路集疏运比例的提高，

[①] 原文刊登于《中国环境战略与政策研究专报》2018年第29期。

2020 年可减排 NO_x、PM_{10}、$PM_{2.5}$、CO、HC 分别为 13.57 万 t、0.74 万 t、0.67 万 t、6 057 万 t、1.10 万 t，2030 年的减排量比 2020 年增长两倍，2030 年的减排量占 2017 年重型柴油货车排放量比例为 13.53%。全国港口不同货物"公转铁"的污染物单位减排成本从低到高排序为煤炭、矿石、集装箱。

建　议　一是以环保为抓手，建立港口铁路集疏运联合工作组；二是进一步强化"公转铁"力度，短期内采取行政手段循序渐进推进大宗干散货铁路集疏运；三是将运输结构调整纳入环保督察中，建立相应考核指标体系；四是加大财政支持力度，对强制"公转铁"造成成本上升的货物运输，给予适当补贴；五是港口铁路集疏运目标的制定需综合考虑污染物与温室气体减排的协同效应；六是综合考虑各种因素，制定"一港一策"方案。

关键词　港口　货物运输　公转铁　环境成本效益

党的十九大明确要求打赢蓝天保卫战，中央经济工作会议又进一步作出部署，要求调整交通运输结构，减少公路货运量，增加铁路货运量。今年 6 月印发的《中共中央　国务院关于全面加强生态环境保护　坚决打好污染防治攻坚战的意见》，明确提出要坚决打赢蓝天保卫战，通过调整优化运输结构明显改善大气环境质量，显著提高重点区域大宗货物铁路水路货运比例，提高沿海港口集装箱铁路集疏运比例。因此，调整交通运输结构，引导货运由公路走向铁路，减少重型柴油货车使用强度，是改善全国和地区空气质量的关键举措之一。

一、我国货物运输现状及政策综述

（一）我国货物运输结构现状

近年来，我国的货物运输基础设施得到了快速发展，公路运输发展很快，在交通运输中的地位日趋重要。但是，各种运输方式发展速度极不均衡，目前公路货运比例平均超过 70%（图 1），铁路运输的比重普遍在 15% 左右。综观整个京津冀地区，2016 年货运总量中，公路运输占 84.4%；区域内公路货运以重型柴油货车为主，保有量约 83 万辆，仅占区域内汽车保有量的 4% 左右，但其氮氧化物排放量在区域 NO_x 排放总量中的占比高达 20%。此外，2017 年该区域内重型载货车的保有量仍以两位数速度增长。据调查，国内中重型柴油货车 80% 以上承担长途货运，日均行驶里程达到 600 km 左右，柴油货车年均行驶里程为轻型汽车的 5～10 倍，使用强度普遍偏大。

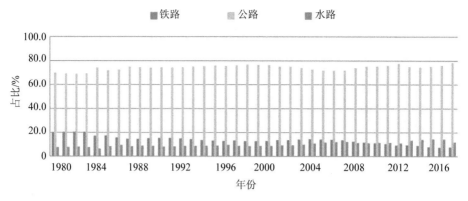

图1　1980—2016年全国货物运输分析

港口作为货物运输的重要转运站，在交通运输中发挥着极其重要的作用。据了解，我国港口的货运转送基本上都是通过公路运输来实现。以曹妃甸港和天津港为例，曹妃甸港作为国家铁矿石的集疏运枢纽港，年疏港矿石量达 1 亿 t 以上，但 2017 年经铁路发送量仅有 258 万 t，占比约 2%，剩下的基本上都是通过重型柴油货车进行运输；北京铁路局数据显示，2016 年天津港煤炭集港运量完成 1.04 亿 t，其中铁路运输集港运量 4 852 万 t，公路运输集港运量 5 600 万 t，公路运占比约 53.85%，相当于 110 万辆六轴卡车的运量，同时也是京津冀地区空气污染的重要来源。

（二）我国货物运输污染现状

移动源已成为我国大气污染的主要来源。以 2016 年为例，全国柴油车（其中货车约占 85%）总数为 1 878 万辆，仅占机动车保有量的 6.4%，但其 NO_x 排放量为 367.3 万 t，占比高达 63.6%（图2），柴油车排放的颗粒物更是占机动车排放的 99% 以上。具体到城市层面，北京市重型柴油货车（总质量大于 3.5 t 的公交、物流等大中型客车和中重型货车）约 23 万辆，仅占机动车保有量的 4% 左右，但排放的 NO_x 和 PM 却占到机动车排放总量的 50% 以上和 90% 以上。除了北京本地机动车之外，大量的过境重型柴油货车也加剧了大气污染，2016 年北京市延庆区对过境车辆调研发现运煤货车占所有货车的 75%，多为过境运输，目的地主要是天津港。据研究，一辆大型货车尾气产生的污染与 200 多辆小汽车排放的尾气污染相当[①]。

---

① 运输结构调整步步深化　"公转铁"在行动. 机动车环保网，http://www.vecc-mep.org.cn/tabloid/801.html#.

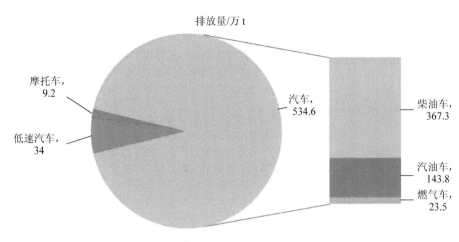

图2　机动车污染物排放情况

（三）政策综述

为控制货运车辆大气污染问题，国家层面和地方层面纷纷出台了相关法律法规、方案和文件等（表1）。从国务院印发的《大气污染防治行动计划》到地方层面出台的《大气污染防治条例》等都明确提出要"强化移动源污染防治以及加强对重型柴油车的管理"。原环保部发布的《京津冀及周边地区2017年大气污染防治工作方案》中明确提出天津港不再接受公路运输煤炭。2017年11月交通运输部印发的《关于全面深入推进绿色交通发展的意见》，也明确提出加快提升铁路客货运输比例，减少柴油货车长途运输量；铁路总公司也将提升铁路货运市场份额、降低社会物流成本作为2018年重要任务。

表1　港口道路集疏运相关环保政策

	发布单位	文件名称	具体内容
国家层面	国务院	《大气污染防治行动计划》	强化移动源污染防治以及加强对重型柴油车的管理，开展工程机械等非道路移动机械和船舶的污染控制
		《中共中央　国务院关于加快推进生态文明建设的意见》	加强船舶港口污染控制，积极治理船舶污染，增强港口码头污染防治能力
		《打赢蓝天保卫战三年行动计划》	积极调整运输结构，发展绿色交通体系
		《中共中央　国务院关于全面加强生态环境保护　坚决打好污染防治攻坚战的意见》	坚决打赢蓝天保卫战，打好柴油货车污染治理攻坚战，显著提高重点区域大宗货物铁路水路货运比例，提高沿海港口集装箱铁路集疏港比例

	发布单位	文件名称	具体内容
国家层面	环境保护部	《京津冀及周边地区2017年大气污染防治工作方案》	天津港不再接受公路运输煤炭。大幅提升区域内铁路货运比例，加快推进港铁联运煤炭。充分利用张唐等铁路运力，大幅降低柴油车辆长途运输煤炭造成的大气污染。7月底前，天津港不再接收柴油货车运输的集港煤炭。9月底前，天津、河北及环渤海所有集疏港煤炭主要由铁路运输，禁止环渤海港口接收柴油货车运输的集疏港煤炭
	生态环境部	《京津冀及周边地区2018—2019年秋冬季大气污染综合治理攻坚行动方案》	积极调整运输结构，大幅提升铁路货运量。各省（市）要制定运输结构调整三年行动方案，提出大宗货物、集装箱及中长距离货物运输公转铁、铁水联运、绿色货运枢纽建设实施计划，明确运输结构调整目标。2018年12月底前，环渤海地区、山东省沿海主要港口和唐山港、黄骅港的煤炭集港改由铁路或水路运输；提升疏港矿石铁路运输比例，鼓励通过带式输送机管廊疏港；加快唐曹、水曹等货运铁路线建设，大力提升张唐、瓦日铁路线煤炭运输量；加快推广集装箱多式联运，重点港口集装箱铁水联运量增长10%以上；建设城市绿色货运配送示范工程
地方层面	上海市	《上海市大气污染防治条例》	提出要防治机动车、港口船舶污染
		《上海市清洁空气行动计划（2013—2017）》	提出积极发展绿色交通，加大机动车船污染控制力度；优化港口及货物集疏运体系，提高集装箱水水中转和水铁联运比重
		《上海绿色港口三年行动计划（2015—2017年）》	提出鼓励港口发展多式联运
	深圳市	《深圳市绿色低碳港口建设五年行动方案》	提出鼓励港口发展多式联运
	广州市	—	广州港停止煤炭进口
	唐山市	《关于停止唐山港煤炭汽运集疏港的通知》	8月15日起，唐山港全面停止接收煤炭汽车集港运输；2017年9月30日起，唐山港全面停止煤炭汽车疏港运输
	山东省	《2017年环境保护突出问题综合整治攻坚方案》	2017年7月底前潍坊港、8月底前烟台港停止使用柴油车运输集疏港煤炭。各港口企业不再签订柴油货车运输集疏港煤炭合同，运输煤炭的柴油货车一律不得进出港区

同时，党中央和国务院也高度重视调整运输结构，打赢污染防治攻坚战。2017年10月，党的十九大报告明确将"打赢蓝天保卫战"纳入其中。2018年2月召开的全国环境保护工作会议上，李干杰部长明确要求将交通运输结构调整作为打赢蓝天保卫战的主攻方向之一，重点推进集疏港货物"公转铁"。交通运输结构调整也是生态环境部组织的大气重污染成因与治理攻关课题的重要研究内容，为制订实施蓝天保卫战三年计划提供科技支撑。2018年4月，习近平总书记在今年中央财经委员会第一次会议上指示要求，调整运输结构，减少公路运输量，增加铁路运输量。2018年5月召开的全国生态环境保护大会

上，习近平主席和李克强总理也明确表示，要坚决打赢蓝天保卫战。目前，生态环境部已会同相关部门和地方积极推动环渤海港口集疏港燃煤运输"公转铁"。2018 年 6 月，国务院出台的《打赢蓝天保卫战三年行动计划》《中共中央　国务院关于全面加强生态环境保护　坚决打好污染防治攻坚战的意见》中也将调整交通运输结构作为污染防治工作的重要举措。2018 年 9 月，生态环境部发布《京津冀及周边地区 2018—2019 年秋冬季大气污染综合治理攻坚行动方案》，再次强调要积极调整运输结构，大幅提升铁路货运量。

在地方层面上，很多省、市出台的大气污染防治条例中也将港口船舶和重型柴油车作为重点防治对象。以上海市为例，《上海市大气污染防治条例》中明确提出要防治机动车、港口船舶污染；《上海市清洁空气行动计划（2013—2017）》也提出积极发展绿色交通，加大机动车船污染控制力度，优化港口及货物集疏运体系，提高集装箱"水水中转"和"水铁联运"比重。同时，上海、深圳等沿海港口城市也分别发布了《深圳市绿色低碳港口建设五年行动方案》《上海绿色港口三年行动计划（2015—2017 年）》，进一步明确提出鼓励港口发展多式联运。2017 年 7 月底，山东省发布《2017 年环境保护突出问题综合整治攻坚方案》，提出 7 月底前潍坊港、8 月底前烟台港停止使用柴油车运输集疏港煤炭，各港口企业不再签订柴油货车运输集疏港煤炭合同，运输煤炭的柴油货车一律不得进出港区。2018 年 2 月 27 日，在中国铁路总公司组织下，中国铁路北京局集团有限公司与唐山市政府签订《关于加强唐山地区铁路集疏港运输战略合作的框架协议》，这是铁路与地方政府携手推动运输结构调整、打赢蓝天保卫战的一项重要举措，也开启了路地合作双赢发展的"唐山模式"。

综上所述，港口集疏运的大气污染已成为污染治理的重要内容。但是，我国港口集疏运尤其是港铁联运模式还仍在起步阶段，尚未建立有效的法规政策和监管体系，缺少针对港口铁路运输模式的环境成本效益分析。本文将重点从全国和典型港口层面分析港口铁路集疏运的环境成本效益，提出港口铁路集疏运发展的生态环境管理建议，为我国打好污染防治攻坚战提供参考。

二、我国港口"公转铁"环境成本效益分析

（一）研究方法

基于数据的可获得性和研究内容，我们将研究计算边界确定为运输路线货运车辆的起点和终点以及货运列车的起点和终点。为了研究不同铁路集疏运模式的成本效益，拟采用成本效益指标——效益成本（费用）比表示，计算公式如下：

$$\delta = B/C$$

式中，B —— 总效益；

C —— 总成本。

如果效益成本比 $\delta \geqslant 1$，说明社会得到的效益大于该方案支出的费用，项目或方案是可以接受的；若 $\delta < 1$，则该方案支出的费用大于所得到的效益，意味从经济前景看会产生损失，方案不可取。

港口"公转铁"的环境效益即为铁路运输替代公路运输的污染物减排量。不同运输方式下的污染物排放量采取排放因子法进行计算，成本主要计算港口"公转铁"后增加的运输成本。具体技术路线图如图 3 所示。

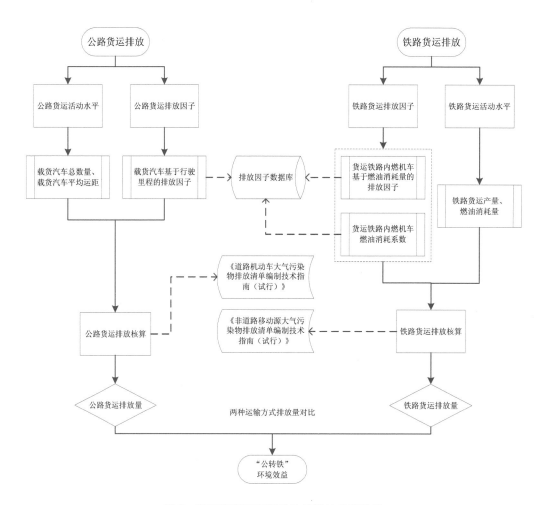

图 3　港口集疏运环境效益核算技术路线图

1. 公路货运排放量

载货汽车尾气排放量根据《道路机动车大气污染物排放清单编制技术指南（试行）》[①]进行核算，公式如下：

$$E_h = P \times \mathrm{EF}_h \times \mathrm{VKT}_h \times 10^{-6} \tag{1}$$

式中，E_h —— 载货汽车污染物排放总量，t；

　　　P —— 载货汽车总数量，辆；

　　　EF_h —— 载货汽车基于行驶里程的排放因子，g/km；

　　　VKT_h —— 载货汽车的年均运距，km/辆。

港口公路货运主要以重型载货汽车为主，使用柴油作为燃料。重型载货汽车根据排放标准可划分为 6 种类型（国 1 前、国 1、国 2、国 3、国 4、国 5），不同类型载货汽车的排放因子详见附表 1。将 6 种类型重型载货汽车的排放因子分别记为 EF_{h1}、EF_{h2}……EF_{h6}，以 EF_{hi}（i=1，2，…，6）表示。

一般而言，港口公路集疏运具有多个来源地或目的地，不同地点的运距与货运量均有所不同。将不同公路货运情景下的运距记为 VKT_{hj}，对应货运量和载货汽车数量分别记为 G_{hj} 和 P_j。其中，载货汽车的平均运距等于各情景下运距与载货汽车数量的加权平均数，且载货汽车数量可通过货运量与汽车载重量计算获得：

$$\mathrm{VKT}_h = \frac{\sum_j P_j \times \mathrm{VKT}_{hj}}{P}$$

$$P_j = \frac{G_{hj}}{T_j}$$

$$P = \sum_j P_j$$

$$G_h = \sum_j G_{hj} \tag{2}$$

式中，VKT_{hj} —— j 情景下载货汽车的平均运距，km/辆；

　　　P_j —— j 情景下载货汽车数量，辆；

　　　G_{hi} —— j 情景下载货汽车货运量，t；

　　　T_j —— j 情景下载货汽车的平均载重量，t/辆；

　　　G_h —— 公路货运总量，t。

假设在港口公路集疏运的各情景中，6 种类型的重型载货汽车数量占该情景下载货

---

① 关于发布《大气可吸入颗粒物一次源排放清单编制技术指南（试行）》等 5 项技术指南的公告（环境保护部公告 2014 年第 92 号）.（2014-12-31）. http://www.zhb.gov.cn/gkml/hbb/bgg/201501/t20150107_293955.htm.

汽车数量的比例分别为 δ_{j1}、δ_{j2}……δ_{j6}，以 δ_{ji}（i=1，2，…，6）表示。δ_{ji} 表征了不同情景下公路运输的车队结构，车队结构越优化，排放因子越低。各情景下的污染物排放因子计算公式如下：

$$EF_{hj} = \sum_{i=1}^{6} EF_{hi} \times \delta_{ji} \tag{3}$$

式中，EF_{hj}——j 情景下载货汽车基于行驶里程的排放因子，g/km；

δ_{ji}——j 情景下 i 类型载货汽车所占比例，%。

将式（2）和式（3）代入式（1），可得

$$E_h = \sum_j P_j \times VKT_{hj} \times EF_{hj} \times 10^{-6} \tag{4}$$

式中，E_h——载货汽车污染物排放总量，t；

P_j——j 情景下载货汽车数量，辆；

VKT_{hj}——j 情景下载货汽车的平均运距，km/辆；

EF_{hj}——j 情景下载货汽车基于行驶里程的排放因子，g/km。

2. 铁路货运排放量

目前常见的铁路机车包括铁路内燃机车和铁路电力机车两类。基于数据的可得性，本文不考虑电力机车的污染物排放量，铁路内燃机车排放量根据《非道路移动源大气污染物排放清单编制技术指南（试行）》[①]进行核算，公式如下：

$$E_r = (Y \times EF_r) \times 10^{-6} \tag{5}$$

式中，E_r——货运铁路内燃机车污染物排放总量，t；

Y——燃油消耗量，kg；

EF_r——货运铁路内燃机车基于燃油消耗量的排放因子，g/kg（见附表 2）。

燃油消耗量可通过铁路货运产量、货运铁路内燃机车油耗系数计算获得

$$Y = A_r \times \theta$$

$$A_r = \frac{G_r \times VKT_r}{10^4} \tag{6}$$

式中，A_r——铁路货运产量，万 t·km；

θ——货运铁路内燃机车油耗系数，kg/（万 t·km）（见附表 3）；

G_r——铁路货运总量，t；

VKT_r——货运铁路内燃机车的平均运距，km。

---

① 关于发布《大气可吸入颗粒物一次源排放清单编制技术指南（试行）》等 5 项技术指南的公告（环境保护部公告 2014 年第 92 号）.（2014-12-31）. http://www.zhb.gov.cn/gkml/hbb/bgg/201501/t20150107_293955.htm.

将式（6）代入式（5），可得

$$E_r = \left(G_r \times \mathrm{VKT}_r \times \mathrm{EF}_r \times \beta\right) \times 10^{-10} \tag{7}$$

式中，E_r——货运铁路内燃机车污染物排放总量，t；

G_r——铁路货运总量，t；

VKT_r——货运铁路内燃机车的平均运距，km；

EF_r——货运铁路内燃机车基于燃油消耗量的排放因子，g/kg（见附表2）；

β——货运铁路内燃机车油耗系数，kg/（万 t·km）（见附表3）。

3."公转铁"环境效益

在分别核算出公路货运排放量和铁路货运排放量之后，即可计算出港口"公转铁"的环境效益，即

$$B = E_h - E_r \tag{8}$$

式中，B——港口铁路集疏运的污染物减排量，t；

E_h——港口公路货运污染物排放总量，t；

E_r——港口铁路货运污染物排放总量，t。

当 $B>0$ 时，说明铁路货运比公路货运排放量低，"公转铁"环境效益为正值，政策具有一定污染减排效果；当 $B=0$ 时，说明港口铁路货运与公路货运排放水平相当，"公转铁"环境效益为零；当 $B<0$ 时，说明铁路货运比公路货运排放量高，"公转铁"的环境效益为负值，政策没有达到降低污染物排放量的目标。

（二）天津港煤炭集运"公转铁"环境效益与成本分析

2017 年以来,环境保护部会同相关部门和地方积极推动环渤海港口集疏港煤炭运输"公转铁"。《京津冀及周边地区 2017 年大气污染防治工作方案》印发以后，环渤海港口地区迅速行动。4 月 11 日，天津市政府第 90 次常务会议提出"尽快实现天津港集港运煤由汽车改为火车"；4 月底，天津港提前 3 个月率先禁止了包括柴油车和天然气卡车在内的所有汽运煤集疏港。天津港煤炭运输实施"公转铁"一段时间后，其环境效益和成本分析如下。

1.环境效益

从天津港全港来看，2016 年煤炭集运共计 12 985 万 t，其中铁路集运 4 866 万 t，占比 37.5%；公路集运 8 072 万 t，占比 62.2%（水路集运 47 万 t，占比 0.3%，水运排放忽略不计）。受"公转铁"政策的影响，尽管铁路运输比例升高，但是煤炭集运货物量呈现降低的趋势，2017 年比 2016 年集运煤炭量减少 3 473.6 万 t。为了便于核算和基于数据的可得性，设定如下三个假设条件：①2016 年天津港煤炭集运方式与 2017 年天津

港集团煤炭集运方式一致；②铁路货运方面，铁路货运中电力机车占比 80%，内燃机车占比 20%，电力机车污染物排放忽略不计，内燃机车油耗系数取 27.73 kg/（万 t·km）（见附表 3）；③公路货运车队结构为国 3 标准和国 4 标准，各占 50%，且载货汽车的平均载重量为 30 t/辆。通过对 2016 年和 2017 年进行分别计算可推算出实施"公转铁"政策后，天津港煤炭集运带来的污染物减排量如表 2 所示。

表 2　天津港煤炭集运现状排放分析

年	运输方式	货运量/万 t	污染物排放量/t						
			CO	NO$_x$	VOCs	PM$_{2.5}$	PM$_{10}$	BC	OC
2016年	铁路	4 866	51.6	346.7	19.3	12.3	12.9	7.0	2.2
	公路	8 072	4 369.0	11 802.5	525.3	332.7	367.7	192.6	52.5
	合计	12 938	4 420.6	12 149.2	544.7	345.0	380.6	199.6	54.7
2017年	铁路	7 918.9	83.9	564.2	31.5	19.9	21.0	11.3	3.5
	公路	1 545.5	836.5	2 259.7	100.6	63.7	70.4	36.9	10.1
	合计	9 464.4	920.4	2 823.9	132.1	83.6	91.4	48.2	13.6
减排量		—	3 500.2	9 325.3	412.6	261.4	289.2	151.4	41.1

可以看出，天津港煤炭集运"公转铁"后污染物排放量明显降低。2017 年与 2016 年相比，天津港可削减 CO 排放量 3 500.2 t、NO$_x$ 排放量 9 325.3 t、VOCs 排放量 412.6 t、PM$_{2.5}$ 排放量 261.4 t 和 PM$_{10}$ 排放量 289.2 t，CO 和 NO$_x$ 减排效果明显。

2. 成本效益分析

运输成本方面，根据调研结果，天津港煤炭铁路平均运价为 0.315 元/（t·km），煤炭公路平均运价为 0.265 元/（t·km）。通过测算，2016 年天津港煤炭集港运输成本约为 174.54 亿元，2017 年天津港煤炭集港运输成本约为 107.23 亿元，即 2017 年天津港实施"公转铁"政策后可节约 67.31 亿元的运输成本。也就是说，天津港实施煤炭"公转铁"政策具有环境和经济的双重效益，减排成本见表 3。

表 3　天津港煤炭集运"公转铁"政策减排成本

污染物类别	污染物减排量/t	单位污染物减排成本/（万元/t）
CO	3 500.2	−498.637
NO$_x$	9 325.3	−187.161
VOCs	412.6	−4 230.08
PM$_{2.5}$	261.4	−6 676.85
PM$_{10}$	289.2	−6 035.03
BC	151.4	−11 527.9
OC	41.1	−42 465.4

3. 推进"公转铁"存在的困难与问题

尽管随着相关政策的出台，天津港煤炭集疏运完全实现了铁路运输，但是通过调研，我们发现目前天津港在实施"公转铁"的过程中仍存在一些困难，具体如下：

一是周边铁路配套设施不完善。与周边秦皇岛港、黄骅港、曹妃甸港等港口相比，天津港目前没有通往西部的铁路运输通道，间接连接西部的主要铁路通道与现有铁路运输西部大通道不配套，而且没有规划连接即将建成投产的"蒙冀铁路"的联络线，造成港口竞争力下降而且后劲不足，同时这也是导致港口运输结构不均衡、公路集疏运运量大的重要原因。

二是公路运输与铁路运输价格存在"倒挂"的现象。为了降低汽运煤停运对天津港货源的影响，天津港已开始谋划港口集疏运结构调整相关工作。目前，天津港正在山西阳泉和朔州、河北武安、内蒙古乌兰察布推进建设三个物流基地。但是，由于天津港的煤炭、矿石等铁路运输成本高于公路运输成本，与周边港口的铁路运输比较也没有优势，天津港三个物流基地业务构想必须有相关政策支持才能得以实现。

（三）其他典型港口"公转铁"成本与环境效益预测分析

为进一步了解我国不同港口不同货物提高"公转铁"比例后的成本及环境效益，综合考虑地理位置、港口吞吐量等因素，我们选取了天津港、深圳港和上海港作为典型港口进行分析和研究。本文中我们结合国家层面政策及各地实际情况，提出了通过采取一系列措施后，港口"公转铁"有望实现的阶段性目标和模拟情景：

第一，2020 年，煤炭、矿石等大宗干散货以铁路运输为主；通过补贴等方式，实现集装箱"公铁"运价基本相当，集装箱铁路运输比例有效提升到 5%左右；

第二，到 2025 年，适合采用铁路运输的货类主要港区全部接入集疏港铁路，铁路服务水平大幅提升，"公铁"市场化运价基本相当，集装箱铁路运输比例大幅提升到 15%左右；

第三，到 2030 年，集装箱铁路运输比例平均达到 30%以上，主要港口（如上海港）达到 40%以上。

1. 天津港金属矿石"公转铁"环境效益和成本分析

（1）环境效益

2016 年天津港全港金属矿石疏运共计 11 932 万 t，其中铁路疏运 2 556 万 t，占比 21.4%；公路疏运 9 328 万 t，占比 78.2%（水路集港 48 万 t，占比 0.4%，水运排放忽略不计）。将 2016 年天津港全港金属矿石疏运的实际排放情况记为基准情景，根据天津港金属矿石集疏运发展路径分析，到 2020 年金属矿石铁路疏运比例上升至 80%，到 2025

年、2030 年金属矿石铁路疏运比例上升至 100%，可推算出相应的污染物减排量如表 4 所示。

表 4　2016 年天津港全港金属矿石疏运排放情景分析

情景	运输方式	货运量/万 t	污染物排放量/t						
			CO	NO$_x$	VOCs	PM$_{2.5}$	PM$_{10}$	BC	OC
基准情景（2016 年）	铁路	2 556	34.9	234.7	13.1	8.3	8.7	4.7	1.5
	公路	9 328	2 082.9	5 626.7	250.4	158.6	175.3	91.8	25.0
	合计	11 884	2 117.8	5 861.4	263.5	166.9	184.0	96.5	26.5
替代情景 1（2020 年）	铁路	9 507.2	129.9	872.9	48.7	30.9	32.4	17.5	5.5
	公路	2 376.8	530.7	1 433.7	63.8	40.4	44.7	23.4	6.4
	合计	11 884	660.6	2 306.7	112.5	71.3	77.1	40.9	11.9
	减排量	—	1 457.2	3 554.7	151.0	95.6	106.9	55.6	14.7
替代情景 2（2025 年、2030 年）	铁路	11 884	162.3	1 091.2	60.9	38.6	40.5	21.9	6.9
	公路	0	0	0	0	0	0	0	0
	合计	11 884	162.3	1 091.2	60.9	38.6	40.5	21.9	6.9
	减排量	—	1 955.5	4 770.2	202.7	128.3	143.5	74.6	19.7

由表 4 可以看出，金属矿石疏运"公转铁"后污染物排放量明显降低，当金属矿石铁路疏运比例从 2016 年占比 21.4%提高至 2020 年占比 80%时，天津港全港可削减 CO 排放量 1 457.2 t、NO$_x$ 排放量 3 554.7 t、VOCs 排放量 151.0 t、PM$_{2.5}$ 排放量 95.6 t 以及 PM$_{10}$ 排放量 106.9 t；当金属矿石铁路疏运比例从 2016 年占比 21.4%提高至 2025 年和 2030 年占比 100%时，天津港全港可削减 CO 排放量 1 955.5 t、NO$_x$ 排放量 4 770.2 t、VOCs 排放量 202.7 t、PM$_{2.5}$ 排放量 128.3 t 以及 PM$_{10}$ 排放量 143.5 t。天津港主要大宗货物集疏运"公转铁"污染排放对比见图 4。

（2）成本效益分析

在天津港推进金属矿石"公转铁"，将增加运输成本。当金属矿石铁路疏运比例从 2016 年占比 21.4%提高至 2020 年占比 80%时，运输成本将增加 4.627 亿元；当金属矿石铁路疏运比例从 2016 年占比 21.4%提高至 2025 年和 2030 年占比 100%时，运输成本将增加 20.92 亿元，具体见图 5。

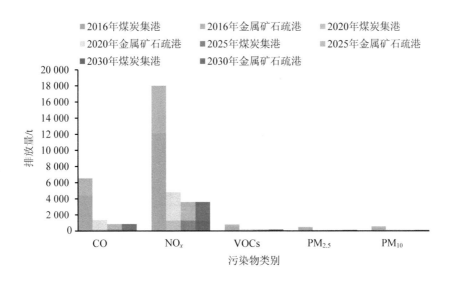

图 4 天津港主要大宗货物集疏运"公转铁"污染排放对比图

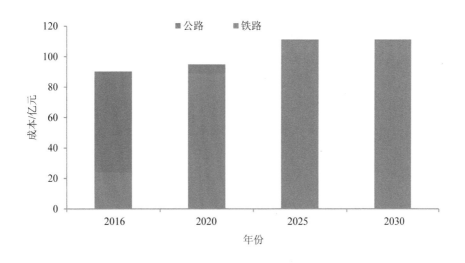

图 5 不同情景下天津港金属矿石公路与铁路运输成本

当金属矿石铁路疏运比例增加到 2020 年的 80% 时,单位减排成本为 8.51 万元/t,当铁路比例增加到 2025 年和 2030 年的 100% 时,单位减排成本大幅增加到 28.69 万元/t,减排成本增加了约 20 万元/t,具体见图 6。

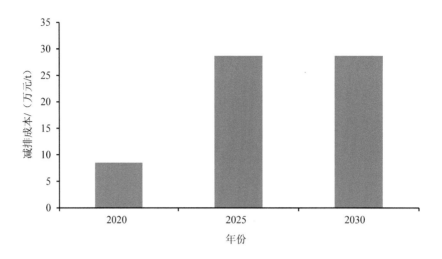

图 6　不同情景下天津港金属矿石"公转铁"单位减排成本

2．深圳港集装箱"公转铁"环境效益和成本分析

（1）环境效益

2016 年，深圳港金属矿石集疏运量为零；煤炭集运全部由水路运输，煤炭疏运量为零；集装箱集疏运方面，水运比例最高，达 60% 以上，公路运输比例为 35% 左右，铁路运输比例不到 1%。由于深圳港集装箱铁路集疏运和公路集疏运的路径均未知，通过查阅资料，深圳港集装箱货运运距取 250 km。同时，假设公路货运车队结构为国 3 标准和国 4 标准分别占 50%，且载货汽车的平均载重量为 30 t/辆；铁路货运中电力机车占比 80%，内燃机车占比 20%，电力机车污染物排放忽略不计，内燃机车油耗系数取 27.73 kg/（万 t·km）。计算得到 2016 年深圳港集装箱集疏运的污染物排放情况见表 5。

表 5　2016 年深圳港集装箱铁路和公路集疏运排放核算

集疏运	运输方式	货运量/万 TEU[a]	货运量/万 t[b]	污染物排放量/t						
				CO	NO$_x$	VOCs	PM$_{2.5}$	PM$_{10}$	BC	OC
集运	铁路	6.9	103	1.2	8.0	0.4	0.3	0.3	0.2	0.1
	公路	704.4	10 566	2 196.8	5 934.5	264.1	167.3	184.9	96.9	26.4
疏运	铁路	6.0	90	1.0	6.9	0.4	0.2	0.3	0.1	0.04
	公路	670.9	10 064	2 092.4	5 652.3	251.6	159.3	176.1	92.2	25.2

注：a. TEU 为标准箱、标箱；b. 以 1TEU=15 t 换算。

据悉，2017 年深圳市已开始积极优化集疏运体系，着力推进"组合港－绿色港口链工作"，引导货主采用水路和铁路等更为环保的运输方式①。目前，集装箱铁路集疏运比例的国际先进水平为 40%左右。将 2016 年深圳港集装箱集疏运污染物排放情况记为基准情景，根据深圳港铁路集疏运发展路径分析，到 2020 年、2025 年、2030 年集装箱铁路集疏运比例分别上升至 5%、15%和 30%，可计算出相应的污染物减排量如图 7 所示。

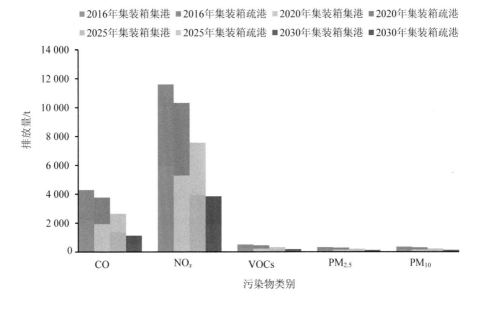

图 7 深圳港集装箱集疏运"公转铁"污染排放对比图

（2）成本效益分析

随着深圳港集装箱集疏运"公转铁"比例提高，相应的运输成本也将增加。与基准情景相比，若集装箱铁路运输比例上升到 5%时，运输成本增加约 15 亿元；若比例上升到 15%，运输成本增加约 48 亿元；若比例上升到 30%，则运输成本增加约 98 亿元。深圳港集装箱"公转铁"单位减排成本约为 78 万元/t②。

---

① 深圳市交通运输委员会. 2017 年深圳港集装箱吞吐量突破 2 500 万标箱. （2018-01-05）. http://www.sz.gov.cn/jw/xxgk/jtzx/gzdt/ghdt/201801/t20180105_10639942.htm.

② 因为计算时假设公路运输和铁路运输的运距均为 250 km，故单位减排成本不变。

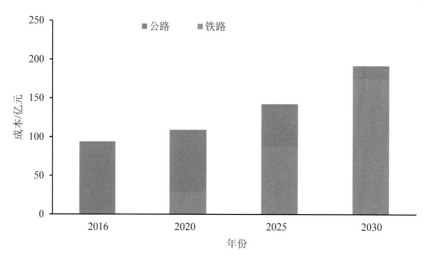

图8　不同情景下深圳港集装箱公路与铁路运输成本

3．上海港集装箱环境效益和成本分析

（1）环境效益

2016年，上海港煤炭、金属矿石和集装箱的铁路集疏运比例为零，货物运输以水路和公路为主。上海港的集疏运70%以上通过水运完成。由于上海港集装箱铁路集疏运和公路集疏运的路径均未知，通过查阅资料，上海港集装箱货运运距取250 km。同时，假设公路货运车队结构为国3标准和国4标准分别占50%，且载货汽车的平均载重量为30 t/辆；铁路货运中电力机车占比80%，内燃机车占比20%，电力机车污染物排放忽略不计，内燃机车油耗系数取27.73 kg/（万 t·km）。计算得到2016年上海港集装箱集疏运的污染物排放情况见表6。

表6　2016年上海港集装箱铁路和公路集疏运排放核算

集疏运	运输方式	货运量/万 TEU	货运量/万 t [a]	污染物排放量/t						
				CO	NO$_x$	VOCs	PM$_{2.5}$	PM$_{10}$	BC	OC
集运	铁路	0	0	0.00	0.00	0.00	0.00	0.00	0.00	0.00
	公路	1 200.7	18 011	3 744.8	10 116.3	450.3	285.2	315.2	165.1	45.0
疏运	铁路	0	0	0.00	0.00	0.00	0.00	0.00	0.00	0.00
	公路	1 095.4	16 431	3 416.3	9 228.9	410.8	260.2	287.5	150.6	41.1

注：a. 以1TEU=15 t换算。

由于2016年上海港铁路集疏运比例为零，公路集疏运比例不到40%，将2016年上海港集装箱集疏运污染物排放情况记为基准情景，根据上海港铁路集疏运发展路径分析，到 2020 年、2025 年、2030 年集装箱铁路集疏运比例分别上升至 5%、15% 和 40%，可计算出相应的污染物减排量如图 9 所示。

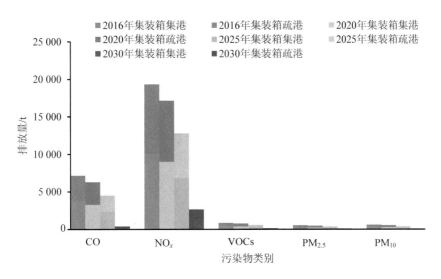

图 9　上海港集装箱集疏运"公转铁"污染排放对比图

（2）成本效益分析

集装箱"公转铁"推进过程中，将显著增加运输成本。若集装箱铁路运输比例上升到 5% 时，运输成本增加约 26 亿元；若比例上升到 15%，则运输成本与基准情景相比，增加了 78 亿元；若完全使用铁路运输，则运输成本增加了 200 亿元。上海港集装箱"公转铁单位减排成本约为 78 万元/t[①]。

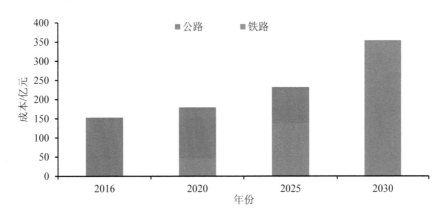

图 10　上海港集装箱公路与铁路运输成本

① 因为计算时假设公路运输和铁路运输的运距均为 250 km，故单位减排成本不变。

（四）我国港口"公转铁"成本与环境效益预测分析

1. 我国港口铁路集疏运环境效益分析

以 2017 年港口煤炭、矿石、集装箱运量为基础，不考虑未来港口发展带来的新增运量，按照上述港口铁路集疏运发展目标，测算现有公路运输转移至铁路运输的煤炭、矿石和集装箱量，基于减少的公路运输量依照上述公式计算相应的污染物排放减少量。

由表 7 可以看出，通过推进港口集疏运铁路运输代替公路运输，与 2017 年相比，2020 年可减排 NO$_x$、PM$_{10}$、PM$_{2.5}$、CO 和 HC 量分别为 13.57 万 t、0.74 万 t、0.67 万 t、6.57 万 t、1.10 万 t。随着铁路替代公路运输量的不断增加，大气污染物减排量也持续增长，到 2030 年减排量将比 2020 年增长两倍。

表 7 不同情景下港口铁路集疏运大气污染物减排量

年份	污染物类型	煤炭运输减排量/万 t	矿石运输减排量/万 t	集装箱运输减排量/万 t	合计减排量/万 t	减排量占2017 年机动车排放量比例/%	减排量占2017 年重型柴油货车排放量比例/%
2020	NO$_x$	3.09	7.30	3.18	13.57	2.36	4.77
	PM$_{10}$	0.17	0.40	0.17	0.74	1.45	2.53
	PM$_{2.5}$	0.15	0.36	0.15	0.67	1.32	2.29
	CO	1.49	3.53	1.54	6.57	0.20	1.25
	HC	0.25	0.59	0.26	1.10	0.27	1.41
2025	NO$_x$	3.09	9.73	12.18	25.00	4.35	8.79
	PM$_{10}$	0.17	0.53	0.66	1.36	2.68	4.67
	PM$_{2.5}$	0.15	0.48	0.60	1.23	2.42	4.21
	CO	1.49	4.71	5.90	12.10	0.36	2.30
	HC	0.25	0.79	0.98	2.02	0.50	2.60
2030	NO$_x$	3.09	9.73	25.67	38.50	6.70	13.53
	PM$_{10}$	0.17	0.53	1.40	2.10	4.12	7.19
	PM$_{2.5}$	0.15	0.48	1.27	1.90	3.73	6.51
	CO	1.49	4.71	12.43	18.63	0.56	3.55
	HC	0.25	0.79	2.07	3.11	0.76	4.00

从重点货类运输来看，2020 年前大宗散货（煤炭、矿石等）运输减排效果最为明显，占总减排量的 76.4%，集装箱运输的减排量仅占 23.6%。未来随着集装箱铁水联运比例大幅增长，其减排效果增长迅速，2025 年占总减排量的比例为 48.7%，2030 年比例高达 67%。

从港口铁路集疏运减排量占机动车和重型柴油货车排放量比例来看，推进铁路运输，NO_x减排效果最明显，2030年达到了13.53%。

2．我国港口铁路集疏运成本分析

推进煤炭、矿石、集装箱铁路集疏运，将大大增加全社会运输成本。如表8所示，三种情景下增加运输成本分别约为229.5亿元、522.8亿元和901.9亿元。从运输货类来看，集装箱增加的运输成本最高，到2030年，集装箱运输成本增加占比达到80.0%。

表8 不同情景下港口铁路集疏运成本分析 单位：亿元

年份	煤炭"公转铁"增加运输成本	矿石"公转铁"增加运输成本	集装箱"公转铁"增加运输成本	合计
2020	18.4	121.7	89.4	229.5
2025	18.4	162.2	342.2	522.8
2030	18.4	162.2	721.3	901.9

3．我国港口铁路集疏运成本效益分析

由表9可以看出，煤炭"公转铁"单位减排成本最低，为3.68万元/t；矿石"公转铁"单位减排成本居中，集装箱单位减排成本最高。

表9 不同情景下港口铁路集疏运单位减排成本 单位：万元/t

年份	煤炭运输	矿石运输	集装箱运输	合计
2020	3.68	10.29	17.36	10.44
2025	3.68	8.23	8.45	12.91
2030	3.68	8.23	11.57	14.47

三、结论及对策建议

通过对不同港口"公转铁"的成本及环境效益分析，本文得出以下结论：

1．天津港煤炭"公转铁"政策具有环境和经济的双重效益

受"公转铁"政策的影响，天津港煤炭集运货物量呈现降低的趋势，2017年比2016年集运煤炭量减少3 473.6万t。同时，天津港煤炭集运"公转铁"后污染物排放量明显降低。2017年与2016年相比，天津港可削减CO排放量3 500.2 t、NO_x排放量9 325.3 t、VOCs排放量412.6 t、$PM_{2.5}$排放量261.4 t和PM_{10}排放量289.2 t，CO和NO_x减排效果明显。从运输成本来看，天津港实施"公转铁"政策后可节约67.31亿元的运输成本。

但是，通过调研发现目前天津港在推行其他货物类型"公转铁"过程中也存在铁路基础设施不完善、无法突破"最后一公里"、公路和铁路运输价格"倒挂"等问题。

2. 从货物运输方式和比例来看，不同区域的货物运输方式与铁路集疏运的比例存在显著差异，铁路集疏运还未成为港口的主要货物运输方式

在运输方式上，天津港以公路和铁路运输为主，上海港和深圳港主要以水路和公路运输为主。在运输比例上，三个港口中天津港的铁路运输比例最高。2016 年天津港煤炭铁路集运比例为 37.5%，但受中央和地方政策的影响，其铁路运输主要集中在煤炭上，金属矿石公路疏运比例仍然高达 78.2%；深圳港集装箱铁路运输比例不到 0.5%，而上海港集装箱铁路运输比例为零。

3. 从不同港口和货物类型来看，"公转铁"实现了污染物的减排，但也导致运输成本增加

天津港金属矿石铁路运输比例从 21.4%提高至 100%时，天津港全港可削减 CO 排放量 1 955.5 t、NO_x 排放量 4 770.2 t、VOCs 排放量 202.7 t、$PM_{2.5}$ 排放量 128.3 t 以及 PM_{10} 排放量 143.5 t，污染物削减率达到 80%以上。但就深圳港和上海港而言，"公转铁"后虽也有一定的减排效果，但是减排效果不显著。从定量分析结果可知，集装箱铁路运输比例增加到 15%时，污染物削减率为 40%左右，当比例达到 30%时，污染物的削减率才能达到 80%以上。根据分析，为了实现污染物的减排量，三个港口的运输成本也实现了大幅度的增加，单位减排成本较高。为了实现设定的"公转铁"目标，天津港的金属矿石运输成本将增加 20.92 亿元，污染物减排成本增加了约 20 万元/t；上海港和深圳港的减排成本达到了 78 万元/t。经过综合分析，运距的不同是导致运输成本上升的最大原因。通常，煤炭的运输距离普遍在 500 km 以上，但是金属矿石、集装箱主要是运输到周边城市，普遍运输距离为 200～300 km。因此，针对不同货物类型以及不同地理位置的港口，在选择铁路集疏运时要综合考虑其环境效益和成本，一般而言，北方港口的长距离运输更适合用于铁路运输，南方港口可采用多式联运的方式进行运输。

4. 从全国港口铁路集疏运污染物的成本和环境效益情况来看，铁路集疏运代替公路集疏运后可以降低污染物的排放量，尤其显著降低了 CO、NO_x 的排放量，污染物减排的协同效应凸显

随着港铁集疏运比例的加大，2030 年污染物减排量比 2020 年增加两倍；根据 2017 年我国机动车和重型柴油货车排放量进行初步估算，若按照设定的情景推动铁路运输，NO_x 减排效果最为显著，2030 年的减排量占 2017 年重型柴油货车排放量比例的 13.53%。但是，与此同时，由于公路运输成本明显低于铁路运输成本，公铁运价呈明显的"倒挂"现象。据调查，当运距达到 800 km 以上时，铁路运输成本和公路运输成本基本相同；

运距 800 km 以内的中短距离运输，公铁运输成本差距在 40～60 元/t，差价几乎达到公路运价的一半以上，且运距越短成本差距越明显。因此，港口集疏运"公转铁"将增加全社会的运输成本，尤其是集装箱的运输成本。从全国港口铁路集疏运来看，不同货物的污染物单位减排成本从低到高的顺序为煤炭、矿石、集装箱。

基于我国港口铁路集疏运发展现状及环境效益分析，从生态环境管理角度，提出具体政策建议如下：

1. 以环保为抓手，建立港口"公转铁"联合工作组

建议以机构改革及打好柴油货车污染治理攻坚战为抓手，进一步明确生态环境部门、交通部门、发改部门、中国铁路总公司、港口等利益相关方的职责与分工。在国家层面推动形成港口"公转铁"联合工作组，具体开展如下工作：联合相关部门对柴油货车开展执法检查，推动铁路相关基础设施建设，降低铁路运输成本，实施运输结构调整行动计划，建立综合监管平台，获取货物运输动态等。

2. 进一步强化"公转铁"力度，短期内采取行政手段循序渐进推进大宗干散货铁路集疏运

建议在短期内，适当采取行政手段推进煤炭、矿石等大宗干散货铁路集疏运，具体如下：①以打赢蓝天保卫战为抓手，以《推进运输结构调整三年行动计划（2018—2020）》为基础，在地方出台的蓝天保卫战三年行动计划中明确纳入调整交通运输结构相关内容，推进地方政府部门编制运输结构调整工作方案，明确具体任务安排和时间节点，切实落实煤炭、焦炭、矿石等大宗货物铁路集疏运政策。②继续增加铁路集疏运比例和范围。根据不同货物"公转铁"成本和环境效益核算结果，建议 2020 年前应优先推进单位减排成本较低的煤炭运输和矿石运输由公路转向铁路，2020 年后随着煤炭和矿石"公转铁"逐步完成以及铁路运输价格下降，将重点转向单位减排成本相对高的集装箱铁路运输。此外，针对大气污染防治重点区域，选择合适港口，由地方政府出台更加严格的港口集疏运重型柴油车禁运政策，扩大适用范围以及禁运的运输货类，将集装箱、铁矿石等也逐步纳入禁止柴油车进出港口的行列。③加快煤炭、矿石等铁路运输线路及配套设施的建设，提升铁路运输能力，做好港口"公转铁"的高效衔接。

3. 将运输结构调整纳入环保督查中，建立相应考核指标体系

建议将港口"公转铁"落实情况纳入中央环保督查和生态环境部门大气强化督查重点内容之一，形成港口督查常态化。①加大"公转铁"在城市环保督查尤其是在港口城市环保督查中的考核比重，建立相应考核指标体系，让考核问责落到实处。可参考 2018年 9 月印发的《京津冀及周边地区 2018—2019 年秋冬季大气污染综合治理攻坚行动方案》中对天津港、唐山港等港口制定的"公转铁"量化考核指标，明确整改时间节点和任务量。②针对"公转铁"的实施效果组织开展机动式、点穴式专项督查，各省可先行组织"公转铁"的省级环保督查。③完善激励和惩罚机制。在督查中，对不按规定实施"公转铁"政策或未达到要求的地方名单予以通报或者与相关负责人约谈；若按照规定完成相关要求，则予以一定的表扬和奖励。④在重点港口设置环境空气质量监测站点，为环保督查提供重要依据，为实施港口"公转铁"的环境效应分析及进一步优化货物运输结构提供数据支持。

4. 加大财政支持力度，对强制"公转铁"造成成本上升的货物运输，由各级财政给予适当补贴

"公转铁"后导致货物运输的成本上升，建议国家加大财政支持力度。一是国家出台财政补贴的指导文件，明确规定对优先采取铁路运输的港口、货物公司等给予财政补贴或者税收减免等经济激励措施；二是地方政府优先保障财政对铁路运输的补贴，相应支出列入各级财政预算；三是地方政府出台《铁路运输补贴资金管理办法》等文件，明确规定具体财政补贴的方式、方法、时间等。

5. 港口铁路集疏运目标的制定需综合考虑污染物与温室气体减排的协同效应

交通运输结构调整不仅可促进污染物减排，还可显著降低温室气体的排放量。建议在后续港口铁路集疏运目标制定中考虑污染物减排协同效应，统筹大气污染物排放目标及"十三五"温室气体减排目标等，确定最佳协同控制目标，在控制污染物的同时推动实现低碳的交通运输体系建设，达到双赢的效果。

6. 综合考虑各种因素，制定"一港一策"方案

建议综合考虑港口的地理位置、周边交通特点、运距和货物类型、环境效益、成本等因素，针对有条件的港口先行先试，按港口特征制定"一港一策"方案，提高每个港口的综合效益。例如，针对短途运输（<300 km），可考虑采用电气化的车辆进行公路运输；针对中长途运输，可考虑采用铁路（电气化火车）或水路运输；针对北方港口，可进一步加大铁路集疏运的比例；针对南方港口，可考虑采取铁水联运等多式联运方式运输货物。

附件：

附表1 重型载货汽车（柴油）污染物排放因子

单位：g/km

排放标准	CO	NO$_x$	SO$_2$	NH$_3$	VOCs	PM$_{2.5}$	PM$_{10}$	BC	OC
国1前	13.60	13.82	0.14	0.017	6.45	1.32	1.45	0.75	0.24
国1	5.79	9.59	0.14	0.017	1.42	0.62	0.69	0.36	0.11
国2	3.08	7.93	0.14	0.017	0.82	0.50	0.56	0.29	0.09
国3	2.79	7.93	0.14	0.017	0.40	0.24	0.27	0.14	0.04
国4	2.20	5.55	0.14	0.017	0.20	0.14	0.15	0.08	0.02
国5	2.20	4.72	0.14	0.017	0.20	0.03	0.03	0.02	0

资料来源：贺克斌等主编的《城市大气污染物排放清单编制技术手册》。

附表2 铁路内燃机车污染物排放因子

单位：g/kg

机械类型	排放标准	CO	NO$_x$	VOCs	PM$_{2.5}$	PM$_{10}$	BC	OC
客运铁路内燃机车	国1前-运行排放	8.29	55.73	3.11	1.97	2.07	1.12	0.35
货运铁路内燃机车	国1前-运行排放	8.29	55.73	3.11	1.97	2.07	1.12	0.35

资料来源：贺克斌等主编的《城市大气污染物排放清单编制技术手册》。

附表3 2015年铁路机车单耗及综合能耗

局别	内燃机车油耗/ [kg/（万 t·km）]	电力机车电耗/ [kW·h/（万 t·km）]	两种机车综合能耗/ [kg/（万 t·km）]
哈	24.65	120.34	33.85
沈	21.45	134.25	24.41
京	36.37	106.52	18.39
太	40.40	82.04	11.87
呼	46.47	83.67	14.28
郑	129.85	107.05	14.43
武	36.03	102.95	14.80
西	47.24	123.13	18.23
济	33.40	102.90	17.02
上	24.47	112.14	23.10
南	34.78	115.88	19.70
广	50.23	117.88	17.96
宁	21.06	120.57	24.10
成	154.91	129.29	17.89
昆	116.72	145.47	20.72
兰	110.43	92.90	12.44
乌	32.41	98.46	16.29
青	50.96	83.50	28.35
总公司	27.73	106.84	18.47

资料来源：《中国铁道年鉴》（2016）。

参考文献

[1] 环境保护部. 中国机动车环境管理年报[N]. 2018.

[2] 贺克斌，等. 城市大气污染物排放清单编制技术手册[R]. 2017.

[3] 何吉成，吴文化. 中国实施铁路电气化的节能减排量估算[J]. 气候变化研究进展，2011，7（1）：29-34.

[4] 赵雅倩，王伟. 港口节能减排多目标优化研究[J]. 华东交通大学学报，2015，33（3）：78-85.

第六篇

环境经济政策

我国环境污染强制责任保险立法重点问题研究[①]

李 萱 黄炳昭 沈晓悦 尚浩冉 袁东辉

摘 要 我国环境污染强制责任保险制度试点多年，亟待进一步规范、完善。本文对环境污染责任保险制度的国际经验与我国环境污染强制责任保险立法过程稿进行比较研究，分析我国环境污染强制责任保险立法的重点问题，并提出立法建议。

关键词 环境污染强制责任保险 保险责任范围 信息不对称

我国环境污染强制责任保险制度自 2007 年以来以政策试点方式在部分地方推行。2013 年，环保部与保监会联合发布了《关于开展环境污染强制责任保险试点工作的指导意见》（以下简称指导意见），要求在高环境风险行业开展环境污染责任强制保险试点工作。从环境污染强制责任保险试点的实践发展来看，指导意见发布后，地方环保部门大力推广并采取投保约束手段督促企业投保，投保企业数量大幅增长。但 2014 年新《环境保护法》规定"鼓励投保环境污染责任保险"，法律规定与试点政策相龃龉，环境污染强制责任保险试点不可避免遭到质疑[1]；同时，试点实践中的诸多问题也开始显现，主要为法律依据不健全[2]、企业违法成本低没有投保需求[3]、保险产品有待改进[4]，环保部门推动保险试点是为保险公司打工[5]等问题。

在上述背景下，环境污染强制责任保险制度改革被提上日程。2015 年，中共中央、国务院发布《生态文明体制改革总体方案》，提出在"在环境高风险领域建立环境污染强制责任保险制度"。2016 年，人民银行、环境保护部、保监会等部门联合印发《关于构建绿色金融体系的指导意见》（银发〔2016〕228 号），提出"在环境高风险领域建立环境污染强制责任保险制度"。2017 年 6 月，《环境污染强制责任保险管理办法（征求意见稿）》（以下简称《征求意见稿》）向全社会公开征求意见，2018 年 5 月，《环境污染强制责任保险管理办法（试行）（草案）》经生态环境部部务会审议通过。本文对美国、德

---

① 原文刊登于《环境与可持续发展》2018 年第 6 期。

国、芬兰等国家环境污染责任保险相关立法经验与我国环境污染强制责任保险立法过程中的《征求意见稿》的起草及其论证与修改过程，分析我国环境污染强制责任保险制度立法重点问题，提出我国环境污染强制责任保险制度立法建议。

一、相关概念辨析

（一）环境污染责任保险产品的发展

在保险产品意义上，早期的环境污染责任保险脱胎于公众责任保险，公众责任保单一般会承保污染环境导致的责任风险。从 20 世纪 70 年代开始，环境侵权责任制度迅猛发展，这导致很多公众责任保单的承保人要为特别严格的污染责任风险承担额外的赔偿责任。1973 年，美国的公众责任保单不再保障投保人故意行为导致的污染责任，只承保突发意外事故造成的污染责任。这一除外被称为"有条件除外"（qualified exclusion）[6]，后来，由于法院频繁地对突发和意外进行解释，突发和意外的语意一直模糊不清，这导致保险行业不愿意再承保突发和意外事故造成的损失，1986 年，保险人对其保单术语进行严格限定，将所有的污染损失都排除在公众责任险之外，这一除外被称为"绝对除外"（absolute pollution exclusion）①。

在美国的影响下，其他国家也开始推出污染除外条款。20 世纪 70 年代末，意大利按照国家保险协会的建议将所有污染风险都排除在企业的公共责任保单之外。1993 年起，法国公众责任保险合同中不再系统地阐述污染风险相关的内容。类似地，比利时和西班牙也对索赔型保单进行了限制。20 世纪 90 年代早期，英国保险协会（ABI）出版了推荐的污染除外条款[7]。

Nick Lockett 在其专著《环境责任保险》一书中总结说，在英、美两国，基本污染责任保险有两种类型。第一种类型称为环境损害责任保险（environmental impairment liability insurance），这种类型的保单意图为因被保险人的行为使土地受到污染给第三方造成的任何损害或损失提供保险，在美国，这种保险被称为污染法律责任保险（pollution legal liability insurance）。这种保单只承保被保险人造成的环境污染所导致的第三方人身和财产损害，并不承保所有的环境损害。第二种类型的保险称为自有场地治理责任保险（own-site clean-up insurance），这一类型的保单将赔付被保险人因为清理命令而由其进行土地清理所引起的费用，或者由污染监管机构运用其权力进行土地清理后向被保险人追

---

① http://www.armr.net/wp-content/uploads/2012/10/historyins7-10-07.pdf.

偿所引起的费用[8]。2003 年 OECD 发布的针对环境责任保险政策的研究报告中，列举了环境污染责任保险的一些重要类型，主要包括：环境责任保险（EIL），也被称为污染法律责任保险（PLL）；现场清理责任保险（coverage for on-site cleanup liability）；清理成本上限保险（cleanup cost cap policy）；承包商污染法律责任保险（contractors pollution legal liability）；运输保险（transportation coverage）；垃圾填埋场环境保险（environmental coverage for landfills）等[9]。

（二）环境污染责任保险的概念

由于各国环境污染责任保险产品繁多，在不同法域、不同历史时期差异较大，这导致环境污染责任保险的概念众说纷纭。我国学者邹海林认为，环境污染责任保险是指以被保险人因污染环境而应当承担的环境赔偿或治理责任为标的的责任保险[10]。我国学者熊英、别涛等将其定义为，"所谓环境污染责任保险，就是以排污单位发生的事故对第三者造成的损害依法应负的赔偿责任为标的的保险"[11]。阳雾昭认为，环境污染责任保险是以环境污染造成的人身伤害、财产损害或环境损害责任为保险标的的保险。被保险人以支付保险费为代价，通过投保环境污染责任将原本由自己承担的风险转移给保险人[12]。2007 年我国发布《关于开展环境污染责任保险试点的指导意见》，对于环境污染责任保险做出如下界定，环境污染责任保险是以企业发生污染事故对第三者造成的损害依法应承担的赔偿责任为标的的保险。

上述概念在表述上不尽相同，其主要区别在于对环境污染责任保险的保险标的界定不同。在不同的国家，由于环境污染责任体系的不同，环境污染责任保险的保险标的必然会有所差别。本文采用如下定义，环境污染责任保险是指以被保险人因污染环境而应当承担的环境赔偿或治理责任为标的的责任保险。上述定义中，环境赔偿责任是私法意义上的民事损害赔偿责任，环境治理责任是公法意义上的生态环境修复责任，两者关系为"或"，如此定义可以将环境损害赔偿责任、清污费用、治理责任等私法或公法意义上的赔偿责任都纳入讨论范围。

（三）环境污染强制责任保险立法目标

环境污染强制责任保险是指依照法律规定，法定投保义务人必须向保险人投保而成立的环境污染责任保险，其主要目标是为环境责任制度提供财务担保机制，保证环境事故责任方在因承担环境责任而发生破产、资不抵债等无力履行债务情形时环境损害依然能得到经济赔偿。

环境污染强制责任保险立法肇始于 20 世纪 80—90 年代，各国差异较大。从 20 世纪 70 年代开始，以美国为典型代表，环境污染民事责任向严格化方向发展，其与传统的侵权法律责任相比，表现出截然不同的特点，主要为在归责原则上实行无过错责任原则、责任主体的认定上实行连带责任、实施生态环境损害赔偿制度、责任追溯期延长。由此导致两方面后果，一是环境侵权责任的责任主体扩大，二是侵权赔偿额度大幅增长。同时，制造出一个法律困境，即随着环境损害赔偿制度的快速发展，虽然环境侵权人在法律上承担的赔偿责任越来越广泛，但环境侵权人的赔偿能力却总是有限的。看似严格保护受害人和生态环境的环境责任制度，如果没有任何财务安全或财务保障措施，则很容易沦落到完全无效的地步，其在效果上仅仅会导致诉讼和交易成本的增加。美国兰德司法研究所一项研究表明，对中小型企业而言，交易成本占据了 CERCLA 场地开支的60%，交易成本中，75%是诉讼开支，其余是由非政府批准的工程研究或与法律无关的成本构成。美国精算师协会估计，私人交易成本约为 CERCLA 所积累资金的 50%。[13]基于此，强制保险或强制性的财务担保制度在环境污染的民事责任制度发生巨大变革的背景下应运而生，成为保护环境损害及其受害人的一个有效手段[14]。瑞士再保险公司2007 年对欧洲环境责任指令发布后欧洲 20 个国家的强制财务担保或强制保险制度进行分析，其中有 4 个国家采用了强制性的财务担保制度或强制保险制度来保障欧洲环境责任指令的实现[15]。

针对环境污染强制责任保险进行立法，国际上有两种立法体例，第一种为将保险作为高环境风险企业强制性财务责任机制的一个类型，供义务主体自己选择，保险为多种法定财务担保机制的可选方案之一。该立法体例的典型国家为美国、德国。在立法中确立特定主体承担提供财务担保的义务，并列举若干种可供选择的财务担保机制，主要包括保险、财务测试、担保、保险、信用证、信托基金、保证金或政府基金等。义务主体只需选择一种财务担保机制，并提交法律规定的证明材料。在此立法体例下保险并不是高环境风险企业证明其拥有财务担保的唯一方式，但是一般而言，"保险是监管部门希望企业首选的财务担保机制，因为与财务担保的其他方式相比，其需要的行政监督更少，并且能够更好地保证未来回收成本"①。虽然保险并不是强制投保的唯一财务担保机制，但是从立法监管上看，立法仍然要为投保人与保险人提出行为规范和指导，主要包括投保指南、对责任范围、报告期等关键条款的指导与约束等。第二种立法体例为，直接针对环境污染强制责任保险进行专门立法，该立法体例的典型国家为印度、瑞典、芬兰等。比如，印度 1991 年颁布了《公众责任保险法》与《公众责任保险规则》，瑞典《环境法典》第 33 章规定了从事环境危害活动的行为人需支付环境损害保险与环境修复保险的

---

① [2017-09-10]. https://www.ecfr.gov/cgibin/textidx？SID=ea74582c786cccf10d8d9dea4cd22edc&pitd= 20160601&node=sp40.27.280.h&rgn=div6#se40.27.280_190.

费用，前者适用于人身和财产损失的情形，后者则适用于清理污染和恢复环境。芬兰于1998 年颁布了《环境损害保险法》和《环境损害保险条例》。上述关于环境污染强制责任保险或强制财务担保的立法，虽无一定之规，但其立法均围绕环境污染强制责任保险立法的核心问题，即将政府希望得到保障的环境法律责任风险进行界定并使之法定化并货币化。在立法上主要表现为，确定投保义务主体、投保责任范围以及投保责任限额。

二、立法重点问题

关于环境污染强制责任保险立法的重点问题，国内外学者有所研究。熊英等提出建立中国环境污染责任保险机制主要包括保险方式、强制保险的适用对象、保险责任范围、责任免除情形、给予保险企业优惠税收政策、壮大保险基金等[16]。阳雾昭分析了环境污染责任保险制度中最为重要的四个基本法律问题，分别为环境风险的可保性、环境风险承保范围的影响范围、环境污染特定损害的承保、环境污染责任保险模式[17]。竺效[18]、陈方淑[19]等提出环境污染强制责任保险制度的立法思路、法律体系设想与立法步骤等。2016 年以来，随着环境污染强制责任保险制度改革与立法进程的推进，研究开始向具体问题研究深化，比如程玉分析环境污染责任保险中渐进性污染的可保性问题[20]，孙宏涛等分析我国环境责任保险的除外条款[21]、邓嘉咏详细分析了《环境污染强制责任保险管理办法（征求意见稿）》中规定的赔偿范围。[22]

国际上，英国律师 Nick Lockett 全面分析了环境污染责任保险制度的关键法律问题，主要包括保险责任的触发问题、保单术语、污染场地与民事责任问题、环境责任风险评估与管理、保险责任范围以及立法监管等[23]。OECD 2003 年提出了政府在对环境污染强制责任保险制度进行规范时需要注意的若干关键问题，主要包括可保性问题、事实与法律上的不确定性问题、保险中的道德风险与信息不对称问题、财务担保的多种方式、不同类型的环境损害是否可以通过保险机制解决的问题、监管替代问题等。[24]Freeman P. K.与 Kunreuther H.提出了环境污染责任保险特有的道德风险、逆向选择、关联风险以及风险定价方法等。[25]Michael G. Faure 与 David Grimeaud 研究强制保险情形下的潜在风险，包括道德风险、保险市场的集中化等问题。[26]

根据环境污染强制责任保险制度立法的国际经验，以及保险法与环境风险管理的相关原理，以下主要讨论我国环境污染强制责任保险制度立法的重点问题。

（一）投保义务主体

实施环境污染强制责任保险制度，政府有义务通过法定方式明确划定投保主体。从国际经验看，开展环境污染强制责任保险的国家都是选择在本国具有最高优先级的风险活动，要求其提供法定的财务担保证明。

就立法例而言，主要为通过列举法或清单制划定投保主体范围，比如美国选择地下储罐，根据美国《联邦法规》第40篇第H章第280节，地下储油罐的所有者和经营者在主管机构进行经营登记时，必须声明将承担财务责任，清理泄漏并就因泄漏造成的任何财产损失和人身伤害向第三方提供补偿①。可用于满足财务责任条例的财务机制包括财务测试、担保、保险、信用证、信托基金、保证金或州基金。目前，地下储油罐所有者和运营商主要使用保险或州基金作为其财务责任机制。德国是法定的高风险设施，德国《环境责任法》第十九条规定，法定设备持有人负有赔偿准备义务，赔偿准备义务是指，因由设备产生的环境侵害而致人死亡、侵害其身体或者健康、或者使一个物受到毁损的，对于因此发生的损害，附件二中所列举设备的持有人应当采取措施，以保证自己能够履行赔偿此种损害的法定义务。赔偿准备义务可以以下述方式作出：a.与一个在本法效力范围之内有权进行营业经营的保险企业订立责任保险；或者b.由联邦或者州承担免责或者担保的义务；或者c.由一个在本法效力范围之内有权进行营业经营的信贷机构承担免责或者担保的义务，但以其能够提供与责任保险相当的担保为限。[27]印度发布了《适用于公共责任保险法案的化学品名录与数量名录》（*List of Chemicals with Quantities For Application of Public Liability Insurance Act*）②。芬兰《环境损害保险指令》列举的主要是根据法律规定需要获得许可的私营企业。芬兰环境损害保险指令第一条列举的投保义务情形主要为：①根据《水法》第10章第二十四条或第三十一条需要获得水事法庭许可的；②根据《环境许可程序法》或者在《环境许可程序法》生效前根据《空气污染控制法》所制定的《环境许可程序指令》的第一条的规定需要获得地区环境中心授权的环境许可的；③根据化学品法案第三十二条第一款或第二款的规定，由安全技术管理局授权的许可③。

《征求意见稿》采取列举方式规定投保范围，在内容上，投保范围的确定主要体现了两个思路，一是列举我国环境管理中有较为明确依据或范围的。主要包括危险废物、尾矿库、突发环境事件、《环境保护综合名录》《突发环境事件风险物质及临界量清单》等，二是列举环境风险较高的行业，主要包括从事石油和天然气开采，基础化学原料制造、合成材料制造，化学药品原料药制造，Ⅲ类及以上高风险放射源的移动探伤、测井；

---

① [2017-09-10]. https：//www.ecfr.gov/cgibin/textidx？SID=ea74582c786cccf10d8d9dea4cd22edc&pitd= 20160601&node=sp40.27.280.h&rgn=div6#se40.27.280_190.

② [2018-06-11]. http：//envfor.nic.in/legis/public/public2.html.

③ [2018-06-19]. http：//www.finlex.fi/en/laki/kaannokset/1998/en19980717.pdf.

经营液体化工码头、油气码头；从事铜、铅锌、镍钴、锡、锑冶炼，铅蓄电池极板制造、组装，皮革鞣制加工，电镀，或生产经营活动中使用含汞催化剂生产氯乙烯、氯碱、乙醛、聚氨酯等。

从试点实践来看，我国环境污染责任保险试点已经确立起"两级多类名单制"的投保义务主体确定方式。"两级"是指投保企业范围的确定分为中央和地方两个层级，国家层面的试点政策确定投保范围，地方层面在推动试点政策实施的过程中多数还要根据地方实际情况发布地方投保范围。"多类"是指投保范围包含多个种类的投保情形。"名单制"是指地方环保部门根据国家政策中规定的投保范围发布试点企业名单，并要求名单内企业投保。《征求意见稿》在修改论证会过程中，沿用了试点中通用的"两级多类名单制"方式，确立了国家与地方两个层级的法定投保范围，并要求地方生态环境部门编制并公布投保企业名单。其主要原因为，我国环境风险管理制度仍然在建立和发展过程中，从投保义务主体的确定上，可以分为两类：第一类是，对于危险废物、尾矿库、突发环境事件以及某些行业的环境风险，其范围较为明确或环境风险后果较为确定，具有在全国范围内适用的条件；第二类是，通过环境立法新近确立或仍在建立发展过程中的环境风险管理名录，各地的风险现状和管理水平差异较大。确立国家与地方两个层级的法定投保范围，可以最大限度地满足各地环境风险管理的差异性。其次，从明确投保企业义务的角度来看，由于投保范围存在两级多类的差异，投保情形较为复杂，政府部门有义务根据投保范围发布具体的投保企业名单，对企业的投保义务进行明确并公开告知。政府确立并发布投保企业名单的行为为具体行政行为，受到相关法律法规的约束。

（二）法定责任范围

法定责任范围与责任限额是环境污染强制责任保险制度的核心内容，通过法定责任范围与责任限额确定立法明确保护的环境损害范围与额度。责任保险的承保责任为法律责任，保险责任范围的确定应当与该法域环境损害赔偿制度规定的环境损害赔偿的法律责任范围保持一致，本文称为一致性原则。比如，美国联邦法规规定，石油地下储罐的所有者和经营者的财务责任包括突发与非突发事件导致的损害，主要包括环境修复行动费用以及第三者人身财产损害费用。由于其超级基金法案中规定了环境修复行动费用，所以其保险责任范围也包含此项赔偿。石油生产商、炼油厂或经销商应当为每次石油泄漏提供100万美元的责任限额，并且每年累计赔偿限额不得低于100万美元。德国《环境责任法》第十五条规定，对于致人死亡以及侵害身体和健康，赔偿义务人在总体上仅负担8 500万欧元的最高限额，对于物的毁损，同样在总体上负担8 500万欧元的最高限额，德国在物权法的法理上不承认生态环境损害赔偿的诉讼主体资格，因此，其责任范围并不包括生态环境损害。

《征求意见稿》第六条规定环境污染强制责任保险的保险责任包括四项，分别为第三者人身损害、第三者财产损害、生态环境损害、应急处置与清污费用。就第三者人身损害与第三者财产损害而言，将其纳入保险责任范围不存在特殊问题，立法论证过程中的焦点问题是渐进性污染是否纳入承保范围。从商业保险的角度而言，渐进性污染的可保性是一个经久不衰的话题，但对于强制性的环境污染责任保险而言，美国、德国等国家均不区分突发或渐进性污染，都将其纳入投保责任范围。究其原因，仍然是遵循上文所述一致性原则，在民事责任体系中，环境污染赔偿责任的承担并不区分是否突发或渐进，在保险责任范围中，应当将其纳入企业的投保责任范围。至于渐进性污染的可保性问题，是保险市场亟待解决的技术问题。随着承保技术的不断发展，渐进性污染的可保性问题可以通过诸多技术手段进行消解[28]。

（三）法定除外责任

规定除外责任是为了界定保险人承保风险的范围，有助于管理保险中的道德危险和心理危险因素，保持保险费率在一定的合理程度内[29]。在环境污染强制责任保险制度中对除外责任进行法定化，其主要原因为，在强制保险的情况下，投保人想要寻求最便宜的保单使他们能够满足法律要求，而根据价格来竞争业务的承保人也倾向于提供尽可能低的保险范围，因为越少的投保人对承保人提出索赔，保费就越低。这就会导致第三方索赔人的利益，从而损害整个环境污染强制责任保险制度的目标。因此，在界定环境责任风险范围与额度时，保险监管部门有必要干预并且限制市场上产生的除外条款和免责条款[30]。

《征求意见稿》规定的法定除外责任主要为不可抗拒的自然灾害导致的损害、环境污染犯罪直接导致的损害、故意采取通过暗管、渗井、渗坑、灌注等逃避监管的方式违法排放污染物直接导致的损害、环境安全隐患未整改直接导致的损害。在除外责任问题上，立法过程中的争议焦点是法定除外责任的法律效力问题，即法定除外责任与约定除外责任的关系。

除外责任可以分为法定除外责任与约定除外责任。从强制保险的角度来看，法定责任范围加上法定除外责任，划定出了环境污染强制责任保险的保险责任边界。在上述法定除外责任之外，根据意思自治和契约自由原则，以及保险合同双方对于承保与投保风险的特殊需求，还可以约定除外责任。但是从投保企业履行投保义务的角度来看，其保险合同约定的除外责任不能与法定责任范围与法定除外责任相抵触。

如果投保企业签订的保险合同通过约定的方式，将法定责任范围中的生态环境损害约定为责任免除条款之一，约定范围更为广泛的除外责任条款，比如，一般性的违法排污行为导致的环境损害、达标排污行为导致的环境损害等，将会导致两种后果，其一，该投保企业实际上并未依法履行法律要求其承担的按照责任范围投保的法定义务，将会依法承担相应的法律责任；其二，不同的企业，可能会发生其约定除外责任不同的情况，除外责任直接影响到保险产品的价格，由此就会导致前文所述，投保企业想要寻求最便宜的保单使他们能够满足法律要求，而保险公司也倾向于提供尽可能低的保险范围，保费就越低，保险合同责任范围的缩小影响的是环境污染受害方的利益，从而损害整个环境污染强制责任保险制度的目标。

（四）信息不对称的立法干预

在环境责任保险中，信息不对称问题极为突出。信息不对称会导致道德风险，从而可能会导致投保人购买了环境污染责任保险后将保单视为一种事实上的排污许可证，疏于对污染风险的预防或控制。

承保人为弥补信息不足，可以采取多种多样的风险评估与风险分类技术、免赔额、保单除外条款，并在可能的情况下，加强风险排查，以此来减少由于信息不对称导致的逆向选择与道德风险问题[31]。在理论上，处理道德风险问题，有两种途径，一种是采用提供不完全保险保障的方式，另一种是采用风险监控的方式预防损失[32]。其中，前者是责任保险中通用的解决方法，风险监控为环境责任保险所特有，有学者甚至认为，风险监控是环境污染强制责任保险制度中保险人应对道德风险的唯一手段[33]。在保险业，风险监控已经逐渐发展为独立的环境风险评估业务。

风险评估是指在承保过程中对被保险人的环境风险状况开展综合评估。在环境责任保险中，由于风险所具有的特殊不确定性，详细的风险评估已经构成了承保过程的重要组成部分[34]。为了掌握被保险人的风险信息，至少需要评估以下三方面的情况：第一，可能会导致企业丧失经营能力的环境行为及其风险，比如被吊销许可证的风险、发布禁令的风险、导致场地或生产设施破坏或受到污染的风险、因环境违法行为导致罚款、监禁等的风险等；第二，导致企业财产价值或财务能力减少的环境行为及其风险；第三，导致第三者损害或诸如清污费用等其他索赔的环境行为及其风险[35]。

风险评估与风险排查是保险公司为了解决环境污染责任保险中的信息不对称、预防道德风险而发展出的专门化的技术手段。从法律上看，投保前风险评估与投保后风险排查是保险公司的权利，是投保企业的义务，其履行情况直接决定了保险人的合同解除权、是否承担赔偿或给付保险金责任等重大事项，是保险人解决污染信息的不对称问题、防范道德风险的有效工具。从我国试点情况看，保险公司一般通过风险分类条款与除外责任防范道德风险。比如，目前环境污染责任保险产品基本都设定了环境污染责任保险的责任限额包括每次事故责任限额、每次事故人身伤亡责任限额、每人人身伤亡责任限额、每次事故财产损失责任限额、每次事故清污费用责任限额、每次事故紧急应对费用责任限额、每次事故法律费用责任限额、累计责任限额。过细的风险分类条款以及除外责任约定导致了投保企业发生保险事故后索赔时很多经济损失不能得到保险赔偿。

《征求意见稿》专章规定了风险管理，希望保险公司通过开展风险管理，减少对分类责任限额的依赖。将风险管理规定为应当，为保险公司的义务。希望通过促进风险管理而减轻保险公司对不完全保障的依赖，从而为投保企业留下足够的保障空间。

三、现行立法框架下环境污染强制责任保险制度实施路径

我国《保险法》第十一条规定："除法律、行政法规规定必须保险的外，保险合同自愿订立。"《环境保护法》第五十二条规定："国家鼓励投保环境污染责任保险。"《征求意见稿》在立法位阶上为部门规章，从立法路径上看，仅为过渡性解决方案。作为部门规章，《征求意见稿》初步确立了环境污染强制责任保险制度的框架，建立起了以投保义务主体、法定责任范围与责任限额、法定除外责任、投保企业环境风险管理为主要内容的立法框架，但其责任限额如何确定、是否有必要对保险条款进行监管等问题尚无法在此立法位阶进行规范。在此立法框架下，环境污染强制责任保险制度的实施仍有赖于以下几方面的进一步实施和完善。

首先，以适当方式对保险条款进行规范。是否以及如何对保险条款进行规范，需要理解环境污染责任风险的特有的法律不确定性的程度，保险事故的突发与渐进如何界定与解释、保险责任的触发条件在长尾责任时如何界定与解释、追溯日期等的定义与解释等影响了是否赔偿以及赔偿范围的大小，但上述保险关键术语的解释与适用并非一成不变，随着立法与司法对环境损害的认识水平不断变化。为了最大限度上解决环境污染保险术语与解释所带来的不确定性，可以由法律法规对强制保险保单的必备条款以及保单术语等进行规定，减少由于保单术语与解释所带来的不确定性。比如，美国州与地方固体废物管理官员协会（Association of State and Territorial Solid Waste Management Officials）于2011年发布了《储罐保险指南》[36]，该指南详细规定了用于强制保险的地下储罐保单的保单结构、保单术语以及保单的类型、在不同情形下的追溯日期如何起算等。我国现行立法框架下，可以由相关行业协会或者相关部门发布指南对保险术语进行引导或规范，比如《环境污染强制责任保险术语与解释》《环境污染强制责任保险保单指南》，在其中规定环境污染强制责任保险合同中的关键术语与解释、保单基本结构、

保单必备条款等。

其次，政府部门对投保义务的监管形式需要进一步明确。从法律的执行来看，监管者通过立法行为要求企业投保，但投保义务主体与保险人签订的合同是平等主体之间基于平等协商而建立起的民事法律关系，监管者要获知或确保投保主体已经履行投保义务，同时又不能以行政权力直接审查具有民事性质的保险合同。对此，有两种立法例，一种为法定承诺制，比如，美国立法规定投保人应当签订格式化的投保承诺书，并填写主要投保信息，同时规定，在监管部门有需要时，保险人应当提供保单原始文件与所有批单的复印件。①另一种为保险人报告制。比如《瑞典环境法典》规定，如果未能在法定要求期限三十日内支付保险金，保险人有义务将未支付保险费的情况向监管机构报告。[37]从我国实际情况来看，可以采取承诺制，发布"企业投保环境污染强制责任保险承诺书"，承诺书载明保险公司名称、保险责任范围、保险除外责任、保险期限、责任限额、费率等主要事项。并载明此承诺应当与保险合同一致，在监管部门有需要时，保险人有义务提供保单原始文件与所有批单的复印件。

最后，推动责任限额制定。确定责任限额是环境污染强制责任保险制度的核心内容，是投保企业应当承担的法定投保义务的重要方面。现行立法框架未对责任限额作出实体或程序规定。投保责任限额由国家层面制定或授权地方层面制定、立法是规范责任限额制定程序还是直接制定出责任限额标准等、责任限额是分类制定还是统一制定等问题仍然存有疑问。现行立法框架下，应当加快推动制定责任限额的路径和方法。

参考文献

[1] 马宁. 环境责任保险与环境风险控制的法律体系建构[J]. 法学研究，2018，40（1）：106-125.

[2] 彭中遥. 环境污染强制责任保险有关问题及法治策略[J]. 湖南农业大学学报（社会科学版），2017，18（3）：98-104.

[3] 陈冬梅. 我国环境责任保险试点评析[J]. 上海保险，2016（1）：26-29.

[4] 张娟，贾惜春. 我国环境污染责任保险产品现状及推进措施[J]. 环境保护与循环经济，2014，34（4）：65-66.

[5] 贺震. 绿色保险"叫好不叫座"之惑[J]. 环境经济，2014（4）：10-18.

[6] Environmental Liability Insurance[R/OL]. [2016-07-07]. http：//www. iii. org/article/environmental-liability-insurance.

[7] Benjamin J. Richardson. Mandating Environmental Liability Insurance[J]. Duke Environmental law &

---

① [2018-06-12]. https：//www.ecfr.gov/cgi-bin/text-idx？SID=90e5668fb2106e66f653920e1fbf3968&pitd= 20160601 & node=se40.27.280_197&rgn=div8.

Policy Forum：Spring 2002，298-299.

[8] Nick Lockett. Environmental Liability Insurance[M]. London：Cameron May，1996：78-79.

[9] OECD. Environmental Risks and Insurance：a comparative analysis of the role of insurance in the management of environment-related risks[M]. Paris：2003：47.

[10] 邹海林. 责任保险论[M]. 北京：法律出版社，1999：100.

[11] 熊英，别涛，王彬. 中国环境污染责任保险制度构想[J]. 现代法学，2007（1）：90-101.

[12] 阳雾昭. 环境污染责任保险基本法律问题研究[D]. 青岛：中国海洋大学，2011.

[13] Paul K. Freeman，Howard Kunreuther. Managing Environmental Risk Through Insurance，Kluwer Academic Publishers[M]. Norwell：1997. 31-32.

[14] Financial Assurance Issues of Environmental Liability[R/OL]. [2018-06-11]：146. http：//www. docin. com/p-1722427747. html.

[15] Insuring environmental damage in the European Union（Swiss ReLeading Global Reinsurer）[R/OL]. http：//www. swissre. com/library/111437999. html#inline.

[16] 熊英，别涛，王彬. 中国环境污染责任保险制度的构想[J]. 现代法学，2007（1）：90-101.

[17] 阳雾昭. 环境污染责任保险基本法律问题研究[D]. 青岛：中国海洋大学，2011.

[18] 竺效. 论环境污染责任保险法律体系的构建[J]. 法学评论，2015，33（1）：160-166.

[19] 陈方淑. 环境责任保险法律制度研究[D]. 重庆：西南政法大学，2010.

[20] 程玉. 我国环境责任保险承保范围之思考：兼论渐进性污染的可保性问题[J]. 保险研究，2017（4）：102-117.

[21] 孙宏涛，林煜轩. 我国环境责任保险之除外条款研究[J]. 上海政法学院学报（法治论丛），2017，32（6）：113-122.

[22] 邓嘉詠. 论环境污染强制责任保险的赔偿范围——以《环境污染强制责任保险管理办法（征求意见稿）》为视角[J]. 中南林业科技大学学报（社会科学版），2018，12（1）：26-32.

[23] Lockett N . Environmental Liability Insurance[M]. London：Cameron May，1996.

[24] OECD. Environmental Risks and Insurance：a comparative analysis of the role of insurance in the management of environment-related risks[M]. Paris：2003.

[25] Freeman P K，Kunreuther H. Managing Environmental Risk Through Insurance，Kluwer Academic Publishers[M]. Norwell：1997.

[26] Faure M G，Grimeaud D. Financial Assurance Issues of Environmental Liability（2000）[R/OL]. [2018-06-11]. http：//www. docin. com/p-1722427747. html.

[27] 杜景林. 德国环境责任法[J]. 国际商法论丛，2005（7）：70.

[28] 程玉. 我国环境责任保险承保范围之思考：兼论渐进性污染的可保性问题[J]. 保险研究，2017

（4）：102-117.

[29] 陈欣. 保险法（第三版）[M]. 北京：北京大学出版社，2010：134.

[30] Richardson B J. Mandating Environmental Liability Insurance[C]. Duke Environmental law & Policy Forum，2002：366.

[31] Richardson B J. Mandating Environmental Liability Insurance[C]. Duke Environmental law & Policy Forum，2002：304.

[32] Shavell S. On Moral Hazard and Insurance[J]. Quarterly Journal of Economics（QJE），1979，93（4）：541-562.

[33] Faure M G，Grimeaud D. Financial Assurance Issues of Environmental Liability[R/OL]. 2000：151[2018-06-11]. http：//www. docin. com/p-1722427747. html.

[34] Guevara D L，Deveau F J. Environmental Liability and Insurance Recovery[M]. ABA Publishing，2012：527.

[35] Lockett N . Environmental Liability Insurance[M]. Cameron May，1996：226-227.

[36] ASTSWMO State Funds Task Force. Guide to Tank Insurance[R]. October 2011.

[37] The Swedish Environmental Code，Ds[EB/OL]. 2000：61[2018-06-12]. https：//www. government. se/49b73c/contentassets/be5e4d4ebdb4499f8d6365720ae68724/the-swedish-environmental-code-ds-200061.

基于 CGE 模型的硫税政策环境经济效益分析[①]

赵梦雪　冯相昭　杜晓林　王　敏

摘　要　CGE 模型是定性分析政策影响的有效工具，本文构建了一个环境 CGE 模型，对政府征收硫税带来的经济、环境影响进行量化研究。研究发现：首先，征收硫税有利于产业结构优化调整，推动了清洁能源行业"走出去"；其次，在现行税率水平下，单一硫税政策的减排效果不明显；再次，硫税的征收使政府支出增多，降低了国内需求水平及居民消费水平；最后，硫税的征收增加了能源部门的进口，提升了我国能源对外依存度。为此我们建议：①各省市应分阶段适度增加硫税征收税率；②施行减少硫税负面影响的相关政策，如实行硫税冲抵居民所得税等税收返还政策；③采取经济、行政等多种手段治理大气污染；④借助硫税在产业结构调整中的积极作用，出台相关政策推动各产业部门技术进步；⑤重视能源安全，加快传统能源行业转型升级、推动绿色生产、努力推进能源进口多元化。

关键词　CGE 模型　排放方程　硫税　经济效益　环境效益

据统计，中国 SO_2 排放量已超出大气环境容量的 80%[1]。SO_2 不仅严重危害人类健康，还造成巨大经济损失。据世界银行[2]和解振华[3]估算，每排放 1 t SO_2 至少会造成 5 000 元的经济损失。在此背景下，2018 年 1 月 1 日，《中华人民共和国环境保护税法》正式施行，SO_2 作为应税大气污染物位列其中。虽然硫税政策的施行将对缓解 SO_2 污染将起到积极作用，但同时对国民经济产生了一定影响。因此，量化评估硫税政策所带来的经济和环境两方面影响，对后续政策的完善及配套政策的出台具有十分重要的意义。

一、国内外相关研究综述

CGE（Computable General Equilibrium）模型已被广泛应用于环境政策影响实证分

[①] 原文刊登于《环境与可持续发展》2018 年第 5 期。

析，很多学者利用该模型在环境政策制定及评估[4-6]、经济效益[7-10]、产业格局变化[11-13]等方面开展研究。比如 He[14]利用 1997 年中国投入产出表建立社会核算矩阵，运用 CGE 模型分析工业 SO_2 减排对经济的影响。马士国等[15]以中国 2007 年投入产出表为基础数据，构建了 CGE 模型分析硫税对中国经济和产业结构的影响。王灿等[16]通过构建一个包括 10 个生产部门和 2 类消费者的动态 CGE 模型，模拟分析 CO_2 减排对中国经济的影响。Beck[17]等利用 CGE 模型，分析了加拿大不列颠哥伦比亚省的碳税政策。Guo 等[18]基于 2010 年中国投入产出表，构建了静态 CGE 模型，分析中国实施碳税对碳排放、经济增长及大气环境带来的影响。虽然各专家学者进行了环境 CGE 模型的探索研究，但缺乏对于当前硫税政策的研究，不能为当前硫税政策提供及时、有效的支撑。

为进一步研究经济政策的污染减排效益，有学者在 CGE 模型之外增设环境排放方程，量化评估国民经济变化所带来的环境减排效益。如贺菊煌[19]、沈可挺[20]利用要素排放方程，基于静态 CGE 模型分析征收碳税对国民经济各方面的影响；王德发[21]根据不同燃料的消费量与其燃烧时大气污染物的排放系数计算大气污染物的排放量；Xie 等[22]和魏巍贤[23]将环境排放与经济活动的产品产出量或增加值量联系起来，得到活动与排放之间的线性关系。金艳鸣[24]应用 CGE 模型和要素+活动排放方程分析碳税/能源税的征收对经济和环境的影响。然而，既有的污染物排放方程一般将产业的总体排放视为其影响因素的线性相加关系，即要素使用量和生产活动水平，这种方式并不恰当，产业总体排放更适合被视为是各产业部门能源使用情况和其生产活动自身这两方面因素复合影响下的综合产物，更适合采用非线性方程反映两因素之间的统计关系。因此，本文参考胡秋阳[25]的研究基础，基于全国 2012 年投入产出表构建了 CGE 模型，并通过非线性优化的环境排放方程，量化分析了硫税所产生经济及环境效益，同时提出若干政策建议，为后续政策完善提供参考。

二、研究方法

（一）数据来源

本文 CGE 模型所需数据包括 2012 年社会核算矩阵表，以及各产业产值、能源消耗、SO_2 排放等数据。具体包括：一是社会核算矩阵（SAM 表）数据来源于 2012 年国家投入产出表，由于农业源、工业源的 SO_2 排放途径不同，本文将投入产出表中的 42 各产业进行分类合并，分别为能源部门、高能耗高排放部门（以下简称"双高"）、低能耗低排放部门（以下简称"双低"）和农业及服务业部门①，并据此编制 SAM 表；二是估算环境排放方程排放系数的数据来源，包括 2007—2016 年中国统计年鉴、中国工业统计年鉴、中国能源统计数据及中国环境统计年鉴等。

（二）本文的 CGE 模型

本文构建的静态 CGE 模型的功能模块具体如下。

（1）生产活动

综合考虑了生产要素的投入与中间品投入，采用多层嵌套模型结构，描述生产活动，具体如图 1 所示。

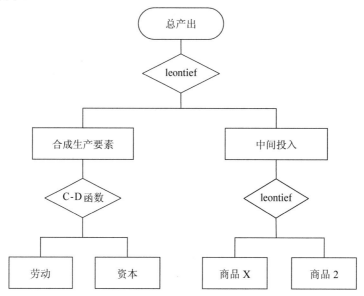

图 1　生产活动函数

（2）贸易方程

国际贸易模块中采用小国假定，并基于 Armington 假设，分别以多层嵌套的常替代弹性函数与常转换弹性模型描述本地和地区外产品的需求以及本地产品对地区内外的供给。

（3）政府部门

政府的收入来源为硫税、居民的所得税，企业的上缴税和产品的进口税。其全部收入一部分用于储蓄，另一部分按固定比例用作各类政府支出。

---

① 能源产业包括煤炭产业、石油产业和电力产业；高能耗高排放产业包括化工产业、冶金产业和非金属加工业；其他为低能耗产业；农业及服务业主要包括第一、第三产业。

（4）居民部门

居民的收入来源于资本和劳动要素的收入，支出包括三部分，其一是向政府交纳所得税，其二是购买产品的消费支出，其三则作为储蓄。其中，居民从总收入中支付了税和按一定的储蓄倾向储蓄之后的收入余额约束下，以效用最大化原则决定其消费支出。

（5）均衡和闭合

在产品市场中，本地对本地区产品的需求与本地厂商的供给相等；在投资与储蓄中，总储蓄包括居民、政府、企业的储蓄和区域外储蓄之和，采用新古典闭合使总投资等于总储蓄。国际贸易中，采用小国假定，即进口商品和出口商品的外币出口价格和进口价格是外生不变的。

（三）本文的 SO_2 排放方程

本文的 SO_2 排放方程基于排放增长率=技术效应+结构效应+规模效应，非线性设定废气排放与工业产业能耗及其生产活动之间的关系，并进行参数估计求解回归方程。具体函数表达式见式（1），其中 G_i 表示各产业的 SO_2 产生量，SH_i 表示各产业的能源产品投入量，A_i 为技术常数，Y_i 表示各产业产品产出（或产业增加值），α 与 β 分别是各产业能源使用增长率和产出增长率对其排放增长率的边际贡献。回归结果见表1。

$$G_i = A_i SH_i^{\alpha} Y_i^{\beta} \tag{1}$$
$$\alpha + \beta = 1$$

在此基础上可变形为

$$\ln G_i = \ln A_i + \alpha \ln SH_i + \beta \ln Y_i \tag{2}$$

表1 SO_2 排放方程系数的回归结果

	α	β	$\ln A_i$	Multiple R
双高	0.019	0.981	−0.020	0.985 8
双低	0.415	0.585	−11.556	0.964 7
农业及服务业	−0.016	1.016	−1.716	0.996 7
总产业	−0.724	1.724	32.732	0.979 6

本文在计算式（2）时，首先对式（3）所示的产业产出与其能耗关系进行统计回归，再以残差法推算不受能源影响的产值部分作为式（2）中产值的代理变量，去除了能源使用对各产业产值部分的影响，避免了多重共线性问题。B_i 表示技术常数，μ_i 为残差。

$$\ln Y_i = \ln B_i + \zeta \ln SH_i + \mu_i \tag{3}$$

（四）参数标定

在模型参数标定方面，CGE 模型中除区外品的替代弹性和转移弹性外，模型中各参数均以 SAM 表中数据为基准标定。区外品的替代弹性和转移弹性系数设定为 4。环境排放方程中各系数均由近年来全国各部门生产产值、能源消耗量与污染物排放量数据进行标定。

（五）模拟情形设计

各省市依据污染状况、经济发展水平、人口强度等条件的不同，硫税税率差别很大，北京、河北、江苏等地税率较高，而福建、江西、辽宁、陕西、浙江、青海、新疆、宁夏等地则实行《环境保护税法》规定的最低税率。本文综合各地税率水平，由低到高设定 5 种情境来模拟不同税率下的经济、环境影响（见表 2）。

表 2　不同硫税税率情景

情景	情景 I	情景 II	情景III	情景IV	情景 V
税额/（元/当量）	1.2	3.5	6	9	12

三、模拟结果分析

（一）硫税政策的经济影响

（1）不同税率的经济影响

同一部门，征收不同税率的硫税所带来的各项经济指标变化率如图 2～图 6 所示。

一般来讲，征收硫税会增加企业的生产成本，削弱生产者生产积极性，从而使得工业部门产出水平有所下降。从图 3～图 5 可以看出，现行的硫税税率对国民经济的影响程度较小，"双高"（高能耗、高排放）与"双低"（低能耗、低排放）部门在硫税提高至最低征收标准（即 1.2 元/当量）的 3 倍、7.5 倍、10 倍时，国内总产出仅分别下降 0.04、0.12、0.15 与 0.04、0.1、0.13 个百分点，农业及服务业部门的总产出基本持平。

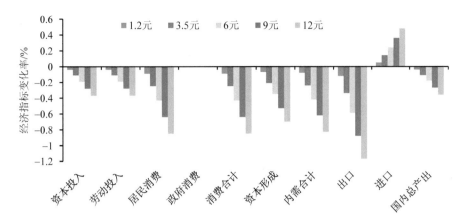

图 2　不同硫税税率情景下能源部门的各经济指标变化率

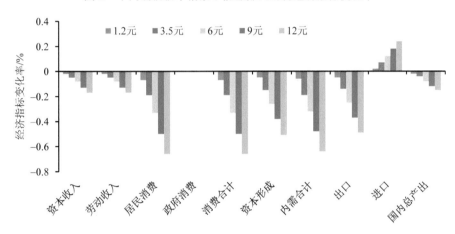

图 3　不同硫税税率情景下高能耗、高排放部门的各经济指标变化率

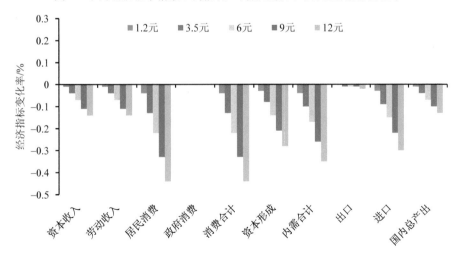

图 4　不同硫税税率情景下低能耗、低排放部门的各经济指标变化率

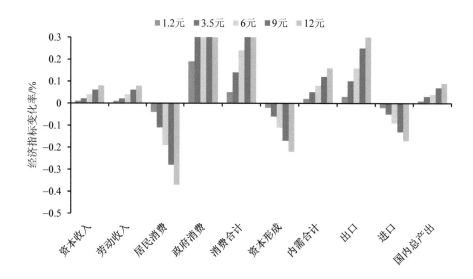

图 5 不同硫税税率情景下农业及服务业部门的各经济指标变化率

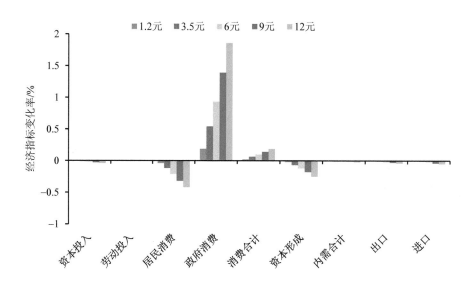

图 6 不同硫税税率情景下国民经济的各项指标变化率

征收硫税将对居民、政府支出产生一定影响，且主要集中在农业及服务业部门。由图 6 可知，政府支出得到较大提升，而居民消费受到一定的抑制，因此建议出台相关政策以提振居民消费。此外，征收硫税后要素投入量没有显著变化，但在不同产业部门间存在转移现象。如图 2～图 5 所示，能源、"双高""双低"产业要素投入降低，农业及服务业要素投入升高，这主要是因为低污染产业吸纳了高污染产业所释放出来的劳动力和资本。

征收硫税改变了国内总需求，如图 2 所示，5 种梯度税率情景下，能源部门的需求分别下降了 0.08、0.24、0.59、0.88、1.17，产出分别下降了 0.04、0.11、0.18、0.27、0.36 个百分点。能源需求及使用量明显下降，且税率越大下降幅度越明显。

由于硫税改变了国内生产结构、国内需求，贸易结构也产生了相应变化。由图 2～图 5 可知，"双低"、农业及服务业部门的进口出现一定幅度下降。此外，硫税抑制了污染产品的出口，提升了清洁能源行业的出口竞争力。能源、"双高""双低"部门的出口皆呈下降趋势，税额越高，出口下降幅度越大，而农业及服务业部门出口增加明显（增长幅度分别达到 0.1、0.33 个百分点），总出口也出现了一定程度下降。

（2）同一税率水平对不同部门的经济影响

同一税率下，不同部门的各项经济指标变化如图 7～图 11 所示。

从行业结构影响来看，在征收硫税的情形下，能源、"双高"和"双低"部门受到抑制，其中能源及"双高"部门所受影响更为明显，资本投入、劳动投入、消费合计、内需合计、进口、出口等经济指标呈明显下降趋势，"双低"部门影响较小，说明税率越高，高污染行业的抑制作用越明显；在高污染行业的生产受到抑制后，资本、劳动力被转移到低污染行业，低污染行业的资本投入、劳动投入、消费合计、内需合计等经济指标出现增长。因此硫税政策起到了调整产业结构、发展清洁能源行业的效果。

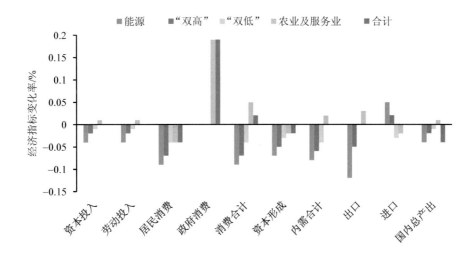

图 7　情景 1.2 元/当量下各经济指标变化率

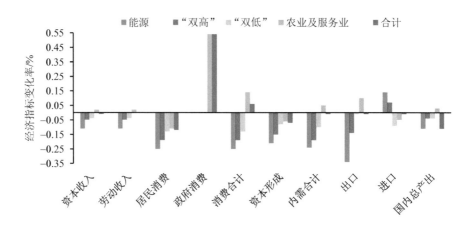

图 8　情景 3.5 元/当量下各经济指标变化率

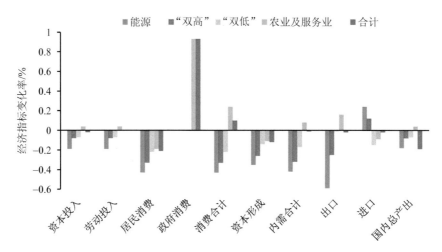

图 9　情景 6 元/当量下各经济指标变化率

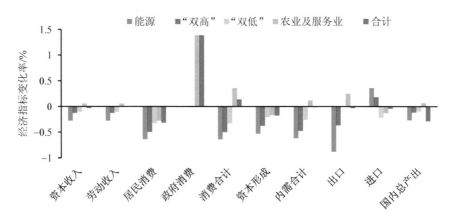

图 10　情景 9 元/当量下各经济指标变化率

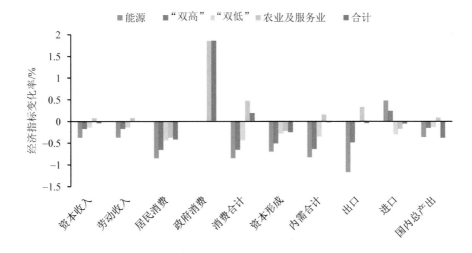

图 11　情景 12 元/当量下各经济指标变化率

从贸易结构影响来看，能源、"双高"部门的进口普遍大于出口，"双低"、农业及服务业部门的进口普遍小于出口。这可能是模型模拟的是生产过程缴纳硫税，导致生产活动受到一定的抑制，其中能源、"双高"部门的影响更大，因此为满足国内市场需求，商品的进口大于出口。

（二）硫税政策的环境减排效益

硫税对工业带来的污染减排效益如表 3 所示。

"双高""双低"部门 SO_2 排放均有所减少，"双高"部门减排效果较"双低"部门更明显，这说明高排放行业受硫税影响更显著。随着税率的增加，"双高""双低"部门 SO_2 减排量逐渐增多。

表 3　不同税率情景下的工业减排效果

	硫税情景				
	1.2 元/当量	3.5 元/当量	6 元/当量	9 元/当量	12 元/当量
"双高"减排量/万 t	6.34	12.68	25.37	38.05	47.56
"双低"减排量/万 t	0.71	2.84	4.98	7.11	9.24

总体上看（图 12），2008—2014 年，"双低"部门的 SO_2 减排量较小且波动较小，"双高"产业减排量较大且波动较大。"双高"部门在某些年份（尤其是 2010 年和 2016 年）减排量较大，这可能与相关大气污染防治政策的出台或措施的实施有关。如 2010 年国

务院印发的《节能减排综合性工作方案》中指出，到 2010 年，中国万元国内生产总值能耗将由 2005 年的 1.22 t 标准煤下降到 1 t 标准煤以下，降低 20% 左右。而 2015 年 11 月《燃煤锅炉节能环保综合提升工程实施方案》的出台，实现了对燃煤锅炉的 SO_2 排放水平的有效控制。同时"大气十条"对 25 项重点行业制定大气污染物特别排放限值得要求也相继完成，实现了 2016 年 SO_2 的大幅度减排。

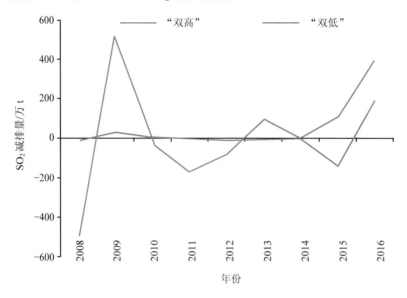

图 12　2007—2016 年"双高""双低"行业 SO_2 减排量变化

相比而言，如表 3 所示，仅依靠硫税政策，二氧化硫减排并不明显。这可能是由于现行的税额标准偏低，单纯通过经济手段进行环境污染治理是不够的，还需采取行政手段，双管齐下实现大气污染综合治理。

四、结论与政策启示

（一）结论

通过模型结果分析，我们发现：①现行的硫税征收税率对国民经济的影响程度较小。在各项经济指标中，政府支出受硫税政策的影响最大，对居民消费存在一定的负面影响。②从国内需求影响角度来看，硫税征收使得能源需求及使用量明显下降，且税额越大下降幅度越明显。③从产业结构调整来看，硫税对不同行业会产生不同的影响。抑制污染较重的行业，加快绿色产业的发展，高能耗产业逐渐被低能耗产业替代。④从贸易结构来看，能源、"双高"部门的进口普遍大于出口，"双低"、农业及服务业部门的进口普遍小于出口；硫税政策推动了清洁能源产业"走出去"，为其发展带来新的机遇；但硫税的征收使得能源部门进口量增大，为此要重视能源安全问题，警惕能源对外依存度增高。⑤从环境效益来看，硫税的征收能降低工业领域 SO_2 排放量，较高的税率会较大幅度的减少污染物排放，当前税率的减排效果不明显。

（二）政策建议

政府消费的增高将压迫居民消费和企业投资，造成投资的低效率和社会财富的浪费，在一定程度上抑制了国内需求。为此，建议压缩政府开支，加大社会保障投入。同时要保护居民利益，减少硫税对居民造成的负面影响，如在开征硫税的同时，实行硫税冲抵居民所得税等税收返还政策。

为促进经济增长，拉动内需，可以进行产业结构调整和升级，提升清洁能源产业的出口拉动经济增长。为此要继续充分、合理地发挥硫税在产业结构调整及清洁能源产业出口中的重要作用，积极推进结构性供给侧改革，有序引导资本和劳动在产业间的转移，鼓励绿色产业发展，同时指导并出台相关政策推动其他产业部门的技术进步，向节能环保的发展方式转变。

在对外贸易中，需要注意能源安全问题，建议除加快传统能源行业转型升级外，努力推进能源进口多元化、大力发展绿色产业，以"一带一路"倡议为契机，积极推动新能源产业"走出去"。此外，现行硫税税额水平较低，建议各省市根据经济发展水平、污染现状、污染治理成本等因素，适度增加硫税税率。

综上所述，大气污染防治过程中经济手段具有实施效果均衡、利于行业结构调整等优势，但面临我国越来越严格的环保排放要求，单纯的经济手段不能达到既定减排目标时，应当综合采取经济、行政等手段，有效改善环境质量。

参考文献

[1] 中华人民共和国中央人民政府. 国务院关于印发"十三五"生态环境保护规划的通知[EB/OL]. http://www.gov.cn/zhengce/content/2016-12/05/content_5143290.htm.

[2] 世界银行. 碧水蓝天：展望 21 世纪的中国环境[M]. 北京：中国财经出版社，1997.

[3] 解振华. 国家环境安全战略报告[M]. 北京：中国环境科学出版社，2005.

[4] Hringer C B，Welsch H. Contraction and convergence of carbon emissions：an ntertemporal multi-region CGE analysis[J]. Journal of Policy Modeling，2004（1）：21-39.

[5] Loisel R. Environmental climate instruments in Romania：a comparative approach using dynamic CGE

modeling[J]. Energy Policy，2009（6）：2190-2204.

[6] Tom-Reiel Heggedal，Karl Jacobsen. Timing of Innovation Policies when Carbon Emissions are Restricted：An Applied General Equilibrium Analysis[J]. Resource and Energy Economics，2011，33：913-937.

[7] 胡宗义，刘亦文. 低碳经济的动态 CGE 研究[J]. 科学学研究，2010，28（10）：1470-1475.

[8] He J. Estimating the Economic Cost of China's New Desulfur Policy During Her Gradual Accession to：The Case of Industrial SO_2 Emission[J]. China Economic Review，2005，1（16），364-402.

[9] 黄蕊. EMRICES+研发及其对中国协同减排政策的模拟[D]. 上海：华东师范大学，2014.

[10] Xu Y，Masui T. Local air pollutant emission reduction and ancillary carbon benefits of SO_2 control policies：Application of AIM / CGE model to China[J]. European Journal of perational Research，2009（1）：315-325.

[11] 魏巍贤，马喜立，李鹏，等. 技术进步和税收在区域大气污染治理中的作用[J]. 中国人口·资源与环境，2016，26（5）：1-11.

[12] 李娜，石敏俊，袁永娜. 低碳经济政策对区域发展格局演进的影响——基于动态多区域 CGE 模型的模拟分析[J]. 地理学报，2010，65（12）：1569-1580.

[13] 聂凯雁. 开征环境税对湖南省经济的影响[D]. 长沙：湖南科技大学，2017.

[14] He J. Estimating the Economic Cost of China's New Desulfur Policy During Her Gradual Accession to Wto：The Case of Industrial SO_2 Emission[J]. China Economic Review，2005（16）：364-402.

[15] 马士国，石磊. 征收硫税对中国宏观经济与产业部门的影响[J]. 产业经济研究，2014（3）：51-60.

[16] 王灿，陈吉宁. 基于 CGE 模型的 CO_2 减排对中国经济的影响[J]. 清华大学学报，2005（12）：1621-1624.

[17] Beck M，Rivers N，Wigle R，et al. Carbon Tax and Revenue Recycling：Impacts on Households in British Columbia[J]. Resource and Energy Economics，2015（41）：40-69.

[18] Guo Z，Zhang X，Zheng Y，et al. Exploring the Impacts of a Carbon Tax on the Chinese Economy Using a CGE Model with a Detailed Disaggregation of Energy Sectors[J]. Energy Economics，2014（45）：455-462.

[19] 贺菊煌，沈可挺，徐嵩龄. 碳税与二氧化碳减排的 CGE 模型[J]. 数量经济技术经济研究，2002（10）：39-47.

[20] 沈可挺，徐嵩龄，贺菊煌. 中国实施 CDM 项目的 CO_2 减排资源：一种经济—技术—能源—环境条件下 CGE 模型的评估[J]. 中国软科学，2002（7）：109-114.

[21] 王德发. 能源税征收的劳动替代效应实证研究——基于上海市 2002 年大气污染的 CGE 模型的试算[J]. 财经研究，2006（2）：98-105.

[22] Xie J，Saltzman S. Environmental policy analysis：an environmental computable general-equilibrium approach for developing countries[J]. Journal of Policy Modeling，2000，22（4）：453-489.

[23] 魏巍贤. 基于 CGE 模型的中国能源环境政策分析[J]. 统计研究，2009（7）：3-13.

[24] 金艳鸣，雷明，黄涛. 环境税收对区域经济环境影响的差异性分析[J]. 经济科学，2007(3)：104-112.

[25] 胡秋阳，乐君杰. 东部地方经济发展转型的政策组合研究——基于可计算一般均衡模型的综合模拟[C]//中国系统工程学会青年工作委员会，国家自然科学基金委员会管理科学部.系统工程与和谐管理——第十届全国青年系统科学与管理科学学术会议论文集，2009：10.

扩大畜牧产品进口　助力流域减排增容①

张　彬　李丽平　胡　涛　张　莉

摘　要　农产品一直是中美贸易的重要组成部分。2018 年 5 月 19 日中美就双边经贸磋商发表联合声明，明确提出"双方同意有意义地增加美国农产品出口"。畜牧业是我国化学需氧量（COD）排放的重要贡献行业，扩大包括畜牧产品在内的农产品进口能够有效从源头减少 COD 排放和水资源消耗，有利于我国生态环境保护。

本文设置三种情景：2017 年 11 月 8—10 日美国总统特朗普访华期间签订的畜牧产品订单，畜牧产品进口占消费量比重等于我国主要粮食进口占消费量的平均比重（15.38%），畜牧产品进口占消费量的 50%②。对三种情景利用投入产出分析方法，计算得出畜牧产品进口替代能分别减少我国 COD 排放 3.74 万 t、57.44 万 t 和 186.76 万 t，占 2015 年我国农业 COD 排放量的 0.35%、5.38% 和 17.48%；同时减少的水资源消耗量分别占 2015 年我国用水量的 0.04%、0.60% 和 1.96%；对全行业产出影响为 0.011%、0.17% 和 0.54%；对就业影响为 0.028%、0.43% 和 1.40%。如果我国从末端治理这些污染物排放，全生命周期投入将高达 1.34 亿元、20.51 亿元及 55.67 亿元。

因此，我们认为在扩大进口的宏观贸易政策背景下，采取畜牧产品进口替代措施是我国从源头减少 COD 排放和水资源消耗、增加流域环境容量的重要途径。建议：①在贸易政策和措施制定中应更多考虑环境因素，统筹考虑环境与贸易利益；②研究制定有利于生态环境质量改善的扩大进口产品清单，积极支持并采取多种贸易手段扩大对畜牧产品的进口；③分区实施差异化进口替代策略；④实施差异化养殖策略，缓冲进口替代作用对经济、就业和农民收入的短期不利影响，推动农业供给侧结构性改革。

关键词　畜牧业　进口替代　流域　环境影响

---

① 原文刊登于《中国环境战略与政策研究专报》2018 年第 12 期。
② 目前，国家层面文件对主粮有自给率要求，对于畜牧产品仅提及肉蛋奶自给率保持稳定。东部发达地区如浙江要求畜禽产品自给率在 80% 左右，宁波则要求 40% 以上。结合这几点，我们可以考虑将畜牧产品进口替代最高情景设置在 50%。

2018 年 5 月 19 日，中美在华盛顿就双边经贸磋商发表联合声明，明确表示"双方同意有意义地增加美国农产品出口"。畜牧产品是美国农产品对中国出口的重要组成部分，在美国总统特朗普 2017 年访华期间促成中国签订了 12 亿美元畜牧产品进口大单。从国内来看，畜牧业是我国 COD 排放的重要贡献行业，扩大畜牧产品进口、替代国内畜牧产品生产，能够从源头减少 COD 排放，同时还能减少水资源消耗，有利于我国生态环境保护。我们认为，在扩大进口的宏观政策背景下，生态环境部门应该支持并推动畜牧产品进口，鼓励进口替代部分国内养殖的政策，从源头上减少 COD 排放和水资源消耗，进而提升流域环境容量，这是必要也是可行的。

一、研究背景

此次中美双边经贸磋商联合声明涉及的畜牧业是我国 COD 排放的重要贡献行业。相关统计显示，2015 年我国废水排放总量为 735.3 亿 t，废水中主要污染物 COD 排放量为 2 223.5 万 t。其中，工业源 COD 排放量为 293.5 万 t、农业源 COD 排放量为 1 068.6 万 t、城镇生活 COD 排放量为 846.9 万 t。农业源 COD 排放占比高达 48.1%，是我国废水中 COD 排放的最主要来源。"十二五"期间，全国 COD 排放得到改善，然而农业源排放所占比例却逐年上升，从 2011 年的 47.4% 上升到 2015 年的 48.1%，如图 1 所示。相关统计显示，2015 年我国畜牧业养殖产生的粪污总量近 38 亿 t，是农业 COD 排放的重要来源。

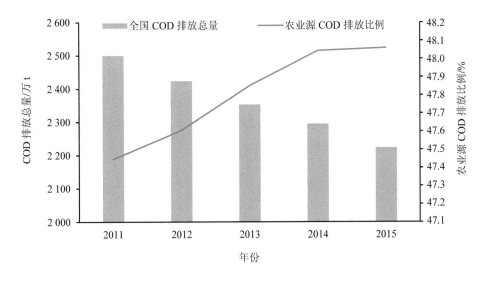

图 1　2011—2015 年我国 COD 排放总量及农业源排放比例

COD 是表征水体污染的重要参数，反映了水体有机物污染状况。《重点流域水污染防治规划（2016—2020）》显示，COD 是我国劣 Ⅴ 类水体的主要污染指标。减少畜牧业 COD 排放以及与此相伴的水资源消耗对于增加我国流域环境容量，改善水环境质量具有重要意义，需高度重视。

党的十九大报告在"加快生态文明体制改革，建设美丽中国"部分指出"着力解决突出环境问题……坚持源头防治"。COD 末端治理不仅成本高且难度大，相关研究表明从全生命周期角度末端治理 COD 的成本约为 3 570 元/t，而借助进口替代作用减少生产环节的 COD 产生量，不仅能降低治理成本体现"源头防治"的精神，有助于实现中央农村工作会议提出的"加强农村突出环境问题综合治理"目标，同时也有利于通过"积极扩大进口"的方式实现 2017 年中央经济工作会议提出的"促进贸易平衡"的目标。

那么，我国是否还有扩大畜牧产品进口的空间？扩大畜牧产品进口是否能降低 COD 排放和水资源消耗？对我国生态环境保护、产业发展、就业等到底有什么影响？本文利用定量与定性分析相结合的方法进行研究并给出答案。

二、可行性分析

由于畜牧业对农业 COD 排放贡献大，其产值与区域 COD 排放高度相关，再加上畜牧产品进口仍存在空间，使得扩大畜牧产品进口能够成为我国治理农业 COD 排放的"牛鼻子"，抓住这个"牛鼻子"对于流域减排增容能够起到有力的推动作用。体现如下：

（一）快速发展的畜牧业成为农业 COD 排放重要贡献部门

改革开放后，我国畜牧业始终保持较快的增长趋势。国家统计局数据显示，从 2005 年到 2015 年，畜牧业产值翻了一番，从 2005 年的 13 311 亿元增长到 2015 年的 29 780 亿元（图 2），年均增长率高达 8.4%。2015 年养猪、养牛和家禽饲养业的产值达 23 879 亿元，占畜牧业产值 80% 以上，较 2005 年增长了 109%。从产量上看，2015 年我国猪肉产量为 5 487 万 t，较 2010 年增加了 416 万 t，年均增长 1.6%。"十二五"时期全国牛肉产量总体也呈现稳定增长态势，累计增产 47 万 t，年均增长 1.4%。同期禽类产品产量增加 170 万 t，年均增长 2%。

畜牧业快速发展带来的粪污排放对环境造成的污染也越来越严重。相关数据显示，我国 COD 的排放约有 50% 来自农业，而畜牧业对农业 COD 排放的贡献又占到了 95% 以上。结合中国环境统计年鉴、中国农村统计年鉴等资料计算发现，尽管我国畜牧业 COD 排放呈逐年递减趋势，但 2015 年畜牧业 COD 排放总量仍超过 1 000 万 t，约占当年全国 COD 排放总量的 46%，如图 3 所示。

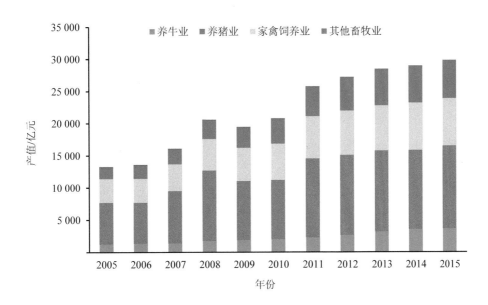

图 2　2005—2015 年我国畜牧业及分项产值趋势图

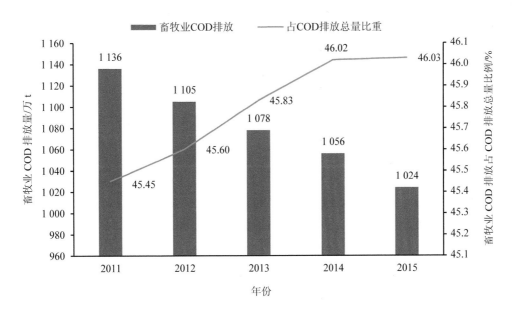

图 3　2011—2015 年我国畜牧业 COD 排放量及比重图

伴随 COD 的排放，畜牧业对水资源的消耗也逐年增加，从 2011 年的 374.36 亿 m³

增长到 2015 年的 385.22 亿 m³，接近农业用水量的 10%，如图 4 所示。

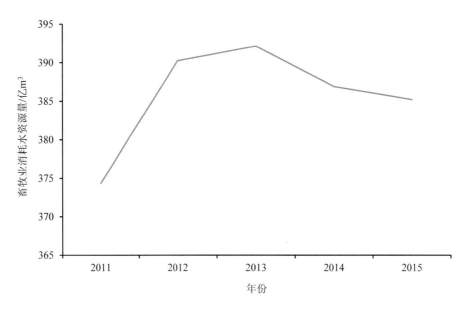

图 4　2011—2015 年我国畜牧业水资源消耗图

作为畜牧产品的消费大国，我国消费猪肉、牛肉总量 2000 年为 2 086 万 t，到 2015 年增长到 3 148 万 t，增长了 51%。随着居民生活水平进一步提高，对畜牧产品的消费量还将继续增长，未来增加的消费需求如果全靠国内生产满足，养殖所造成的 COD 排放和水资源消耗将对我国农村生态环境造成巨大压力。

（二）地区畜牧业产值与 COD 排放量高度相关

从我国各地区来看，畜牧业的产值与该地区的 COD 排放呈明显正相关关系，相关系数为 0.89[①]。2015 年山东省畜牧业产值为 2 523 亿元，COD 排放总量为 176 万 t，均排全国首位（图 5）。地区畜牧业产值与 COD 排放高度相关，初步分析主要是因为畜牧业对区域 COD 排放贡献较大，是区域 COD 排放的主要来源。

---

① 此处使用的是皮尔逊相关系数，计算公式为 $\rho_{x,y} = \dfrac{\text{Cov}(x,y)}{\sigma_x \cdot \sigma_y}$。

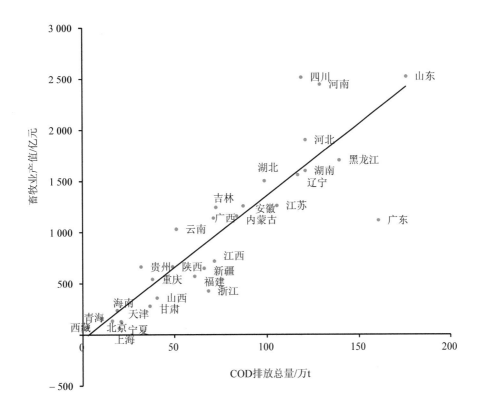

图 5　2015 年我国各省市畜牧业产值与当地 COD 排放总量关系图

（三）畜牧产品进口仍有较大空间

尽管我国居民对畜牧业产品的消费逐年增加，但是对猪肉、牛肉和禽肉的消费还是以本地生产为主，猪肉、牛肉和禽肉的进口量占我国消费总量的比重仍然较小。

根据 UN Comtrade[①]相关数据进行统计分析，2010—2015 年我国猪肉和牛肉的进口额逐年增加，而禽类产品的进口则处于平稳波动的态势。到 2015 年我国猪肉、牛肉和禽肉进口总额达 47 亿美元，较 2010 年增加了约 34 亿美元，年均增幅达 45.7%。尽管猪肉和牛肉的进口额增长较快，但相较我国年消费量而言，其所占比重仍然较小。到 2015 年，猪肉、牛肉和禽肉的进口总量仅占我国全年消费量的 3.7%，而同期我国主要粮食的进口量已占到消费量的 15.38%（图 6）。

---

① 按照 HS 代码分类，此处统计的贸易量和贸易额包括以下 HS 代码：020311、020312、020321、020322 及 020329、020110、020120、020130、020210、020220、020230 及 0207。

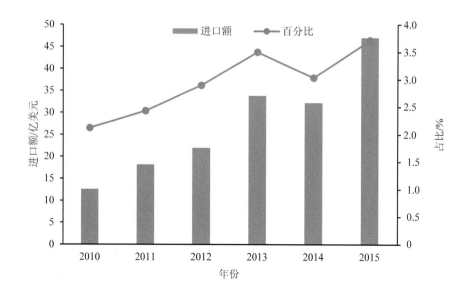

图6 2010—2015年我国猪肉、牛肉、禽肉进口额及进口量占消费总量比重

三、计算方法

为测算畜牧产品进口替代对全行业 COD 排放和水资源消耗的影响，需计算畜牧业 COD 直接污染排放系数和完全污染排放系数以及水资源直接消耗系数和完全消耗系数。由于水资源直接消耗系数和完全消耗系数与 COD 直接污染排放系数和完全污染排放系数的计算方法相同，以下仅描述 COD 直接污染排放系数和完全污染排放系数的计算方法。

（一）直接污染排放系数

结合中国环境统计年鉴、中国农村统计年鉴、2012 年中国 139 部门投入产出表等统计数据资料，计算我国包括畜牧业在内的所有行业 COD 直接污染排放系数。

对于 COD 排放量的数据，需满足所有工业部门 COD 排放量之和等于当年工业源 COD 排放总量，同时农业各部门 COD 排放量之和等于当年农业源 COD 排放总量。此外，根据原环境保护部总量司"十二五"环境统计报表制度，生活源范围包括住宿业与餐饮业、居民服务和其他服务业、医院和独立燃烧设施以及城镇居民生活污染源，将生活源 COD 排放全部归入服务业部门。

各行业包括畜牧业的直接污染排放系数计算公式：

$$p_j = \frac{\text{COD}_j}{x_j} \tag{1}$$

式中，p_j——j 部门 COD 直接污染排放系数；

$\quad$ COD_j——j 部门 COD 排放总量；

$\quad$ x_j——j 部门总产出。

（二）完全污染排放系数

各行业 COD 的完全污染排放系数计算公式：

$$\begin{cases} t_j = \sum_i \hat{p}L \\ L = [I - (I - \hat{m})A]^{-1} \end{cases} \tag{2}$$

式中，t_j——j 部门 COD 完全污染排放系数；

$\quad$ $\hat{p}$——p 向量对角化；

$\quad$ L——列昂惕夫逆矩阵。

因进口替代减少的 COD 排放计算公式：

$$\delta_{\text{COD}} = \hat{p} \times L \times \delta_{im} \tag{3}$$

（三）产业影响

进口替代作用对畜牧业和其他产业的影响计算公式：

$$\delta_Y = L \times \delta_{im} \tag{4}$$

式中，δ_Y——产业部门因进口替代导致的产值减少量；

$\quad$ δ_{im}——畜牧产品进口量。

（四）就业影响

进口替代作用对畜牧业和其他产业的就业影响计算公式：

$$\delta_W = w \times L \times \delta_{im} \tag{5}$$

式中，δ_W——产业部门因进口替代导致的就业减少量；

$\quad$ w——单位产值就业人数。

四、情景分析

（一）特朗普总统访华期间畜牧产品进口订单情景分析

2017 年海湖庄园会谈之后，中美启动了"百日计划"（100-day plan）经贸谈判，中国取消了牛肉进口禁令，此后在特朗普总统访华期间，中、美两国企业在两场签约仪式上共签署合作项目 34 个。其中，京东与美国蒙大拿州畜饲养者协会（MSGA）签订了 2 亿美元的牛肉采购协议，与史密斯菲尔德食品（Smithfield Foods）签订了 10 亿美元的猪肉采购协议。

1. 生态环境影响

特朗普总统访华期间在畜牧业领域与中国签订了共计 12 亿美元的订单（折合人民币 79.36 亿元），如果考虑该产值完全替代国内畜牧产品而减少饲养过程的 COD 排放，经过上述方法进行计算，将直接减少我国畜牧业 COD 排放量约 3.25 万 t；通过产业关联，将总共减少 COD 排放量约 3.74 万 t，减少水资源消耗量约 2.40 亿 m^3。

2. 产业影响

考虑到进口畜牧产品与本地生产的畜牧产品之间不是完全替代关系，消费者偏好不同将导致替代的弹性系数不同。为计算最大的产业影响，本文假定进口产品与当地产品之间是完全替代的关系，按照 79.36 亿元的畜牧产品进口订单，测算畜牧产品的进口替代作用将使得本地畜牧产品产出减少 90.35 亿元，占 2012 年畜牧产品产出总量的 0.332%，农业产出总量的 0.105%；全行业产出减少 174.35 亿元，占 2012 年全行业产出总量的 0.011%。可以看出，特朗普访华期间签订的畜牧产品订单对我国畜牧业、农业及全行业的经济产出影响较小。

3. 就业影响

与计算产业影响的假设相同，为计算最大的就业影响，本文假定进口产品与当地产品之间是完全替代的关系，按照 79.36 亿元的畜牧产品进口订单以及 2016 年中国各行业从业人数进行测算，特朗普访华期间签署的进口订单将影响到 16.2 万个就业岗位，仅占畜牧业从业人口的 0.32%；通过产业关联作用将影响到约 21.7 万个就业岗位，仅占全国从业人数的 0.028%。

（二）其他情景分析

为进一步研究畜牧产品进口替代的环境效应，以及随之带来的经济、社会影响，本文设置以下两个情景：一是按照我国主要粮食进口占消费的平均比重，即 15.38%进行畜牧产品进口替代分析；二是根据《浙江省人民政府关于加快推进农业现代化的若干意见》(2013)中要求猪肉等主要食用畜产品自给率稳定在 80%左右，《宁波市人民政府关于加快推进绿色畜牧业发展的实施意见》(2017)要求"到 2020 年，全市年存栏生猪保持在 90 万头左右，确保主要畜产品自给率在 40%以上"等政策文件，按照畜牧产品进口占消费量的 50%进行替代分析（目前全国未设置畜牧产品自给率，在《全国农业现代化规划（2016—2020 年）》中只提到小麦稻谷的自给率 100%为约束性指标）。

1. 15.38%畜牧产品进口替代情景

在该情景假设下，畜牧产品的进口量约为 1 218 亿元，进口替代直接减少我国 COD 排放为 49.95 万 t。通过产业关联，将总共减少 COD 排放量约 57.44 万 t，占 2015 年农业源 COD 排放量的 5.38%；减少水资源消耗 36.78 亿 m^3，占 2015 年我国用水量的 0.60%。对全行业产出的影响约为 2 676.79 亿元，影响比重约为 0.17%。影响全行业就业人数约 333.8 万人，影响比重为 0.43%。

2. 50%畜牧产品进口替代情景

在该情景假设下，畜牧产品的进口量约为 3 961 亿元，进口替代直接减少我国 COD 排放为 162.40 万 t。通过产业关联，将总共减少 COD 排放量约 186.76 万 t，占 2015 年农业源 COD 排放量的 17.48%；减少水资源消耗 119.58 亿 m^3，占 2015 年我国用水量的 1.96%。对全行业产出的影响约为 8 702.17 亿元，影响比重约为 0.54%。影响全行业就业人数约 1 085.3 万人，影响比重为 1.40%。

3 种情景下 COD 减排比重、产出及就业影响比重对比见图 7。

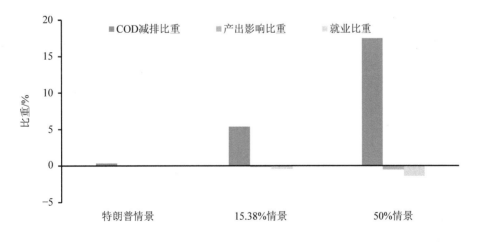

图 7　3 种情景下 COD 减排比重、产出及就业影响比重对比

五、结论建议

通过对我国畜牧业产业发展、贸易和COD排放情况的分析，可以得出如下结论：

1. 通过扩大进口畜牧产品能在一定程度上减少我国COD排放和水资源消耗

根据投入产出方法计算，每增加1亿元畜牧产品的进口可以减少我国470 t COD排放量和301万 m^3 水资源消耗。2017年特朗普访华期间中美签订的农产品协议中猪肉和牛肉的进口将减少我国3.74万t COD排放和2.40亿 m^3 水资源消耗。如果将畜牧产品进口量扩大到我国消费量的15.38%（即我国粮食进口占消费的平均比重）进行计算，畜牧产品进口替代将减少我国57.44万t COD排放和36.78亿 m^3 水资源消耗。如果将畜牧产品进口量扩大到我国消费量的50%进行计算，畜牧产品进口替代将减少我国162.40万t COD的排放和119.58亿 m^3 水资源消耗。如果我国从末端治理这些污染物排放，全生命周期投入将分别高达1.34亿元、20.51亿元及55.67亿元。

2. 畜牧产品进口替代对经济和就业有一定影响

在完全替代的假设下，即对中国经济和就业影响最大的情况下，中美订单情景下短期内对中国经济系统的产出影响约为174.35亿元，对中国就业影响约为21.7万人。15.38%进口替代情景下短期内对中国经济系统的产出影响约为2 676.79亿元，对中国就业影响约为333.8万人。50%进口替代情景下短期内对中国经济系统的产出影响约为8 702.17亿元，对中国就业影响约为1 085.3万人。而就业影响在市场作用下很可能短期内转化为对农民收入的影响，但随着产业和就业结构的调整，短期影响将被缓解和抵消。

3. 畜牧业产业链较短，进口替代对经济和就业影响集中且不大

特朗普访华期间签订的中美订单短期内对中国全行业的产出影响仅为0.11‰，对就业影响约为0.28‰，且影响主要集中在畜牧业自身行业内部。如果按照粮食进口占消费的平均比重（15.38%）计算，进口替代对全行业产出的影响为0.17%，对就业影响为0.43%。即使按照50%进口替代，对全行业产出的影响也仅有0.54%，对就业影响为1.40%。

考虑到2017年中央经济工作会议关于"积极扩大进口，下调部分产品进口关税"的要求，结合分析结论，提出政策建议：

1. 在贸易政策和措施制定中应更多地考虑环境因素，统筹考虑环境与贸易利益

在贸易政策制定时不仅关注贸易顺差，还应关注贸易顺差带来的资源环境逆差，做到资源环境逆差与贸易顺差统筹考虑。

2．研究制定有利于生态环境质量改善的扩大进口产品清单，积极支持并采取多种贸易手段扩大对畜牧产品的进口

建议按照 2017 年中央经济工作会议"积极扩大进口"精神，借助贸易结构调整的机会，尽快研究制定有利于生态环境质量改善的扩大进口产品清单，将畜牧、化工、医药等生产过程高污染排放、高资源消耗产品放入清单内，视情况提出降税计划建议；积极参加 2018 年 11 月我国召开的"国际进口博览会"，举办"扩大进口与生态环境质量改善高层论坛"；在贸易谈判中对扩大畜牧等生产过程中污染排放较大、资源消耗高产品的进口持支持态度，并在自贸协定谈判中逐步推动降低畜牧产品关税（目前畜牧产品的进口关税平均水平约为 70%）或扩大这些产品的免税配额。

3．分区实施差异化进口替代策略

结合重点流域和重点河段水污染特点，特别是 COD 排放和水资源特征，选取畜牧产业产值相对较高且对 COD 排放贡献较大、水资源稀缺的省份和地区，进一步扩大畜牧产品进口量，通过发挥进口替代作用减少这些省份和地区 COD 排放和水资源消耗量，进而增加水环境容量。

4．实施差异化养殖策略，缓冲进口替代作用对经济、就业和农民收入的短期不利影响，推动农业供给侧结构性改革

为抵消进口替代对本地畜牧产业、农村就业和农民收入的短期冲击，建议推动相关畜牧养殖业向高质量发展，通过加大资金、技术和人才的投入以及加强对高端畜牧产业的宣传支持，提升畜牧产品特色发展水平和精深加工能力，创造农村就业和畜牧经济新增长点，增加农民收入，推动我国农业供给侧结构性改革。

参考文献

[1] Miller R E，Blair P D. Input-output Analysis：Foundations and Extensions[M]. Cambridge：Cambridge University Press，2009.

[2] 国家统计局. 2012 年投入产出表[DB/OL].http：//data.stats.gov.cn/ ifnormal.htm？u=/files/html/quickSearch/trcc/trcc01.html&h=740.

[3] 国家统计局,环境保护部. 中国环境统计年鉴2013—2016[M]. 北京:中国统计出版社,2013—2016.

[4] 国家统计局农村社会经济调查司. 中国农村统计年鉴 2017[M]. 北京：中国统计出版社，2017.

[5] 刘起运，王万洲. 基于投入产出的环境问题结构分析[J]. 统计教育，2009（10）：44-49.

[6] 耿建新，黄冰，周晶. 污水处理厂全寿命周期成本分析[J]. 财会月刊，2012（35）：52-55.

第七篇
能源气候环境

对错峰生产"差别化"管理的分析与思考[①]

王　敏　冯相昭　杜晓林　赵梦雪　梁启迪

摘　要　为防范"一刀切"风险，2018 年多地实行了错峰生产"差别化"管理。结合在唐山等城市访谈调研，我们发现一些地方制定和落实错峰生产方案的科学性、精准性和有效性还有待进一步提升：一是对行业污染贡献、治理工艺特点及行业间相互关联的认识不足，未有效厘清错峰生产与停限产、污染减排的直接关系；二是尚未健全区域错峰生产协调机制，对优化产业布局调整及促进区域协调发展作用有限；三是未考虑企业污染排放对空气质量的实际影响，在落实过程中没有对企业做到统一标准；四是管理体制不顺，监管手段和奖惩机制缺乏，存在政府部门执行不力、行业协会作用欠缺现象。

建　议　一是精准溯源、靶向施策，系统考虑治理工艺特点及行业间相互关系，分季节分区域确定错峰行业范围、停限产力度；二是健全区域协调机制，以优化产业布局为出发点，推动形成区域错峰生产协同推进合力；三是科学评估错峰生产措施带来的社会经济环境影响，实施满足多目标导向的"差别化"管理；四是进一步理顺管理体制，创新监管手段，完善奖惩机制，引导行业协会充分发挥其协调管理职能。

关键词　错峰生产　秋冬季　差别化管理

　　我国实施错峰生产始于 2014 年，现已成为打好污染防治攻坚战的重要举措。不过，随着错峰生产涉及行业范围越来越广、实施力度越来越大，如何避免地方执行过程中存在的"一刀切"风险？如何保障错峰生产能够带来明显的环境效益、公平的市场竞争以及良好的社会影响？实施什么样的差别化管控政策能够在满足环境目标要求的同时，同步实现经济和社会成本最小化？以上问题关乎错峰生产政策能否取得长效收益，急需关注且亟待解决。为此，我们在梳理错峰生产政策发展现状的基础上，对其执行过程中存在的问题进行了剖析与总结，并针对如何强化错峰生产"差别化"管理提出了建议。

[①] 原文刊登于《中国环境战略与政策研究专报》2018 年第 31 期。

一、政策发展现状

（一）政策涉及行业类别日益增多

自 2014 年针对水泥行业提出错峰生产要求以来，错峰生产涉及行业已扩展至钢铁、焦化、铸造、建材、有色、化工等行业。2014 年 3 月召开的两会上首次对水泥行业提出错峰生产要求。随后，工信部在 2014 年 12 月、2015 年 11 月和 2016 年 10 月相继发布的《泛华北地区水泥企业错峰生产自律公约》《关于在北方采暖地区全面试行冬季水泥错峰生产的通知》《2016—2020 年期间水泥错峰生产工作通知》中对水泥行业试行错峰生产做了明确规定。2017 年 11 月，工信部联合环境保护部发布《关于"2+26"城市部分工业行业 2017—2018 年秋冬季开展错峰生产的通知》，将重点实施错峰生产的行业范围从水泥行业扩展至钢铁、焦化、铸造、建材、有色、化工等行业。

（二）政策覆盖区域范围持续扩大

就水泥行业而言，实施错峰生产政策的区域从最初的北方地区扩展到南方地区。根据《关于在北方采暖地区全面试行冬季水泥错峰生产的通知》要求，北方十五省区市在冬季采暖期全面试行水泥错峰生产。按照《2016—2020 年期间水泥错峰生产工作通知》要求，除北方十五省份之外的其他地区，主要在非采暖区域执行春节、夏季、雨季水泥错峰生产、限产。从其他行业来看，实施错峰生产政策的重点区域从京津冀及周边地区扩展到长三角地区和汾渭平原。自 2017 年起，京津冀及周边地区的"2+26"城市执行大气特别排放限值，实行错峰限产。2018 年，为推进大气污染防治攻坚、打赢蓝天保卫战，长三角地区、汾渭平原等重点区域也开始实行错峰生产，并陆续发布了 2018—2019 年秋冬季大气污染综合治理攻坚行动方案，涉及全行业秋冬季错峰生产的城市数量也从去年的"2+26"个增加至 80 个。此外，为持续改善空气质量，唐山等城市甚至在非采暖季对钢铁等行业提出错峰生产要求。

（三）政策定位已发生根本性转变

错峰生产已经从最初服务于化解过剩产能和推进供给侧结构性改革发展为打好污染防治攻坚战的重要举措。错峰生产最早是作为水泥行业去产能、增效益的重要抓手，是水泥行业践行供给侧结构性改革的一次尝试。从其实践效果来看，水泥行业在化解产能过剩和有效去除库存方面取得了阶段性成果，有序错峰生产抑制了产能无序发挥，提升了水泥行业的整体利润，同时对于改善空气质量也有较好的协同促进作用。基于此，国家相关部门决定将错峰生产作为减少污染物排放和改善空气质量的重要管理手段，重点对京津冀及周边地区等重点区域的钢铁、焦化、铸造、建材、有色、化工等行业实施秋冬季错峰生产。从近两年的实施情况来看，错峰生产能在一定程度上缓解秋冬季污染物叠加排放的问题，在减轻大气污染防治压力和持续改善环境空气质量方面发挥了积极作用。

（四）管理逐步呈现"差异化"特征

2018年以前，错峰生产政策的贯彻落实在一定程度上实现了化解部分过剩产能的目标，但由于没有综合考虑行业企业的污染排放绩效水平，真正需要去除的落后产能并未因产量控制而遭到淘汰，而许多拥有先进治理工艺的企业却未能幸免，这种"一刀切"现象在一定程度上挫伤了合规企业治污的积极性和主动性。2018年以后，国家相关部门反复强调要科学制定错峰生产方案、因地制宜推进工业企业错峰生产，明确要基于污染排放绩效水平实行"差别化"管理，严禁"一刀切"方式和恣意扩大范围情况的发生。各地积极响应并实行了"差别化"管理。如河北省根据能源结构、排放水平、治理水平、产品附加值、运输结构等因素，对企业进行绩效评价，根据评价等级实施差别化错峰生产；天津市按行业将企业从不限产、不同比例限产到全部停产依次划分为3~5类。上述"差别化"管理措施在一定程度上遏制了污染源的排放强度，突出了错峰生产调控的科学性、精准性和有效性。

二、存在的问题

（一）对行业污染贡献、治理工艺特点及行业间相互关联的认识不足，未有效厘清错峰生产与停限产、污染减排的直接关系

一是多地在确定错峰生产行业时没有做到精准溯源，使得行业覆盖范围过大、企业停限产数量过多。如唐山市不同季节主要污染物种类及其行业排放污染贡献不同，秋冬季主要污染物是PM_{10}和$PM_{2.5}$，但在其秋冬季错峰生产方案中却包括了塑料、家具制造、医药、橡胶等主要涉及VOCs排放的行业，而VOCs是影响唐山市夏季空气质量和臭氧浓度的主要污染物。

二是某些污染治理工艺在停限产时会带来污染物排放量的短期剧增，而这在提出错峰生产要求时未予考虑。如化工、焦化等行业涉及选择性催化还原（SCR）烟气脱硝治

理工艺，催化反应需要一定的高温条件，若反复对其实施停限产，会造成炉膛内温度下降，导致氮氧化物排放剧增，最终还会加剧污染形势，不利于重污染天气应急。

三是对产业链与上下游行业之间的相互关系认识不足，导致其他环境污染问题及污染防控风险出现。如电石渣制水泥生产线作为氯碱化工循环经济产业链的大型环保工艺，中西部一些地区实施水泥行业错峰生产时并未对其实施"差别化"管理，导致错峰期间氯碱行业电石渣大量堆放埋存处置等问题难以解决；焦化行业错峰生产会传导至下游钢铁行业，钢铁行业错峰生产也会波及上游焦化行业，但很多地区在制定错峰生产方案时未将两者统筹考虑，导致区域内焦化和钢铁产能配比不协调的情况下仍大量从区域外净输入或净输出，加大了区域货物运输压力，增加了移动源污染防控风险。

（二）尚未健全区域错峰生产协调机制，对优化产业布局调整及促进区域协调发展作用有限

一是各地执行的错峰生产要求不尽相同，协调机制的缺失会使得区域错峰效果和效益大打折扣。如 2018 年，唐山市与毗邻的承德市等地市执行钢铁行业错峰生产的时段、形式和力度等存在较大差异，区域协调机制的缺失会对钢铁企业的市场竞争格局带来影响；2017 年，泛东北地区决定执行停窑 6 个月的错峰生产政策，但辽宁省在执行过程中自主将错峰时长由 6 个月调整为 5 个月，其间严重侵害了黑龙江省、吉林省和内蒙古自治区水泥企业的错峰效果和效益。

二是优化产业布局调整及促进区域协调发展作用发挥不充分，未形成区域协同推进合力。如京津冀区域的产业结构和经济发展水平差距较大，错峰生产能否取得长效收益，很大程度上取决于错峰生产能否有助于整体提升区域产业结构水平，但三地在落实错峰生产时并没有从优化区域产业布局及促进区域协调发展的角度出发，仅停留在各自为政、各自为战的阶段，未实现智慧整合与同频共振。

（三）未考虑企业污染排放对空气质量的实际影响，在落实过程中没有对企业做到统一标准

一是错峰生产方案未考虑企业污染排放对空气质量的实际影响，不利于实现环境和社会经济效益最大化。如唐山市曹妃甸区按当地要求实施了钢铁、焦化行业错峰生产，但在具体操作过程中未充分考虑到其钢铁和焦化企业多靠近海边、距离位于居民区的环境质量监测站点较远的特点，导致即使采取较大力度错峰生产，也可能出现居民区环境空气质量不达标的情况，即付出停限产的经济代价却满足不了大气环境质量改善的目标。据调查，唐山市某钢铁企业停产 10 天的损失达 1 亿元人民币以上。

二是多地在落实过程中对企业未做到统一标准，存在部分企业不按期停限产、规避错峰生产等现象。调研中发现，企业对实施错峰生产政策本身没有异议，但对错峰生产落实环境是否公平公正非常在意，而且多地在落实错峰生产过程中确实也没有对企业做到统一标准。如 2017 年，河南省有 5 家碳素企业、3 家水泥企业、4 家陶瓷企业未按时按要求停产到位；2017 年，河南省濮阳市落实错峰生产过程中发现有部分企业私自提前生产；2018 年，泛东北地区水泥行业错峰生产政策执行过程中发现辽宁省有 14 家企业拒不执行错峰生产。此外，多地出现水泥企业搭协同处置和保民生供暖的便车规避错峰生产的情况。以上执行错峰生产不力的企业行为在行业内造成了恶劣影响，严重破坏了企业落实错峰生产的积极性及公平竞争的营商环境。

（四）管理体制不顺，监管手段和奖惩机制缺乏，存在政府部门执行不力、行业协会作用欠缺现象

一是方案制定和落实过程中没有理顺管理体制，缺乏必要的监管手段以及有效的奖惩机制。调研中发现，错峰生产是由工信部门负责、环保和发改等相关部门参与，也就是说错峰生产方案的制定及错峰生产情况的巡查和督导是由工信部门负责，但是其对行业企业污染治理了解不够，并且没有执法权，在发现企业违规情况后，只能将其报给环境执法部门来予以处理。目前，错峰生产只是政府部门提出的环境管理要求，法律依据不足，执行过程中缺乏相应的技术规范和操作要求，使得对企业追责依据不充分，如要求钢铁高炉限产 30%，企业难以具体落实，相关部门也不便于量化检查。另外，对错峰生产执行不力的企业只限于媒体曝光、政府约谈、超标即罚等，对严格落实错峰生产要求的企业激励不够，缺少行之有效的奖惩依据、标准和程序。

二是一些地方政府和相关部门存在打政策"擦边球"行为，部分纳入方案中的错峰生产要求形同虚设。如 2017 年，衡水市、德州市等地将"僵尸企业"列入应急停限产企业名单；邯郸市发布的 2018—2019 年重点行业采暖季差异化错峰生产方案中明确，除承担居民供暖、协同处置城市垃圾或危险废物等保民生任务量核定最大允许生产负荷外，其余企业错峰期间全部停产，但结合文件中水泥企业名录中各企业错峰调控生产负荷来看，邯郸地区全部 26 家水泥企业基本等同于无须执行错峰生产，有形式主义之嫌。

三是行业协会主动协调和管理行业企业的功能发挥不充分，会员单位的权利和义务难以落实到位。如 2017 年和 2018 年，辽宁省分别出现擅自减少错峰时长及企业拒不执行错峰生产的情况，而水泥行业协会并没有在其中发挥好协调和管理作用。

三、思考与建议

（一）精准溯源、靶向施策，系统考虑治理工艺特点及行业间相互关系，分季节分区域确定错峰行业范围、停限产力度

一是要精准识别影响区域空气质量的主要污染物及其重要排放源，分季节分区域确定实施错峰生产的行业范围，避免错峰行业覆盖范围太大。如在京津冀及周边地区，秋冬季主要污染物是 $PM_{2.5}$ 和 PM_{10}，可重点针对与 $PM_{2.5}$ 和 PM_{10} 形成有关的行业如钢铁、焦化、建材等提出错峰生产要求。二是要科学评估停限产对 SCR 脱硝等治理工艺污染排放的影响和对设施设备的损毁情况，坚决避免因反复停限产导致污染排放水平不降反升的现象发生。三是要正确认识行业产业链及其与上下游行业之间的相互关系，全面了解行业停限产范围及力度对其产业链及其上下游行业的影响，并结合区域产能配比统筹确定错峰生产力度。

（二）健全区域协调机制，以优化产业布局为出发点，推动形成区域错峰生产协同推进合力

一是建议组建多个地级市或省市共同参与的区域错峰生产协调小组，小组成员可包括工信、环保、发改、交通等部门以及相关行业协会，同时还要构建包括定期会商、联合检查等在内的协调小组工作机制，明确错峰生产协调小组工作内容，如指导、监督、检查、执法、考评等。二是综合考虑区域产业功能定位、产业结构布局等因素，从促进区域产业布局优化调整角度出发，在"治标"的基础上强化"治本"的目标，把短期的攻坚行动变成常态的管理手段，逐步建立健全区域错峰生产的长效机制。

（三）科学评估错峰生产措施带来的社会经济环境影响，实施满足多目标导向的"差别化"管理

在制定错峰生产方案时，要综合评估企业污染排放对本地及周边地区空气质量的实际影响，以及错峰生产措施带来的环境效益和社会经济成本，并从污染天气特征和天气形势特点入手，考虑地区社会经济发展、产业结构调整需求、企业环境绩效水平等多种因素，实施满足环境效益最大化和社会经济成本最小化的多目标导向的"差别化"管理。如唐山市不同季节主导风向不同，可分季节加大位于主城区上风向的企业的停限产力度。

（四）进一步理顺管理体制，创新监管手段，完善奖惩机制，引导行业协会充分发挥其协调管理职能

一是认真总结区域、行业、企业错峰生产管理经验，形成由工信、环保和发改等多部门协作的行政管理体制。二是进一步明确执法依据，细化行业错峰生产技术规范和操作要求，采用行业通报和公开舆论监督等多种形式，结合质量、标准、能耗等手段，对执行不力的企业予以惩戒，并运用税收优惠、差别电价、绿色信贷、排放权交易等经济杠杆以及财政支持、产能控制等手段，实现错峰生产政策的正向激励导向。三是鼓励行业协会积极协调本地区及本区域企业，做好错峰生产的组织协调工作，解决企业所在地方政府的地区利益和市场占有率之间的不一致等问题，同时鼓励行业协会积极协助并参与政府部门对实施错峰生产企业的随机抽查等监管工作。

京津冀地区散煤综合治理成本效益分析[①]

杜晓林　冯相昭　王　敏　赵梦雪　梁启迪

摘　要　本文分别研究了"煤改气"和"煤改电"政策的经济效益和环境效益。按照等热值原理，比较同等热值条件下的天然气、电力和燃煤价格来评估经济效益，以百兆卡热值能源燃煤燃烧时主要污染物的排污量减去天然气燃烧或电力供暖时主要污染物的排污量来评估环境效益。结果显示，在经济效益方面，对于北京市、天津市和河北省，以天然气替代燃煤分别需付出 3.76 倍、3.96 倍和 3.96 倍于燃煤价格的成本，以电力替代燃煤分别需付出 2.42 倍、2.42 倍和 2.58 倍于燃煤价格的成本。在环境效益方面，实施"煤改气"政策，北京市的环境净收益最高，天津市次之，河北省最低，而实施"煤改电"政策，北京市和河北省火力发电较直接燃煤可降低 CO 和 SO_2 的排放量，但增加 NO_2 和 VOCs 的排放，表明北京市和河北省电力取暖与直接燃煤相比并未产生明显的环境效益，天津市"煤改电"环境效益则更不乐观。

关键词　散煤治理　煤改气　煤改电　环境效益　经济效益

　　近年来，京津冀及周边地区多次出现大范围连续雾霾天气，影响范围大，持续时间长，污染程度较为严重，引起了公众高度关注。如何采取有力措施防治大气污染，提高空气质量，改善人居环境成为京津冀地区当务之急。空气污染与能源结构密切相关，煤炭的大量使用是导致空气污染的主要原因之一。2017 年，环境保护部发布《京津冀及周边地区 2017—2018 年秋冬季大气污染综合治理攻坚行动方案》，提出 2018 年全面完成以电代煤、以气代煤任务。2018 年，生态环境部发布《打赢蓝天保卫战三年行动计划》，提出集中资源推进京津冀及周边地区散煤治理，在 2020 年采暖季前，在保障能源供应的前提下，京津冀及周边地区基本完成生活和冬季取暖散煤替代。根据《2017 年中国生态环境状况公报》有关数据显示：京津冀地区 13 个城市优良天数比例范围为 38.9%～79.7%，平均为 56.0%，比 2016 年下降 0.8 个百分点；平均超标天数比例为 44.0%，其

---

① 原文刊登于《环境与可持续发展》2018 年第 6 期。

中轻度污染为 25.9%，中度污染为 10.0%，重度污染为 6.1%，严重污染为 2.0%。2017年 12 月 1 日至 12 月 15 日的监测数据显示，"双代区"（"煤改气"和"煤改电"的地区）PM$_{2.5}$ 浓度为 61 μg/m^3，同比下降 54.81%。监测数据显示，"双代区"空气质量明显好于"非双代区"，"煤改气""煤改电"对空气质量改善的贡献率占 30%左右。

使用煤改气、煤改电工程所带来的环境改变效果显著，但环境收益和成本效益如何量化？当前，我国相关环境政策实施的成本效益分析尚处于起步阶段，尚没有规范化的分析框架及方法，因此，建立科学完善的环境政策成本效益分析有助于促进环境政策的有效制定与实施。张世祥等人运用层次分析法研究了电气与气价的煤改清洁能源竞争性分析，巫永平等人运用成本效益分析了天然气替代燃煤的政策评估。本文为研究"煤改气""煤改电"政策的成本效益，将从两个方面进行评价：京津冀地区实施煤改气、煤改电政策比燃煤供暖成本增加多少？煤改气、煤改电比使用燃煤能实现多少减排收益？为解决这两个问题，本文采用等热值原理及成本收益分析方法，其中按照等热值原理，比较同等热值条件下的天然气价格、电力价格和燃煤价格，来评估经济效益变化；以百兆卡热值能源"燃煤燃烧时主要污染物的排污量减去天然气燃烧或电力供暖时主要污染物的排污量"来比较煤改气、煤改电的环境成本，以此来评估环境效益。

一、研究方法和数据来源

（一）"煤改气"政策的经济效益分析

天然气替代燃煤的经济效益关注使用天然气相比使用燃煤的价格变化。在评估煤改气经济效益的过程中，按照等热值原理比较同等热值条件下的天然气和燃煤价格。鉴于数据的可得性，本文在进行经济效益分析时未考虑配套基础设施建设成本，统一只考虑燃料成本价格的比较。

（1）计算天然气和燃煤的热值比。1 m^3 天然气的热值为 8 000～9 000 kcal，这里设定 1 m^3 天然气的热值为 8 500 kcal[①]。我国规定 1 kg 标准煤的热值为 7 000 kcal。因此按照热当量换算，1 m^3 天然气提供的热值相当于 1.214 kg 标准煤提供的热值。

（2）计算天然气和燃煤的原始价格比。计算公式为

$$原始价格比 = \frac{天然气单价}{标准煤单价} = \frac{天然气单价}{原煤单价 \times \dfrac{原煤热量}{标准煤热量}}$$

---

① 1 kcal=4 190 J。

天然气价格使用各省市发展和改革委员会或物价局公布的居民生活用气中第一档的价格。标准煤价格使用在 2017—2018 年度采暖期结束后的秦皇岛港 5 500 kcal 动力煤的价格进行折算后得出。由 Wind 资讯终端查询的数据可知，秦皇岛港 5 500 kcal 动力煤 2018 年 3 月 20 日（华北地区采暖季全部结束）的平仓价为 635 元/t，由计算公式标准煤单价=原煤单价×原煤热量/标准煤热量可得，标准煤单价为 498.9 元/t。分别计算北京市、天津市及河北省使用天然气与使用燃煤的价格比，见表 1。

表 1　北京、天津、河北天然气和燃煤的原始价格比

	北京	天津	河北
天然气单价/（元/m^3）	2.28	2.40	2.40
标准煤单价/（元/kg）		0.498 9	
原始价格比	4.57	4.81	4.81

（3）计算同等热值条件下天然气与标准煤的实际价格比。需按照能源等热值原理进行换算，计算公式为实际价格比=原始价格比/天然气与标准煤热值比。

（二）基于成本收益分析的"煤改气"政策的环境收益与环境成本的综合评估

在计算环境收益时可使用成本收益分析法。根据同等热值条件下天然气、燃煤和石油燃烧时主要污染物的排污量，即可计算出一个热值单位能源替代的环境收益和环境成本。环境成本指生产过程中主要污染物的排污量，测算过程如图 1 所示，由京津冀三省市产生百兆卡热值所需的天然气支出进行推算；环境收益为主要污染物的燃煤排污量减去天然气的排污量。

图 1　"煤改气"环境成本测算流程图

1. 环境成本测算

根据天然气和标准煤的单价及计算公式"能源支出=能源单价×百兆卡/能源热值"可知，京津冀三省市产生百兆卡热值所需的天然气支出分别为 26.82 元、28.24 元和 28.24 元，产生百兆卡热值所需的燃煤支出约为 7.13 元，因此超额支出分别为 19.69 元、21.11 元和 21.11 元。而这部分超额支出只能由营业利润来支付。由于缺乏三大产业总营业利润的准确数据，以工业企业营业利润做近似推算。由国家统计局中地区数据的分省年度

数据可知，2016 年京津冀三省市工业企业营业利润分别为 1 407.36 亿元、1 993.42 亿元和 2 781.79 亿元，工业增加值分别为 4 026.68 亿元、6 805.13 亿元和 13 387.46 亿元，因此可得三省市营业利润分别约占国内生产总值的 34.95%、29.29% 和 20.78%。这意味着北京市 19.70 元的超额支出需要 56.36 元的总产出支付，天津市 21.11 元的超额支出需要 72.07 元的总产出支付，河北省 21.11 元的超额支出需要 101.58 元的总产出支付。

支付这笔超额支出必须以生产活动作为基础，生产产生能耗，接下来计算多产生的能耗会带来多少污染物排放。2016 年京津冀三省市的能源消费总量分别为 6 961.7 万 t、8 041.4 万 t 和 29 794.4 万 t 标准煤，国内生产总值分别为 25 669.1 亿元、17 885.4 亿元和 32 070.5 亿元，所以三省市单位 GDP 能耗分别为 0.27 t 标准煤/万元、0.45 t 标准煤/万元和 0.93 t 标准煤/万元。故对于北京市，创造 56 355.91 元的总产出需消耗 1.53 t 标准燃煤，即 10.689 Mcal 热值；对于天津市，创造 720 673.10 元的总产出需消耗 3.24 t 标准燃煤，即 22.70 Mcal 热值；对于河北省，创造 101 579.16 元的总产出需消耗 9.44 t 标准燃煤，即 66.059 Mcal 热值。

表 2　煤改气环境成本的计算数据

计算参数	北京	天津	河北
产生百兆卡热值所需的天然气支出/元	26.82	28.24	28.24
产生百兆卡热值所需的燃煤支出/元	7.13		
超额支出/元	19.69	21.11	21.11
营业利润占工业增加值的比例/%	34.95	29.29	20.78
承担超额支出所需的总产出金额/元	56.36	72.07	101.58
2016 年京津冀 GDP 能耗值/（t 标准煤/万元）	0.270	0.450	0.929
所需标准燃煤量/t 标准煤	1.527×10^{-3}	3.243×10^{-3}	9.437×10^{-3}
热值/Mcal	10.689	22.701	66.059

由 2017 年各省市统计局公布的各省市的统计年鉴中的数据可知，对于北京市，2016 年能源消费构成中，煤炭、石油、天然气、一次电力及其他能源分别占能源消费总量的百分比及其所对应的热值消耗量见表 3。

表 3　2016 年京津冀地区能源消费结构情况　　　　单位：Mcal

省市	煤炭		石油		天然气		一次电力及其他能源	
	能源消费构成/%	煤炭消耗热值	能源消费构成/%	石油消耗热值	能源消费构成/%	天然气消耗热值	能源消费构成/%	一次电力及其他能源消耗热值
北京	29.59	3.16	30.94	3.31	14.58	1.56	24.89	2.66
天津	51.31	11.65	17.39	3.95	0.90	0.20	30.58	6.94
河北	85.01	56.16	8.63	5.70	3.14	2.07	3.22	2.13

根据上述数据，计算各污染物排污量，以各省市百兆卡热量天然气、燃煤和石油的排污量为权数，以前文计算求得的三者对应的消耗的热值为权重，然后加总计算。计算公式为：

$$排污量 = \frac{兆卡热量燃排污量}{100} + 石油消耗热值 \times \frac{兆卡热量石油排污量}{100} +$$

$$天然气消耗热值 \times \frac{兆卡热量天然气排污量}{100}$$

综上所述，环境成本计算结果见表4。

表4 京津冀三省市"煤改气"环境排污量

燃烧产物	天然气（同等热量排污量）	燃煤（同等热量排污量）	石油（同等热量排污量）	北京市环境排污量	天津市环境排污量	河北省环境排污量
灰分	1	148	14	5.16	17.79	83.93
SO_2	1	700	400	35.38	97.33	415.92
NO_2	1	10	5	0.50	1.36	5.92
CO	1	29	16	1.46	4.01	17.22
CO_2	3	5	4	0.34	0.75	3.10

注：此处的排污量为排污相对量，其中天然气排污量为标准量，燃煤和石油排污量为比较量，体现同等热值条件下能源燃烧释放的排污量之比。

2. 环境收益、环境净收益测算

根据环境收益=主要污染物的燃煤排污量－天然气排污量，计算京津冀三省市的环境收益，环境收益减去环境成本即为环境净收益。

3. "煤改电"政策的经济效益

评估煤改电的经济效益同样要按照等热值原理比较同等热值条件下的电力和燃煤价格。

（1）计算电和燃煤的热值比。国家统计局规定等价热值的电力折算标准煤系数为 0.404 kg/（kW·h）时，即 1 kW·h 电提供的热值相当于 0.404 kg 标准煤提供的热值。按照 1 kg 标准煤的热值为 7 000 kcal 换算，1 kW·h 电提供的热值为 2 828 kcal。

表5 燃煤和电力等热值对比

	标煤/kg 标准煤	热值/kcal
1 kg 标准煤	1	7 000
1 kW·h 电力	0.404	2 828

（2）计算电和燃煤的原始价格比。计算公式为

$$原始价格比=电单价/标准煤单价$$

电价使用各省市发展和改革委员会或物价局公布的居民生活用电中的一户一表第一档的价格。接下来分别计算北京市、天津市及河北省使用电力与使用燃煤的价格比。

（3）计算同等热值条件下电力与标准煤的实际价格比。需按照能源等热值原理进行换算，计算公式为

$$实际价格比=原始价格比/电与标准煤热值比$$

4. "煤改电"政策的环境效益综合评估

由国家统计局中地区数据的分省年度数据可知,2016 年度京津冀三省市的发电量分别为 434 亿 kW·h、618 亿 kW·h 和 2631 亿 kW·h。由 2017 年《中国能源统计年鉴》中公布的各省市 2016 年火力、水力、核能、风力、太阳能发电量数据计算京津冀三省市火力发电量,进一步计算产生的污染物,并将火力发电中产出电力与投入热力提供的热值之和,和所需的提供同等热值的原煤的排污量进行比较,以此分析煤改电政策的环境效益。

（1）京津冀三省市火力发电产生的污染物排放量

由 2017 年度《中国能源统计年鉴》中的各省市的能源平衡表中的数据及《城市大气污染物排放清单编制技术手册》《4411 火力发电行业产污系数使用手册》中提供的火力发电行业中各类原料产生各种污染物的产污系数数据,并根据计算公式"产污量=燃料消耗量×产污系数",计算得出京津冀三省市火力发电中 9 种投入原料相应的排污量。经计算得到的京津冀三省市的火力发电各类原料排污量（表 6）。

表6 北京市火力发电各类原料排污量   单位：t

排放物	煤炭	煤矸石	燃油	石油焦	焦炉煤气	高炉煤气	转炉煤气	天然气	其他能源	总量
CO	1 880.00	0.00	11.22	25.68	0.00	0.00	0.00	10 463.38	324.66	12 704.94
NO₂	5 141.80	0.00	109.21	249.95	0.00	0.00	0.00	27 635.00	3 160.02	36 295.98
SO₂	12 765.20	0.00	374.00	0.00	0.00	0.00	0.00	0.00	0.00	13 139.20
VOCs	2 030.40	0.00	53.86	1 412.40	0.00	0.00	0.00	77 268.00	70.34	80 835.00

表 7　天津市火力发电各类原料排污量　　　　　　　　　　单位：t

排放物	煤炭	煤矸石	燃油	石油焦	焦炉煤气	高炉煤气	转炉煤气	天然气	其他能源	总量
CO	42 468.00	0.00	82.62	124.32	115.38	1 225.25	268.13	3 635.13	45.18	47 964.00
NO₂	116 149.98	0.00	804.17	1 210.05	139.97	201.28	44.05	9 600.79	439.75	128 590.04
SO₂	288 357.72	0.00	2 754.00	0.00	0.00	0.00	0.00	0.00	0.00	291 111.72
VOCs	45 865.44	0.00	396.58	6 837.60	142.00	3 770.00	825.00	26 844.00	9.79	84 690.41

表 8　河北省火力发电各类原料排污量　　　　　　　　　　单位：t

排放物	煤炭	煤矸石	燃油	石油焦	焦炉煤气	高炉煤气	转炉煤气	天然气	其他能源	总量
CO	178 607.80	42 572.00	18.78	0.00	3 383.25	113 478.63	8 617.38	1.63	741.18	347 420.64
NO₂	488 492.33	159 645.00	182.79	0.00	4 104.37	18 642.27	1 415.66	4.29	7 214.15	679 700.87
SO₂	1 212 746.96	60 452.24	626.00	0.00	0.00	0.00	0.00	0.00	0.00	1 273 825.20
VOCs	192 896.42	45 977.76	90.14	0.00	4 164.00	349 165.00	26 515.00	12.00	160.59	618 980.92

（2）提供同等热值原煤的污染物排放量

2017 年《中国能源统计年鉴》中公布的 2016 年京津冀火力发电的电力产出量分别为 417.76 亿 kW·h、611.51 亿 kW·h、2 372.47 亿 kW·h，投入的热力分别为 0、169.12×10¹⁰ kJ、4 668.24×10¹⁰ kJ，将产生电力所耗费的热量换算成标准煤的数量，再换算成原煤即除以原煤的折标准煤系数 0.714 3，得到需要原煤的数量分别为 718.53 万 t、1 342.66 万 t、12 109.78 万 t。换算过程见表 9。

表 9　2016 年京津冀火力发电的电力产出量对应的原煤量换算表

省市	电力/亿 kW·h	产生的热量/亿 kcal	投入热力/10¹⁰ kJ	换算的热力/亿 kcal	产生电力耗费的热量/亿 kcal	需要的标准煤的数量/万 t	需要原煤的数量/万 t
北京	417.76	359 273.60	0.00	0.00	359 273.60	513.25	718.53
天津	611.51	525 898.60	169.12	145 443.20	671 341.80	959.06	1 342.66
河北	2 372.47	2 040 324.20	4 668.24	4 014 686.40	6 055 010.60	8 650.02	12 109.78

根据《城市大气污染物排放清单编制技术手册》中提供的民用源燃煤产生各种污染物的产污系数数据，以及《4411 火力发电行业产污系数使用手册》中提供的火力发电行业中原煤产生 SO₂ 的产污系数数据，并根据计算公式"产污量＝燃料消耗量×产污系数"，计算得出京津冀三省市原煤在火力发电时的排污量，进而得到提供同等热值所需原煤在火力发电时产生的排污量，结果见表 10。

表 10　原煤燃烧时的产污系数及提供同等热值对应原煤消耗量

污染物指标	产污系数/（kg/t）	北京原煤消耗量/万 t	天津原煤消耗量/万 t	河北原煤消耗量/万 t	北京排污量/t	天津排污量/t	河北排污量/t
CO	144				1 034 683.20	1 933 430.40	17 438 083.20
NO₂	0.91	718.53	1 342.66	12 109.78	6 538.62	12 218.21	110 199.00
SO₂	13.58				97 576.37	182 333.23	1 644 508.12
VOCs	3.67				26 370.05	49 275.62	444 428.93

二、研究结果与讨论

（一）"煤改气"的经济效益和环境效益

1. 经济效益

北京市、天津市和河北省的天然气实际价格分别为标准煤实际价格的 3.76 倍、3.96 倍和 3.96 倍。计算结果表明，在任意的热值条件下，对于北京市、天津市和河北省，以天然气替代燃煤分别需付出 3.76 倍、3.96 倍和 3.96 倍于燃煤价格的成本，如图 2 所示。

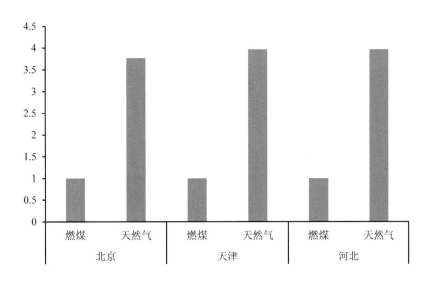

图 2　同等热值条件下燃煤和天然气的成本价格对比

2. 环境效益

北京市、天津市及河北省能源替代的环境收益、环境成本见表 11。

表 11　京津冀三省市能源替代的环境收益、环境成本和净收益　　　　单位：10^8 cal

燃烧产物	天然气	石油	环境收益	北京市		天津市		河北省	
				环境成本	环境净收益	环境成本	环境净收益	环境成本	环境净收益
灰分	1	14	147	5.16	141.84	17.79	129.21	83.93	63.07
SO_2	1	400	699	35.38	663.62	97.33	601.67	415.92	283.08
NO_2	1	5	9	0.50	8.50	1.36	7.64	5.92	3.08
CO	1	16	28	1.46	26.54	4.01	23.99	17.22	10.78
CO_2	3	4	2	0.34	1.66	0.75	1.25	3.10	−1.10

从表 11 中的计算结果可得，对于三省市的各项污染物，除河北省的 CO_2，其他环境收益均高于环境成本，即环境净收益大于零。对于各项污染物的环境成本占环境收益的比例范围，北京市为 4%～17%，天津市为 12%～37%，河北省为 57%～155%。同时，京津冀三省市中，北京市的环境净收益最高，天津市次之，河北省的环境净收益相对最低，表明北京市的能源替代环境收益要大于天津市及河北省的能源替代环境收益，这在一定程度上说明北京市的环保成本更低，推行煤改气政策的收益在京津冀地区中是相对来说最高。从能源构成上分析，河北省煤炭占总能源消耗的占比远远大于北京市和天津市，这也是导致河北省环境成本较高的原因之一。可以推测，在北京市和天津市这两个煤炭消费量占比相对较低的城市，增加天然气的消费量可以更大限度地减少环境成本，从而提高能源替代的环境收益。环境净收益大于零是环境政策实施的前提条件，但由于天然气的价格较高，使用天然气代替燃煤政策的效果并不如通常认为的那么好，环境收益是否大于包含机会成本的经济成本还需要根据更多的数据进行进一步的计算与分析。

（二）"煤改电"的经济效益和环境效益

1. 经济效益

北京市、天津市和河北省的电力实际价格分别为标准煤实际价格的 2.42 倍、2.42 倍和 2.58 倍。计算结果表明，在任意的热值条件下，对于北京市、天津市和河北省，以电力替代燃煤分别需付出 2.42 倍、2.42 倍和 2.58 倍于燃煤价格的成本（表 12）。

表 12　煤改电经济效益统计数据

计算参数	北京	天津	河北
电力单价/[元/（kW·h）]	0.49	0.49	0.52
标准煤单价/（元/kg）		0.50	
原始价格比	0.98	0.98	1.04
电力与标准煤的热值比		0.404	
实际价格比	2.42	2.42	2.58

2．环境效益

将京津冀三省市火力发电产生的污染物，并与火力发电中产出电力与投入热力提供的热值之和，和所需的提供同等热值的原煤的排污量进行比较，结果见表13。

表13　京津冀火力发电与同等热值所需原煤产生的排污量对比　　　　　单位：万 t

排放物	北京				天津				河北			
	电力①	原煤②	差值 ①－②	比值 ①/②	电力③	原煤④	差值 ③－④	比值 ③/④	电力⑤	原煤⑥	差值 ⑤－⑥	比值 ⑤/⑥
CO	1.27	103.47	−102.20	0.01	4.80	193.34	−188.55	0.02	34.74	1 743.81	−1 709.07	0.02
NO_2	3.63	0.65	2.98	5.55	12.86	1.22	11.64	10.52	67.97	11.02	56.95	6.17
SO_2	1.31	9.76	−8.44	0.13	29.11	18.23	10.88	1.60	127.38	164.45	−37.07	0.77
VOCs	8.08	2.64	5.45	3.07	8.47	4.93	3.54	1.72	61.90	44.44	17.46	1.39

在环境效益方面，比较各省市火力发电各类原料排污量之和与提供同等热值所需原煤产生的排污量结果。如表13所示，对于北京市，火力发电所产生的CO、SO_2比燃烧原煤所产生的污染物排放量要少，NO_2及VOCs比使用原煤产生的量要多，表明使用火力发电较直接燃煤并未有效降低NO_2和VOCs的排放，反而增加了两者的排放量。截至2017年3月，北京市关闭了全部燃煤电厂，进入无煤发电时代，成为全国首个全部实施清洁能源发电的城市，可推测北京市用于火力发电的煤炭使用量逐渐减少。2017年《中国能源统计年鉴》中公布的2016年度北京市火力发电的煤合计为94.07万 t，而2015年度的煤合计数据为161.25万 t，降幅达41.66%，进一步证明用于火力发电的煤炭使用量近三年大幅降低，污染物也会变得更少，故在北京市实施煤改电政策是相对比较有利的，但要注意NO_2和VOCs的排放控制。对于天津市，NO_2、SO_2和VOCs各项排放物排放量使用火力发电均大于直接燃煤排放，且三者的排放量火力发电是直接燃煤的10.52倍、1.60倍、1.72倍，仅CO的排放量明显降低，说明对于天津市实施煤改电的政策对环境不利。对于河北省，使用火力发电使得CO和SO_2的排放量降低，NO_2和VOCs使用火力发电产生量仍然大于直接燃煤的产生量，表明使用火力发电并没有较直接燃煤方式所降低所有的污染物排放，可得出河北省电力取暖比直接燃煤并未有明显的环境效益。即使计算得出的各类原料排污量之和的数据会较实际偏大，但根据前后两者数值相对量与绝对量的大小，仍有理由认为NO_2、VOCs以及天津市SO_2的电力排放量之和确实大于原煤的直接排放。

三、结论

对于煤改气政策，一是成本效益方面，在任意的热值条件下，对于北京市、天津市和河北省，以天然气替代燃煤分别需付出 3.76 倍、3.96 倍和 3.96 倍于燃煤价格的成本。二是在环境效益方面，在京津冀三省市中，北京市的环境净收益最高，天津市次之，河北省的环境净收益相对最低，表明北京市的能源替代环境收益要大于天津市及河北省的能源替代环境收益，这在一定程度上说明北京市的环保成本更低，推行煤改气政策的收益在京津冀地区中是相对来说最高。从能源构成上分析，河北省煤炭占总能源消耗的占比远远大于北京市和天津市，这也是导致河北省环境成本较高的原因之一。可以推测，在北京市和天津市这两个煤炭消费量占比相对较低的城市，增加天然气的消费量可以更大程度地减少环境成本，从而提高能源替代的环境收益。环境净收益大于零是环境政策实施的前提条件，但由于天然气的价格较高，使用天然气代替燃煤政策的效果并不如通常认为的那么好，环境收益是否大于包含机会成本的经济成本还需要根据更多的数据进行进一步的计算与分析。

对于煤改电政策，一是成本效益方面，在任意的热值条件下，对于北京市、天津市和河北省，以电力替代燃煤分别需付出 2.42 倍、2.42 倍和 2.58 倍于燃煤价格的成本；二是在环境效益方面，对于北京市，火力发电所产生的 CO、SO_2 比燃烧原煤所产生的污染物排放量要少，NO_2 及 VOCs 比使用原煤产生的量要多，表明使用火力发电较直接燃煤并未有效降低 NO_2 和 VOCs 的排放，反而增加了两者的排放量，在北京市实施煤改电政策是相对比较有利的，但要注意 NO_2 和 VOCs 的排放控制。对于天津市，NO_2、SO_2 和 VOCs 各项排放物排放量使用火力发电均大于直接燃煤排放，且三者的排放量火力发电是直接燃煤的 10.52 倍、1.60 倍、1.72 倍，仅 CO 的排放量明显降低，说明对于天津市实施煤改电的政策对环境不利。对于河北省，使用火力发电使得 CO 和 SO_2 的排放量降低，NO_2 和 VOCs 使用火力发电产生量仍然大于直接燃煤的产生量，表明使用火力发电并没有较直接燃煤方式所降低所有的污染物排放，可得出河北省电力取暖比直接燃煤并未有明显的环境效益。

参考文献

[1] 魏国强. 京津冀各地散煤治理经验探析[J]. 环境保护，2016（6）：28-34.

[2] 河北省环境保护厅. 我省"双代煤"对空气质量改善贡献率占 30% 左右[N]. 河北日报，2018-01-08.

[3] 李红祥，徐鹤，董战锋，等. 环境政策实施的成本效益分析框架研究[J].观察，2017，4（11）：54-58.

[4] 张世翔，苗安康，李林沣. 基于电价与气价的煤改清洁能源竞争性分析研究[J]. 价格月刊，2018（1）：38-45.

[5] 巫永平，喻宝才，李拂尘. 基于成本收益分析的"天然气替代燃煤政策"评估[J]. 公共管理评论，2018（16）：3-14.

[6] 国家发展改革委关于理顺居民用气门站价格的通知（发改价格规〔2018〕794 号）.

[7] 天津市发展改革委关于我市居民用气实行阶梯气价的通知（津发改价管〔2015〕984 号）.

[8] 天津市发展改革委关于降低非居民管道天然气销售价格的通知（津发改价管〔2017〕746 号）.

我国天然气供需关系对民用煤改气的
影响分析与建议[①]

沈晓悦　贾　蕾　侯东林　冯　雁　冯相昭　王　彬　孙飞翔

摘　要　针对 2017 年冬季北方一些地区出现天然气供应紧张的情况，在前期专项研究的基础上，进行了调查分析和比较研究，我们认为：①我国冬季天然气供需处于紧平衡状态，季节性局部"气荒"时常发生。同时受经济回暖等多方面因素影响，2017 年天然气消费量以两位数速度快速增长，超出预期。加之国外气源未及时供应等因素相叠加，使 2017 年冬季天然气存在局部供需缺口。②我国工业领域天然气消费量远超民用，化工原料（主要用于生产化肥）用气占比明显高于国外，民用天然气消费只占 1/3，民用煤改气增量仅占天然气新增量的 30%左右，不是气荒"真凶"。在执行煤改气政策时，有些地方增加了计划内改造数，有些地方扩大了改造区域，但这些因素加起来，新增量也在可控范围。③"保民压非"政策执行存在需要破解的机制性难题。我国居民用气价格长期倒挂，一些地区居民用气价格只有工业用气价格的 60%~70%，导致城市燃气公司缺乏"压非保民"动力。国家现行政策将城市燃气列为优先类，但并未对农村生活用气优先供给进行规定，"压非保民"政策不具操作性、强制性，这在一定程度上导致本轮以乡镇为重点的民用煤改气在享受优先供气方面政策依据不足。④价格机制是影响天然气稳定供应的关键。一些城市燃气公司"趋利"，打着民用气的名义申请到更多天然气后，销售给出价更高的非民用户，或与用气大企业进行捆绑式销售，赚取差价、从中牟利，使本该保障民生的天然气供给更加紧缺。⑤探索中的天然气竞价机制不完善，造成管道气最终成交价格疯涨，对民用煤改气工程的负面影响不容小觑，在一定程度上加剧了对"气荒"的恐慌。在天然气价格改革还没有到位的情况下，拿工业用气、电厂用气全气量来竞拍，冬季保供"保量不保价"政策并不完全适用于以保障民生为对象的燃气刚需用户。同时应注意到，天然气输配气体制上的弊端，加剧了问题解决的难度。

---

① 原文刊登于《中国环境战略与政策研究专报》2018 年第 31 期。

为建立健全清洁取暖的天然气供给长效机制，应处理好三个关系：一是政府与市场的关系；二是市场机制与价格调控的关系；三是中央与地方、部门之间及供气上下游企业的关系。同时应着力做好四方面的工作：一是加强系统规划与部门统筹，健全部际会商和信息沟通及预警机制，天然气稳定供给应为煤改气绿色民生工程保驾护航；二是建立"压非保民"可操作机制，建立分情景的天然气保障供应名单，无论何种情景均应将民用天然气纳入保障的最优先领域；三是理顺天然气管理体制和价格机制，优化居民用气阶梯价格，建立和完善保民供气保运转的长效机制；四是建立健全考核和问责机制，确保民用天然气稳定供给及清洁取暖政策落实到位。

关键词 清洁取暖政策 民用"煤改气" 供需矛盾 价格倒挂 消费结构

一、民用煤改气不是"气荒"的真凶

实施煤改气、煤改电是促进北方地区清洁取暖的重要举措。环保部于2017年12月15—20日组织开展了为期5天的煤改气、煤改电专项督查，共检查包括今年和往年、计划内和计划外的煤改气（电）村庄25 220个，涉及553.7万户。督查发现，存在气源不足问题的村庄（社区）1 208个，其中993个在督查前已通过临时措施实现保障供暖；尚未得到完全保障的215个村庄（社区）截至督查第五日实现保障供暖。督查还发现，改造未完成且无法沿用燃煤取暖的村庄（社区）有416个，其中413个在督查前通过电暖等临时措施实现保障供暖；3个村庄（社区）未采取保障措施，环保部采取现场驻点督促落实，事件都得到妥善解决。

综合分析社会舆论和专项督查结果，得出以下结论：

一是绝大多数百姓对煤改气决策持肯定态度。小煤炉散煤燃烧取暖污染大、风险高，加剧了污染治理难度和环境风险隐患，清洁安全取暖既是打赢蓝天保卫战的要求，也是满足人民群众日益增长的美好生活需要的必然选择。

二是"气荒"确实局部存在，但民用煤改气不是主要影响因素。数据显示，2017年12月全国日均用气量较2016年同期增长20%左右，约合日均需求增加1.3亿 m^3，一些地区确实存在供气紧张情况。据统计，京津冀及周边"2+26"城市实际有300万户完成了煤改气，加上集中供暖锅炉改气，预计采暖季将新增天然气需求量50亿 m^3 左右，约占2017年总消费量的2%～3%，2017年12月日均新增的1.3亿 m^3 天然气用量中，煤改气仅占30%左右。煤改气不是导致"气荒"的主要因素，工业用气和天然气发电则是2017年冬季天然气新增用气量的主要构成。

三是各地政策执行存在差异，有扩大化情况，但未产生较大影响。此次煤改气主要针对我国北方地区清洁取暖，政策适用范围包括北方农村、乡镇、城中村等一些相对偏僻、经济不发达地区，主要是以燃烧散煤为主要供暖方式的居民用户。由于各地政策执行存在差异，有些地区存在自行加码或"搭便车"的现象，还有地方存在政策执行不一致情况。如某县计划内煤改气户数为 300 户，但根据有关政策，当地县城建成区（涉及 5 000 多户）已划为禁煤区，地方政府不得不过多改造 5 000 多户。据不完全统计，从河北、河南、山东、山西涉及的"2+26"城市煤改气用户数量来看，原计划改造 300 万燃煤用户，但实际可能超过了 400 万户。河北改造户数超出计划最多，从 180 万户增加到了 250 万户（表 1）。但就算按照 400 万煤改气用户计算，农村用气量的占比也不足以影响大局。根据农村用气特征，平均每户日均使用天然气 10 m^3 左右，整个冬季天然气用量也就 50 亿 m^3，在全国天然气消费量的总盘子里占比较小。如果以 2016 年天然气消费量为基础的话，这部分增量仅占 3%，并不成为导致天然气供应紧张的主因。

表 1 2017 年部分省市煤改气实施计划情况（不完全统计）

地区	"双替代"任务要求	实际改造情况	超出计划数
北京	30 万户	2017 年农村煤改气工程覆盖通州区、大兴区、房山区、朝阳区、海淀区、怀柔区、密云区、平谷区、延庆区、昌平区 10 个区 44 个镇，涉及 328 个村约 13.7 万户	
天津	29 万户	要完成"煤改电"54.3 万户，其中城市地区 3.7 万户，农村地区 50.6 万户；煤改气 58.3 万户，其中城市地区 4.3 万户，农村地区 54 万户	
河北	180 万户	完成农村气代煤、电代煤 253.7 万户，其中气代煤 231.8 万户，电代煤 21.9 万户	73.7 万户
山西	39 万户	完成气代煤 60.41 万户，电代煤 7.26 万户。除太原、阳泉、长治、晋城四市被纳入北方地区"2+26"城市外，山西省又加上临汾、晋中，划定了"4+2"禁煤区	28.67 万户
山东	35 万户	完成传输通道，7 市改造 58.2 万户	23.2 万户
山东滨州	5.5 万户（省定任务）	完工 6.56 万户，完工率 119.26%	1.06 万户
山东淄博	5 万户（省定任务）10 万户（市定任务）	66 个乡镇 415 个村参与，共 11.1 万户均完成了工程建设、竣工验收	
河南	42 万户	未找到相关数据	
河南焦作	5 万户（省定任务）	实际完成 6 万户	1 万户

资料来源：根据产业在线数据整理。

注："双替代"包括了煤改气和煤改电。

二、我国冬季天然气供需为紧平衡状态

我国天然气供应的主要来源为国内自产、管道天然气进口和 LNG（液化天然气）进口。目前国内天然气产量并不能完全满足消费的需求，在进入天然气快速发展阶段后，供需矛盾日益突出，对实施煤改气、促进清洁取暖会产生一定不利影响。

（一）2017 年我国天然气需求量呈爆发式增长，超出预期

我国天然气行业发展历经十年快速发展期（2004—2013 年）和三年发展动力不足期（2014—2016 年），在过去两年间，我国天然气消费市场发展遭遇波折。受到低油价、低煤价等替代效应冲击，2015 年，天然气消费增速一度跌至十年低点（图 1）。2017 年受经济回暖等因素，天然气消费重新步入快速发展的新周期。

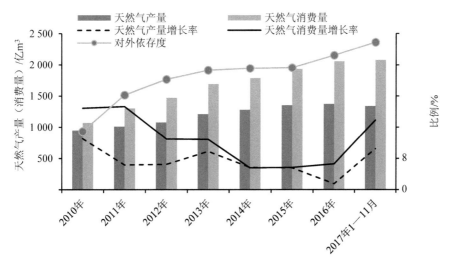

图 1　2010—2017 年我国天然气年度供需情况分析

资料来源：国家发改委网站。

数据显示，过去三年我国天然气需求量年均增长在 6% 左右，而 2017 年 1—11 月全国天然气消费量达到 2 097 亿 m³，同比增速接近 20%，并连续 10 个月（2—11 月）保持两位数增长，出现消费淡季不淡、旺季更旺的局面。这一爆发式增长超出预期，令相关部门始料不及。

与此同时，国内天然气供给能力仍处于重新启动阶段，短期内难以迅速扩大产能弥补缺口。2017 年 1—11 月我国天然气产量为 1 338 亿 m³，比上年同期增长 10.5%，远低

于消费量的增速，将近 38% 的消费需求只能通过进口天然气满足，对外依存度逐年攀升。

（二）我国冬天季节性"气荒"经常发生

我国天然气供需长期处于紧平衡状态，季节性"气荒"每年都有。由图 2 可见，天然气月度消费量曲线的波动幅度大于国内产量曲线的波动幅度，在每年供暖季形成峰值，供需缺口迅速拉大。季节性需求猛增导致的冬季天然气供应紧张情况几乎每年都会发生。2004 年、2009 年和 2017 年冬季"气荒"是其中规模较大、造成社会影响较严重的 3 次。

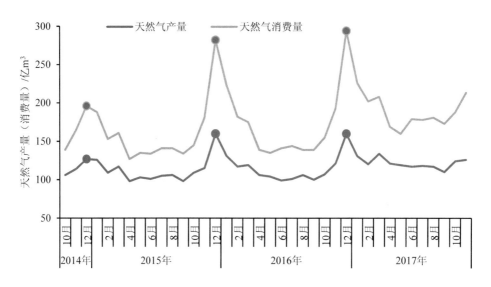

图 2　2014 年 10 月—2017 年 11 月我国天然气月度产量和消费量情况分析

资料来源：国家发改委网站。

（三）多重因素叠加共振，导致 2017 年冬季"气荒"尤甚

从根本上说，此次"气荒"是多重因素共同作用所导致，直接原因是天然气供应整体不足，上游的勘探开发、中游的集输气和地下储气库、下游的分布式能源系统和可中断供气项目都没有得到应有的发展，无法满足市场的最基本要求。

从供给端看，一是海外气源未按预期增加，包括我国重要的海外气源中亚供气量低于合同计划，从主要管道天然气进口国土库曼斯坦的进口量从 2017 年 10 月起下降，中石化天津 LNG 接收站未按计划投产；二是国内天然气的勘探投入力度相对不足，国内产量增长缓慢；三是天然气调配和应急机制不健全，紧急增供保供能力受限于落后的天然气储气调峰能力和接收站的接收能力。

从消费端看，消费主体多元化，工业增长明显高于民用。2017 年工业生产、燃气发电、化工以及民用等多领域用气需求齐增，且非居民用气增长远高于居民用气。数据显示，2017 年 1—10 月，全国天然气消费量 1 865 亿 m³，同比增长 18.7%，其中城市燃气增长 10.1%，工业增长 22.7%，发电增长 27.5%，化工增长 18.2%。民用煤改气对天然气的需求有所增加，但不是造成"气荒"的主要原因。

三、天然气消费结构不合理，"保民压非"存在困难

（一）我国工业领域天然气消费量远超民用

我国天然气消费主要包括工业燃料、城市燃气、发电和化工。近年来，城市燃气在天然气消费总量中的占比不断提高，已从 2000 年的 12%，提高到 2015 的 32.5%（图 3），但与工业用气相比，民用气占比依然较低。

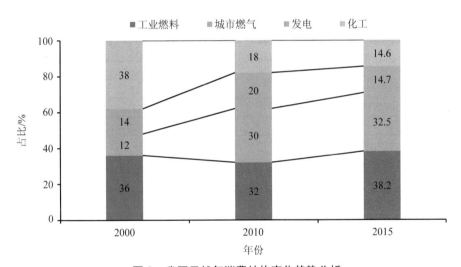

图 3　我国天然气消费结构变化趋势分析

资料来源：天然气发展"十二五"规划、天然气发展"十三五"规划。

根据《中国能源统计年鉴（2016）》，2015 年我国天然气消费总量为 1 931.8 亿 m³，其中，工业领域天然气消费量为 1 234.5 亿 m³，占总消费量的 63.9%。工业领域是天然气的消费主体。2015 年全国天然气消费结构中，工业燃料占 38.2%、城市燃气占 32.5%、发电占 14.7%、化工占 14.6%。

2017 年我国工业生产、燃气发电和化工的用气增长远高于城市燃气，经济回暖进一步带动了工业、化肥等用气的快速增加。

从分领域看，工业燃料用气一直是天然气消费占比最大的部分。2017 年我国工业经济稳定增长，各月工业增加值同比增速在 6.5%左右，3 月和 6 月更是高达 7.6%。在工业快速增长的形势下，工业用气消费量也快速增加，1—10 月同比去年增长 22.7%。

城市燃气，包括居民用气和交通用气，也是用气大户。2010 年开始，我国用气人口超过液化石油气，2015 年达 2.86 亿人，城市新建小区采用天然气等清洁能源供暖的比例也逐年提升，城市燃气跃居第一大生活燃料。交通用气主要为汽车用气。2015 年我国天然气汽车保有量近 500 万辆，有关统计显示，2014 年我国汽车用气约 220 亿 m³，占当年总消费量的 12.4%。天然气汽车保有量和气用量均居于世界前列。

我国天然气消费结构与发达国家存在明显差异（表 2），一方面，我国城镇居民气化率远低于世界平均水平，人均用气量更是远低于发达国家；另一方面，我国化工原料（主要用于生产化肥）用气占比约达 15%，远高于发达国家（3%~5% 以下），这与我国天然气发展阶段以及产业结构等密切相关。

表 2   中国与发达国家的天然气消费情况对比   单位：%

项目	中国	美国	英国	日本
城镇居民气化率	40	90	85	90
人均用气量/（m³/a）	23	428	752	83
天然气在工业燃料能源消费总量中的占比	38.2	59	51	—
气电占全国总发电量中的比例	3	22.7	44.1	27.2
燃气发电用气占天然气消费总量的比例	14.7	35	28	60
化工用气占天然气消费总量的比例	14.6	3	5	0.5
交通用气占天然气消费总量的比例	11	0.1	—	1.0

资料来源：根据公开资料整理。

（二）民用天然气虽为优先类，但难以真正落实

国家发展和改革委员会 2012 年发布的《天然气利用政策》明确提出天然气利用的原则是保民生、保重点、保发展，将天然气用户分为优先类、允许类、限制类和禁止类，其中，优先类包括三类用户，城市燃气、部分工业燃料和其他用户。当出现供气短缺时，"压非保民"应是基本原则。但很多地方未能及时严格制定和有效执行"压非保民"政策措施，导致一些企业将天然气优先供给了工业，加剧了民用气荒。由于民用气比非民用气便宜，一些城市燃气公司"趋利"，打着民用气的名义申请到更多天然气后，销售

给出价更高的非民用户，或与用气大企业进行捆绑式销售，赚取差价，从中牟利，使本该保障民生的天然气供给更加紧缺。

四、影响民用天然气供给的深层次原因

"气荒"表面上看是天然气供给存在缺口，同时，不合理的天然气消费结构也是导致"气荒"的重要推手，但其背后折射出的是天然气价格机制缺陷和各相关方的利益博弈。

（一）天然气产业链复杂，利益主体对价格诉求不一

天然气产业链可以分为开采、长输、省网和城市管网四部分，涉及中央政府、地方政府、石化央企、城市燃气分销公司等多个利益主体，基于各自的定价权属和利益分配格局，他们对于天然气供应及价格的诉求天然地存在差异。中央政府主导天然气价格改革，其诉求在于推动形成市场主导下的天然气批发价格机制，同时均衡上下游利益分配，保障上游企业供气的积极性和下游企业较强的能源替代动力。地方政府对区域内的天然气运输价格和用户价格有定价权，话语权次之，其诉求一方面是稳固地方政绩指标，包括经济收入、环保成效和能源安全等；另一方面，在辖区内经济不受影响的前提下，提升天然气供给量，以加快能源替代。三大石化央企垄断了我国绝大多数的气源（包括国产天然气和进口天然气），其诉求在于提升天然气价格，打压竞争对手，并且尽可能地向下游管网和用户渗透。对于城市燃气公司，燃气管网运输具有强自然垄断特性，存在大量的固定沉没成本，导致燃气产业具有较高的进入和退出壁垒；同时，燃气行业区别于电力、电信、铁路等其他自然垄断性产业的一个重要特征就是它的经营区域性，一般一个城市只有一个配送网络，而且各地区燃气生产和供应成本差异大，具有长期稳定的用户群且不断壮大。因此城市燃气公司实行区域垄断经营，对政府部门、居民及上游供气商具有较强的话语权，其获利方式有些类似前些年争议较大的电网，其诉求在于获得稳定的气源、足够的收益，并与上游天然气调价形成成本联动机制。各不相同的诉求使得天然气供应成为相关主体多方利益博弈的结果。几方掣肘，导致"气荒"风险。

专栏 1　天然气的运营与价格构成模式

天然气可以通过管道输送，也可以在开采、液化后（称为液化天然气，即 LNG）通过船、槽车进行运输，再接入管网供气或直接点供。

从定价机制上看，天然气产业可分为上游生产、中游运输及下游销售三个环节。上中下游分开定价。从产业链上来看，天然气价格分为出厂价格、管输价格和终端市场价格。出厂价格加上管输价格形成城市门站价，之后再加上城市输配费，才最终形成终端市场价格。典型天然气区域管网运营模式和价格构成见图4。省级政府授权管网公司特许经营当地天然气管网建设及运营，同时负责区域内气源采购、下游市场开发和销售。

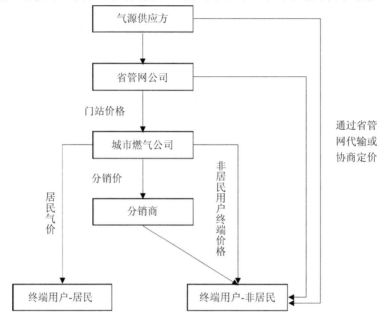

图4　典型天然气区域管网的运营模式与价格构成

本文关注的居民用户基本均由城市燃气公司通过管道供气；而非居民用户的用气来源较为多样化，包括省管网公司、城市燃气公司、分销商等，有一些省的发电、工业等用户也可直接与气源供应方签订合同，由省管网公司提供代输服务，收取管输费，或与气源供应方协商定价后进行直供。可以发现，在诸多用气来源和转运主体中，只有城市燃气公司既直接负责居民供气、也直接负责部分非居民供气，是讨论居民清洁取暖问题中绕不开的重要利益主体。

资料来源：段兆芳，樊慧.区域管网运营模式对中国天然气市场的影响[J]. 国际石油经济，2017（8）：43-49.

（二）居民用气价格长期倒挂，城市燃气公司缺乏"压非保民"动力

长期以来，因考虑居民收入等因素，我国对居民用气实行低价政策，民用气价格明

显低于工业等非居民用气价格。尤其在一些北方城市供暖期，居民用气价格只有工业用气价格的 60%～70%，差价最大达到 1.4 元/m³（表 3），导致燃气公司"压非保民"缺乏内生动力。如在山东德州，居民用气价格为 2.35 元/m³，而从上游购买管道气价格为 3.3 元/m³[①]，加上输配气、漏损等成本，每供应居民 1 m³，燃气公司亏损超过 1 元。居民与非居民用气交叉补贴的成本其实由燃气公司这一商业机构承担，使他们缺乏开拓民用气市场或严格落实"压非保民"政策的动力。在实际运营过程中，燃气公司通常根据当地居民和非居民的比例向上游供应商提交购气合同，按统一价格采购天然气，但居民、非居民的比例很难厘清，这使得燃气公司采购民用天然气在工业领域售卖获取暴利的行为在实际操作上具有"可行性"。此外，工业市场拥有较稳定的需求，对燃气公司而言，更具有吸引力和更大规模的盈利空间。

表3　2017 年/2018 年供暖季部分北方城市居民与工业用气价格对比

城市	居民用气价格/（元/m³）	工业或非居民用气价格/（元/m³）	工业或非居民用气价格执行时间	居民用气/工业或非居民用气
北京	2.28	3.22	2017/11/15—2018/3/15	0.71
天津	2.4	2.91	2017/11/1—2018/3/31	0.82
石家庄	2.4	3.12	2017/7/10 起	0.77
长春	2.8	3.02-3.06	2017/9/25 起	0.92-0.93
太原	2.26	3.59	2017/11/1—2018/3/31	0.63
哈尔滨	2.8	3.68	2017/3/16 起	0.76

资料来源：各地发改委或物价局网站。

专栏2　山东济南三燃气公司销售居民天然气无利可图

2015 年济南港华燃气有限公司、山东济华燃气有限公司、济南济华燃气有限公司在各自官方网站上公布了配气成本。根据其公布的成本，每销售 1 m³ 居民用气，就亏损 0.33 元。

居民用气价格成本主要包括配气成本和气源成本。配气成本中则包含管网运营、安全保障、人力资源等成本。气源上，中石油和中石化供济南市的居民用气量不足，部分居民用气量需要燃气公司按非居民用气价格向上游购买。

---

① 包括购气价格和接驳等费用。

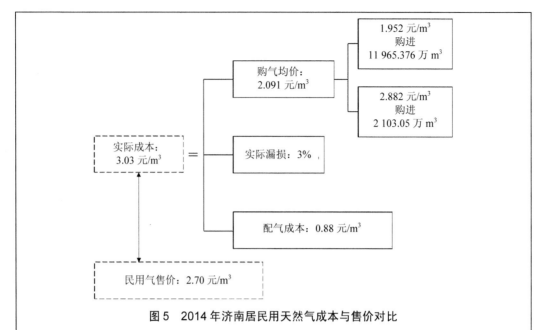

图5　2014年济南居民用天然气成本与售价对比

　　根据购气均价、实际漏损和配气成本核算结果，2014年济南市居民用气成本达到3.03元/m³，而居民用气售价2.70元/m³，燃气公司每销售1 m³居民用气，亏损0.33元（图5）。为弥补居民供气亏损，企业提高了非居民用气销售价格。目前，济南现行非居民用气价格为4.40元/m³，其中就包含居民用气价格补偿0.25元。

　　资料来源：齐鲁晚报.济南三燃气公司晒居民天然气亏损账本：卖一方亏三毛三[N/OL].（2015-08-16）[2018-02-26].http://jinan.iqilu.com/news/2015/0816/2519825.shtml.

（三）农村用气优先供给缺乏有效政策依据

　　2012年国家发改委印发的《天然气利用政策》将城市燃气列为供气优先类，并具体规定：城镇（尤其是大中城市）居民炊事、生活热水等用气；公共服务设施用气；天然气汽车以及集中式采暖用户（指中心城区、新区的中心地带）为城市燃气优先供气类，在此并未对农村生活用气做出规定。2017年国家发改委关于印发《加快推进天然气利用的意见》的通知指出，加快推进天然气利用是落实北方地区清洁取暖、推进农村生活方式革命的重要内容，但也未对农村生活用气优先供给进行规定，这在一定程度上导致本轮以乡镇为重点的煤改气在享受优先供气方面政策依据不足。

（四）天然气价格形成新机制对民用煤改气工程的负面影响不容小觑

　　过去两年来，天然气价格市场化相关改革明显加快。2017年5月中共中央、国务院印发的《关于深化石油天然气体制改革的若干意见》强调要改革天然气定价机制，有效释放竞争性环节市场活力，推进非居民用气价格市场化。2017 年 8 月国家发改委发布的《国家发展改革委关于降低非居民用天然气基准门站价格的通知》出于"推进天然气公开透明交易"的初衷，明确提出"鼓励天然气生产经营企业和用户积极进入天然气交易平台交易，所有进入上海、重庆石油天然气交易中心等交易平台公开交易的天然气价格由市场形成"。上海石油天然气交易中心为推进天然气市场化改革，增加交易平台手续费收入，除开展常规的挂牌交易外，2017 年 7 月起开启 LNG 竞价专场交易，同年 9 月推出管道气竞价交易业务。在竞价模式下，居于市场支配地位的企业增加了获取更高收益的机会，它们将原先与下游燃气公司签订的供气量削减（华东地区减少 20%，华南减少 25%），强迫这些下游企业到交易中心购买高价的所谓"市场气"，所以导致竞价模式下所有场次全部交易均是在基准价上浮 20% 的最高价成交。管道气最终成交价格的疯涨说明不完善的竞价模式放大了天然气供需不平衡的状态，背离了发现天然气公允市场价格的初衷，因此相关政府部门在 11 月底紧急叫停了上海石油天然气交易中心的竞价成交模式。有关数据显示，上海石油天然气交易中心从 2017 年 9—11 月管道气共进行了 27 场竞价，天然气成交量为 10.08 亿 m^3，其中北方地区为 1.9 亿 m^3，尽管交易量不多，但不得不承认这种竞价模式传递的天然气价格将持续高涨信号，在一定程度上加剧了全社会对"气荒"的恐慌，影响了北方煤改气冬季清洁取暖工程的推进。

此外，目前冬季保供采用"保量不保价"政策，拟通过价格抑制不合理需求。实际上这一方式并不完全适用于以保障民生为对象的城市燃气刚需用户。城市燃气企业以高价采购 LNG，就采购量而言，尚无法满足民用需求还面临价高无法供出的窘境。在天然气价格改革还不到位情况下，拿工业用气、电厂用气全气量来竞拍，在天然气供应紧张形势下，燃气企业只有通过高价获得增量气，出于经济效益考虑，必然希望卖给工业、电厂、车用等用气价格高的用户，与目前"保供"要求的低价保民用产生矛盾。

五、思考与建议

保障民用天然气的稳定供给，是有效实施散煤治理和打赢蓝天保卫战的重要举措，处理好政府与市场关系，明确各方权责，理顺价格机制是保障民用天然气稳定供给的关键。为此，必须处理好几个重要关系。

（一）处理好政府与市场的关系

冬季"保供"涉及政府和企业。民用天然气供给保障具有一定公益性，它既是保障民生的重要内容，也是改善环境质量的重要举措。同时，民用天然气供给也是一种商业经营行为，保障天然气供给的各方要正常经营，要盈亏平衡。因此，在"保供"中，政府是决策者，是公众利益的代表，是市场公平竞争的维护者，而天然气开发商、供应商则是市场主体。目前政府与市场对于"保供"的责任划分不清楚，公共利益保障与企业商业功能定位不明确；跨地区供气商、本地供气商、燃气商业用户不同企业之间"保供"责任也不清晰，基本上由跨地区供气商独家承担。未来应通过制定法律法规明确供应方、需求方、燃气企业、管道企业、上游企业在"保供"上各自的责任，特别是在出现供气紧张时优先保民的制度保障措施。

（二）处理好市场机制与价格调控的关系

从定价机制上来看，天然气产业可分为上游生产、中游运输及下游销售三个环节。上、中、下游分开定价。从产业链上来看，天然气价格分为出厂价格、管输价格和终端市场价格。出厂价格加上管输价格形成城市门站价，之后再加上城市输配费，才最终形成终端市场价格。不合理的天然气价格机制已成为制约天然气供给的重要因素，理顺价格机制是整个天然气产业体制改革的核心之一。民用气与工业用气价格倒挂，民用供气缺乏利益驱动，甚至亏本经营，一些地方工业用气挤占民用气等成为清洁取暖的重要制约因素。因此，应按照"放开两头，管住中间"和"让市场在资源配置中起决定性作用"的改革思路，进一步深化天然气价格机制，逐步解决存在的问题。首先，要建立上下游价格联动机制。很多地方终端民用气价格多年未调整，应适时进行适当调整，可以降低交叉补贴，缓解相关供气企业经营压力。其次，要建立调峰价格机制。储气设施建设投资大、成本高，只有建立调峰气价，提高储气库经济效益，才能吸引社会资本投资储气库。最后，要建立差别价格体系。天然气需求量不仅存在较大的季节性落差，而且不同的用气领域对供气的可持续性和保供的要求也存在差异。为优化资源配置、平衡供需或合理负担供气成本，应考虑建立阶梯价格、季节差价、峰谷差价、可中断价格和气量差价等差别价格体系。

（三）处理好中央与地方、部门之间及供气上下游企业的关系

天然气产业链相关利益主体包括国家、天然气开采企业、资源地政府、天然气运输企业、城市配送企业、天然气用户和资源利用地政府，涉及中央与地方、不同管理部门和企业等多层关系，各方责任和利益诉求各不相同，厘清各方责任、强化统筹至关重要。就央地关系而言，对于天然气开发企业，上缴的资源税、增值税等大部分由中央财政控制，给予资源地的转移支付偏低，气源地供气积极性可能会受到影响；就部门而言，天

然气与煤改气等工作相互关联，但管理部门相对分散，部门间统筹协调不好，就可能出现发生"气荒"后互相埋怨，甚至被迫"背锅"等问题；就供气上下游企业而言，天然气运输企业、城市配送企业、天然气用户之间存在利益关系，需要加强政策调控，理顺供需关系。因政府权责不清晰，导致一些地方政府"搭便车"，试图通过一项国家政策的推行，搭载所有地方政府想办的事，小马拉大车，必然导致转不动或政策畸形。

为打赢蓝天保卫战、保证人民群众清洁取暖，需进一步建立健全民用天然气稳定供给的长效机制，具体提出以下建议：

（一）加强系统规划与部门统筹，建立健全部际会商和信息沟通及预警机制，天然气稳定供给应为煤改气等绿色民生工程保驾护航

推动煤改气和清洁取暖是打赢蓝天保卫战的重要举措，是一项重要的绿色民生工程，保证天然气稳定供给是这项工作成功与否的关键，为此，要做好系统规划和协调统筹。中央层面，重点做好发改委、环保部、住建部、能源局、财政部、交通部等部委以及"三桶油"之间的协调，强化宏观调控。在落实环境空气质量目标、推进能源结构转型上不能出现各自为政、各打小算盘的情况。相关部门应制定煤改气工作规划，摸清底数，科学测算天然气用气量，量入为出，并统筹部署开源、保供、控价等宏观层面的工作。必要时可通过建立部际会商和信息沟通及预警机制，保证煤改气，特别是民用气的平稳供给。地方层面，针对环境保护和清洁取暖目标，各地应根据地方环境质量改善目标和清洁能源发展目标，制定本地区煤改气规划，明确重点地区、重点项目，积极有序推进煤改气工作，不应出现未落实稳定的气源就贸然推进或扩大煤改气的情况。地方政府要切实担负起保障民生的主体责任，对所辖各地相关工作落实方案要认真研究、科学指导、谨慎批复。

（二）建立分情景的民用天然气保供清单，不断优化天然气消费结构，将农村、乡镇民用天然气用户纳入优先类予以保障

一是增加天然气供给总量，保障平稳供气。长远来说，只有天然气供应量提升，供需矛盾才能有效化解。对此，国家已有政策安排，国家发展改革委、国家能源局《关于做好 2016 年天然气迎峰度冬工作的通知》（发改运行〔2016〕2198 号）已经部署了落实国内增产增供计划、多渠道增加进口资源、最大限度用好储气库资源等工作。建议进一步开展用气需求调度和地区平衡，对"2+26"城市煤改气工程用气进行计划单列，全力支持和保障民生用气需求。

二是建立分情景的优先保供清单，将城镇及乡村民用天然气用户纳入优先类予以保

障。一方面，应修订和完善天然气利用政策，进一步细化天然气优先保障清单，明确天然气在淡季、旺季或常态期、预警期等不同情景下的保供优先序。优先保供应以坚持先民用、后工业，城市与农村并重的原则，将既保民生又污染减排的民用煤改气项目列为优先之首，无论何种情景，始终将城镇及乡村民用天然气用户纳入优先供气范畴，各地相关部门应制定并发布细化保供用户清单，确保政策落实和有效实施。另一方面，在天然气不能大量供应的情况下，建议进一步落实国家"压非保民"政策，出台紧急应对政策和风险防控预案，对非民用燃气进行季节性限制，按优先供气清单进行供气，全力保障冬季居民取暖季用气（含炊事），并严格落实专气专用。

（三）理顺天然气价格机制，优化居民用气阶梯价格，建立和完善保民供气长效机制

合理调整非民用和民用天然气价格差距，对价格差别可通过其他政策性补贴予以弥补，让企业在市场机制引导下积极向居民供气并逐步实现薄利经营。例如，可以参考对供热企业实施税收优惠的做法[①]，对向居民供气任务较重的企业实施税收优惠，并辅助推行天然气季节性差价、峰谷差价、可中断气价等差别气价政策。严格规范民用气收费制度，保证燃气费足额征收。同时应适时进一步调整和优化居民生活用天然气阶梯价格制度，在保证居民第一档用气量继续保持低价政策的基础上，可适当提高第二档用气价格，并放开第三档价格，使之逐步与市场价格接轨，减少价格倒挂和交叉补贴。

（四）建立健全考核和问责机制，确保民用天然气稳定供给及清洁取暖政策落实到位

应明确国家有关部门、地方政府的监管责任，同时明确保障天然气供给企业的主体责任，建立考核及问责机制，不断建立和完善信用评价体系和信息公开机制，对不能严格执行天然气"保民"政策或因供气不足严重影响人民群众清洁取暖的地方政府及相关企业应依法依规严肃问责。

参考文献

[1] 新京报. "煤改气"导致天然气供不应求？专家：12月日增上亿 m³ 用量 煤改气仅占30%[N/OL]. （2017-12-16）[2018-02-26].http：//www.bjnews.com.cn/news/2017/12/16/468894.html.

[2] 天拓咨询. 我国天然气应用产业链分析[R/OL]. （2013-11-08）[2018-02-26]. https：//www.tianinfo.com/

---

① 《关于供热企业增值税 房产税 城镇土地使用税优惠政策的通知》（财税〔2016〕94号）。

news/news6477.html.

[3]　王建. 我国城市燃气产业价格管制研究[D]. 南昌：江西财经大学，2012.

[4]　段兆芳，樊慧. 区域管网运营模式对中国天然气市场的影响[J]. 国际石油经济，2017（8）：43-49.

[5]　齐鲁晚报. 济南三燃气公司晒居民天然气亏损账本：卖一方亏三毛三[N/OL].（2015-08-16）
[2018-2-26]. http：//jinan.iqilu.com/news/2015/0816/2519825.shtml.

[6]　中国产业信息. 2017 年中国天然气产量、消费量及行业发展趋势（2017-3-21）[2018-02-26].
http：//www. chyxx.com/industry /201703/505495.html.

Co-controlling CO$_2$ and NO$_x$ Emission in China's Cement Industry： An Optimal Development Pathway Study[①]

Feng Xiangzhao Lugovoy Oleg Qin Hu

Abstract It is of important practical significance to reduce NO$_x$ emission and CO$_2$ emission in China's cement industry. This paper firstly identifies key factors that influence China's future cement demand，and then uses the Gompertz model to project China's future cement demand and production. Furthermore，the multi-pollutant abatement planning model（MAP） was developed based on the TIMES model to analyze the co-benefits of CO$_2$ and NO$_x$ control in China's cement industry. During modeling analysis，three scenarios such as basic as usual scenario（BAU），moderately low carbon scenario（MLC），and radically low carbon scenario（RLC），were built according to different policy constraints and emission control goals. Moreover，the benefits of co-controlling NO$_x$ and CO$_2$ emission in China's cement industry have been estimated. Finally，this paper proposes a cost-efficient，green，and low carbon development roadmap for the Chinese cement sector，and puts forwards countermeasures as follows： first，different ministries should enhance communication and coordination about how to promote the co-control of NO$_x$ and CO$_2$ in cement industry. Second，co-control technology list should be issued timely for cement industry，and the R&D investment on new technologies and demonstration projects should be increased. Third，the phase-out of old cement capacity needs to be continued at policy level. Fourth，it is important to scientifically evaluate the relevant environmental impact and adverse motivation of ammonia production by NO$_x$ removal requirement in cement industry.

Keywords Cement industry；CO$_2$ abatement；NO$_x$ reduction；Co-benefit analysis

---

[①] 原文刊登于 *Advances in Climate Change Research*，2018，9（1）.

1. Introduction

The cement industry forms an important emission source of GHGs and NO_x and is thus considered as one of the key industries for energy conservation and emission reduction in China. In 2015，China produced 2.35 Gt of cement，accounting for 55% of the world's total cement production. Based on relevant research，the cement industry contributes 13%～15% to China's total annual CO_2 emission（IEA，2011；Xu and Fleiter，2012）. NO_x emissions from the cement industry of China present 10% of the country's total emissions（Li and Li，2013）. Therefore，it is necessary that China enhances both energy conservation and emission reduction in the cement industry.

As for cement production，CO_2 emission mainly originates from the decomposition of calcareous materials（such as limestone，calcite，marl，and chalk）in kilns，direct coal combustion，as well as indirect electricity consumption during the production process（WBCSD/IEA，2009；Ke et al.，2012a）. NO_x is formed during the high temperature combustion process within the kilns. Thus，CO_2 and NO_x generated from cement production have the same emission sources，and this is also the fundamental physical reason why it is possible to integrate emission control of conventional air pollutants and CO_2 in the cement industry. In fact，many individual control practices of conventional air pollutants and CO_2 have proven that co-benefits exist. In recent years，more and more researchers have paid attention to the co-benefits of energy efficient measures together with fuel substitutes in cement sector（Jiang et al.，2012；Ke et al.，2012b；Moya et al.，2011；Gu et al.，2012）. However，there are several limitations of facilitating an integrated control of multiple air pollutants and CO_2 in China's cement industry. First，various stakeholders are lack of knowledge on co-controlling NO_x and CO_2 emission. It is difficult for policy makers to realize the benefit of co-control of carbon dioxide and conventional air pollutants. Second，current energy conservation and low-carbon policies and measures have not yet reflect the concept of cooperative control. Third，it is insufficient to support co-controlling technology commercialization，which results in the failure of companies to select the most suitable co-control technologies.

Therefore，this paper decides to conduct a co-benefit study by taking the cement industry as a case sector. First，it summarizes relevant research progress about energy conservation practices and technology trends for the domestic and international cement industry. Second，China's future cement demand peak will be projected based on key impact factors. Third，a bottom-up model named MAP-TIMES is used to explore co-benefits of CO_2 and NO_x control in China's cement industry. Fourth，on the basis of modelling analysis，we proposes a cost-efficient，green，and low carbon development roadmap for the Chinese cement sector. Finally，relevant countermeasures towards promoting the co-benefits in China's cement sector will be put forward.

2. Literature Review

Since 2005，China has emphasized the importance of energy conservation and pollution control in the cement industry，and has consequently issued a number of policy measures，special planning，and technical guidance to promote pollutant reduction as well as low-carbon development in the cement industry. Especially in the "Twelfth Five-year Plan of Energy Saving and Pollutant Reduction"，China added nitrogen oxide emission reduction targets，in which it planned to reduce nitrogen oxide emissions originating from the cement industry by 12% by 2015 compared to the 2010 level（ST.，2012）.

The technological development is the key driving force for energy saving and emission reduction in China's cement industry. During the period 2006−2010，by applying many policy measures such as eliminating old capacities，promoting low temperature waste heat power generation，energy efficient grinding，frequency control，cement grinding aids，and waste utilization technologies，the comprehensive energy consumption per ton of cement clinker with NSP technology dropped by 12% in 2010 compared to 2005. The industry also utilized more than 400 Mt solid waste（MIIT.，2011）.

To promote the reduction of pollutants and carbon emissions，it is a fundamental prerequisite to scientifically project the future cement demand. Many studies have been conducted to project the future cement demands，and major projection methodologies include the fixed assets investment method（Song，2004；Liu and Sun，2008），the economic development synchronization method（Wei，2007），the cement consumption elasticity coefficient method（Yang，2007），and the per capita consumption of saturated cement method（Ke et al.，2012a）. These methods can be categorized into two groups. The first one is a trend extrapolation prediction via econometric models. Such trend extrapolation methods are only useful for short-term forecasting; however, they cannot predict the saturation point of the cement demand. Another group of methods is via analogy. Studying the cement consumption in developed countries, suggests cement demand growth laws, and enables selection of relevant indicators to simulate China's future cement demand (Zeng, 2003; Zhou, 2005; Shi et al., 2011). Although these types of methods follow a quite reasonable argumentation, they are considered to lack the theoretical basis, thus often produce significant errors in the predicted results, while subjectively judging the time point of saturation point appearance.

With its intensive energy requirement in the production process, the cement industry is considered as one of the largest industrial energy consumers and carbon emitters, both directly and indirectly (Jiang, 2012). The studies are mostly focusing on China's future cement production and consumptions, and the projections are obtained from a top-down approach, which are more based on static links between cement industries in the future macroeconomic circumstances (Shi et al., 2012, Wei, 2006). However, bottom-up approaches started to be increasingly used to analyze China's energy and environmental studies. Zhou et al. (2013) propose a bottom-up energy end-use model towards China's energy and emission outlook until 2 050. Via detailed assumptions of different energy use and carbon emission parameters, breaking the whole energy system into five major sectors (e.g. residential, commercial, industrial, transport, and power), the model projected various perspectives of China's future energy consumption and presented alternatives for long term pathways under two predesigned policy scenarios. Chen (2005) created the China MARKAL-MACRO modeling that merged the bottom-up and top-down macroeconomic approaches to study carbon emission abatement costs. The model was constructed to convert primary energy to end-use industries. More than 50 conversion technologies are included on the energy supply side and the demand sector has been divided into industry, agriculture, commercial, urban residential, rural residential, and transportation. By imposing progressively stricter constraints on the carbon emission cap, the carbon shadow prices were recorded and a marginal abatement cost curve has been generated for China.

Apart from studies on energy systems, bottom-up model analytic approaches were also used in industries other than cement production. Wen et al. (2013) used the AIM model to evaluate the energy conservation and carbon mitigation in the iron and steel industries. By setting up a detailed technologies description, it models system optimization, considering three policy scenarios. The bottom-up model developed by Hasanbeigi et al. (2012) also estimated the carbon mitigation cost of the iron and steel industry. A service industry analysis by Zhang（2013） was also conducted via the bottom-up cohort-based model SERVE to estimate the energy conservation production of services，rather than of tangible goods，covering all sub-sectors in the service industry and dividing the whole of China into three regions for simplicity. The bottom-up model analysis of the cement industry that considers technology improvements is still limited in the current literature. Hasanbeigi et al.（2013a） described emerging energy-efficiency and CO_2 emission reduction technologies for cement production in their technical review. Based on a portfolio of technologies that should be developed and deployed to reduce energy use and carbon emissions of the cement industry，a bottom-up energy conservation supply curves model（CSC） was recently built by analyzing more than 23 energy efficiency technologies and measures in China's cement industry （Hasanbeigi et al.，2013b）. Similar to the GHG abatement cost curve developed by McKinsey，it estimates the savings potential and cost of energy efficiency implementations under two scenarios that apply best international technology options and China's domestic best technologies，respectively. However，it does not discount the amount of energy conservation in the future since discounting physical values will be misleading. The benchmarking and energy saving tool BEST cement was jointly developed in 2008，which provides a bottom up approach for the cement industry of China. It compares the current Chinese cement plant practice and best energy efficiency practice，to picture the energy saving potential of each individual cement plant in China（Galitsky et al.，2008）. The process based modeling tool consists of eight main process steps during cement production，and includes all direct and indirect energy used for each process，using best domestic and international practices. The result of the modeling tool will provide an energy saving potential and cost for each tested cement plant. Ke et al.（2012a） also concluded the existence of an enormous potential of carbon emission reduction and energy consumption reduction though energy efficiency measures in China's cement industry. By designing scenarios based on different energy intensities and cement demand，the authors used the long-range energy alternatives planning system（LEAP） modeling tool and developed three projections for China's future cement sector. In this paper，energy intensity has been analyzed through each process of the cement production chain. A similar decomposition study of China's cement industry（Xu et al.，2012） was also conducted to analyze the change of energy consumption and carbon emissions and its driving factors via the log-mean divisia index（LMDI） method.

Comparable international studies regarding the energy conservation and carbon emission reduction in cement industries can be found as well. Mikulcic et al.（2012） concluded that clinker substitution，alternative fuels，and efficiency improvement in the kiln process are economically viable measures that can decrease CO_2 emission of the cement industry in Croatia. Mandal and Madheswaran，（2009） attempted to estimate the environmental efficiency of the Indian cement industry within a joint framework and emphasized that sufficient potential existed within the industry to improve its environmental efficiency if faced with environmental regulation in India. Hasanbeigi et al.（2010） projected a similar electricity conservation supply curve as mentioned above for the cement industry in Thailand. Pang et al.（2014） built up the MAP-TIMES model to analyze the abatement of both CO_2 emission and air pollutants facilitated by low-carbon cement standard in China's cement industry.

3. Demand projection

Based on above literature reviews about cement demand projection，we think that the cement demand in China will also follow the S-shaped growth curve. So this study decided to use the following three-phase prediction methods：

1）Growth phase：to apply a logical growth curve based the model by Gompertz，which involves both urbanization rate and GDP per capita to predict the cement demand per capita and the total cement production peak prior to arrival of the saturation point.

2）Saturation phase：to identify the most important influencing factors of cement demand，and to analyze the saturation lasting time based on the development of various drivers.

3）Declining phase：to use the method of reference scenario analysis，to predict the lasting time of different saturation points and the declining cement production in the subsequent periods.

This study proposes two cement demand scenarios，based on the conditions of economic development，resource and energy constraints，and environmental protection policy limitations. The first scenario is the high development scenario. It assumes that the annual GDP growth rate in China will be shown as follows（Table 1）and the development pattern barely changes. Without much consideration of either resource and energy constraints，or environmental protection policies, it suggests that China's economy will continue to grow rapidly, which drives a relatively high growth speed for cement demand, the cement demand peaks late, and the amount of peak demand is high. The second scenario is named the low development scenario, which assumes a lower annual GDP growth rate during the same period. The whole society's development is assumed to follow the concept of "scientific development", with heavy attention to the constraint of resource, energy, and environment. It is predicted that under such a scenario, the GDP per capita grows least, and per person cement demand peaks early and at the lowest level.

Table 1　Prediction of Annual GDP Growth Rate

Period	Annual GDP growth rate/%	
	High	Low
2014—2015	8.0	7.5
2016—2020	6.5	5.0
2021—2025	5.0	4.0
2026—2030	4.0	3.0
2031—2035	3.0	2.0
2036—2040	2.5	1.5
2041—2045	2.0	1.5
2046—2050	2.0	1.5
Average value	3.2	2.5

The Gompertz model is introduced as follows:

$$C_t = (C_{\max} + \varphi \Delta U_t)\theta e^{\alpha e^{\beta \mathrm{GDP}_t}} + (1-\theta)C_{t-1} \tag{1}$$

Among that:

C_t represents the per capita cement demand in Year t and $C_{\max}$ represents the peak value of per capita cement demand. We assumed a per capita cement demand of 2 200 kg/person in this study;

U_t represents the urbanization rate in Year t and GDP_t represents the per capita GDP in Year t. ΔU_t represents the urbanization rate gap between Year t and the saturation time. We assumed that the urbanization rate will be 70% when cement demand peaks in China, and consequently, $\Delta U_t = U_t - 70$.

θ represents the adjusting factor of the time series, namely the influence of the former year's per capita cement demand to next year's per capita cement demand;

α, φ, and β and represent the influencing factors of the two independent variables (urbanization rate and GDP per capita) to per person cement demand.

Based on the STATA statistical software, this paper first used the existing data of per person cement production, urbanization rate, and as well GDP per capita in China from 1990 to 2014 as input variables, and then used the MLE maximum likelihood estimation method to estimate the values of the proposed parameters such as α, φ, β, and θ. Finally, the derived regression equation can be written as follows:

$$C_t = [2\,200 + 11.663(U_t - 75)] \times 0.457e^{-2.061e^{-0.000\,074\,8\text{GDP}_t}} + 0.543C_{t-1} \tag{2}$$

According to the forecasts for both future urbanization rate and GDP per capita, cement production per capita and total output can be calculated under two scenarios before cement production peaked. Prediction results are shown in Fig. 1 and Fig. 2.

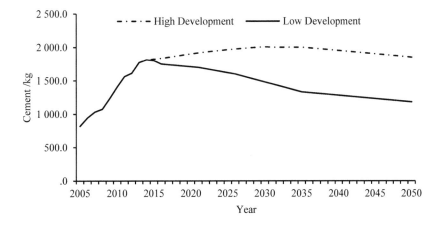

Fig.1 China's per capita cement demand

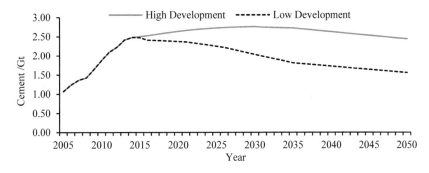

Fig.2 Total cement demand in China

The above prediction indicates that under the high development scenario，both China's total cement production and per capita cement demand will increase，and peak in 2030 for two indicators：per capita cement consumption will reach 2007 kg and the total cement production will reach 2.76 Gt. The projection value is of the same magnitude to other peer research results（Ke et al.，2012；Xu et al.，2012；Pang et al.，2014）. However，there is a difference among proposed research results. Under the low development scenario，both China's total cement production and per capita cement demand will peak in 2015：per capita cement consumption will reach 1 850 kg and the total cement production will reach 2.5 Gt. In both scenarios，the peak period will continue for almost five years before they start to decline；the per capita cement consumption will decrease to 1 300～1 400 kg and the total cement production will be around 1.7～1.8 Gt.

4. Model methodology

4.1 MAP-TIMES model

This study uses the MAP-TIMES model to explore a green and low carbon development roadmap for China's cement industry，based on comprehensive analysis of energy consumption，NO_x，and CO_2 co-control technology and the respective emission reduction costs under different scenarios. China's cement industry's reference system（RES）was developed based on the cement industry features of "two grinding processes and one combustion process". It considered that energy consumption and emission mainly occur during three processes：preparation of raw material，clinker combustion，and cement grinding. The analysis time range of this study ranged from 2005 to 2050，with 2005 being the base year and milestone years before 2030 were selected for analysis. In the model，coal and electricity were the major energy products consumed in the cement industry，and the environmental emissions to be analyzed were CO_2 and NO_x，among which，CO_2 emission not only included the direct emission from fuel combustion and raw material decomposition，but also indirect emission from electricity consumption. Based on the energy technology model，this study mainly considered three major groups of 27 technologies in total as mentioned above，namely 12 technologies of the energy efficiency improvement group，nine technologies of the alternative fuels and raw materials group，and six technologies of nitrogen oxides and dust emissions group. It is noteworthy that the cement demand forecast results under high development scenario will be imported as an exogenous variable into the TIMES model for analysis.

4.2 Scenario setting

Apart from the cement demand set as external variable，the scenario settings in the MAP-TIMES model mainly considered policy and technological variables. In this study，policy variables such as carbon tax，low carbon cement standards，NO_x emission standards update，NO_x emission cap，and phase-out scrap capacities were converted. Furthermore，it included technological variables，such as energy efficiency improvement，raw materials substitution，clinker substitution，CCS，and NO_x removal. Based on the combination of different policies and technological variables，as well as the research requirements of air pollutants and GHG co-control，this study built five emission scenarios as shown in Table 2.

Table 2　Five scenarios setting compare

Policies and measures / Scenario	BAUH	MLCH-NO_x	MLCH-CO_2	MLCH	RLCH
Carbon tax	No	No	2015 CN¥ 50/t，2020 CN¥ 75/t，2025 CN¥ 100/t，similar after，25RMB increase every 5 years	2015 CN¥ 50 /t，2020 CN¥ 75 /t，2025 CN¥ 100 /t，similar after，CN¥25 increase every 5 years	2015 CN¥ 100 /t，2020 CN¥ 150 /t，2025 CN¥ 1 200 /t，similar after，CN¥50 increase every 5 years
Scrap old capacity	2006–2010 phase out 430 Mt capacity（real situation），no more new phasing out policy	2006–2010 phase out 430 Mt capacity（real situation）；2011–2015，will phase out 250 Mt capacity；2016–2020，will phase out 84 Mt capacity	2006–2010 phase out 430 Mt capacity（real situation），no more new phasing out policy	2006–2010 phase out 430 Mt capacity（real situation）；2011–2015，will phase out 250 Mt capacity；2016–2020，will phase out 84 Mt capacity	2006– 2010 phase out 430 Mt capacity（real situation）；2011–2015，will phase out 334 Mt capacity

Policies and measures / Scenario	BAUH	MLCH-NO$_x$	MLCH-CO$_2$	MLCH	RLCH
Energy efficiency improvement	NSP for clinker production （2010, 81%）, low temperature waste heat recovery electricity generation （2010, 55%）	NSP for clinker production (2010, 81%), low temperature waste heat recovery electricity generation (2010, 55%)	NSP for clinker production （2010, 81%; 2015, 90%; 2020, 100%）, low temperature waste heat recovery electricity generation（2010, 55%; 2015, 90%; 2020, 100%）	NSP for clinker production （2010, 81%; 2015, 90%; 2020, 100%）, low temperature waste heat recovery electricity generation（2010, 55%; 2015, 90%; 2020, 100%）	NSP for clinker production （2010, 81%; 2015, 100%）, low temperature waste heat recovery electricity generation （2010, 55%; 2015, 100%）
Raw material substitute	Fly ash substitution rate （low）	Fly ash substitution rate （low）	Fly ash substitution rate （medium）	Fly ash substitution rate （medium）	Fly ash substitution rate （high）
	Carbide slag substitution rate （low）	Carbide slag substitution rate （low）	Carbide slag substitution rate （medium）	Carbide slag substitution rate （medium）	Carbide slag substitution rate （high）
Fuel switch	High-sulfur coal, waste tires （low apply rate）	High-sulfur coal, waste tires （low apply rate）	High-sulfur coal, waste tires （medium apply rate）	High-sulfur coal, waste tires （medium apply rate）	high-sulfur coal, waste tires （high apply rate）
	Co-treatment with urban waste （low apply rate）	Co-treatment with urban waste （low apply rate）	Co-treatment with urban waste （medium apply rate）	Co-treatment with urban waste（medium apply rate）	Co-treatment with urban waste （high apply rate）
Clinker substitute	Low mix rate of blast furnace slag, fly ash	Low mix rate of blast furnace slag, fly ash	Medium mix rate of blast furnace slag, fly ash	Medium mix rate of blast furnace slag, fly ash	High mix rate of blast furnace slag, fly ash
CCS	No	No	Starting to pilot from 2020	Starting to pilot from 2020	Starting earlier than 2020, and by 2030 widely applied
NO$_x$ removing	No	The total amount of reduction starts from 2011; in 2011 −2015 reduce 10%; the new emission standard for Nox emission starts from 2013	No	The total amount reduction starts from 2011; in 2011−2015 reduce 10%; the new emission standard for Nox emission starts from 2013	The total amount reduction starts from 2011; in 2011—2015 reduce 10%; the new emission standard for NO$_x$ emission starts from 2013

Policies and measures / Scenario	BAUH	MLCH-NO$_x$	MLCH-CO$_2$	MLCH	RLCH
Oxygen combustion	No	No	Starting to pilot from 2020	Starting to pilot from 2020	Starting earlier than 2020, and by 2030 widely applied
Low carbon cement product standard（carbon intensity）	No	No	Starting from 2012	Starting from 2012	Starting from 2012, and increase the standard from 2020
Carbon emission cap in cement sector	No	No	No	No	Starting from 2015

The business as usual（BAUH）scenario did not consider any new policies. Under this scenario，the major drivers are population growth and economic development. The pattern of population growth follows the national demography plan，and economic growth was based on several key research institutes.

MLCH-NO$_x$ scenario only considered NO$_x$ control，namely the structurally reduction of NO$_x$ emissions by phasing out scrap capacities of 430 Mt during the 11th Five-Year Plan（FYP），250 Mt during the 12FYP，and 84 Mt during the 13FYP. In the meantime，the forced emission reduction started from the 12FYP，and reduced by 10% by 2015 compared to 2010. The entire cement industry started to implement new standards in 2013. Yet，no specific carbon policy has been implemented so far.

The MLCH-CO$_2$ scenario only consider CO$_2$ emission reduction，namely by introducing various policies in different time including energy saving measures，carbon tax，raw material substitution requirement，and CCS technologies. Yet，no specific NO$_x$ control policy has been implemented so far.

The moderate low carbon（MLCH）scenario considers both air pollutants control and GHG emission reduction. At the same time，the cement demand peak was assumed to happen around the year 2022.

The radical low carbon（RLCH）scenario was based on the stricter global industrial emission pressure of China's cement industry and domestically enhanced air pollution control constraints. The cement demand peak was assumed to happen as early as 2020.

5. Results

5.1 Emissions trends

With regard to CO_2 emission，Fig. 3 shows that carbon emissions from the cement industry under scenario RLCH will peak in 2020，and CO_2 emission level will be at 1.765 Gt；under both BAUH and MLCH scenarios，such a carbon emissions peak will occur five years later than under the RLCH（namely in 2025），by which time，the peak levels will be 1.885 Gt and 1.769 Gt，respectively. With regard to the carbon emission reduction potential，under the RLCH scenario，the cement industry has the greatest potential，especially after 2020. Taking the year of 2030 as example，MLCH and RLCH scenarios will witness carbon emission reductions of 10.3% and 20.5% compared to BAUH scenario，respectively. The main reason for this is that prior to 2020，carbon emission reduction measures in the cement industry depend largely on the low temperature waste heat power generation technology，raw mill and cement mill，and other energy or energy efficiency technologies；after 2020，as the carbon reduction constraint of the cement industry enhances and the CCS technology starts to be applied and widely expanded，which enable a significant mitigation of CO_2 emissions.

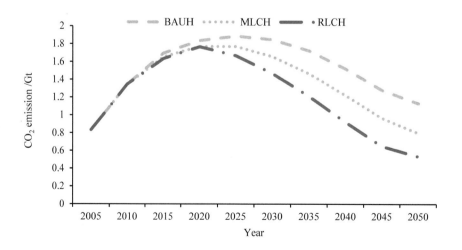

Fig. 3 CO_2 emissions in China's cement industry

With regard to NO_x emission，Fig. 4 shows that the RLCH scenario has the largest NO_x emission reduction potential. Under MLCH-NOX，MLCH，and RLCH scenarios，the NO_x emissions start to reduce from 2010 onwards，because not only the NO_x emission cap starts to apply in 2010，but the NO_x emission standard for the cement industry became stricter after 2 013. However，the results are different under BAUH and MLCH- CO_2 scenarios. Since no NO_x emission cap exists，NO_x emission did not decrease after 2010. NO_x emissions from the cement industry will peak between 2025 and 2030，in line with the cement demand development trend. However，thanks to the widespread implementations of energy efficiency measures，NO_x emissions under MLCH- CO_2 scenario start to decrease from 2020. Such change indicates that a co-benefit for NO_x control in the cement industry exists when carbon emission measures are implemented. Those energy efficiency technologies help to reduce energy consumption，while at the same time，reducing the NO_x emission level.

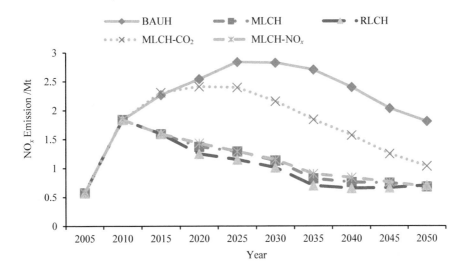

Fig. 4　NO_x emission from clinker prodcution

5.2　Energy consumption structure

Comparing various scenarios indicate that coal and electricity are the main energy sources for cement production. Coal has always occupied a dominant position for energy consumption，accounting for more than 90% of the total energy consumption of the cement industry. With promulgation and implementation of incentive policies of co-treatment of disposal of solid waste and resource comprehensive utilization improvement in the cement industry，the treatment of city solid waste and sewage sludge through cement kilns has become an important raw material and fuel substitution measure. Taking the year 2020 as an example：under the BAUH scenario，fuel substitution rate of city waste is 0.20%. While under both the MLCH and RLCH scenarios，these rates were 3.00% and 3.03%，respectively. Furthermore，under both the MLCH and RLCH scenarios，the shares of electricity consumption have no significantly changed. The underlying reasons are that in both emission scenarios，CCS technology in the cement industry will have been increasingly applied from 2020，and more electricity will be consumed through those CCS facilities that prevent the cement industry from reducing electricity consumption intensity. Consequently，the effective reduction of indirect CO_2 emissions in the cement industry depends on the process of China's low-carbon power system.

5.3　Co-benefit Analysis

Fig.5 shown that carbon emission reduction measures have high co- beneficial effects for NO_x control. This is because carbon emission reduction technologies and policies are mostly for the improvement of energy efficiency in the cement industry，with the exception of CCS technology. Whereas，for NO_x emission reduction，technology options include low nitrogen combustion，staged combustion，and SNCR technology. SNCR technology，which has the highest NO_x removal efficiency，is considered as an end control technology. Its application increases electricity consumption and indirect CO_2 emissions. Moreover，since SNCR technology consumes ammonia，application of this technology in the cement industry will impose adverse incentives for high energy consumption，due to the high pollution ammonia industry.　Based on a rough estimate，it will consume 5 kg of 20% ammonia solution（1 kg pure ammonia）to remove NO_x（NO_x removal efficiency is 50%）per tonne clinker production. For example，in 2012，China's cement plants produced a total of 1.279 Gt of clinkers，which（in theory）required 1.28 Mt of ammonia. The ammonia industry in China uses coal as its major material，and therefore，the production of such an amount of ammonia will require 1.984 Mt of standard coal. As a result，this would produce an additional 4.96 Mt CO_2 emission，11.49 Mt industrial wastewater，637 t COD，434 t ammonia nitrogen，480 t dust，and 2275 t SO_2. Such an indirect emission effect cannot be ignored.

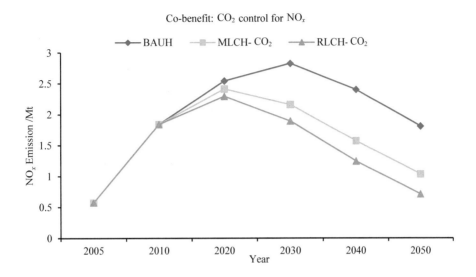

Fig.5　Co-benefits of different pollutants in the cement industry

5.4　Cost analysis

Table 3 provides estimates for total discounted costs of cement production by scenarios for the entire considered period of simulation. This includes calibration years（2005—2013），which were identical for all of the scenarios and did not change the results much. An annual discount factor of 7.5% was assumed. Table 4 describes the decomposition of total costs（TOT）by sources：annualized investment costs（INV），fuel costs（FUE），and operational and maintenance（O&M）costs. The costs were constant with 2013 prices and were calculated as annual average for the considered time period. Investment costs were annualized for the entire period of life for each capacity unit（plant）.

Table 3　Total discounted costs of production in 2005—2050，at an annual discount of 7.5%

Scenario	PV/billion CN¥	Rate of BAUH/%
BAUH	3 366.9	100.0
MLCH	3 534.8	105.0
MLCH-CO_2	3 431.3	101.9
MLCH-NO_x	3 489.0	103.6
RLCH	3 649.3	108.4

Scenario	PV/billion CN¥	Rate of BAUH/%
RLCH-CO$_2$	3 494.3	103.8
RLCH-NO$_x$	3 544.7	105.3

Table 4　Aggregated annualized costs by scenarios for 2014—2030 period,
assuming constant 2013 prices

Scenario	Aggregated costs/CN¥				Difference with BAUH/CN¥				Percent comparing to BAUH/%			
	INV	FUE	O&M	TOT	INV	FUE	O&M	TOT	INV	FUE	O&M	TOT
BAUH	3 228.6	5 810.1	6 685.4	15 724.1	—	—	—	—	100.0	100.0	100.0	100.0
MLCH-CO$_2$	3 309.5	5 648.1	7 230.9	16 188.5	80.9	(162.1)	545.58	464.4	102.5	97.2	108.2	103.0
MLCH-NO$_x$	3 370.3	5 541.1	7 395.9	16 307.3	141.7	(269.1)	710.53	583.2	104.4	95.4	110.6	103.7
MLCH	3 402.5	5 586.5	7 581.4	16 570.4	173.9	(223.6)	896.04	846.3	105.4	96.2	113.4	105.4
RLCH	3 474.0	5 553.3	7 974.5	17 001.8	245.4	(256.8)	1 289.12	1 277.7	107.6	95.6	119.3	108.1

As a result of the data presented in Table 4, the most expensive scenario is RLCH, where the total costs were about 8% higher than for BAUH. The radical emission control scenario requires about 7.6% higher investments due to SNCR and CCS technologies of emissions control. This also leads to 19.3% higher operational and maintenance costs to control NO$_x$ and CO$_2$ emissions (including ammonia), causing additional electricity costs. However, emission control stimulates switching to technologies with higher energy efficiency, resulting in decreased overall fuel costs.

Scenarios that only control NO$_x$ or CO$_2$ demonstrated co-benefits of multi-pollutants control when compared with BAUH. For example, NO$_x$ control in the MLCH scenario added about 3.7% to the total costs (see MLCH-NO$_x$ vs. BAUH in Table 4). Similarly, CO$_2$ control would add 3% to the costs (MLCH- CO$_2$ vs. BAUH in Table 4). However, both measures will add only 5.4% to the costs if controlled together (see MLCH vs. BAUH in Table 4). The sources of co-benefits were mostly higher energy efficiency, which resulted in lower overall emissions. The benefits increased when emissions control was stronger (see RLCH scenarios).

The total costs were still not drastically different among scenarios. The "cleanest" scenario increased overall costs below 10%, which seems feasible.

6. Conclusions

Co-benefits exist in the processes of NO_x reduction and CO_2 emission control in the cement industry. And carbon emission control has more outstanding co-benefits for NO_x control. From the perspective of co-control technologies，highly energy efficient technologies，such as waste heat generation and fuel substitution，have significant co-benefit effects on NO_x and CO_2 emission control. However，the SNCR technology with high NO_x removal efficiency consumes more electricity，which will indirectly lead to an increase of CO_2 emission. As far as reduction cost is concerned，most technologies have cost advantages. Instead CCS technologies have very high cost barrier under the absence of carbon emission cap. After 2020，due to the stricter carbon emission constraints，this technology will probably become a key carbon emission control measure，and its cost will also be projected to decrease as it commercializes.

We propose the policy suggestions from the following aspects：

At an institutional level，the Ministry of Environmental Protection needs to enhance communication and coordination with other ministries，such as National Development and Reform Commission and the Ministry of Industry and Informational Technology，and to promote the co-control of NO_x and CO_2 in the cement industry.

At the technological level，the government should recommend a co-control technology list for the cement industry at the right time，increase the R&D investment on new technologies and demonstration projects，and encourage companies to apply the currently available co-treatment technologies，including raw materials and fuel substitution，city waste co-treatment by cement kilns，waste heat collection and utilization，and low nitrogen combustion. For CCS carbon emission reduction technology，the government should enhance international communication and cooperation，improve the research and development and demonstration projects for such technologies in future.

At the policy level，the phase-out of old cement capacity needs to be continued. The cement industry should implement low carbon cement product standards，and start to study the carbon tax and cement industry carbon emission cap. Moreover，policies should direct companies to use cement kilns to co-control city waste，and solid disposals，to improve the raw material and fuel substitution rate in clinkers，thus promoting the green and low carbon development of the cement industry.

At the regulation level，current NO_x removal requirements in the cement industry have already become a solid environmental constraint. However，it cannot be ignored that NO_x removal requirements will increase company investment，energy consumption，operational cost，and clinker production cost，and will possibly encourage growth within the ammonia industry，which is associated with high energy consumption and high pollution. Therefore，it is important to scientifically evaluate the relevant environmental impacts and adverse motivations of ammonia production by NO_x removal requirement in the cement industry. At the same time，regulations need to be established well to require the enhancement of operational safety and management of NO_x removal equipment in companies.

It should be pointed out that there are still some limitations for our research due to some constraints，such as uncertainty of emission reduction technology development and relevant cost estimation. We will continue to improve our research by implementing more relevant projects.

References

Chen W Y. 2005. The costs of mitigating carbon emissions in China：finding from China MARKEL-MACRO modeling[J]. Energy Policy 33，885-896.

Dong R F，Lu H F，Yu Y S，et al. 2012. A feasible process for simultaneous removal of CO_2，SO_2 and NO_x in cement industry by NH_3 scrubbing[J]. Applied Energy 97，185-191.

Pang J，Shi Y C，Feng X Z，et al. 2014. Analysis on Impacts and Co-Abatement Effects of Implementing the Low Carbon Cement Standard[J]. Advances in Climate Change Research，5，41-50.

Galitsky C，Price L，Zhou N，et al. 2008. Guidebook for Using the Tool BEST Cement：Benchmarking and Energy Savings Tool for the Cement Industry. Ernest Orlando Lawrence Berkeley National Laboratory，Energy Research Institute（ERI）[R]. LBNL- 1989E，Beijing.

Gu A L，Shi X M，Wang L，et al. 2012. The potential of energy conservation and emission reduction and cost analysis on China's cement industry[J]. China Population Resources and Environment 22（8），16-22.

Hasanbeigi A，Menke C，Therdyothin A，2010. The use of conservation supply curve in energy policy and economic analysis：the case study of Thai cement industry[J]. Energy Policy 38，392-405.

Hasanbeigi A，Price L，Lin E，2012. Emerging energy-efficiency and CO_2 emission-reduction technologies for cement and concrete production：a technical review[J]. Renewable and Sustainable Energy Reviews 16，6220-6238.

Hasanbeigi A，Morrow M，Masanet E，et al. 2013a. A bottom-up model to estimate the energy efficiency improvement and CO_2 emission reduction potential in the Chinese iron and steel industry[J]. Energy，50，315-325.

Hasanbeigi A，Morrow M，Masanet E，et al. 2013b. Energy efficiency improvement and CO_2 emission reduction opportunities in cement industry in China[J]. Energy Policy 57，287-297.

IEA（International Energy Agency）. 2011. CO_2 Emissions from Fuel Combustion[M]. OECD Publishing，Paris.

Jiang X Q，Kang Y B，Liu Q，et al. 2012. China's cement industry CO_2 emission trend and emission reduction roadmap analysis[J]. Energy and Environment 34（9），17-36.

Ke J，Zheng N，Fridley D，2012a. Potential energy savings and CO_2 emissions reduction of China's cement industry[J]. Energy Policy 45，739-751.

Ke J，Zheng N，Fridley D，et al. 2012b. Potential energy savings and CO_2 emissions reduction of China's cement industry[J]. Energy Policy 45，739-751.

Li J M，Li G D. 2013. Present situation and counter measures of nitrogen oxides emissions in Chinese cement industry[J]. Applied Chemical Industry 42（9），1687-1689.

Liu S Y，Sun G N. 2008. Cement consumption in China's economic development model and geographical research needs[J]. Statistics and Information Forum（11），87-92.

Mandal S K，Madheswaran S. 2010. Environmental efficiency of the Indian cement industry：an interstate analysis[J]. Energy Policy 38，1108-1118.

MIIT（Ministry of Industry and Information Technology）. 2011. The "12th Five Year Plan" on Cement Industry Development[R/OL]. http：//www.miit.gov.cn/n11293472/n11293832/n11293907/n11368223/14335483.html（in Chinese）.

Mikulcic H，Vujannovic M，Duic N. 2013. Reducing CO_2 emissions in Croatian cement industry[J]. Applied Energy 101，41-48.

Moya J A，Pardo N，Mercier A. 2011. The potential for improvements in energy efficiency and CO_2 emissions in the EU27 cement industry and the relationship with the capital budgeting decision criteria[J]. Journal of Cleaner Production 19，1207-1215.

Shi W，Cui Y S，Wu Y S. 2011. Research on China's cement demand projection[J]. China Building Materials（1）：100-105.

Shi Y，Chen L L，Liu Z，et al. 2012. Analysis on the carbon emission reduction potential in cement industry in terms of technology diffusion and structural adjustment：a case study of Chongqing[J]. Energy Procedia16，121-130.

Song L. 2004. Regression analysis on the cement market prediction[J]. Cement Guide（5），4-7.

ST（State Council）. 2012. The "12th Five Year Plan" on energy conservation and emission reduction[R/OL]. http：//www.gov.cn/gongbao/content/2012/content_2217291.htm（in Chiese）.

WBCSD/IEA. 2009. Cement Technology Roadmap 2009：Carbon Emissions Reductions Up to 2050[C]. World Business Council for Sustainable Development/International Energy Agency（WBCSD/IEA）, Paris.

Wei B R. 2006. China cement demand quantitative model analysis[J]. China Cement（5），30-33.

Wei B R. 2007. Cumulative consumption of cement per capita and urbanization rate of co-integration analysis[J]. China Building Materials News（3），253-259.

Wen Z G，Meng F X，Chen M. 2013. Estimates of the potential for energy conservation and CO_2 emission reduction based on Asian-Pacific Integrated Model（AIM）：the case of the iron and steel industry in China[J]. Journal of Cleaner Production，65，120-130.

Xu J H，Fleiter T. 2012. Energy consumption and CO_2 emissions in China's cement industry：a perspective from LMDI decomposition analysis[J]. Energy Policy 50，821-832.

Xu J H，Fleiter T，Eichhammer W，et al. 2012. Energy consumption and CO_2 emission in China's cement industry：a perspective from LMDI decomposition analysis[J]. Energy Policy 50，821-832.

Yang X Z. 2007. Cement demand projection 2000—2010 in Henan province[J]. Henan Building Materials（4），3-7.

Zeng X M. 2003. China's cement industry and current supply and demand situation[J]. Cement Guide（5），11-13.

Zhang L. 2013. Model projections and policy reviews for energy saving in China's service sector[J]. Energy Policy 59，312-320.

Zhou H. 2005. Find the consumption saturation point：how much cement does China need[J]. China Cement（8），25-27.

Zhou N，Fridlyey D，Zhang N K，et al. 2013. China's energy and emission outlook to 2050：perspectives from bottom-up energy end-use model[J]. Energy Policy，53，51-62.

Willingness to Pay to Reduce Health Risks Related to Air Quality：Evidence from a Choice Experiment Survey in Beijing[①]

Huang Desheng   Andersson   Henrik   Zhang   Shiqiu

Abstract   This study reports the results from a discrete choice experiment（DCE）conducted in Beijing China. The aim and the objectives of the study are to elicit monetary values for the value of a statistical life（VSL）and the value of a statistical illness（VSI）that can be considered for policy purposes in China，and to examine how different payment regimes influence WTP and whether WTP is age-dependent. We find that our estimates of VSL and VSI are robust between different econometric models specifications and that they are reliable when compared to previous Chinese findings. We find no evidence of any VSL-age relationship but we find that the payment scheme had an effect on the levels of the estimates of the VSL and VSI，and that taking it into account the payment regimes when estimating the models improved their performance. However，levels were relatively close and not statistically significantly different for VSL which may suggest that respondents considered both schemes as similar.

Keywords   Age，Choice experiment，Mortality risk，Tax reallocation，Willingness to pay

1. Introduction

The negative effects from air pollution，especially from fine particulate matters（$PM_{2.5}$），have over the last couple of decades been a growing concern in China（Parrish and Zhu，2009；Wang and Hao，2012）. The increase in pollution levels causes significant adverse health

---

① 原文刊登于 *Journal of Environment Planning and Management*，2017。

impacts with substantial social costs（Zhang et al.，2010；Huang et al.，2012；Shang et al.，2013）. To improve the air quality in China its public authorities are undertaking several measures，e.g. the *Air Pollution Prevention and Control Action Plan* issued by the State Council in 2013（MEP，2013）. Measures taken，such as funding for research or large scale policies，need to be evaluated，though，to make sure that resources are allocated efficiently. Cost-benefit analysis（CBA）is drawing increasingly attention for research and policy making in China，and hence the valuation of costs and benefits，including health risk reductions.

Monetizing mortality risk reductions has been shown to be critical in many applications of CBA of environmental policy and regulation assessment（U.S. EPA，2011）and the concept of the value of a statistical life（VSL）is widely applied and studied throughout the world. The VSL is a measure of the marginal rate of substitution between mortality risk and wealth and to date most of the empirical studies eliciting individual willingness to pay（WTP）to reduce health risks have been based on either the hedonic regression method（Rosen，1974）applied on compensating-wage-differentials（Viscusi and Aldy，2003），or the contingent valuation（CV）method applied in a vast range of different settings（Lindhjelm et al.，2011）. The former is a revealed preference（RP）method in which actual decisions are used to derive monetary values，whereas the latter，i.e. the CV method，is a stated preference（SP）method in which individuals are asked to state their preferences in a hypothetical market setting. Recently another SP method，discrete choice experiments（DCE），has gained ground in the area of health risk evaluation（e.g. Cameron and DeShazo，2013）. The DCE elicit individual preferences by observing hypothetical choices employing multi-attribute goods（see，e.g.，Bateman et al.，2002），Whereas the CV employs a more direct approach to elicit preferences for one-attribute goods. In this study we will employ the DCE to elicit individual preferences to reduce health risks from improving air quality. The reason for using an SP approach is a combination of the public good nature of air pollution and the special market conditions and developments in the Chinese property market which means that we prefer a controlled hypothetical market to actual market data. We prefer the DCE to the CV for our study since we aim to elicit preferences for several attributes，something the CV is not capable of.

Nonmarket valuation techniques usually consider respondent's additional WTP through，e.g.，a tax increase as the payment vehicle for environmental improvement. However，an additional payment through，e.g. taxes or fees，is not the only alternative to finance public programs. A reallocation of existing government resources from the provision of other public services is another feasible alternative（Bergstrom et al.，2004）. Whereas an additional payment may seem more intuitive，the tax reallocation format may be more in line with how policy decisions are taken in many situations when the government is not in a position to raise taxes. To extend the standard "additional WTP" format and examine how sensitive the respondents' WTP is to different payment vehicles that resembles actual policy situations is of high relevance and the question has been examined in a few recent studies（e.g.，Swallow and McGonagle，2006；Ivehammar，2008；Nunes and Travis，2009；Carneiro and Carvalho，2014）.

Another debated issue in the VSL literature is the VSL-age relationship，i.e. whether people's WTP for mortality risk reduction depends on their age. For instance，should policy makers use different values for young individuals compared to older ones？ The issue of considering age heterogeneity in VSL has aroused great public controversy（Viscusi，2010）but is important when estimated VSL is considered for evaluating different risk reducing policies where benefits and cost may not be evenly distributed in the affected population. Plenty of theoretical（e.g. Johansson，2002）and empirical work（e.g. Aldy and Viscusi，2007；Krupnick，2007）have examined the VSL-age relationship. As described in the following section the evidence of a VSL-age relationship is still ambiguous and uncertain. Both the theoretical and empirical literature do not provide strong support for any specific relationship；predictions instead depend on assumptions about the models and contexts examined.

The aim of our study is to better understand and estimate how much people in China would be willing to pay for a reduction in their risk of dying or being sick from air pollution. Most of the studies to date on VSL have been conducted in developed countries with only a few studies being conducted in China. This study will therefore contribute knowledge about preferences for clean air in China. One objective of the study is to elicit monetary values that can be used for policy purposes. Two other objectives that are of both policy and research reliance are to（1）examine the effect from presenting respondents with either a new tax contribution or a tax reallocation and（2）examine the WTP-age relationship for reducing mortality and morbidity risks. For our empirical analysis we conduct a DCE study in Beijing，China，where we ask respondents about their WTP to reduce health risks in a context of air pollution. To the best of our knowledge，this is the first study in China that uses DCE to elicit VSL. To examine the different payment vehicles we use a split sample design where we let one subsample face an additional cost to obtain the health improvement, whereas the other subsample is asked about a reallocation of the government budget from other spending to more spending on health improvements.

In the following section we briefly present the theoretical and empirical evidence on the tax reallocation regime and the VSL-age relationship, and a summary of previous Chinese studies on VSL. We thereafter describe our survey, including the sampling and data collection, and questionnaire design. The empirical models and the results are shown in Sections 4 and 5. In the final section we discuss our findings and provide some conclusions.

2. Background and methods

2.1 Willingness to pay and payment vehicles

In the pioneer work of Bergstrom et al. (2004), a tax reallocation and a special tax are theoretically analyzed and examined empirically. In their work the new tax contribution is simply the compensation surplus (CS) defined by the expenditure functions by

$$CS = e(P,Q^0,Z^0,u^0) - e(P,Q^1,Z^0,u^0) \qquad (1)$$

where P is the price of goods, Q the environmental quality, with superscripts denoting with (1) or without (0) an increase in the environmental quality, Z denoting the composite commodity of all other public goods (omitting Q), and u the utility index.[①] The "payment" with the tax reallocation is defined as the compensating tax reallocation (CTR) and is given by

$$CTR = e(P,Q^0,Z^0,u^0) - e(P,Q^1,Z^1,u^0) = Z^0 - Z^{1*}(P,Q^0,Q^1,Z^0,u^0) \qquad (2)$$

Hence, the CTR is given by how much an individual is willing to give up of his/her current provision of other public goods (Z^0), which means a new level of the provision of these other public goods (Z^1), in order to have the increase in the environmental quality. Whether CS will be larger or smaller than, or equal to CTR is not possible to predict. Bergstrom et al. (2004) state that "[W]e cannot predict a priori the relative magnitudes of CTR and CS unless we have some prior information on the relative marginal values of the

---

① For the full description of the models see Bergstrom et al. (2004).

existing bundles of public and private goods." (537). This can be seen in equation (2) where Z^1* depends on Z^0. Hence, theoretically the model does not provide any prediction of the relationship between CS and CTR, which therefore has to be examined empirically instead.

In Bergstrom et al. (2004), two tax regimes are used in a CV study to assess the individual WTP for groundwater protection in the United States. The results show that the mean WTP under the tax reallocation regime is about 18 times higher than that under a standard tax. Swallow and McGonagle (2006) use these two payment regimes in a DCE study to assess the conservation of coastal land. Their results also show that respondents are more likely to support land conservation program without direct and new withdrawals from the respondents' disposable income, particularly among those with low income. Their estimated WTP based on tax reallocation was about 3.5 times larger than that based on a new tax. Another study also using DCE formally tested the robustness of the WTP for rail noise reduction in Italy under three payment regimes, i.e. a regional tax, a transport tax reallocation scheme and an administration tax reallocation scheme (Nunes and Travisi, 2009). They found that the WTP estimates were statistically different for the tax reallocation and the new tax regimes, values were 37% lower with a new tax, a relationship which is consistent with the previous results by Bergstrom et al. (2004) and Swallow and McGonagle (2006).

However, whereas Bergstrom et al. (2004) and Swallow and McGonagle (2006) did not specify from which areas resources would be reallocated Nunes and Travisi (2009) did specify that the reallocation would either come from a public transport budget or an administrative/ entertainment budget.[1] They found that there was no difference in the marginal values across the two tax reallocation treatments, indicating that the marginal value of the public money did not depend upon the budget source. The findings in Nunes and Travis (2009) were confirmed by Morrison and MacDonald (2011) who provided the respondents with information about the extent of expenditures in each of public areas, and described the exact opportunity costs of a reallocation from specific areas of the budget.[2] They found that the aggregated WTP estimated from new taxes or tax reallocations were of a similar magnitude. However, Remoundou et al. (2014) in a DCE on the valuation of a marine restoration program in the

---

[1] For instance, Swallow and McGonagle (2006) assumed that each respondent "interprets the use of [reallocations] as being drawn from all publicly provided goods in proportion to their existing share of the public budget" (59).

[2] Here, the opportunity cost indicates which part (s) of the existing tax resources that will be reallocated, e.g. reducing funding for health, education, transport, etc., in order to increase the quantity provided of the good defined in the survey.

Black Sea did find that source of the tax reallocation had an effect on the respondents' WTP.

Hence，results are mixed but overall they suggest that tax reallocation schemes produce higher WTP estimates than schemes demanding new tax contributions. In this paper，we test and compare different payment schemes in a less developed country context，exploring the difference of marginal value via new tax and tax reallocation payments for health risk reductions from air quality improvement programs. The comparison of the two schemes is not to resolve whether CTR should replace CS as the primary measure of WTP. We have more confidence in CS as a measure of WTP but since policies/programs are often financed by governments reallocating existing revenues，which individuals are aware of，we believe that it is of importance to examine whether the different approaches produce similar WTP estimates.

2.2 Willingness to pay to reduce mortality risk and age

There is today a vast theoretical and empirical literature on the relationship between VSL and age. Theoretically the relationship has been examined using a life-cycle model in which it is assumed that individuals maximize their expected discounted value of the utility of consumption. Let τ，$u[c(t)]$，θ，and $\mu(t)$，denote the point of reference，the utility of consumption at time t，the subjective discount rate，and the probability of becoming at least t years old conditional of surviving until τ. The value function $[V(\tau)]$ that defines the solution to the dynamic optimization problem for the optimal life-cycle consumption can then be written as

$$V(\tau) = \int_{\tau}^{\infty} u\left[c^*(t)\right] e^{-\theta(t-\tau)} \mu(t) dt \qquad (3)$$

where the asterisk denotes consumption values along the optimal path. The value function in equation（3）can then be used to derive the individual WTP for a change in the survival probability，both for immediate and latent risk changes（Hammitt and Liu，2004）. For instance，assume an immediate drop in the hazard rate at age τ that lasts ε and the individual's marginal WTP（VSL）is given by

$$\text{VSL}(\tau) = \frac{V(\tau)}{\lambda^*(\tau)} \approx \frac{\text{WTP}(\tau)}{\varepsilon dp} \qquad (4)$$

The denominators $\lambda^*(\tau)$ and εdp denotes the marginal utility of wealth and the risk reduction for the time period ε，respectively.[①] The predicted relationship has been shown to depend on assumptions about saving and borrowing opportunities，discount rates，and hazard rates. For instance，Shepard and Zeckhauser（1984）predicted a monotonically declining relationship between VSL and age when individuals could borrow against future earnings，but an inverted U-shape in a model with only saving but no borrowing opportunities. However，more recent studies（Johansson，2002；Ehrlich and Yin，2005）have indicated that the age-VSL relationship is ambiguous and could be positive，negative，or zero. In particular，Johansson（2002）indicates that VSL could be increasing，decreasing，or have no systematic dependency on age in spite of the existence of actuarially fair insurance markets，depending on the optimal age pattern of consumption.

The empirical VSL literature is vast but it was nicely summarized in two articles by Aldy and Viscusi（2007）on evidence from RP studies and Krupnick（2007）on evidence from SP studies. In the two studies they covered the literature in which the specifications for the age variable vary，including age dummies，age entered into the models linearly，log-linearly，and quadratically；and age interacted with other variables such as health status and background risks. Another approach has been to divide the sample into sub-samples by different age groups and to estimate VSL separately in these age groups and compare them. The evidence from the RP literature surveyed in Aldy and Viscusi（2007）suggested an inverted U-shaped relationship，whereas the SP review by Krupnick（2007）suggested that the evidence was mixed，i.e. there was no strong evidence of any specific VSL-age relationship.

More recent evidence has confirmed the findings found in Aldy and Viscusi（2007）and Krupnick（2007）. For instance，whereas Carlsson et al.（2010）found evidence indicating a negative relationship between VSL and age，Blomquist et al.（2011）found a non-monotonic relationship between VSL and age. In their study VSL first dropped before rising，and then finally dropped again. Leiter（2011）focused on the relevance of age-specific hazard rates in explaining the VSL age variation related to avalanche risk by comparing the WTPs of two subsamples（skiers and non-skiers，where for the former group the hazard rate varied across age）. The results showed an age dependency of the WTP for respondents whose hazard rate varied with age（skiers），while no age-related variation was observable for the non-skiers（whose avalanche-related fatality rate was independent of age）. Moreover，to further explore

---

① For a more detailed description，see，e.g.，Johansson（2002）.

the various sources of heterogeneity of VSL，Cameron and DeShaozo（2013）conducted a representative national survey wherein 2，407 US adults made choices over alternative risk-mitigation programs in a SP survey. They specifically analyzed the VSL-age relationship，and found a similar relationship as Aldy and Viscusi（2007）did for RP studies，i.e. an inverted U-shaped relationship. In Viscusi's（2010）review of the heterogeneity of VSL based on both RP and SP studies the influence of age on VSL was found to be non-monotonic. The VSL appeared to be high for young children and showed an inverted-U shape for adults，though the decline in VSL at very old age groups did not appear to be stark.

2.3　Willingness to pay to reduce mortality risk in China

Only a few studies on VSL have been conducted in mainland China. All of the studies have been conducted using either the CV or based on hedonic wage differentials. Thus，to the best of our knowledge，to date no DCE on VSL have been conducted in China. In Table 1 we list the available Chinese VSL studies，six based on the CV and two using the hedonic wage method.

Table 1　Review Chinese VSL studies

Risk source	Authors	Data year	Survey location	Method	Payment format	VSL[a]	Age interval （mean）	VSL–age relationship
Air pollution	Wang and Mullahy （2006）	1998	Chongqing	CV	Open-ended and bidding	1.58	15～80 （48）	Positive
	Hammitt and Zhou （2006）	1999	Beijing. Anqing and rural areas near Anqing	CV	Double-bounded	1.24～ 2.72[b]	18～65 （37，43， 43）[c]	Negative （Beijing not stat. sign.）
	Guo et al. （2006）	2003	Chengdu	CV	Double-bounded	0.62	（39）	NA
	Zhang （2002）	1999	Beijing	CV	Combined open-ended and payment card	1.23～ 1.69	95.5% less than 45	Negative
Occupational	Guo and Hammitt （2009）	1999	Cities in 11 provinces	Hedonic wage	-	1.71～ 4.19	（39）	NA

Risk source	Authors	Data year	Survey location	Method	Payment format	VSL[a]	Age interval （mean）	VSL–age relationship
	Qin，Liu，and Li（2013）	2005	One percent sampling of national survey in 31 provinces	Hedonic wage	-	7.14	（38）	NA
Other Cancer	Wang and He（2014）	2000	Tianjin. Jiangsu and Guizhou	CV	Multiple-Bounded Dichotomous Choice	2.21～3.74	16～77（36）	Negative
General	Hoffmann et al.（2010）	2006	Shanghai. Nanning and Jiujiang	CV	Payment card	2.93	40～90（55）	Negative

[a]（1）Mean estimation in million RMB, 2010 price level. CPI adjusted，base year=2010，according to the data of China Statistics Yearbook 2013（2）Income elasticity of VSL is assumed to be 1.4（Hammitt and Robinson，2011）.

[b] Estimated by median WTP for each region.

[c] Mean of age for three subsamples of Beijing，Anqing and rural area near Anqing，respectively.

Note：US$ 1 = RMB 6.77（stats.oecd.org，10 September 2012）

All CV studies use the standard approach and asked respondents about a new payment，i.e. none of them examined the effect on either a new tax or a tax reallocation. Regarding the VSL-age relationship，Wang and Mullahy（2006）found a positive relationship，whereas Hammitt and Zhou（2006），Wang and He（2014），and Zhang（2002）found a negative relationship. In Hoffmann et al.（2010）results also showed a negative effect for all three age groups（age 50-59，age 60-69，and age 70 and older，separately）but only significantly for age 60-69，taking age 40-49 as the baseline group.

In addition，some of the studies also estimated the value of a statistical illness（VSI）based on the WTP for morbidity risk reductions，such as asthma（Guo et al.，2006），or episodes of minor illness similar to cold and chronic bronchitis（Hammitt and Zhou，2006）. Since their morbidity scenarios are not comparable to our scenario，due to different specifications of the diseases，we do not list the elicited VSI from their studies in Table 1.

Two studies using the hedonic regression approach were conducted to estimate the VSL in China based on wage risk differentials（Guo and Hammitt，2009；Qin，Liu，and Li.，2013）. However，neither of them explored the VSL-age relationship.

3. Survey

3.1 Sampling and data collection

The survey was conducted during about three weeks from 17 September to 11October in 2010 and was administered in 18 different locations in different urban districts of Beijing. Interviews were conducted face-to-face by 14 graduate or undergraduate students from Peking University and other universities in Beijing who were trained as enumerators. They were randomly sent to the different locations every day，where they randomly chose respondents to answer the survey. Other modes for the survey were considered，such as a postal questionnaire，face-to-face in respondents' homes，or a web-based survey，but at the time of the survey the interviews in the street was the mode considered as the best available one for this survey.[1]

3.2 Survey design

The survey was designed following state-of-the-art and it was revised and improved after three focus groups，a pre-test and a pilot survey. The questionnaire was divided into four parts. Part 1 elicited personal basic attitudes to air quality in Beijing，and Part 2 elicited individual information about the respondent and his/her immediate family，including age，education，income，family size，health status，etc. Part 3 was the core of the questionnaire. In this part，the respondents were first introduced to background information about the status quo of air pollution and corresponding health impacts in Beijing，and then presented with a scenario where the local Beijing municipal government over a 10 year period would implement new programs with stricter measure for air quality management，and finally shown the choice sets with a color card visually illustrating the small risk changes. The respondents faced choice sets with three alternatives including the status quo alternative. The last part of the

---

[1] Either face-to-face in individuals' homes or a web-based survey based on stratified sampling would have been preferred modes in most contexts. However，we were concerned about the representativeness of the sample using these modes（e.g. a very low internet penetration at the time of the survey in China and also the low response rate of mail surveys）. Moreover，it would have been hard to get authorization to conduct in home interviews based on a random or a stratified sample from the Beijing authorities，and most of the Chinese people do not like being interviewed at home by strangers due to cultural reasons and also for security reasons.

questionnaire was a debriefing of the interview recorded by enumerators，which was used to identify respondent who had trouble comprehending the survey or did not take the survey seriously.

	Current situation	Program A	Program B
Annual average symptom similar to cold for yourself	(　)	1/3 (　)	1/6 (　)
In 10 years, the probability of getting sick from respiratory or cardiovascular diseases caused by air pollution for yourself (1/100 000)	2 500	1 000	1 500
In 10 years, the probability of dying from respiratory or cardiovascular diseases caused by air pollution for yourself (1/100 000)	250	50	100
Yellow: probability of getting respiratory or cardiovascular diseases by air pollution **Red**: probability of dying from respiratory or cardiovascular diseases by air pollution **Blue**: probability of no health effects from air pollution			
Bids (RMB/month)	0	50	20
Your vote	☐	☐	☐

Figure 1　Example of a choice set（freely translated from Chinese）

One example of a choice set as presented to the respondents is shown in Figure 1. As illustrated，respondents had the choice between two different policies，and to choose none of these，i.e. the status quo alternative. The choice set consisted of four attributes and each respondent was asked to answer 4 choice sets. The attributes and their levels are given in Table 2.

Table 2　Attributes and levels

Attribute	Variable name	Attribute levels of programs	Status quo levels
Change in number of times per year with symptom similar to a cold[a]	ΔCold	Continuous variable in[0，12.5]. Calculated based on respondents' own estimate of times sick during a year multiplied by a proportional reduction（1/6；1/3；or 2/3）. Both proportional reduction and absolute value presented to respondents in choice sets	Self-reported
Morbidity reduction[b]	Morbidity	500；1 000；1 500；and 2 500	2 500
Mortality reduction[b]	Mortality	50；100；150；and 250	250
Cost of program	Cost	Cost in RMB per month[c] Bids used：5；10；20；50；and 100	0
Payment vehicle	Payment	Dummy equal to one if tax reallocation and zero if new tax	

a：Variable converted to change in number of days sick to avoid problem of endogeneity.

b：Unit of all levels for morbidity and mortality reduction：1/100 000.

c：US$ 1 = RMB 6.77（stats.oecd.org，10 September 2012）.

The first attribute，ΔCold，was included as a minor health effect from air pollution. To increase acceptance and realism of the scenario，respondents were asked to state their own number of times per year suffering the described symptoms similar to a cold，here simply referred to as "cold". The reduced number of times sick was then calculated based on the respondents' own reported times sick and a randomly assigned proportional reduction according to the designed levels. When answering the survey respondents saw both the proportional reduction and the absolute number of less times being sick，i.e. ΔCold，which were written in the brackets by the enumerator before respondents saw the choice sets. The absolute levels presented for the two programs were a combination of the respondents' self-reported number of days sick，and the exogenously and randomly assigned proportional risk reductions. When analyzing the data，the change of numbers of times with a symptom similar to cold was used（i.e. ΔCold）to address the endogeneity issue from respondents providing the status quo level for this alternative. As explained above，this attribute was only included to increase acceptance of the survey scenario and despite us addressing the endogeneity issue we are still concerned about the accuracy of the attribute（heterogeneity in the interpretation of the question）. The findings for this attribute in our empirical analysis are therefore of limited interest. The second and the third attributes are our health attributes of main interest, i.e. the morbidity and mortality risks. The baseline levels were chosen based on epidemiological studies on health effects based on Beijing data (Aunan and Pan, 2004; Zou and Zhang, 2010). Respondents were informed that the levels were based on scientific studies. The risk levels were presented as the numbers of event per 100 000, in line with the statistical format Chinese people usually are usually presented with. This together with Beijing residents' regular experience of bad air quality, and a visual aid to illustrate the risk levels to increase comprehension[①], increase the likelihood that our respondents would accept and understand the health risk scenarios.[②] The final attribute is the cost of the program, a cost that would be paid during the length of the program. The bid levels were based on levels used in previous SP studies conducted in China and then adjusted based on discussions and findings in the focus groups and in the pilot. Health risks reductions and costs were presented as individual, i.e. respondents were asked to state their preferences for themselves, not for their household or the public.

The last "attribute" listed in Table 2 is the payment vehicle. The payment vehicle defines that the cost of the program is either a new tax or a tax reallocation. It was decided after feedback from the focus groups and the pilot not to include the payment vehicle as an attribute in the choice sets since it made the scenarios less realistic and harder for the respondents to understand. Instead a split sample design was used to test the effect from the payment vehicle, where one subsample was presented a scenario that required a new tax payment and the other a scenario where the cost for the project would be financed by reallocating taxes from other public spending. To simplify the task for the respondents it was not specified in the tax reallocation scenario where resources would be drawn from. Based on the findings in Nunes and Travis (2009) and Morrison and MacDonald (2011) who found no evidence that the marginal WTP depended on the budget source, we believe this simplification to be non-problematic for the purpose of our study, and our design also follows the setup in Bergstrom et al. (2004) and Swallow and McGonagle (2006).

We used a fractional-factorial and cycling designing based on D-efficiency to construct

---

① There is evidence that individuals have difficulties understanding small probabilities but that visual aids can help them understand (Corso et al. 2001).

② To clarify, this morbidity risk was not based on self-reported baseline levels and in the survey design *Morbidity* and the risk changes in ΔCold are orthogonal.

20 choice sets with two alternatives（Carlson and Martinsson，2003）.[①] The choice sets were then randomly blocked into five groups，and thus each respondent faced four choice sets.

4. Empirical Methods

4.1　Baseline model

As described，the respondents were asked to choose their preferred option out of a total of $J=3$ alternatives（two hypothetical scenarios and the status-quo）in $T=4$ choice sets. Assuming a linear utility specification the utility that respondent n derives from choosing alternative j in choice set t is given by

$$U_{njt} = \beta_0 sq_{njt} + \beta_1 \Delta Cold_{njt} + \beta_2 Morb_{njt} + \beta_3 Mort + \beta_4 Cost_{njt} + \varepsilon_{njt} \tag{5}$$

where β_0，...，β_4 are coefficients to be estimated，sq_{njt} is an alternative-specific constant for the status quo alternative and ε_{njt} is a random error term which is assumed to be IID type I extreme value.　The remaining attributes in the utility function are described in Table 2 and we expect all of them except $\Delta Cold$ to have a negative coefficient sign. Since the β show the effect on the utility from changes in the attribute，dividing the β of one of the attributes with the β of the cost attribute will provide a monetary estimate of the WTP for that attribute. For instance，the marginal WTP for reducing the mortality risk（VSL）is given by

$$\frac{\partial U_{njt} / \partial Mort_{njt}}{\partial U_{njt} / \partial Cost_{njt}} = \frac{\beta_3}{\beta_4} \tag{6}$$

By replacing the variable mortality with morbidity，we obtain the VSI，which can be interpreted as the WTP for a reduction in risk equivalent to preventing one case of illness. Equation（5）is also estimated by including interactions between the attributes and the payment scheme or the age groups.

4.2　Generalized multinomial logit

The baseline specification assumes that the respondents have identical preferences for the attributes of the policies and that the choices made by the respondents are independent.

---

① To construct the choice sets the SAS program was used.

Empirical findings have shown that this is unlikely to be the case in reality. We therefore extend our basic model with specifications that allow for heterogeneity and take the panel structure of the data into account and estimate models which can be defined as different versions of the generalized multinomial logit (GMNL, Fiebig, et al., 2010). The GMNL nest models that take into account scale and preference heterogeneity.

Again，let us assume J choice alternative，and T choice situations，and that we have N individuals. The probability of respondent n choosing alternative j in choice situation t is

$$Pr\left(\text{choice}_{nt} = j \mid \beta_n\right) = \frac{\exp\left(\beta_n' \, x_{njt}\right)}{\sum_{k=1}^{J} \exp\left(\beta_n' \, x_{nkt}\right)} \tag{7}$$

where x_{njt} is a vector of observed attributes of alternative j and β_i is a vector individual specific coefficients defined as[1]

$$\beta_n = \sigma_n \beta + \left[\gamma + \sigma_n \left(1 - \gamma\right)\right]\theta_n \tag{8}$$

We set $\gamma = 1$，a parameter that "governs how the variance of residual taste heterogeneity varies with scale" (Fiebig et al., 2010, p. 398)，and we will focus on four special cases of Eq. (5)：

1. Conditional logit：$\beta_n = \beta$

2. Conditional logit with scale：$\beta_n = \sigma_n \beta$

3. Mixed logit：$\beta_n = \beta + \theta_n$

4. Mixed logit with scale：$\beta_n = \sigma_n \beta + \theta_n$

The conditional logit model assumes that respondents have identical preferences and that answers to the choice sets are independent，the latter being in line with the instructions to the respondents when answering the choice sets. The conditional logit model with scale allows for scale heterogeneity between different subsets of the sample，which could be a result of combining different data sets (Hensher et al., 1999) . In our case scale heterogeneity could arise from combining the two data sets with different payment vehicles and we will，therefore，test whether scale heterogeneity depends on the payment vehicle. The mixed logit relaxes the assumption about identical preferences and allows for taste heterogeneity. In case 4，we estimate a model that allows for both taste and scale heterogeneity.[2] In cases 3 and 4

---

[1] See Fiebig et al. (2010) and Hole (2008) for descriptions of these models.

[2] Stata was used to run the regressions. For cases 2，3，and 4，we used the commands clogithet (http: //econpapers. repec.org/software/bocbocode/s456737.htm)，mixlogit (Hole, 2007)，and GMNL (Gu, et al., 2013) .

we assume in our estimations a normal distribution, except for *Cost* which we assume is constant. The latter to avoid the issue of non-existence of the mean and variance as a result of taking the ratio of two normal distributions to estimate the VSL and VSI (Meijer and Rouwendal, 2006).

4.3 Latent class models

We further explore preference heterogeneity by estimating latent-class models, in which the utility function is given by

$$U_{njt} = \beta_{c0}\text{sq}_{njt} + \beta_{c1}\Delta\text{Cold}_{njt} + \beta_{c2}\text{Morb}_{njt} + \beta_{c3}\text{Mort} + \beta_{c4}\text{Cost}_{njt} + \varepsilon_{njt} \tag{9}$$

The subscript c, where $c = 1, \dots, C$, indicates the class membership of the individual respondent. In addition to taking the panel structure of the data-set into account, the latent class model allows the preferences of respondents in different classes to vary, while maintaining the assumption of preference homogeneity within classes.[①] Extending equation (7) to be conditional on membership in class c the probability of respondent n choosing alternative j in choice set t in the latent class model can also be expressed by equation (7). We follow Hensher and Greene (2003) and specify the probability that respondent n belongs to class c as

$$H_{nc} = \frac{\exp(\gamma_c' z_n)}{\sum\limits_{c=1}^{C} \exp(\gamma_c' z_n)} \tag{10}$$

where z_n is a vector of characteristics relating to individual n and γ_c is normalized to zero for identification purposes. In the application, we either set $z_n=1$, which implies that the class membership probabilities are constant across respondents, or we let the class membership depend on *payment vehicle*. In the baseline case where there is only one class this model reduces to the standard conditional logit model. The parameters in the model are estimated by maximum log-likelihood.

It should be noted that the number of classes, C, must be specified prior to estimating the model. In practice C is unknown, and so a common strategy is to estimate the model with different numbers of classes and choose the preferred specification based on goodness-of-fit

---

[①] Latent class models have for instance been used in DCE to examine non-attendance to attributes (e.g., Campbell et al. 2011).

measures such as the Akaike and Schwarz criteria. We return to this issue in the Results section.

5. Results

5.1 Descriptive statistics

In total 540 respondents were interviewed. However，based on feedback from the numerators of the respondents' performance，59 respondents were dropped according to one of two criteria：（1）refusal to make any choice or（2）an evaluation of the respondent's overall performance in the survey. The evaluation was conducted immediately after the interview and was based on a scoring system where a value below 7（out of 10）indicated that answers were not reliable，either because the respondent had not understood the survey，or had behaved in a way that suggested he/she did not take it seriously.[①] Moreover，six respondents did not provide information about the number of days in a year with a symptom similar to cold，information necessary to calculate the first attribute of the choice set（see Table 2）. Thus，the final sample consists of answers from 475 respondents.

Table 3 provides descriptive statistics for our sample. A concern with the survey mode chosen，i.e. face-to-face interviews in public places，is sample-selection bias. As given in Table 3 the sample is well representative of the general population in Beijing. Comparing the statistics of our sample with that of Beijing general population（data from the statistical yearbook marked in parentheses），we find that the average age of all respondents is 40.6 （40.2），the average family size is 2.9（2.8），the average proportion of male is 53%（52%），and the average personal income is about RMB 37 421（33 360）. According to the data availability and comparability，we conducted Chi tests for age and gender. The results show no significant differences in the 95% confidence interval（Pearson $chi^2=1.05$）for the three age groups between the survey sample and Beijing general population，and no significant difference in the 98% confidence interval（Pearson $chi^2=5.12$）for gender. Hence，the sample is representative of the Beijing population to a certain extent，but we may still have sample

---

① The scoring system was created prior to the interviews were conducted. After the data had been collected a random control was conducted by one of the involved researchers and for all checked observations no evidence was found suggesting that the scoring system did not serve its purpose.

selection in the sense that only respondents interested in air pollution and health effects were prepared to take their time to answer the survey. We cannot test for this type of selection effect and it is not unique to our survey，though，but to all surveys whether using stratified or random sampling，or are conducted online or face-to-face in individuals' homes.

Table 3　Descriptive statistics of respondents according to age groups

Age group	Living years	Age[a]/%	Familysize	Olds (>64)	Kids (<15)	Education[b]	Personal income[c]	Household income[c]	Male[d]/%
<35 (n=201)	12.46 (10.43)	41.88 (44.11)	2.60 (1.21)	0.24 (0.58)	0.29 (0.49)	4.52 (1.04)	36 850 (41 837)	74 925 (55 011)	47.26 (49.94)
35~54 (n=177)	31.54 (14.93)	36.88 (35.44)	3.18 (0.88)	0.37 (0.67)	0.42 (0.52)	4.23 (1.16)	47 159 (46 574)	100 114 (94 185)	58.19 (49.34)
>54 (n=103)	47.43 (19.96)	21.25 (20.45)	3.17 (1.16)	1.17 (0.92)	0.24 (0.43)	3.04 (1.28)	21 584 (20 820)	74 286 (109 143)	55.89 (49.67)
Total (n=481)	26.97 (19.94)	40.59 (14.29)	2.94 (1.12)	0.51 (0.80)	0.33 (0.49)	4.10 (1.27)	37 421 (41 397)	84 059 (84 643)	53.01 (49.91)
Beijing	NA	40.16	2.8	0.48	NA	NA[e]	33 360	93 408[f]	51.53

Note： Mean values with standard deviations in parentheses.

a: Proportions of sample size of each age group in the total sample. Numbers in squared brackets indicate the proportion of each age group for Beijing population（Beijing statistical yearbook 2011）.（Since the age is more than 15 for the whole sample，to be comparable，the proportion of age less than 35 and mean age for Beijing population excludes population aged less than 15.）

b：0~7 indicates illiterate，primary school，junior high school，senior high school/technical secondary school，junior college，college，master，and PhD，respectively.

c：Mean estimates calculated from intervals presented to respondents in the survey.

d：Proportions of the male.

e：54.96% above senior high school，calculated by author from Beijing statistical yearbook 2011.

f：Calculated by authors based on mean personal income and household size from the data of Beijing statistical yearbook 2011.

5.2　Regressions results，and VSL and VSI

We start by presenting our results for the baseline model，i.e. the conditional logit model. In Table 4 we show four versions of the conditional logit model，i.e. the standard conditional logit（Model C1），conditional logit with scale（Model C2），and the standard conditional logit extended with interactions variables between the attributes and the payment vehicle（Model

C3），and a model also including age and income interactions（Model C4）.

Focusing first on Model C1，we see that all the attributes have the expected sign and are highly statistically significant. For instance，when the cost of a program increases then respondents are less likely to choose that alternative. Model C2 allow for scale heterogeneity from the two different payment schemes，and we find that the coefficient for scale heterogeneity is highly statistically significant. In Model C2，we find that the qualitative results are the same except for ΔCold which no longer is statistically significant，and that overall coefficient estimates are smaller compared with Model C1. Model C3 allows for heterogeneity on how the payment vehicle may influence the effect from the different attributes on the respondents' choices. In this model，we again find the same qualitative results for the attributes，but interestingly we also find that the effect from the cost is lower when it is a tax reallocation，i.e. the coefficient for the interaction is positive. This suggests that those who were presented with the tax reallocation scenario are less sensitive to the cost of the programs than those who were presented with the new tax contribution scenario. Model C3 also shows that respondents presented with the tax reallocation were less likely to have preferences for the status quo alternative. Among the three specifications Model C3 performs best according to the log-likelihood ratio test（p-value＜1%）.

Table 4　Regression results – conditional logit

	Model C1	Model C2	Model C3	Model C4
SQ	1.355^{***}	0.286^{***}	1.829^{***}	1.800^{***}
	（0.176）	（0.108）	（0.266）	（0.404）
ΔCold	0.096^{***}	0.019	0.129^{***}	0.105
	（0.030）	（0.012）	（0.049）	（0.072）
Morbidity	-0.001^{***}	-0.000^{***}	-0.001^{***}	-0.001^{***}
	（0.000）	（0.000）	（0.000）	（0.000）
Mortality	-0.004^{***}	-0.001^{***}	-0.005^{***}	-0.004^{**}
	（0.001）	（0.000）	（0.001）	（0.002）
Cost	-0.012^{***}	-0.003^{***}	-0.016^{***}	-0.020^{***}
	（0.001）	（0.001）	（0.002）	（0.003）
SQ×payment			-1.262^{***}	-1.301^{***}
			（0.364）	（0.370）
ΔCold×payment			-0.085	-0.101
			（0.064）	（0.066）

	Model C1	Model C2	Model C3	Model C4
Morbidity×payment			−0.000	−0.000
			（0.000）	（0.000）
Mortality×payment			0.000	0.000
			（0.002）	（0.002）
Cost×payment			0.006**	0.007***
			（0.002）	（0.002）
SQ×age<35				−0.480
				（0.406）
SQ×age>54				1.321**
				（0.534）
ΔCold×age<35				0.050
				（0.074）
ΔCold×age>54				0.093
				（0.088）
Morbidity×age<35				0.000
				（0.000）
Morbidity×age>54				−0.000*
				（0.000）
Mortality×age<35				−0.000
				（0.002）
Mortality×age>54				−0.003
				（0.002）
Cost×age<35				−0.001
				（0.003）
Cost×age>54				−0.004
				（0.003）
SQ×income				−0.000
				（0.000）
ΔCold×income				−0.000
				（0.000）
Morbidity×income				0.000
				（0.000）
Mortality×income				0.000
				（0.000）
Cost×income				0.000***
				（0.000）
/het（payment）		1.333***		
		（0.217）		
N	5 700	5 700	5 700	5 652
Log likelihood	−1 893.17	−1 853.25	−1 801.51	−1 764.33

*** $p < 0.01$，** $p < 0.05$，and * $p < 0.1$

Note：Standard errors in parentheses.

Since Model C3 performs best we use that model when examining how age influences respondent's WTP. Both theory and empirical evidence suggest that WTP increases with wealth (Hammitt and Robinson，2011) and we，therefore，also include income interactions in Model 4. Focusing on age，as can be seen，the respondents were divided into three different age groups which were then interacted with the different attributes. We find no strong pattern suggesting that WTP to reduce health risk depends on age.[①] The only age interaction variables that show any statistical significance are SQ×age>54 and Morbidity×age>54. Regarding income，we find that the probability of choosing a costlier program increases with the income level，i.e. the interaction between cost and income is positive，which is in line with the expectations. The main focus regarding individual characteristics in this study is age and we will get back to how the results from Model C4 on age translates into VSL and VSI estimates when discussing the marginal WTP estimates.

In Table 5 we show the results from our different mixed logit models. The structure of the table follows that of Table 4，i.e. we first present the standard mixed logit (Model Mix1)，we then show it when we allow for scale heterogeneity (Model Mix2)，and finally the model with interactions between the attributes and the payment schemes (Model Mix3).[②] The results show evidence of heterogeneity in all models. Qualitatively the results are again similar between regressions，with again only ΔCold being sensitive to the chosen model specification. Moreover，qualitatively the results in the mixed logit models are overall the same as in the conditional logit models. One exception is *SQ* which when accounting for preference heterogeneity is negative and statistically significant in Model Mix1 and Model Mix2. As for the conditional logit models，the specification with interactions，i.e. Model Mix3，performs best according to the log-likelihood ratio test (p-value < 1%) .

Table 5　Regression results – mixed logit

	Model Mix1		Model Mix2		Model Mix3	
	Mean	SD	Mean	SD	Mean	SD
SQ	−7.285[***]	13.083[***]	−3.392[***]	−7.007[***]	−1.658	11.006[***]
	(2.285)	(2.491)	(0.771)	(1.401)	(1.505)	(2.250)

① These findings were robust to different specifications to how age was treated in the regressions，such as different age group definitions，continuous age variables，etc.

② A mixed logit model based on Model Mix3 with age and income interactions did not converge，and hence we are not able to provide a mixed logit model that corresponds to Model C4.

	Model Mix1		Model Mix2		Model Mix3	
	Mean	SD	Mean	SD	Mean	SD
ΔCold	0.082	0.295***	0.268***	0.446**	0.102	0.354***
	（0.062）	（0.113）	（0.102）	（0.200）	（0.108）	（0.118）
Morbidity	−0.002***	0.002***	−0.002***	−0.003***	−0.001***	−0.002***
	（0.000）	（0.000）	（0.000）	（0.000）	（0.000）	（0.000）
Mortality	−0.007***	0.009***	−0.013***	0.017***	−0.008***	−0.010***
	（0.001）	（0.003）	（0.003）	（0.003）	（0.002）	（0.003）
Cost	−0.018***		−0.040***		−0.027***	
	（0.002）		（0.010）		（0.003）	
SQ×payment					−9.607***	
					（2.370）	
ΔCold×payment					−0.029	
					（0.135）	
Morbidity×payment					−0.000	
					（0.000）	
Mortality×payment					0.001	
					（0.002）	
Cost×payment					0.013***	
					（0.004）	
/het			0.361			
			（0.247）			
N	5 700		5 700		5 700	
Log likelihood	−1 314.42		−1 295.58		−1 282.31	

*** $p<0.01.$ $^{**}p<0.05.$ $^{*}p<0.1$

Note：Standard errors in parentheses.

As explained above，to further examine the effect on preference heterogeneity on our results we also run latent class models. The cost variable was prior to estimation converted to mCost by multiplying Cost with -1，and thus we expect a positive coefficient sign for mCost. The results are given in Table 6. The models are run with two classes since Model L2，i.e. the model with interactions，did not converge for more classes. Both model specifications reveal preference heterogeneity. For instance，in Model L1 we find that the cost variable has an effect on the respondents' choices，but only for class 2 do the risk attributes influence the respondents' decisions. We also find opposite sign for SQ. The results considering class 1 can be interpreted as a group having strong preferences for the status quo alternative and among the attributes they only consider the cost attribute when making their decisions. Moreover，the results from Model L1 also suggest that those who were presented with a tax reallocation are less likely to belong to class 1.

Table 6　Regression results – latent class models

	Model L1		Model L2	
	Class 1	Class 2	Class 1	Class 2
SQ	1.572***	−1.820***	1.657	−0.735
	(0.597)	(0.440)	(1.903)	(0.471)
ΔCold	−0.231	0.059	0.575**	0.106
	(0.178)	(0.047)	(0.256)	(0.065)
Morbidity	0.000	−0.001***	−0.001	−0.001***
	(0.000)	(0.000)	(0.001)	(0.000)
Mortality	0.004	−0.005***	−0.006	−0.006***
	(0.004)	(0.001)	(0.009)	(0.001)
mCost	0.023**	0.012***	0.519***	0.018***
	(0.009)	(0.002)	(0.161)	(0.003)
SQ×payment			−0.419	−1.790**
			(2.048)	(0.754)
ΔCold×payment			−1.022***	−0.053
			(0.388)	(0.091)
Morbidity×payment			0.000	0.000
			(0.001)	(0.000)
Mortality×payment			0.008	0.001
			(0.010)	(0.002)
mCost×payment			−0.504***	−0.008**
			(0.161)	(0.004)
Prob (1)　Payment	−1.533***			
	(0.252)			
Constant	−0.578***		−1.257***	
	(0.141)		(0.111)	
N	5 700		5 700	
Log likelihood	−1 326.05		−1 323.36	

*** $p < 0.01$. ** $p < 0.05$. * $p < 0.1$

Note: Standard errors in parentheses.

In Model L2, we find that the class that takes into account the cost and risk attributes, i.e. class 2, provide the same qualitative results are the conditional logit and mixed logit models with interactions. For instance, the interactions terms suggest that those being presented with the tax reallocation scenario are less likely to choose the status quo scenario and that the cost attribute has a smaller effect on the choices of this group. Moreover, taking into account the class membership probabilities the mean SQ coefficient will be negative. This is in line with the findings for the models in Table 5. Hence, the results suggest that when allowing for preference heterogeneity the SQ coefficient change from positive to negative. Overall，given the results from the latent class models，which suggest that there is not a smooth distribution of preferences，as assumed in the models of Table 5，our preferred models are the latent class models.

In Table 7，the estimates of VSL and VSI based on the results from Tables 4-6 are shown. Comparing the different model specification we find that the levels of VSL and VSI are robust. The only exception is the mixed logit with scale（Model Mix2）which produces lower values than the other specifications. Examining the effect from the different payment regimes show that the tax reallocation regimes produces VSL and VSI that are between 45%～63% and 83%～136% higher than with a new tax，with the largest differences found in the mixed logit specification. However，we only find statistically significant difference for VSI. Our preferred model is，as explained，the latent class model. The VSL and VSI from this model are RMB 5.24 million and RMB 1.13 million，which correspond to US\$ 774 000 and US\$ 167 000. Comparing the VSL with the values from Table 1，we see that the value is generally higher than the estimates from the previous studies. One plausible explanation is the wealth increase in China during recent years. Another may be the increased public awareness of air pollution and health effects in China.

Table 7　VSL and VSI estimates（million RMB）

| | | Conditional logit | | Mixed logit | | |
		Standard	Scale	Standard	Scale	Latent class
Pooled	VSL	4.53	5.04	4.72	3.80	5.24
		（2.91～6.14）	（3.03～7.05）	（3.19～6.24）	（2.56～5.03）	（3.51～6.98）
	VSI	1.04	1.21	1.01	0.49	1.13
		（0.84～1.25）	（0.94～1.48）	（0.79～1.23）	（0.25～0.73）	（0.85～1.41）
New tax	VSL	3.54		3.63		4.18
		（1.70～5.38）		（2.00～5.28）		（2.24～6.13）
	VSI	0.71		0.61		0.79
		（0.50～0.92）		（0.38～0.83）		（0.55～1.04）
Tax reallocation	VSL	5.51		5.90		6.06
		（2.89～8.33）		（3.22～8.59）		（3.22～8.90）
	VSI	1.34		1.44		1.44
		（0.96～1.72）		（1.00～1.89）		（0.90～1.99）

Notes：Confidence intervals calculated with delta method.

Scale refers to model controlling for scale heterogeneity（Models C2 and Mix2）.

Latent class estimated for class when risk and cost attributes statistically significant.

US\$ 1 = RMB 6.77（stats.oecd.org，10 September 2012）.

Table 8 provides VSL and VSI estimates for the different age groups based on Model C4 in Table 4. Both VSL and VSI are increasing with age. However，differences in estimates are small and they are not statistically significantly different. Hence，based on the estimates we do not find any support for any age relationship.

Table 8　VSL and VSI estimates based on age groups（million RMB）

| | | Model C4 | |
		VSL	VSI
New tax	Age<35	2.65	0.51
		（0.67~4.64）	（0.30~0.72）
	Age35~54	2.74	0.62
		（0.53~4.94）	（0.38~0.87）
	Age>54	3.87	0.74
		（1.57~6.16）	（0.48~1.01）

Notes：Confidence intervals calculated with delta method.

Evaluated at the population mean of personal income in Table 3.

US$ 1 = RMB 6.77（stats.oecd.org，10 September 2012）.

6.　Discussion and conclusions

This study reports the results from a DCE conducted in Beijing，China. The aim and the objectives of the study were to elicit monetary values for VSL and VSI that can be considered for policy purposes in China，and to examine how different payment regimes influence WTP and whether WTP is age-dependent.

Our preferred VSL from our analyses，i.e. RMB 5.24 million（US$ 774 000），is significantly higher than the estimates from the previous Chinese air-pollution studies reported in Table 1. As explained，the plausible reasons may be the wealth increase that has taken place in China during recent years which we expect would increase individuals' WTP to reduce health risks，as well as the increased public awareness of air pollution and its health effects in China. Concerning our preferred VSI，i.e. RMB 1.13 million（US$ 167 000），since our health effects differ from the effects in the other Chinese studies that also elicited WTP to reduce morbidity risk no comparison is informative. Differences in values may be a result of the different effects examined.

Adjusting benefit values for environmental policies or programs to take into account age differences is controversial, but from an efficiency point of view the values should be differentiated if the theoretical and empirical evidence suggest that they differ. Based on both theoretical and empirical evidence, including the empirical evidence from China, the relationship between VSL and age can still be considered ambiguous, which motivated one of the research questions of this study. Based on our analysis we found no evidence of any age relationship for VSL or VSI. Hence, the results from this study together with the mixed evidence from previous Chinese findings suggest that there is no need to differentiate VSL and VSI according to age in China.

Bergstrom et al. (2004) explained that there is no theoretical prediction whether one should be larger than the other, but when examining how the different payment vehicles influence respondents' WTP in our study we found that the VSL with the tax reallocation was 45%～63% higher than with the new tax, a relationship almost identical to the findings in Nunes and Travis (2009) for rail noise abatement, and that it for VSI was 83%～136% higher. Nunes and Travis used, as we did, DCE, which was also used in Swallow and McGonagle (2006) who found a 3.5 ratio between the two payment vehicles. All these findings are very different from the empirical analysis in Bergstrom et al. (2004) where they found the WTP to be 18 times higher for the tax reallocation scenario. A difference between Bergstrom and co-workers and the other three studies is that Bergstrom and co-workers conducted a CV study. CV and DCE studies both have their strengths and weaknesses, but one strength of the CV method is that the scenario description is relatively simplistic. The CV asks the respondents a direct question about how much he/she is willing to pay, or alternatively whether he/she is willing to buy (or vote yes to a program) the good for a given price (or cost of a program), whereas the DCE require the respondents to choose between different bundles of goods. This more simplistic approach may not be optimal if a tax reallocation is going to be used, since it may trigger a perception of a non-zero opportunity cost of the reallocation. The DCE scenario may be preferred since respondents are choosing between different programs, which resemble many policy situations, and it mitigates the risk that respondents' perceive the tax reallocation as a "zero cost" regime. However, as shown in our study, and in Swallow and McGonagle (2006) and Nunes and Travis (2009), it is not eliminated since results between the payment vehicles differ.

Our regression analyses showed that the type of payment influenced respondents' choices which resulted in different VSL and VSI for the different payment groups. However，only for VSI did we find statistically significantly difference. This could suggest that respondents perceive that also the tax reallocation scheme will cost them something，i.e. they have to give up some other good provided by the government. However，some caveats should be raised. Concerning the monetary values elicited，since it is a public good it is not sure whether respondents only considered their own health or also stated altruistic motives，for instance towards other family members. This aspect was not possible to examine within the design of the survey in this study. Concerning the relatively small difference in estimated values between the two tax designs，it is possible that respondents in DCE studies focus on the level of the cost of the program，ignoring the payment vehicle format. This could explain the smaller difference found in DCE compared with CV studies. However，we do find that the type of payment vehicle had an effect on respondents' choices in our regression analyses，which would support that respondents do take into account which type of payment vehicle they were presented with when making their decisions.

We have in this study found estimates of VSL and VSI that are robust between elicitation models and seem reliable when comparing them with previous Chinese findings. We believe that we have contributed important findings to the areas of health risk valuation in China，the payment vehicle format's effect on WTP，and the VSL-age relationship，but there is still room for further research on these topics.

Notes

1. For the full description of the models，see Bergstrom，Boyle，and Yabe（2004）.

2. For instance，Swallow and McGonagle（2006）assumed that each respondent "interprets the use of [reallocations] as being drawn from all publicly provided goods in proportion to their existing share of the public budget"（59）.

3. Here，the opportunity cost indicates which part（s）of the existing tax resources that will be reallocated，e.g. reducing funding for health，education，transport，etc.，in order to increase the quantity provided of the good defined in the survey.

4. For a more detailed description see，e.g.，Johansson（2002）.

5. Either face-to-face in individuals' homes or a web-based survey based on stratified sampling would have been preferred modes in most contexts. However，we were concerned about the representativeness of the sample using these modes（e.g. a very low internet penetration at the time of the survey in China and also the

low response rate of mail surveys）. Moreover，it would have been hard to obtain authorization to conduct in home interviews based on a random or a stratified sample from the Beijing authorities，and most of the Chinese people do not like being interviewed at home by strangers due to cultural reasons and also for security reasons.

6. There is evidence that individuals have difficulties understanding small probabilities，but that visual aids can help them understand（Corso，Hammitt，and Graham 2001）.

7. To clarify，this morbidity risk was not based on self-reported baseline levels and in the survey design Morbidity and the risk changes in ΔCold are orthogonal.

8. To construct the choice sets，the SAS program was used.

9. See Fiebig et al.（2010）and Hole（2008）for descriptions of these models.

10. Stata was used to run the regressions. For cases 2，3，and 4，we used the commands clogithet（http：// econpapers.repec.org/software/bocbocode/s456 737.htm），mixlogit（Hole，2007），and GMNL（Gu，Hole，and Knox 2013）.

11. Latent class models have，for instance，been used in DCE to examine non-attendance to attributes（e.g. Campbell，Hensher，and Scarpa 2011）.

12. The scoring system was created prior to the interviews being conducted. After the data had been collected，a random control was conducted by one of the involved researchers and for all checked observations no evidence was found suggesting that the scoring system did not serve its purpose.

13. These findings were robust to different specifications to how age was treated in the regressions，such as different age group definitions，continuous age variables，etc.

14. A mixed logit model based on Model Mix3 with age and income interactions did not converge，and hence we are not able to provide a mixed logit model that corresponds to Model C4.

第八篇

国际环境政策

关于《世界环境公约》的影响分析与应对策略①

赵子君 俞 海 刘 越 林 昀

摘 要 2018 年 5 月联合国大会通过了研究建立《世界环境公约》框架的决议。本文基于现有公约草案文本，结合当前国际形势，分析公约对全球环境治理体系的可能影响包括：一是重新整合多边进程，促进全球环境体系秩序加强；二是有序区分共同责任，推动责任划分动态转变；三是推动公民"环境权"普遍生效，促进全社会共同参与。公约对我国环境治理进程的可能机遇包括：一是有助于增强我国在全球环境治理体系中的领导力与话语权；二是有助于推动提升我国环境治理体系现代化和国际化水平；三是有助于识别我国生态环保工作的优先领域，助力打好污染防治攻坚战。但另一方面，也意味着我国在环境治理方面约束增加、义务增强、挑战增多：一是各利益集团诉求分散，我国将面临较大的国际环境谈判压力；二是我国生态环保格局与全球环境治理关注的优先领域存在一定差异；三是公约实施将对我国环境治理能力提出更高要求。建议：一是进一步强化我国环境外交立场，争取国家利益最大化；二是加强能力建设，增强我国对公约适应能力；三是科学设立自主贡献目标，主动介入全球治理体系规则构建；四是积极跟进公约进程，加快开展政策研判。

关键词 《世界环境公约》 中国环境治理进程 国际形势

2018 年 5 月 11 日，联合国大会通过了"迈向《世界环境公约》"（Towards a Global Pact for the Environment）的决议（文号 A/72/ L.51），确定将研究建立《世界环境公约》框架。该决议由法国提交，71 个代表团发起，致力于解决可持续发展背景下环境恶化带来的挑战。尽管决议遭到包括美国和俄罗斯在内的国家反对，但最终该决议仍以 143 票赞成、5 票反对（菲律宾、俄罗斯联邦、叙利亚、土耳其和美国）、7 票弃权（白俄罗斯、伊朗、马来西亚、尼加拉瓜、尼日利亚、沙特阿拉伯和塔吉克斯坦）的压倒性胜利通过。下一步，各成员国将针对决议草案内容进行磋商谈判。

---

① 原文刊登于《环境与可持续发展》2018 年第 5 期。

一、背景及历程

2015 年气候变化巴黎大会之后，法国法律界人士一致希望能在全球有效实施《巴黎协定》和联合国可持续发展目标。建立《世界环境公约》（以下简称公约）的构想由法国宪法委员会主席洛朗·法比尤斯（曾任 2015 年巴黎气候变化大会主席）于 2016 年首倡。公约的起草由法国顶尖智库"法学家俱乐部"（The Club des Juristes）发起，来自全球近 40 个国家 80 多名法学专家（包括中国专家）参与了起草工作。现将公约制定的重要时间节点梳理如下：

2017 年 6 月 24 日，法国宪法委员会主席洛朗·法比尤斯向法国总统马克龙提交公约草案；

2017 年 9 月 19 日，法国在第 72 届联合国大会部长会议周之际举办《世界环境公约》主题峰会，总统马克龙正式将公约草案提交至联合国，中国、印度、埃及、波兰、毛利、玻利维亚、斐济、加蓬等国在第一时间明确表达了对公约的支持；

2018 年 5 月 11 日，联合国大会通过制定《世界环境公约》的决议，确定将开启谈判。

根据决议内容，联合国秘书长古特雷斯将在 2018 年 9 月第 73 届联合国大会会议期间提交一份技术报告，确定并评估现有国际环境法和与环境有关的文书之间可能存在的差距，并提出相应解决方案。同时，将成立一个特设工作组，重点对报告进行审议并讨论相关解决方案。该工作组将分别从发展中国家和发达国家选举两名主席，负责对公约进行监督和磋商。决议还提请设立相关信托基金支持公约实施，并邀请所有成员国和相关机构自愿捐资。此外，决议还提出将设立特别信托基金，以协助发展中国家、最不发达国家、内陆发展中国家和小岛屿发展中国家参与工作组进程。工作组预计在 2019 年上半年向大会提请建议[1]。

二、公约性质和内容分析

从 2017 年下半年法国提交联合国的公约草案版本[2]来看，公约共包含 26 项条款，其中前 20 条为"环境权"原则性条款，后 6 条为公约的组织实施性条款。在前 20 项条款中，公约首先确立了公民享受健康生态环境的权利，强调了保护环境的义务，同时呼吁公共政策的制定应有利于可持续发展，有关环境的决议也应充分考虑后代人满足其需求的能力，重申了"预防"原则、"审慎原则"，强调人类对环境造成的损害必须得到修复，以及"谁污染谁付费" 原则、"公众知情权"和"公众参与""获得环境司法保障的权利""共同但有区别的责任"原则等，还包括教育与培训、研究与创新的重要意义，并强调了环境标准的有效性以及非国家行为主体和国家内机构（如民间社会、经济主体等）的重要角色等。从公约内容来说，公约从原则性的角度将"环境权"的各项原则进行了统一整合，明确规定了环境保护的各项基本理念。

公约被国际社会称作《巴黎协定》的"加强版"，比《巴黎协定》内容更深，范围更广。它旨在通过确立环境保护的基本原则，巩固全球环境治理的框架，改善当前国际环境法碎片化和缺乏约束力的局面，促进国际环境机制的强化。其目标是成为一项法律约束性文件，通过联合国相关机构的支持，打造新世纪的国际法。公约一旦生效，将对缔约国产生法律约束力。

公约最大的亮点在于"环境权"[①]的提出，将致力于推进"环境权"产生国际法律效力。一旦最终建立，公约将会是联合国继1966年《经济、社会和文化权利国际公约》与《公民权利和政治后权利国际公约》（人权两公约）后通过的第三份综合性世界公约，"环境权"也将首次在各成员国及国际层面产生法律效力，成为地球公民的第三种基本权利[3]（前两种基本权利分别为：经济、社会及文化权利；公民权利和政治权利）。另外，公约的原则较宽泛，仅代表一个开端，其真正落实需要各国依据各自国内现有法律体系，将其转换为国内适用的法律或政策并各自实施。

从公约草案的现有内容来看：

第一，既确定了享受健康生态环境的权利，也规定了保护环境的义务。公约在提出"环境权"的同时，也提出"任何国家或国际机构、法人或自然人、公司，都有保护环境的义务。为此，每个人都要在自己的层面为保护、维持和修复完整的地球生态系统做出贡献"[②]。将公民享受健康生态环境的权利与保护环境的义务密切相连，明确世界所有公民既是享受健康生态环境权利的主体，同时也是履行环境保护义务的主体，从新的角度阐释了享受健康生态环境与保护环境之间的关系，不仅要求公民增强权利观念、维护环境权利，同时要求增强义务观念、积极履行环保义务。

第二，既充分给予各缔约方灵活性，又建立监督机制保障公约实施。公约强调了"共同但有区别的责任"原则，明确不同国家应在自己能力允许的范围内承担责任[③]，这种较为宽泛的原则在实施路径方面赋予了缔约方足够的灵活性和可操作性。另外，为更好敦促各方履行自主承诺，实现长期目标，将建立一个独立的专家委员会以监督公约实施，并规定在专家委员会开始履行职能起两年后，缔约方须在期限内（最长四年）向专家委

---

① 即"所有人都有权生活在一个能保证其健康、幸福、尊严、文化需求和自我发展的健康生态环境中"。
② 参见公约第二条："保护环境的义务"。
③ 参见公约草案第二十条："各国情况多样"。

员会汇报各自在公约实施中取得的进展①。同时，公约明确了"不后退"的原则②，即各国自主承诺目标必须在承诺期内完成，并且每一次自主贡献的目标要高于之前，以确保各方行动力度不断加强。

第三，继续强化建立全球合作伙伴关系，促进各方建立互信并开展合作。公约在强调各成员国充分参与的基础上进一步加强，鼓励由非国家行为主体和国内机构（包括民间社会、经济主体、城市和地区等）保证公约的具体实施③，确保各利益攸关方能够更准确了解全球公约进展，发挥各自重要作用，充分识别合作契机。

三、对全球环境治理体系及我国的可能影响

当前国际形势正发生深刻复杂变化，世界多极化、经济全球化深入发展，多边主义不断受到冲击，国际格局和力量对比处于发展演变的重要关头，全球环境治理格局面临新的形势与挑战。公约的建立无疑会对全球环境治理体系和我国环境治理进程产生重要影响。

（一）对全球环境治理体系的可能影响

尽管签署《巴黎协定》意味着国际社会在共同应对气候变化问题方面取得了历史性进步，但在全球环境治理体系方面，现实挑战依然严峻。目前，跟环境有关的国际公约大大小小加起来有超过500个，但还没有一个国际性条约能够把环境权的各项原则进行统一整合，公约在致力于实现这一目标的同时，对全球环境治理体系的可能影响如下：

一是重新整合多边进程，促进全球环境体系秩序加强。一方面，联合国大会上顺利通过建立公约的决议体现了各方愿意深化合作、凝聚共识的意愿，公约正式签署后将通过国际法律约束对各缔约方施加压力，加强全球环境体系秩序，促使各缔约方加快履行相关程序；另一方面，由于当前国际环境立法碎片化趋势明显，公约有助于营造积极的谈判环境，推动各方在推进全球环境体系方面重新整合、增强承诺，提升相关国际环境公约的执行效率，进一步强化协商、达成共识。

二是有序区分共同责任，推动责任划分动态转变。公约通过重申"共同但有区别的责任"原则，明确各缔约方在自己能力允许的范围内承担责任，但同时要求这种共同但有区别的责任有理可依、有据可循。虽然《巴黎协定》确立了2020年以后以"国家自

---

① 参见公约草案第二十一条："本公约实施的监督"。
② 参见公约草案第十七条："不后退"。
③ 参见公约草案第十四条："非国家行为主体和国家内机构扮演的角色"。

主贡献"为主体的、"自下而上"的国际应对气候变化机制安排（即不再为发展中国家规定硬性目标，而是由各国根据自己的经济发展水平提出自主承诺）[4]，平衡反映了各方关切，但近年来西方发达国家往往选择性遗忘发达国家在过去发展过程中污染的大量排放和对环境的损害，不断强调"共同责任"，模糊或忽视"有区别的责任"，要求发展中国家（特别是新兴经济体国家）承担更多全球环境治理责任。公约将对"共同但有区别的责任"原则重新法律化，从国际法律的角度重新诠释"共同但有区别的责任"，促使各缔约方的责任划分原则向"历史责任+现实责任+经济能力"的动态转变[5]。

三是推动公民"环境权"普遍生效，促进全社会共同参与。公约通过向国际社会释放明确信号，推动缔约方鼓励社会各界积极参与行动。公约要求各缔约方进一步鼓励公众参与公共部门对有可能对环境造成重大负面影响的决议、措施、计划、方案、活动、政策和标准的制定的各个阶段，并定期汇报落实公约的进展。另外，公约确立的公众参与框架，不仅要求政府采取积极行动，更强调全社会的环境贡献。

（二）对我国环境治理进程可能带来的影响

近年来，中国在国际环境舞台外交势头活跃，尤其是在生态文明建设和绿色"一带一路"等先进理念的引领下，环境外交稳步发展。党的十九大报告明确指出，明确中国特色大国外交要推动构建新型国际关系，推动构建人类命运共同体。建立公约可能对我国环境治理进程带来如下机遇：

一是有助于增强我国在全球环境治理体系中的领导力与话语权。近年来，长期占据国际政治权力格局顶端的美国、俄罗斯等发达国家由于受经济下行和政治不稳定等因素影响，西方国家主导的现行全球治理体系和治理思路明显难以适应全球治理新形势。另外，作为全球最大的发展中国家和世界第二大经济体，中国承担着为世界发展中国家发声的重要责任。随着中国积极支持参与全球环境治理进程，秉持创新、协调、绿色、开放、共享的发展理念，积极倡导绿色、低碳、循环、可持续的生产生活方式，大力推进生态文明建设，国际社会对中国的信任与期待不断增强。同时，中国通过建立"一带一路"绿色发展国际联盟、大力加强中非战略合作等有力举措，积极团结发展中国家力量，不断强化发展中国家共识。近年来为我发声、成我同盟的发展中国家数量不断增多，合作力度不断加大。毫无疑问，在全球环境治理领域，中国已成为举足轻重的领导力量之一。因此，中国积极加入并支持该公约，有助于与其他国家（特别是发展中国家）达成更大凝聚共识，进一步强化对多边主义的支持。通过积极支持国际环境公约占据道德制高点，发挥国际道义优势，提升话语权，服务总体外交格局，充分发挥我负责任大国的示范引领作用。

二是有助于推动提升我国环境治理体系现代化和国际化水平。根据现有草案，公约将成为一项法律约束性文件，为国际环境法奠定基础。公约一旦正式生效，将对缔约国产生法律约束力。公约将为我国统筹国内环境治理体系提供外部制度参考，有助于我国参照新的国际环境法体系要求，进一步推动我国环境治理体系在理念、主体、目标、体制、机制、法规、政策、标准、监管、国内外统筹等各个方面，推动环境管理体系和制度完善，进一步提升现代化和国际化水平，建立一套科学合理、统一高效的、与我国生态环境质量改善目标和国际先进要求相匹配的环境治理体系。

三是有助于识别我国生态环保工作的优先领域，助力打好污染防治攻坚战。党的十九大确定了建设生态文明和美丽中国的总体部署。全国生态环境保护大会对于打好污染防治攻坚战提出了明确的目标和任务要求。这些部署、目标和任务不仅是为了解决我国自身的生态环境问题，也是推动建设美丽清洁世界的巨大贡献。我国加入公约，积极开展全球相关生态环境政策、技术、最佳实践方面的分享交流，一方面在公约框架下，能够更好地识别我国生态环保工作具体优先领域和行动方向，助力我国打好污染防治攻坚战；另一方面也可将我国污染防治攻坚战以及生态文明建设的最佳实践通过公约平台推广到全球特别是发展中国家，为共谋全球生态文明建设发挥更多参与者、贡献者和引领者作用。

虽然加入公约能为我国带来一定的机遇优势，但也意味着我国在环境治理方面约束增加、义务增强、挑战增多：

一是各利益集团诉求分散，我国将面临较大的国家环境谈判压力。虽然公约致力于解决或填补当前国际环境立法碎片化局面，但由于欧盟力图充当公约的主导者和推动者，美国、俄罗斯等发达国家对公约持消极态度，发展中国家则大多能力不足、有心无力，各国的环境立场分化问题十分明显。可以看出，公约暂时无法彻底解决当前国际环境背景下的多方利益诉求分散问题。加之近年来世界经济增长乏力，而我国在高速发展过程中能源消耗与碳排放长居高位，国际社会对我国环境污染和碳排放十分关注，往往忽略我国仍是发展中国家的客观事实，敦促中国在全球环境问题和碳减排方面承担更多责任、履行更多义务。国际环境利益集团的碎片化趋势增加了凝聚共识的难度，环境问题一旦上升到国际政治高度，后续谈判压力将进一步加大。必须严防环境问题政治化趋势，避免其他国家借此向中国提出质疑和责难。

二是我国生态环保格局与全球环境治理关注的优先领域存在一定差异。由于国际社会对环境问题的界定范围较广，不仅包括污染防治，还包含气候变化、海洋污染、人类健康、自然灾害，甚至性别平等多个方面，且公约草案在第三条"政策的制定与可持续发展"中也特别强调了气候变化应对、海洋保护和生物多样性保护的相关内容①。虽然我国 2018 年国务院机构改革方案迎来了贯通生态保护与污染治理的"大环保"格局，新组建的生态环境部实现了"五个打通"，解决了我国生态环境保护工作的职责交义重复问题，将气候变化和海洋环境保护问题进行了统一监督管理，为顺利实现国际环境目标创造了良好的内部条件。另外，新纳入的职能亟待及时有效适应全球环境关切，相关管理体制机制仍需全面完善。例如，在海洋环境保护方面，国际社会、联合国环境规划署反复强调塑料污染对海洋生态环境的危害，呼吁减少塑料制品使用，联合国环境规划署还将 2018 年世界环境日的主题定为"塑战速决"（Beat Plastic Pollution）。虽然我国早在 2008 年就开始实行"限塑令"，塑料袋的使用量有了一定下降，但由于公众的使用习惯难以转变、外卖快递等新业态的飞速发展等种种原因，一次性塑料制品"禁而难绝"，塑料袋的生产和使用缺乏相关权力部门对其进行有效的监督管理，资源环境的压力进一步加剧。

三是公约实施将对我国环境治理能力提出更高要求。中国作为全球可持续发展理念与行动的坚定支持者和实践者，坚持探索具有中国特色的可持续发展道路。虽然近年来我国在生态环境保护、污染防治等方面付诸了不懈努力，大气、水、土壤三大污染防治行动计划的出台和实施为污染防治工作奠定了良好的基础，但由于当前我国的经济增长处在转变发展方式、优化经济结构、转换增长动力的攻关期，生态文明建设也正处于压力叠加、负重前行的关键期，高质量发展基础薄弱，要切实履行公约，必须尽快实现高质量发展的转变，大幅提升环境治理能力与水平。

四、对策与建议

在 2017 年 9 月《世界环境公约》主题峰会上，王毅外长即表达了对公约的支持态度，并指出，推进国际环境治理合作，包括讨论制定公约应统筹考虑各方利益，做到"四个坚持"②。为推动形成一项非强制约束性的、基于"共同而有区别的责任"原则、以各国自主贡献和自我能力为基础、尊重国家环境资源主权、充分反映各方共识的公约，在"四个坚持"的基础上，结合当前国际情势和我国实际国情，现提出如下对策建议：

一是进一步强化我国环境外交立场，争取国家利益最大化。优化全球环境治理伙伴关系，加强生态环保南南合作，推动国际"一带一路"绿色发展联盟实质运行，支持鼓

①　参见公约草案第三条："政策的制定与可持续发展"。
②　一是要坚持在可持续发展框架内讨论环境问题；二是要坚持"共同但有区别的责任"原则；三是要坚持环境资源国家主权原则；四是要坚持发展中国家的充分参与。

励发展中国家积极参与公约进程，提高发展中国家的代表性和发言权。坚持并强调"共同但有区别的责任"原则，与其他发展中国家共同呼吁国际社会充分考虑各国不同的发展阶段和现实需求，以公平、公正的方式分配全球环境治理责任。另一方面，敦促发达国家积极履行公约"各国情况多样"条款，在国际层面开展知识分享与技术支持，消除技术壁垒，与发展中国家共同探索生态环境与经济社会协调发展的成功范式，推动发达国家与发展中国家在科学和政策方面的互动交流，实现优势互补。

二是加强能力建设，增强我国对公约适应能力。公约作为一种中长期制度安排，将贯穿我国实现高质量发展转变的关键时期。必须挖掘自身内在潜力，大力推进生态文明建设，积极落实全国生态环境保护大会确定的工作目标，打好打胜污染防治攻坚战，加快推动经济发展绿色转型，加快改革完善生态环境治理体系，提高我国对公约的内部适应能力。

三是科学设立自主贡献目标，主动介入全球治理体系规则构建。公约为我国参与全球环境治理体系的重构提供了良好契机，中国作为世界上最大的发展中国家，必须积极介入国际环境法和全球治理体系规则的构建，彰显我国负责任的大国形象。建议结合我国经济社会发展水平和实施能力，在"共同但有区别的责任""不后退"等原则的基础上，科学设立我国国家自主贡献目标，并积极配合公约专家委员会的跟进和监督，向国际社会展示我国应对环境问题的巨大决心和责任担当的可靠态度，帮助我国继续发挥全球生态文明建设的参与者、贡献者、引领者作用。

四是主动跟进公约进程，加快开展政策研判。由于公约草案目前仍是初步文本，存在一定的不确定性。须要紧盯美俄等国的相关表态，关注"环境权"及其他条款的相关表述，坚决维护国家主权，警惕并预防"环境权"的提出为他国干预我国内政制造理论依据，避免公约对我国带来不利影响。在最终文本尚未确定的情况下，应持续跟踪、关注公约进程，针对国际环境法和公约实质内容加快开展分析研判，识别其中可能存在的对我国经济社会环境发展的风险，建立相关的政策标准体系或行动计划，积极应对国际环境利益集团立场分散化等挑战，加快相关工作部署，建立必要应对机制，确立应对方案，为后续工作提前做好战略准备。

参考文献

[1] Global Pact for the Environment[EB/OL]. http://pactenvironment.org/en/.

[2] 中国生物多样性保护与绿色发展基金会. 《世界环境公约》（草案）全文（中英文对照）[EB/OL].
     http://www.cbcgdf.org/NewsShow/4854/5197.html.

[3] 中国生物多样性保护与绿色发展基金会. 比较中法环境法律，思考"自下而上"社会治理模式的

全球趋势[EB/OL]. http：//www.cbcgdf.org/NewsShow/4937/3972.html.

[4]　李涛. 论《巴黎协定》法律效力及对我国立法的影响[J]. 黑龙江省政法管理干部学院学报，2017
　　（1）：100-103.

[5]　李慧明，李彦文. "共同但有区别的责任"原则在《巴黎协定》中的演变及其影响[J]. 阅江学刊，
　　2017，9（5）：26-36.

特朗普执政一年的环保答卷及对中美环境合作的影响分析①

李媛媛　黄新皓　姜欢欢　李丽平

摘　要　特朗普执政一年，美国环境政策不断经历浩劫。从大选开始，他就不断向环境"宣战"；上任后，更是快马加鞭的兑现大选期间的承诺。此举在美国国内外引起了极大轰动和热议。我们认为，特朗普关注环保，但当影响到经济发展和能源独立等核心问题时，环保仍需被迫"让路"。总体来看，特朗普执政下的美国环境政策的走向不会逆转，其相关环境政策主张不会改变，但由于受联邦体制、司法体系和国际规则等方面的制约，特朗普并非能在所有主张上如愿，相关进程也会受到一定程度的影响。

为此建议新形势下，战略上，中美环境合作应积极主动服务于总体外交，战术上，中美环境合作应对美国实行选票交易政策（side payment），"投其所好"。具体对策建议：一是加强对特朗普政府环境政策的跟踪研究；二是在全球治理层面，继续坚定不移地履行我国有关国际承诺，与美国开展对话；三是积极引领中美环境合作，拓展合作领域和渠道。

关键词　美国　特朗普　环保　中美环境合作

2017 年 1 月 20 日，唐纳德·特朗普正式宣誓就职，成为美国第 45 任总统。特朗普执政一年间，美国政府的环境管理动态成为全球关注的焦点。因此，有必要梳理特朗普执政后的美国环境新政并分析其影响，提出应对措施。

一、特朗普执政后的美国环境新政

从就职演讲开始，特朗普就一直强调"美国优先"（America First）的理念，上任当天即发布了围绕美国优先论的六位一体治国理政方针，涉及能源、外交、就业、军事、

---

① 原文刊登于《中国环境战略与政策研究专报》2018 年第 4 期。

法治和贸易六大领域。环境并未被单独列为其中一大领域，而是包括在能源领域之下，提出"保障能源需求必须与担当环境责任齐头并进"。由此，正式开启了特朗普时代美国环境政策改革之路。

在特朗普的政治逻辑中，经济发展有助于增强环境保护①，而经济发展需要来自国内传统能源产业及制造业的复兴。环境保护不能损害经济发展利益，因此，尽管特朗普也强调本届政府仍将致力于提供清洁水和清洁大气，保护森林、湖泊、濒危物种等自然资源，但为了实现经济增长和能源独立两大目标，需要减轻不必要的环境监管负担。

事实上，特朗普政府已经将环境政策从执政的优先选项中去除。如今白宫网站上，以往单独的"环境"页面已被"能源与环境"页面替代。据统计，特朗普政府在环境领域撤销或修改的现有政策法规远远超过其他任何一个领域，具体情况见图1②。

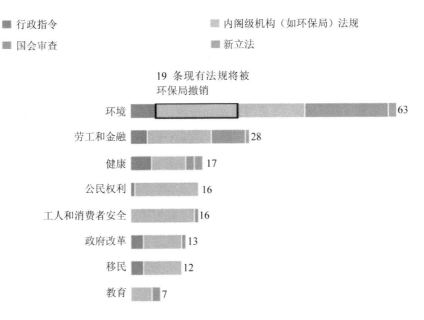

图 1　特朗普政府在各领域所做的政策法规修改

资料来源：美国环保协会北京代表处，斯考特·普鲁伊特（Scott Pruitt）. 如何将美国环保局（EPA）变成特朗普最有力的工具之一？中美环境政策通讯，2018（1）。

---

① White House. Statement from President Donald J. Trump on Earth Day.（2017-04-22），https://www.whitehouse.gov/briefings-statements/statement-president-donald-j-trump-earth-day/.

② Brady Dennis，Juliet Eilperin. How Scott Pruitt turned the EPA into one of Trump's most powerful tools. Washington Post，（2017-12-31）. https://www.washingtonpost.com/national/health-science/under-scott- pruitt-a-year-of-tumult-and-transformation-at-epa/2017/12/26/f93d1262-e017-11e7-8679-a9728984779c_story.html? utm_term=.6bfe35db0b8d.

（一）签署一系列总统行政令，推动环境政策改革

特朗普执政后通过签署一系列总统行政令，开展一系列环境政策改革，为能源独立和经济增长让路。

2017年1月24日，特朗普签署"加快优先发展能源和基础设施项目"行政令[①]，要求简化项目环境审批程序，重启拱心石XL和达科他油气管道建设项目。

2月16日，特朗普签署了第38号国会参众两院联合法规[②]，中止了内务部发布的"河流保护条例"（Stream Protection Rule）。

2月28日，特朗普签署"美国水体"行政令[③]，要求美国国家环保局（EPA）和陆军工程兵团对"清洁水条例"（Clean Water Rule）进行重新审查。

3月28日，特朗普签署"促进能源独立与经济增长"行政令[④]，授权EPA对清洁电力计划（CPP）进行全面审查，重新审视前任政府的气候变化治理议程，并授权所有机构重新审视现行法律法规是否对能源发展产生消极影响。

12月18日，白宫发布2017年《美国国家安全战略报告》[⑤]，指出"过度的环境和基础设施规定阻碍了美国能源贸易和新基础设施项目的开发"。为此，特朗普政府将采取精简监管审批程序、引领创新和高效能源技术等措施，确保"负责任的环境管理"[⑥]。

（二）宣布退出应对全球气候变化的《巴黎协定》

特朗普在上任之后就下令删除白宫网站和EPA网站上气候变化方面的宣传内容，否定了EPA近年来在气候变化领域所取得的成绩，撤销了奥巴马政府应对气候变化的行动倡议。

---

① White House. President Trump Takes Action to Expedite Priority Energy and Infrastructure Projects（2017-01-24）. https://www.whitehouse.gov/briefings-statements/president-trump-takes-action-expedite-priority-energy-infrastructure- projects/.
② Text - H.J.Res.38 - 115th Congress（2017-2018）：Disapproving the rule submitted by the Department of the Interior known as the Stream Protection Rule. https://www.congress.gov/bill/115th-congress/house-joint-resolution/38/text.
③ White House. Presidential Executive Order on Restoring the Rule of Law，Federalism，and Economic Growth by Reviewing the "Waters of the United States" Rule（2017-02-28），https://www.whitehouse.gov/ presidential-actions/presidential-executive-order-restoring-rule-law-federalism-economic-growth-reviewing-waters-united-states-rule/.
④ White House. Presidential Executive Order on Promoting Energy Independence and Economic Growth（2017-03-28）https://www.whitehouse.gov/presidential-actions/presidential-executive-order-promoting-energy-independence-economic-growth/.
⑤ National Security Strategy of the United States of America（2017-12-18）. https://www.whitehouse.gov/wp-content/uploads/2017/12/NSS-Final-12-18-2017-0905.pdf.
⑥ 此举和特朗普一贯的观点和做法较为一致，他认为一些基础设施建设项目环境审批程序太过于繁杂，项目审批机关应遵循法律法规、简化项目环境审核程序、加快环境审批进程。这样的管理才是"负责任的环境管理"。

2017 年 6 月 1 日，特朗普正式宣布美国退出应对全球气候变化的《巴黎协定》，声称该协定耗费了近 3 万亿美元的额外经济产出，减少共计 900 万个工业和制造业工作岗位[1]。此外，特朗普还将气候变化从美国面临的战略威胁名单中"除名"，防止"气候政策继续影响全球能源体系"。

但是，特朗普政府仍然对温室气体减排展现了部分开放态度。在宣布退出《巴黎协定》的演讲中就多次提到要"重新谈判""重新加入"；在国家安全战略中也表示美国仍将"保持在传统污染和温室气体减排方面的全球领导地位"。2018 年年初，特朗普再次表示美国有可能重返《巴黎协定》，重申前提条件是必须按美国意愿重新达成"公平"的协议[2]。

（三）对美国环保局进行重新部署

特朗普执政后对 EPA 的机构定位、工作内容、人事安排和财政预算都进行了重新调整，充分反映了特朗普政府的环境保护改革方向。

2017 年 2 月 17 日，特朗普任命"气候变化怀疑论者"斯考特·普鲁伊特（Scott Pruitt）[3]出任 EPA 局长；2 月 21 日，斯考特·普鲁伊特发表就任以来第一次演讲，提出 EPA 需要将更多的监管权限下移到各州，他相信美国可以保证经济稳步增长的同时确保环境和资源得到应有的保护。

5 月 23 日，特朗普政府 2018 财年预算案[4]正式发布，其中 EPA 预算总额为 56.55 亿美元，较 2017 财年预算水平减少了 26 亿美元，削减了近 1/3，有些项目如气候变化的削减率甚至达到了 100%[5]。若此预算通过，则 EPA 的财政预算将达到近 10 年来的最低水平[6]（图 2）。人员编制方面，EPA 还计划削减 3 805 名员工。据了解，已有 700 多

---

① White House. President Trump Announces U.S. Withdrawal From the Paris Climate Accord（2017-06-01）.https://www. whitehouse.gov/articles/president-trump-announces-u-s-withdrawal-paris-climate-accord/.

② 新华网. 特朗普再提有条件重返《巴黎协定》（2018-01-11）. http：//www.xinhuanet.com/world/2018/01/11/c_1122243078.htm.

③ 斯考特·普鲁伊特自 2011 年起担任俄克拉何马州首席检察官，该州是美国石油、天然气和粮食产量最高的州之一。他曾多次状告 EPA，对 EPA 的法规颇有微辞，认为 EPA 对被监管者施加了太多昂贵、沉重的监管。在自己的社交主页上，斯考特·普鲁伊特很自豪的称自己是"一个反抗美国环保局激进议题的领路人"。此外，他与特朗普一样对气候变化持怀疑态度。他曾公开表示"关于人类活动是否造成了地球变暖这一科学问题还远远没有定论"。

④ White House. Office of Management and Budget. Budget of the U. S. Government - A New Foundation for American Greatness，Fiscal Year 2018（2017-05-23）. https：//www.whitehouse.gov/wp-content/ uploads/2017/ 11/budget.pdf.

⑤ U.S.EPA. FY 2018 EPA Budget in Brief.（2017-05）. https：//www.epa.gov/sites/production/files/2017-05/documents/fy-2018-budget-in-brief.pdf.

⑥ 该预算已经提交国会，还将经参议院投票，目前还未得到最终结果. https://www.epa.gov /planandbudget/fy2018.

名员工在一年内离职①。

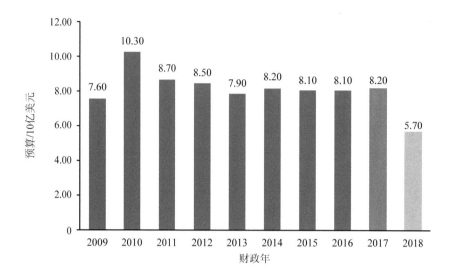

图 2 2009—2018 年美国环保局财政预算

10 月 5 日，EPA 发布起草的《美国环保局战略计划书（2018—2022）》②，明确了 EPA 的基本使命为"保护人类健康和环境"，同时设定三大战略目标③以支持 EPA 切实履行该使命。根据白宫发布的报告④，2017 年 EPA 的工作重点集中在实现能源独立、精简审批程序等方面。

二、特朗普执政后的美国环境主张及动态变化原因分析

通过分析，我们认为，特朗普的环境主张与其在竞选期间相比有所收敛但基本一致，均是为其一再强调的"美国优先"目标服务。归纳而言，他仍然关注环境保护，但当环境政策影响到经济发展和能源安全等核心问题时，仍需被迫"让路"。

---

① 斯考特·普鲁伊特上任之后大幅对 EPA 减员，彻底改革了 EPA 的科学顾问委员会，清除了众多学术研究人员，取而代之的是来自被监管行业和保守州的专家。

② Draft FY 2018-2022 EPA Strategic Plan.（2017-05-10）. https：//www.regulations.gov/docket？D=EPA-HQ-OA-2017-0533.

③ 第一，EPA 的核心任务是向美国民众提供清洁的空气、土地和水资源；第二，通过合作型联邦制（Cooperative Federalism）的方式恢复州政府权利；第三，改进合规程序，推动法治，将 EPA 工作重点重新放在法定义务上。

④ President Donald J. Trump's Year of Regulatory Reform and Environmental Protection at the EPA.（2017-12-04）. https：//www.whitehouse.gov/briefings-statements/president-donald-j-trumps-year-regulatory-reform-environmental-protection-epa/.

（一）特朗普执政后的美国环境主张

1. 反对气候变化立场坚定，消极应对全球环境治理合作

从竞选到执政一周年，特朗普在气候变化问题上的消极立场保持高度一致。在竞选期间就公开宣称气候变化是骗局，执政后更是在气候变化领域"大做文章"，即使表态美国有可能重返《巴黎协定》，其表面上的"回心转意"实际上与宣布退出协定并无本质区别。现有形势下，《巴黎协定》也不可能按美国意愿重现达成特朗普所谓的对美国"公平"的协议，所以特朗普消极应对气候变化的立场短期并不会改变。同时，特朗普力推"美国优先"论，意味着他专注于国内经济、能源等方面的发展，因此在包括全球环境治理在内的各领域对外事务中都可能持相对消极态度。事实上，在全球环境治理层面，美国一直信奉和遵循的原则是维护其主权和重新获得单边行动能力，所以美国在对待全球环境治理的态度上一直是较为消极的。在奉行新保守主义、孤立主义的背景下，特朗普将继续采取战略收缩政策，不愿承担更多的国际义务，特别是对于短期经济利益无益的环境保护义务。

2. 关注优先重点领域的环境保护

虽然特朗普对气候变化持消极态度，甚至被媒体和公众贴上了"反环保"的标签，但不可否认的是特朗普仍关注环境保护。尽管特朗普曾多次对 EPA "开刀"，但并不能表明他全面弱化环境保护。在有限的资源条件下，他将有针对性地解决最优先的重点环境问题。从"优先能源计划"、《美国环保局战略计划书（2018—2020）》可以看出，特朗普仍未忽略传统的清洁水和清洁大气等领域的保护职责。

3. 反对联邦层面过多的环境监管，必要时需为能源与经济发展让路

特朗普执政后发布的一系列行政命令无不表明其重振国内经济、实现能源主导的决心。他认为过去过度的环境监管阻碍了美国能源贸易和基础设施项目的开发，特别是联邦层面的监管过多，未来权力需要"下放"，相关审批程序需要精简。在国家安全战略的指导下，预计未来特朗普政府应该会继续限制 EPA 的权力，弱化其环境管理职能，支持地方经济发展，为能源行业的发展提供更多便利。

（二）特朗普执政后美国环境主张动态变化原因分析

总体来看，特朗普执政一年来的美国环境政策与竞选期间大体一致，究其原因主要有：一是共和党的"小政府"执政理念反对政府过多介入环境事务。特朗普为了延续共和党对他的支持，也一定会贯彻共和党的执政理念，由此不难看出他为何持续对 EPA "开刀"。二是"政客"思维影响。出于维系执政基础的需要，以及"保护"背后的利益集

团和支持者，主要是一些传统能源行业大公司，特朗普政府所制定的包括环境保护在内的相关政策都在极力"迎合"这些行业的利益诉求。

但是，特朗普政府的环境主张与竞选期间相比也有所收敛，竞选期间要求撤销 EPA 的"妄言"并未实现。我们认为，对特朗普政府来说，完全不顾环保问题不是最优方案，相反可能是最差选择。环保是民生问题，如果任由环境污染发展或取消 EPA，则可能受到美国国会以及共和党内部绿色环保人士、反对党、环保组织及民众的强烈反对，进而影响其执政稳定性及连任可能性。另外，特朗普对《巴黎协定》的态度有所反复，但本质是相同的，究其原因无非是为了美国的利益。宣布退出《巴黎协定》是为了兑现竞选时的诺言，之后对协定持开放态度是希望从更现实和实用的角度，改造多边机制，实现美国利益最大化。

三、特朗普政府环境政策的国内外影响

特朗普政府执政以来，进行了一系列的改革，动摇了美国现有的环境保护体系，在美国国内外引起了极大轰动和热议。

（一）特朗普环境政策的国内影响

1. 原有环保体系失位，美国民众健康受潜在威胁

在特朗普的大力改革下，EPA 计划削减大量人员和预算，目前一些关键职位仍有空缺。EPA 局长斯考特·普鲁伊特作为特朗普环境主张的忠实执行者，更是通过各种可能的方式来践行特朗普的主张，其撤销了 EPA 规定的 2 万个石油和天然气公司评估其甲烷（一种强效的温室气体）排放量的要求；无条件接受能源公司的污染管理方案；放宽了对化学品制造商的要求等。目前，特朗普政府的重心依然在"除旧"，在这种情况下，EPA 及以其为中心的整个环保体系短期内将处于无法有效运作的状态。

特朗普政府放松环境管制的行为也会对美国公众健康造成连带伤害。例如，"清洁电力计划"每年可带来避免 3 600 例过早死亡、1 700 例心脏病和 9 万例哮喘病等的健康效益[1]，但被特朗普政府提议废除，且未提出新的替代方案。南德州大学被誉为"环境正义之父"的罗伯特·布拉德教授认为，"如果联邦政府放弃监管，给各州开绿灯，那么污染将更加严重，更多人会因此而生病甚至死亡"[2]。

---

[1] FACT SHEET：Overview of the Clean Power Plan. https：//19january2017snapshot.epa.gov/cleanpowerplan/fact-sheet-overview-clean-power-plan_.html.

[2] Trump's War on the Environment Is a Civil Rights Emergency. http：//www.motherjones.com/environment/2017/11/trumps-war-on-the-environment-is-a-civil-rights-emergency/.

2. 短期经济效益可见，但不可持续

特朗普政府放松环境管制，发展传统能源行业，此举无疑将在短期内获得不小的经济效益，带来更多工作岗位，增加联邦政府财政收入。但是，特朗普政府放松能源管制的直接动机在于复兴煤炭行业。然而，诸多研究表明，美国煤炭行业的衰落是由于天然气价格的下降所致而非政府的环保规定。特朗普政府致力于发展化石能源，本身就存在如何平衡天然气和煤炭发展的内在矛盾，这个问题不解决，便难谈产业复兴。

3. 美国国内阻力巨大，新政推行困难重重

总体来看，美国民主党派、环保组织、公众、EPA 官员等对目前美国的一系列环保政策相当不满。

首先，民众反响强烈。盖洛普咨询公司 2017 年 4 月发布的调查①显示，59%的受访民众认为即使可能存在限制能源供应的风险，环境也应置于能源生产之前被优先考虑；皮尤研究中心 2017 年 5 月做的一项调查②显示，过半受访成年人不认同特朗普推出的各项举措，54%的人认为特朗普在环境保护上的作为甚少。

其次，地方政府和企业是特朗普施政的最大阻力。目前，地方政府层面抵制特朗普环境政策的国内联盟已经形成。其中，加利福尼亚州正成为支持环境保护和清洁能源经济的"领头羊"。加州州长不止一次在公开场合与特朗普"唱反调"，极力支持环境保护。此外，包括苹果、谷歌和微软等在内的许多新兴企业均提出支持新能源发展。这无疑成为阻碍特朗普环境政策实施的一道有力藩篱。

最后，民间团体将继续挑战特朗普的各项政策。目前，特朗普政府的环境政策已经引起环保主义者的强烈担忧和反对，可以预见未来将有更多的诉讼和游说来挑战特朗普政府所做的决定，成为抵制其政策的重要力量。

（二）特朗普环境政策的国际影响

1. 全球领导力和声誉受损

多年来，美国致力于在包括环保在内的所有领域成为全球领先者。在环保领域，美国曾是很多国家学习的榜样。如今，特朗普的许多环境政策在国际上引发了反对声浪。美国宣布退出《巴黎协定》招致各缔约方的不满与反对，多年以来积累的信誉受到严重损害，"不负责任"成为各国对特朗普政府的共识。联合国秘书长古特雷斯曾指出，退

---

① Public Opinion Context for Trump's Environmental Actions. http：//news.gallup.com/opinion/polling-matters/207608/public-opinion-context-trump-environmental-actions.aspx.

② Public Divides Over Environmental Regulation and Energy Policy. http：//www.pewinternet.org/2017/05/16/public-divides-over-environmental-regulation-and-energy-policy/.

出《巴黎协定》将伤害美国的国家安全和经济前景，同时也会削弱美国的全球领导力①。

2. 全球气候治理进程遭受挫折，但仍将继续

美国宣布退出《巴黎协定》最为直接的后果是全球合作的进程和效果都将受到拖累。此外，发达国家 1 000 亿美元的援助承诺也将因美国退出而难以落实。但这并不意味着这一进程将无法推进。一方面，从时间上说，退出程序需到 2020 年才能最终完成，这意味着特朗普首次任期内，美国仍留在协定之中，没有完全退出；另一方面，全球气候治理进程主要依赖于各国的主动参与和自主减排，不会因为美国的退出而得到改变。目前，在各国共同努力下，全球气候治理进程正在有序推进。

3. 双边环境合作可能会减弱，但不会停止

特朗普倡导经济至上理念，其主要目的是发展本国经济。受经费、人员等方面的限制，包括中美环境合作在内的双边环境合作可能会减弱，但绝不会停止。以中美环境合作为例，从当前形势看，合作也已纳入新的中美社会和人文对话中，特别是在绿色港口与船舶、排污许可等领域仍在积极推进，因此并不会轻易停止。此外，特朗普并未表示过停止或拒绝双边环境对话或合作。在特朗普首次访华之行中，包括污水处理公司、环境监测企业及太阳能发电公司等多家环保和新能源企业随行，足见未来双方合作的潜力。

总体来看，特朗普执政下的美国环境政策走向不会逆转，其相关环境政策主张不会改变，但由于受联邦体制、司法体系和国际规则等方面的制约，特朗普并非能在所有主张上如愿，相关进程会受到一定程度的影响。

四、对中美环境合作的影响分析及应对建议

尽管中美政治、经贸关系对环境合作有一定不利影响，但环境合作可以作为"润滑剂"发挥调整两国关系的重要作用。如果想与美国构建符合中国利益的"新型大国关系"，那么中国就亟须增强在两国关系中的引领力。此前中美在气候变化领域的合作对促进两国政治外交大局发挥了极其重要的作用，从特朗普执政一年来的环保政策可以看出，他极力反对气候变化但仍关注环境保护，强调能源安全、经济发展和环境保护的平衡。在此背景下，应推动中美环境合作承担重任，在两国关系中发挥更大的凝聚共识的作用。至少有以下两点作为基础：

第一，中美环境合作是无法回避，必须正视的。除了环境本身的属性决定了环境合

---

① 美国退出《巴黎协定》引发多重不确定性. http://www.sohu.com/a/146401996_115495.

作具有低冲突性和低敏感度的优势以外，中美现在正在开展的投资协定谈判涉及专门环境条款；美国对中国禁止洋垃圾进口的措施有激烈反应；中国很多的企业正在试图进军美国的能源、环保产业及基础设施等市场。这些都需要通过环境合作的方式推动和解决。

第二，中美环境合作是双方的共同需求，符合双方的共同利益，这是中美环境合作的重要物质基础。当前，中国仍然面临水、气、土等环境污染问题，仍然需要借鉴美国经验、学习美国先进管理和技术。美国也同样希望将污染治理技术输出到中国，实现拉动美国经济发展的目的。在贸易投资协定设立环境条款的问题上，中美之间也需要合作，APEC 环境产品清单的达成就是很好的例证。也就是说，双方在各层面和多领域开展环境合作是互利共赢的。

为此新形势下，战略上，中美环境合作应积极主动服务于总体外交；战术上，中美环境合作应对美国实行选票交易政策（side payment），"投其所好"。具体对策如下：

（一）加强对特朗普政府环境政策的跟踪研究

从特朗普执政以来的各项举措来看，其环境政策的一致性较为显著。为此，应当充分认识特朗普政府政策的延续性，对政策本身进行持续和深入的跟踪和分析，抓住内在的行为逻辑和规律，探讨政策选择背后的政治考量，为我国调整双边环保合作的口径和态度提供技术支撑。建议站在更加宏观的高度，对特朗普本人及政府团队加强全方位、系统的了解和研判，将环境政策放置在特朗普政府的整个战略布局中进行研究，更好地理解政策出台的内外背景，就未来可能的政策调整进行前瞻性和战略性的预判。

（二）在全球治理层面，继续坚定不移地履行我国有关国际承诺，与美国开展对话

在全球治理层面，一方面积极、坚定履行原有国际承诺；另一方面也对美方做工作，促其不要放弃国际责任。

关于可持续发展目标领域的合作，无论美方对待 2030 年可持续发展议程态度如何，我国应积极履行 2030 年可持续发展议程中的环境目标，践行《中国落实 2030 年可持续发展议程国别方案》，提出我国进行可持续发展议程的指标体系，影响全球指标体系的完善进程，为全球落实可持续发展议程做出应有贡献。另外，加强与美国在可持续发展议程落实和评估方面的合作。

在气候变化等全球环境治理层面，国际上一直给中国施压，认为中国并未履行其职责以及减排力度不够。特朗普执政后美国在全球治理层面的态度不积极恰恰释放了中国的压力，这对中国而言，特别是对生态环境部而言应该是积极因素。因为现阶段相对于

气候变化而言，污染防治更为优先。为此，建议在气候变化问题上与美国保持密切沟通和对话，积极利用此有利机会，把重点放到水、气、土等污染防治合作上。

关于环境与贸易关系合作，我国应充分利用特朗普重商主义倾向，加强环境合作与双边经贸利益的捆绑，推动环境基础设施合作、新能源开发与利用、传统能源环保技术升级、环境产品开发等项目合作和经贸合作，向世界表达我国推动绿色和低碳发展的决心。另外，积极推动国际贸易中环境条款方面的合作和探讨。

（三）积极引领中美环境合作，拓展合作领域和渠道

一是进一步理顺和创新中美环境合作机制。关于中美能源和环境十年机制，将于2018 年到期，建议静观其变，不积极主动推动，因为美国政府对能源和环境关系的观点是环境要为能源让路，环境的角色只能是衬托。在中美社会和人文对话机制下，要争取更多话语权和影响力，可考虑在中美清洁水行动计划、建立中美绿色船舶和港口工作组等双方都愿意推动的领域，推动务实合作。适情探索和推动建立更高级别的中美环境对话。

二是加强地方层面的环境合作。美国加利福尼亚州、纽约市等地方政府非常支持环保，有与中国开展环境合作的良好基础和意愿。环保部与加利福尼亚州在大气污染防治领域也有合作备忘录。建议在已有基础上，推动上海、广东与加利福尼亚州，深圳和洛杉矶等在机动车、港口与船舶污染防治领域的务实合作。

三是充分利用中美环境政策联合研究中心的平台，开展智库合作和官方交流。由环保部政研中心牵头成立中美环境政策联合研究中心，联合美国环境法研究所、美国环保协会等相关机构，搭建中美智库交流合作平台，形成研究网络，夯实研究基础，开展具体合作，适时推动将中美环境政策联合研究中心纳入中美元首会面成果清单。

附件 1：特朗普执政一年美国环保局工作概要

专栏一　特朗普执政一年美国环保局工作概要

"我们正在停止实施侵入式的环保局法规，这些法规扼杀工作、对家庭农场主和牧场主造成伤害，并如此快速和大幅度地提高能源价格。"

——唐纳德·J. 特朗普总统[①]

2017 年 12 月 14 日，特朗普政府在白宫网站上发布了一年来 EPA 体制改革及环境保护的工作总结，包括"实现能源独立""废除清洁电力计划""简化超级基金""设立前瞻性解决方案"四个主题。

实现能源独立：特朗普于 3 月 28 日签署"推动能源独立和经济增长"行政令（第 13783 号）[②]，EPA 于 10 月 25 日发布了具体落实该行政令的报告[③]，指出环保局将成立专门小组审查和简化新源审批制度的申请和许可流程，着手精简国家空气质量标准州实施计划的审批程序，评估五大环境法令可能带来的潜在就业影响。

废除清洁电力计划：根据总统行政令确立的能源独立原则，EPA 提出废除奥巴马政府时期的"清洁电力计划"，允许发展美国传统能源，指出该计划限制了对国内能源生产和使用的长期选择权，预计废除该计划将在 2030 年前减少高达 330 亿美元的合规成本。

简化超级基金：EPA 局长斯科特·普鲁伊特于 5 月宣布成立"超级基金特别工作小组"，研究如何精简和改善污染土地清理工作的超级基金计划。该工作小组发布了 42 个详细的建议，旨在实现五个目标：加快清理和整治、强化责任方清理和再利用的责任、鼓励私人投资、促进重建及社区繁荣、吸引合作伙伴和利益相关者参与。

设立前瞻性解决方案：EPA 重新启动了"智慧行业计划"（Smart Sectors Program），采用基于行业的合作模式，利用前瞻性思维方式保护环境，以实现更好的环境效果。负责各个行业的环保局官员将担任环保局的监察专员，通过现场考察、圆桌会议等方式就改善环境的前瞻性方法提出建议，并简化 EPA 的内部运行流程。

[①] President Donald J. Trump's Year of Regulatory Reform and Environmental Protection at the EPA.（2017-12-04）. https：//www.whitehouse.gov/briefings-statements/president-donald-j-trumps-year-regulatory-reform-environmental-protection-epa/.

[②] Presidential Executive Order on Promoting Energy Independence and Economic Growth.（2017-03-28）. https：//www.whitehouse.gov/the-press-office/2017/03/28/presidential-executive-order-promoting-energy-independence-and-economi-1.

[③] U.S. EPA. Final Report on Review of Agency Actions that Potentially Burden the Safe，Efficient Development of Domestic Energy Resources Under Executive Order 13783.（2017-10-25）. https：//www.epa.gov/sites/ production/files/2017-10/documents/eo-13783-final-report-10-25-2017.pdf.

附件 2：2017 年特朗普政府主要的环境政策调整

参考哈佛大学"环境法规反转跟踪器"①，整理特朗普政府 2017 年主要调整的环境政策，如附表 1 所示。

附表 1　2017 年特朗普政府主要调整的环境政策清单

序号	政策法规	相关机构	当前状态				
			废除/否决	修改	延迟	重启/新增	审核中
1	联邦和印第安人领地的水力压裂规定	土地管理局（BLM）	●				
2	公共土地放牧条例	土地管理局（BLM）					●
3	BLM 土地使用规划 2.0	土地管理局（BLM）	●				
4	甲烷废气预防条例	土地管理局（BLM）			●		
5	艾草松鸡保护规定	土地管理局（BLM）林务局（USFS）					●
6	《国家环境政策法》（NEPA）评估的气候指南	环境质量委员会（CEQ）	●				
7	消费品节能标准	能源部（DOE）					●
8	电网研究/弹性定价条例	能源部（DOE）	●				
9	DOI 煤矿租赁暂停规定	内政部（DOI）	●				
10	联邦石油和天然气及印第安煤炭估值改革统一管理条例	内政部（DOI）	●				
11	河流保护条例	内政部（DOI）	●				
12	毒死蜱申请否决规定	内政部（DOI）	●				
13	DOI 监管改革倡议	内政部（DOI）				●	
14	国家名胜古迹区、海洋国家名胜古迹区和海洋保护区规定	内政部（DOI）土地管理局（BLM）商务部（DOC）		●			
15	海上石油和天然气钻井条例和指南	内政部（DOI）海洋与能源管理局（BOEM）安全与环境执法局（BSEE）商务部（DOC）					●

---

① Harvard University. Environmental Regulation Rollback Tracker（2018-01-15）.http：//environment. law.harvard.edu/policy- initiative/regulatory-rollback-tracker/.

序号	政策法规	相关机构	当前状态				
			废除/否决	修改	延迟	重启/新增	审核中
16	石油和天然气甲烷信息收集请求规定	环保局（EPA）	●				
17	新建、改建和重建电厂的温室气体排放绩效标准	环保局（EPA）					●
18	煤灰规定	环保局（EPA）					●
19	石油和天然气甲烷111b号条例	环保局（EPA）					●
20	布里斯托尔湾卵石沉积物规定	环保局（EPA）					●
21	清洁电力计划	环保局（EPA）					●①
22	电厂启动、关机和故障管理条例	环保局（EPA）					●
23	城市垃圾填埋场新源绩效标准	环保局（EPA）					●
24	电厂排放限值	环保局（EPA）			●		
25	汞和空气有毒物质标准（MATS）	环保局（EPA）					●
26	跨州空气污染条例和第126条款请愿书	环保局（EPA）			●②		
27	蒙特利尔议定书氢氟碳化物（HFCs）协议	环保局（EPA）	●				
28	臭氧国家环境空气质量标准	环保局（EPA）				●	
29	切萨皮克湾和非点源TMDLs项目	环保局（EPA）	●③				
30	风险管理计划/预防意外泄露要求	环保局（EPA）			●		
31	达科他州石油管道（DAPL）项目	环保局（EPA） 内政部（DOI） 陆军工程兵团（USACE）				●	
32	公司平均燃油经济标准/温室气体标准	环保局（EPA） 国家公路交通安全管理局（NHTSA）					●

① 注：2017年10月10日，EPA发布废除"清洁电力计划"的提案，称该规定"超过了环保局的法定权限"，该提案的公众评议期原定截至2018年1月16日。2017年11月28—29日，EPA在西弗吉尼亚州举行了公众听证会；2017年12月6日，EPA宣布将在密苏里州、怀俄明州和加利福尼亚州举行三场额外的公众听证会；2018年1月11日，EPA宣布将延长公众评议期至2018年4月26日。"清洁电力计划"是否正式废除还存变数。https://www.regulations.gov/docket? D=EPA-HQ-OAR-2017-0355.

② 根据该条例，位于下风向的州可以提交第126条款请愿书，要求EPA在上风向州的污染源排放影响州际空气质量时，对上风向州的污染进行管理。EPA有60天时间对提交的126条款请愿书做出回应。2017年，康涅狄格州、特拉华州和马里兰州分别提交了请愿书，但是EPA并未在规定时间内进行回应。各州分别对EPA提起了诉讼。

③ 2017年3月16日，特朗普提出的2018财年EPA预算议案取消了切萨皮克湾TMDL计划清理活动所需的资金；2017年5月5日，特朗普签署了一项预算，将切萨皮克湾的资金恢复至2017年9月30日；2017年9月8日，特朗普再次签署协议，延长联邦资金至2017年12月8日。目前，切萨皮克湾TMDL计划获得2018财年资金支持的"争夺战"还在继续。

序号	政策法规	相关机构	当前状态				
			废除/否决	修改	延迟	重启/新增	审核中
33	铀萃取水质标准	环保局（EPA）核管理委员会（NRC）		●			
34	清洁水条例	环保局（EPA）陆军工程兵团（USACE）	●				
35	巴黎气候协定①	—	●				
36	碳社会成本分析工具	多个	●				
37	第 13783 号行政令——能源发展②	多个				●	
38	公司平均燃油经济处罚规定	国家公路交通安全管理局（NHTSA）	●				
39	太平洋鲸鱼、海豚和海龟间接捕获限制规定	国家海洋和大气局（NOAA）国家海洋渔业局（NMFS）	●				
40	一次性塑料水瓶禁令	国家公园管理局（NPS）	●				

参考文献

[1] Gwynne P. US Environment initiatives overturned[J]. Physics World，2017，30（8）：9.

[2] Kraft M E. Environmental policy and Politics[M]. 5 edition. Longman，2011：145.

[3] 张腾军. 美国环境政治的历史演变及特点分析[J]. 改革与开放，2017（21）：62-63.

[4] 李丽平，李媛媛，姜欢欢，等. 特朗普执政后美国环保政策的走向及对中美环保合作的影响预判[R]. 环境保护部环境与经济政策研究中心，2017.

[5] 柴麒敏，傅莎，祁悦，等. 特朗普"去气候化"政策对全球气候治理的影响[J]. 中国人口·资源与环境，2017，27（8）：1-8.

[6] 李媛媛，李丽平. 新形势下我国开展中美环境合作工作的总体思路和建议[R]. 环境保护部环境与经济政策研究中心，2017.

[7] 王欢，刘辉. 特朗普执政对国际环境的影响[J]. 美国研究，2017（6）：141-155.

[8] 李丽平，李媛媛，黄新皓，等. 美国 2017 国家安全战略下的中美环境合作走向分析[R]. 环境保护部环境与经济政策研究中心，2017.

---

① 2016 年 4 月 22 日，时任美国总统奥巴马签署了巴黎协定，承诺国内温室气体排放量比 2005 年减少 26%～28%；2017 年 6 月 1 日，特朗普总统宣布美国将退出巴黎协定。

② 2017 年 3 月 28 日，特朗普总统签署了"促进能源独立与经济增长"第 13783 号行政令，意在促进国内能源资源清洁安全发展，同时避免不必要的阻碍能源生产、制约经济发展、减少就业机会的监管负担。该行政令生效之后，多用于满足化石燃料发展利益，借此反转了多项气候和环境保护政策。

借鉴美国经验，罚款与企业违法收益挂钩并细化量化[①]

李丽平 王 彬 李媛媛

摘 要 美国环保局基于威慑理论制定的罚款评估政策与企业违法收益挂钩，并细化量化了环境罚款，是具有里程碑意义的政策，具有如下特点：一是将"除去任何由于环境违法而获得的经济利益"作为核心内容；二是充分考虑违法者的支付能力；三是充分考虑利率、通货膨胀率等宏观经济因素的影响；四是专门开发了方便快捷的定量计算违法企业不法经济利益的 BEN 模型以及定量计算支付能力的 ABEL 等模型；五是制定和解制度以及配套的激励机制，让违法企业心服口服，主动做有益于环保的事务。

我国现行环境行政处罚大多为"数值式"和"倍率式"两类，运用"没收违法所得"极少，未处理好守法成本、违法成本与违法所得之间的量比关系。建议在未来的《环境保护法》和环境单行法修订中确定"没收环境违法所得"，细化"环境违法所得"的具体内容，并相应修订《环境行政处罚办法》，引进美国 BEN 等模型工具，细化量化罚款，鼓励环境违法者自愿提出环境补偿计划和配套措施以取代部分罚款。

关键词 罚款 企业违法收益 挂钩 细化量化 美国经验

美国基于威慑理论的环境民事处罚政策充分考虑企业违法收益，细化量化罚款，规范了执法的自由裁量权，对威慑和遏制环境违法、营造良好的守法环境发挥了非常重要的作用[②]，被认为是美国环境执法史上具有里程碑意义的政策，相关措施具有重要借鉴意义。

---

① 原文刊登于《中国环境战略与政策研究专报》2018 年第 30 期。

② 根据对现任 EPA 法律总顾问办公室官员 Steve、美国环境法研究所副总裁 John Pendergrass 等的访谈，以及 Barnett M. Lawrence 的报告（*EPA's Civil Penalty Policies：Making the Penalty Fit the Violation. Environmental Law Reporter*，1992）。

一、美国环境罚款的政策安排

20 世纪 70 年代为美国的"环境十年"。1981 年 1 月—1983 年 3 月，美国的环境执法极其混乱、无序，被认为是一场灾难。当时的两个美国环保局官员在法律审议中坦诚地讲，这几年国会将美国环保局视为不愿或不能履行其环境保护授权的机构。这在一定程度上导致当时的美国环保局局长 Anne Gorsuch 引咎辞职。接任的 William D. Ruckelshaus 局长开始谋求大幅创新和改变[①]。

在这样的背景下，美国环保局为加强执法，有效实现对环境违法企业的威慑以及合理维护公平的竞争环境，基于威慑理论制定了环境行政处罚政策，将环境违法企业由于违法而获得的经济利益等因素作为行政处罚的关键构成要素，并用定量模型计算。这些政策至今仍在发挥作用。

（一）理论基础

美国认为企业守法有三种类型：在任何情况下守法；在任何情况下不守法；处于观望状态，基于法律政策和执法情况决定守法与否。前两种类型的企业只占非常小的比例，绝大多数企业是第三种类型[②]。为此，环境政策的安排主要是针对第三种类型的企业进而实现相应目标。美国环境法在制度设计与执行政策上，具体以威慑理论或威慑模型（deterrence model）[③]为基础。

威慑理论主要是将如何除去行为人违法行为的诱惑作为考虑因素，并假定污染者为"理性行为人"或"理性污染者"。换句话说，就是污染者在决定是否采取某一行为时，通过计算此行为可能产生的利益与损失之后做出"理性选择"，而不考虑道德等非利益因素。此理论可用下面的公式表述：

$$E（NC）=S-pF$$

式中，E（NC）——违法时不当利得的预期值；

S——违法可获得的利益；

p——被检查并处罚的概率（执法概率）；

F——预期处罚。

也就是说，行为人在决定是否违法或守法之时，会对不当利得减去可能受到的处罚

---

① Mintz J A. Enforcement at the EPA：High Stakes and Hard Choices. University of Texas Press，Austin，1995.

② 引自 Scott Futon 的言论，他为美国环保局前法律总顾问，现为美国环境法研究所总裁。

③ 张英磊. 由法经济学及比较法观点论环境罚款核科中不法利得因素之定位. 中研院法学期刊，2013（13）.

（罚款金额乘以执法概率）进行考虑，如果其预期结果为正值，就会选择违法。或者说，企业是理性经济人，根据守法/违法行为的成本收益选择环境行为，其只有在守法收益大于违法成本的情况下才会遵守法律；反之，如果企业发现违法收益大于违法成本，那么就可能选择违法。

基于此理论模型，可得到如下结论：要除去违法诱惑，罚款金额至少必须超过违法可得的利益。因此，在政策设计时，必须以除去违法可得的利益作为罚款考虑的基线。

（二）一般通则政策安排

美国环保局关于民事处罚的一般通则政策安排，主要是 1984 年 2 月 16 日发布的两个政策文件[①]：《民事处罚总政策》[②]与《民事处罚评估的具体方法框架》[③]。

《民事处罚总政策》指出，"允许违法者从违法行为中受益，是将守法者置于竞争的不利地位，而构成对他们的惩罚。因此，罚款应当至少收缴因为违法而产生的主要经济利益"。为此，该政策设定了处罚的三个目标：威慑、公平公正、环境问题的快速解决。威慑有两种：具体威慑（说服违法者不要进一步违法）与一般威慑（说服其他人或企业不要违法）。为达到威慑的目的，民事处罚不仅仅限于恢复经济利益，还包括根据违法的严重程度或者是损害程度进行处罚，以确保违法者远远比守法者经济情况更糟糕。为实现公平公正目标，初步罚款数据值基于任性和/或者疏忽程度、非遵约历史、支付能力、合作程度等因素进行增加或降低的调整。这些初始的罚款数据要在和解谈判之前进行调整。法庭审判中，该数据是美国环保局的首要和解目标。为实现惩罚评估迅速解决环境问题的目标，美国环保局寻求两种和解途径：第一，美国环保局提供和解的激励机制，包括减少对那些在诉讼开始之前已经建立补救措施的违法者的处罚；第二，通过增加初步罚款数据对遵约滞后的违法者进行打击。

作为同一天被发布的《民事处罚总政策》的配套文件，《民事处罚评估的具体方法框架》旨在提供如何编写用户特定方案政策惩罚评估的指南，以确保总政策可以被一致实施。《民事处罚评估的具体方法框架》的第一部分为制定具体方案提供了一般准则；第二部分包含详细的附录，是指南制定的依据。除了几个特例外[④]，民事处罚总政策适用于所有环境单行法。

---

① https：//www.epa.gov/enforcement/enforcement-policy-guidance-publications#models.

② Policy on Civil Penalties：EPA General Enforcement Policy #GM-21.

③ A Framework for Statute-Specific Approaches to Penalty Assessments：Implementing EPA'S Policy On Civil Penalties #GM-22.

④ 因某些类型案件的民事处罚相关的问题特殊，本政策不适用于以下领域：《综合性环境反应、赔偿与责任法案》107 节相关规定；《清洁水法》第 311（f）条和（g）条；《清洁空气法》第 120 条。

此外，美国环保局还制定了几个具体的指南和规则，包括 1984 年 11 月发布的《计算不守法经济收益行政处罚评估指南》[①]、1986 年 12 月发布的《确定违法者支付行政处罚能力指南》[②]、1995 年 12 月发布的《用于诉讼中的处罚政策指南》[③]、2016 年后每年发布的《罚款通货膨胀调整规则》[④]。

（三）具体环境法律中的政策安排

美国的《清洁空气法》（CAA）、《清洁水法》（CWA）、《资源保护和恢复法》（RCRA）、《综合环境响应、赔偿和责任法》（CERCLA）、《紧急规划和社区知情权法》（EPCRA）、《有毒物质控制法》（TSCA）、《安全饮用水法》（SDWA）、《石油污染法》（OPA）等法律都明确有民事处罚的规定。

在总政策的规定下，每一种法规又有自己的处罚制度（penalty policies），尽管重点针对经济利益（economic benefit）及严重性（gravity）考虑，不同的法律对这两项因素有不同比重的要求。

下面以《清洁空气法》（CAA）、《清洁水法》（CWA）为例具体说明：

1.《清洁空气法》（CAA）中关于民事处罚的规定

《清洁空气法》§113 关于固定源民事处罚作出了规定。§113（b）民事司法规定了固定源处罚评估标准：处罚额度要考虑企业规模、处罚对企业的经济影响、违法者的守法历史情况、非遵约的经济收益、违法的严重程度、相同违法行为先前违法的支付情况、违法时长等。§113（d）行政处罚评估标准与民事司法类似。§113（e）定义了适用惩罚的违法天数。

2.《清洁水法》（CWA）中关于民事处罚的规定

《清洁水法》§309（d）民事司法规定了处罚评估标准：处罚额度要考虑违法的严重程度、由于违法而获得的经济收益、违法历史、处罚对企业的经济影响、因不守法而获得的经济利益等。

二、美国环境罚款政策的主要内容

美国环境罚款政策包括三个部分：经济利益部分、严重性部分、调整因素部分。

---

① Guidance on Calculating the Economic Benefit of Noncompliance for a Civil Penalty Assessment.

② Guidance on Determining a Violator's Ability to Pay a Civil Penalty.

③ Guidance on use of Penalty Policies in Administrative Litigation.

④ Penalty Inflation Rule Adjustments.

（一）经济利益部分

经济利益部分旨在除去任何由于环境违法而获得的经济收益。经济利益部分的具体内容包括：由于延迟成本而带来的利益（delayed cost）、由于非遵约而规避成本带来的利益[①]、由于违法而产生的竞争优势所获利润。

1．延迟成本带来的利益

此类违规行为如下：

- 未安装满足排放控制标准所需的设备；
- 未做到消除产品中或废液中污染物所需的工艺变化；
- 为确保达到合规要求必须进行的产品测试违规；
- 需进行合规妥善处理的情况下，处置不当；
- 需进行合规合理储存的情况下，储存不当；
- 在可能获得排放许可的情况下，未能获得必要的排放许可（虽然许多方案的规避成本可以忽略不计，但有些方案的许可证程序可能很昂贵）。

2．规避成本带来的利益

此类违规行为如下：

- 设备未安装从而节约操作和维护成本；
- 未能正确操作和维护现有的控制设备；
- 未雇用足够数量的训练有素的工作人员；
- 未能按照法规或许可建立或遵守预防措施；
- 在商业储存空间可用情况下，储存不当；
- 无法进行再次处理或清理的情况下，处置不当；
- 通过移除污染处理设备节省加工、操作或维护成本；
- 未能进行必要的测试。

3．由于违法产生的竞争优势所获利润

在某些情况下，违法者通过不合规行为提供无法在别处获得的或对消费者更具吸引力的商品或服务。此类违规的例子包括：

- 销售违禁品；
- 销售用于违禁途径的产品；
- 销售未按要求张贴标签或警告的产品；

[①] EPA. A framework for statute-specific approaches to penalty assessments: implementing epa's policy on civil penalties，elr admin. materials 35073，1984-02-16.

● 移除或改造收费的污染控制设备（如擅自改动汽车尾气排放控制）；

● 销售未经所需监管许可（如《美国有毒物质控制法》下的农药登记或预生产通知）的产品。

4．罚款金额低于经济利益

如上所述，罚款金额如果没有抵消不合规行为带来的经济利益将助长未合规的相关方的违规行为。为避免此情况发生，美国环保局通过分析计算上述情况，确定的罚款金额通常不低于违规行为带来的经济利益。但是，也有罚款低于经济利益的情况发生，比如：

（1）经济利益部分金额很小，不足一万美元，这样的情况下，美国环保局就可以行使自由裁量权。

（2）案件受到强烈的公众关注，多采取和解的方式。如果对案件进行审判，那么创造先例的风险非常大，将对美国环保局执法或清理污染的能力产生重大不利影响，在这种情况下，可能有必要以罚款低于经济利益部分的方式和解案件，但仅限于在绝对有必要保护其抵消的公共利益的情况下才可以使用。或者抵消经济利益将导致工厂关闭、破产或其他极端的财务负担，且允许该公司继续经营能带来重要的公共利益。值得注意的是，此减免不适用于企业无论如何都有可能关闭的情况，或者有害的不合规行为将持续发生的情况。这种情况一般都要谨慎使用。

（3）诉讼不具可行性。对于某些案件，由于适用的前例、相互竞争的公共利益因素，或与特定案件有关的特殊事实、权益或证据问题，美国环保局难以在诉讼中追讨经济利益。在这种情况下，期望在诉讼中获得罚金并抵销经济利益是不现实的，所以案件调查组可能会考虑较低的罚款金额。

但在美国环保局决定罚款低于经济利益的任何个案中，案件调查组必须在案件档案和和解协议附带的任何备忘录中详述其理由。

（二）严重性部分

美国环保局建立了量化严重性部分的方法，并缩小各方案之间的差异。

1．量化违规行为的严重性

虽然指定一个数额以表示违规的严重性本质上是一个主观的过程，但大多数案件中，对于不同的违规行为，都可以对其情节的相对严重程度进行较为准确的赋值。通过参考具体监管方案的目标和特定违规行为的事实，便可进行赋值。因此，将严重性部分的数额与这些客观因素相结合，有助于确保违规行为相近的违法者得到同样的处罚。这种方法也有助于迅速解决环境问题。

美国环保局建立了一套违规行为严重程度量化的客观指标：①违规行为发生时固有的损害风险；②违规行为造成的实际损害。在某些案件中，潜在的损害风险的严重程度将远超过实际伤害的严重程度。

2．严重性因素

在量化违规行为的严重程度时，美国环保局根据行为严重程度对不同类型的违规行为进行分级。分级考虑以下因素：

● 实际或可能造成的伤害：该因素的重点在于被告的活动是否（以及在何种程度上）实际产生或可能导致违规的污染物排放或暴露。

● 监管体系的重要性：重点在于监管要求对实现法律法规目标的重要程度。例如，如果安全标识是防止相关人员暴露在化学品下的唯一方法，那么对于未能放置安全标识的违规行为，应处以相对较高的罚款。

● 其他来源信息的可用性：违反任何记录或报告要求的行为是极为严重的违规行为。如果美国环保局有随时可用且价格较低的必要信息来源，则罚款金额可能较低。

● 违规企业的规模：对于某些案件，若鉴于违规行为造成的潜在的损害风险，而对违法者的处罚较轻时，应该增加罚款中严重性部分的比重。本因素仅在不考虑其他因素影响的前提下才可使用。

对上述第一个严重性因素（即违规行为导致的风险或实际损害）进行评估是一个复杂的过程。为了根据严重程度对违规行为进行分级，可能要基于某些考虑因素对某一类违规行为进行区分，这些考虑因素包括：

● 污染物的量：根据监管方案和污染物特征，可以对污染物浓度进行调整。调整可以不必是线性的，尤其是在低浓度的污染物可能有害的情况下。

● 污染物的毒性：涉及剧毒污染物的违规行为严重性更高，应该处以相对较高的罚款。

● 环境敏感性：此因素关注违规行为的地理位置。例如，违规排放污染物到饮用水取水口或休闲海滩附近的水域，通常比排放到远离此类用途的水域更严重。

● 违规行为持续的时间：大多数情况下，违规行为持续的时间越长，造成的损害风险就越大。

（三）调整因素部分

防止违法者从违法行为中获益仅是罚款实现应有功能的必要条件而非重复条件。为了更好地实现罚款的威慑功能，确保实现让违法者不愿重复违法行为的效果，让那些本来可能违法的人因为担心罚款的损失而打消这一念头，还需要在罚款基数基础上进行调整。美国环保局基于谈判开始后的发展情况进一步调整初步的罚款目标值，主要考虑的因素包括：违法者的支付能力（一定程度上在计算初始目标值中未考虑）、合作和不合作程度、不合规历史、是否诉讼、替代支付方案、违规者或案件特有的其他特殊情况（包括案例的严重程度、公众关注）等。

美国环保局在决定处罚额度时，会考虑违法者是否有能力支付罚金，但通常是留给违法者来提出这个问题，并依据其提出的特定文件来确定是否确实无支付能力。

另外，美国环保局还要考虑案件是否涉及法律或证据的争议，在其他案中有无就相似争议案件的裁决记录等，作为决定罚款额度或协商和解的筹码，或是参考其他情况下所订的公开声明与立场的文件等。

需要指出的是，并非每一个案件都全部考虑上述所有三个因素，要根据案件具体情况确定，也可能只考虑 1~2 个因素。无论如何，一般不能将罚款金额降低到少于违法所得收益。如果罚款金额低于违法所得收益，需要在案卷中说明原因。

三、美国环境罚款政策的实施程序

美国环保局制定了环境罚款政策的一般实施程序，在此基础上，各州也根据自己情况制定了各自的实施程序。

（一）美国环境行政处罚政策的一般实施程序

美国环保局评估处罚的程序分三步：第一步，计算初步罚款金额，初步罚款金额由经济利益部分和严重性部分两部分相加；第二步，调整因素，产生最初的处罚目标额；第三步，产生调整后的处罚目标额，美国环保局与企业和解谈判开始后初步处罚目标数额的调整，考虑因素包括：支付能力（在计算初始惩罚目标时未考虑的范围内）、重新评估用于计算初始惩罚目标的调整、重新评估初步威慑金额，以反映原始计算中未反映的持续不合规、在诉讼开始前商定的替代性支付。

上述结构用图 1 表示如下：

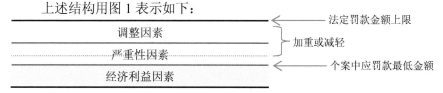

图 1　美国环保局环境罚款计算的考虑因素

资料来源：张英磊.由法经济学及比较法观点论环境罚款核科中不法利得因素之定位.中研院法学期刊，第 13 期。

（二）加利福尼亚州水污染行政处罚政策的实施程序

根据加利福尼亚州水质执法政策（Water Quality Enforcement Policy）2010版，水污染行政处罚的计算步骤如下：

步骤一：违规排放的潜在危害程度（potential for harm for discharge violations）

根据违规的范围、程度、毒性，及清理或分解难易，如排放物、排放量、承受水体的敏感度、对水质、水栖生物及人体健康的影响，来界定因子1（0～5）、因子2（0～4）、因子3（0或1），三者合计最后积分，作为潜在危害值。

步骤二：排放违规评估（per gallon and per day assessments for discharge violations）

根据步骤一计算的潜在危害值及三种违规程度，包括轻度、中度及重度，计算出排放污染物的参数（表1）。

表1　每加仑或每天排放污染物的参数表

程度	伤害潜力									
	1	2	3	4	5	6	7	8	9	10
轻度	0.005	0.007	0.009	0.011	0.060	0.080	0.100	0.250	0.300	0.350
中度	0.007	0.010	0.013	0.016	0.100	0.150	0.200	0.400	0.500	0.600
重度	0.010	0.015	0.020	0.025	0.150	0.220	0.310	0.600	0.800	1.000

步骤三：非排放违规评估（per day assessments for non-discharge violations）

如果不属于排放污染物所造成的违规，那么就以违规天数来计算因子调整罚款，表2中为不同程度对应的因子范围值，括弧内为中间值。

表2　违规天数计算因子参数表

违规程度	程度		
	轻度	中度	重度
轻度	0.1～0.2（0.15）	0.2～0.3（0.25）	0.3～0.4（0.35）
中度	0.2～0.3（0.25）	0.3～0.4（0.35）	0.4～0.7（0.55）
重度	0.3～0.4（0.35）	0.4～0.7（0.55）	0.7～1（0.85）

步骤四：调整因子（adjustment factors）

违规调整因子包括针对违规行为的配合度，同一行为违反很多法条的调整，及同一行为持续很多天的调整。其中针对违规行为的配合度考虑罪责因素、清理及配合因素、违规记录因素三种，包括如下：

CF1＝罪责因素（culpability factor），属故意或非故意犯罪，调整系数建议为 0.5～1.5；

CF2＝清理及配合因素（cleanup and cooperation factor），对于后续自行清理及改善的配合度，调整系数建议为 0.75～1.5；

CF3＝违规历史因素（history of violations factor），最小调整系数建议为 1.1。

而针对同一行为持续很多天的调整，如命违规者限期提送监测报告书，而 2 年内未报送，若以天数计算，其裁罚的金额过大，故在特定条件下，计算复数天。计算方式是以第 1 天起当作第 1 日，每 5 天当作 1 日，超过 30 天后，每 30 天当作 1 日，换言之，第 5 天当作第 2 日，第 60 天为第 8 日，以此类推。

步骤五：计算基本总额（total base liability amount）

基本额度为上述步骤计算结果的加总，且可依违规天数等同时计算。

步骤六：考虑支付能力（ability to pay and ability to continue in business）

步骤七：其他考虑因素。

如果有污染者或政府提出更新且可作为调整罚款金额计算的证据资料时，或者根据环境公平原则，对特定族群产生重大冲击时，或与过去类似案例的罚款金额比较，明显不合理时，可予以调整。

步骤八：经济利益（economic benefit）

依据违规所得经济利益，计算延迟或规避污染控制设施的所得利益，再以美国环保局所开发的 ben 模型换算限值。

步骤九：最高及最低额度（maximum and minimum liability amounts）

在罚款书中描述最高及最低额度。

步骤十：最终计算结果

以上所提的参数，先由政府相关部门计算。将参数代入，即可初步算出罚款范围。

四、美国环境罚款的模型工具

为了快速计算企业违法而获得的经济利益及支付能力，方便环境执法，美国环保局在制定《计算不守法经济利益行政处罚评估指南》等专门政策[1]的同时，还开发了一系列罚款计算模型。目前有五个模型：一个是 BEN 模型（economic benefit 的简称），用于计算经济收益现值（present value）；另外 4 个用于计算不同主体的支付能力。美国环保

---

[1] EPA. Guidance for calculating the economic benefit of noncompliance for a civil penalty assessment，elr admin. materials 35085，（Nov. 5，1984）.

局每年对所有 5 个模型定期进行修订，修订的主要内容包括一些金融信息，如当前税率、通货膨胀率、折现率以及设施改进信息等。

（一）BEN 模型

BEN 模型是美国环境罚款政策中一项有力且有效的工具。BEN 模型由美国环保局于 20 世纪 80 年代通过政府采购委托一家公司开发，后广泛征求学界和公众等各方面的意见，几经修订完善。目前所使用的 BEN 模型是 5.8 版本，现已被翻译成西班牙文等其他语言，在一些拉美国家应用。

BEN 模型经济利益计算的目的是将违法者放置在相同的经济水平下来进行处罚，即涵盖违法者在违法期间所获得的各项经济利益，以达到有效处罚的目标。BEN 模型计算内容是行政处罚中的第一部分经济利益部分，即用此模型计算违法者在延迟或避免污染控制支出等的非遵约中获得的经济利益。BEN 模型计算出的罚款额既可作为美国环保局处罚的依据，也可作为后续与违法者谈判的依据或和解方案。《计算不守法经济利益行政处罚评估指南》规定，美国环保局执法人员在应用"拇指法则"评估不守法经济利益大于 1 万美元或者违法者拒绝"拇指法则"计算结果的情况下应使用 BEN 模型计算。

1. BEN 模型的结构

BEN 模型计算的经济利益是指因延迟或避免相关环境支出所获得的利益现值。模型考虑的主要因素包括：①资本投资（capital investments）；②一次性支出（one-time non-depreciable expenditures）；③年循环性支出（annually recurring costs）。其他还包括违法者的商业性质、守法或者违法的持续时间、支付罚款的时间等。

（1）资本投资

资本投资包含所有为能符合环保相关法规政策的可折旧的投资设备，也就是各项污染控制的建筑或设施，如空气污染防治设备、废水处理设备、地下水监测设备等，而且包括设备的设计、安装及购买等的支出。另外还要考虑设备的使用年限及更新周期。

（2）一次性支出

一次性支出是指一次且非折旧性的环境支出，例如土地购买、监测记录系统、非法弃置废弃物的清除、有害废弃物场址的土壤处理、员工的初始训练费用等。

（3）年循环性支出

年循环支出是指污染防治设备运行维护相关费用，例如电费、水费、材料费、每年设备更新费用、员工培训费用等。

现值计算所考虑的因子包括所得税（income tax）、利率（interest rate）及通货膨胀（inflation）。

2. BEN 模型的计算流程和数据需求

BEN 模型的逻辑及计算流程包括：①描述合法行为（describe compliance action），也就是违法者用什么措施实现环境法规的规定，并决定相对应的支出；②决定应支出类型（type of expenditure），包括基本投资、一次性支出及年循环性支出；③决定支出金额（cost），由专家或专门技术人员从违法者的相关资料评估上述支出所需花费的金额；④估计支出的时间（date cost was estimated），由违法的日期时间估算到合法的日期时间点，用以评估经济利益之时间现值及波动影响。

BEN 模型运转所需数据包括违法发生的日期、遵约日期、遵约成本、评估成本的年份、支付罚款日。

（二）其他经济模型

除了计算经济利益的 BEN 模型外，美国环保局还开发了其他 4 个经济模型，用于定量计算罚款，分别是：

（1）ABEL 模型（6.8.0）——用于评估一个公司或其合作伙伴支付守法成本、清理成本或罚金的能力。该模型需要提交的数据是一个企业或主体 3～5 年的联邦纳税申报单，据此就可得出公司基本财务和未来现金流的状况。

（2）INDIPAY 模型（3.8.0）——用于评估个人支付守法成本、清理成本或罚金的能力。该模型需要提交一份金融数据需求表，提交的数据是一个企业或主体 1～5 年的联邦纳税申报单。

（3）MUNIPAY 模型（4.8.0）——用于评估一个市政府或区域支付守法成本、清理成本或罚金的能力。该模型需要提交金融数据需求表。

（4）PROJECT 模型（6.8.0）——用于计算违法被告提出的补充环境项目（SEP）的真实成本。

五、美国环境罚款案例

（一）案例 1

1. 企业的环境违法情况描述

A 公司使用自己的燃煤锅炉生产能源及维持各种生产活动，这些锅炉主要排放二氧化硫。《州实施计划》（SIP）规定每个锅炉的二氧化硫排放量不超过 0.68 镑/百万英热单位（BTU）。美国环保局于 1989 年 3 月 19 日检查了这些锅炉，发现每个锅炉的二氧化硫排放速率为 3.15 镑/百万英热单位。1989 年 4 月 10 日，美国环保局向该公司发布了违反二氧化硫排放行为的违规通知。1989 年 6 月 2 日，美国环保局再次检查 A 公司，发现其锅炉的二氧化硫排放速率仍保持原有水平。尽管州空气污染控制机构的工作人员联系并通知 A 公司，要求其遵守"州空气污染条例"，但 A 公司从未在锅炉上安装任何控制污染设备。该州早在 1988 年 9 月 1 日就发布了有关同一锅炉违反二氧化硫排放规定的行政命令。该命令要求违规者遵循适用条例，但 A 公司从未遵循这一命令。该公司对美国环保局第 114 条要求提供相关信息的回应，可证明该公司于 1988 年 7 月 1 日首次违反了排放标准。

2. 罚款计算

（1）经济收益部分

美国环保局使用 BEN 模型计算经济收益部分，模型计算的经济利益部分是 243 500 美元。

（2）严重性部分

①关于实际或可能造成的损害。

污染物排放量：超过标准的 360%～390%——65 000 美元。

污染物毒性：不适用。

环境敏感度：不适当地区——10 000 美元。

违规持续时间：从 1988 年 7 月 1 日首次可证实的违规日期开始，到判决的最后接受日期（即 1991 年 12 月 1 日）结束（如果合意判决或判决命令晚于此日期发布，此因素和其他因素需重新计算），共计 41 个月——40 000 美元。

②关于监管方案的重要性。

无适用的违规行为。

③关于违规者业务规模。

净值 5 000～760 000 美元。

（3）调整因素

①关于任性程度或过失程度。

虽然 A 公司已经注意到自己的违规行为，但仍旧忽视要求其遵守适用规定的州行政命令。因此，该案例的严重性部分应基于这一因素加重几个百分点。

②关于合作程度。

此类未做任何调整，因为 A 公司未达到该标准。

③关于不合规历史。

该因素会加重严重性部分，因为 A 公司违反了州命令关于该违规行为的规定。

结果：经济利益部分的 243 500 美元+严重性部分 120 000 美元=363 500 元的初步处罚金额，加上因不合规历史和任性程度或过失程度产生的调整。

（二）案例 2

1. 企业的违法情况描述

岸产公司（Coast United Property Management）于 1997 年购买一块污染土地，污染项目包括重金属、含氯挥发性有机物如三氯乙烯、四氯乙烯等，污染土地所有者应提供污染控制及监测报告。该公司对以上都未遵守，也没人注意，到 2008 年时，因邻近土地的所有者开展地下水监测调查，发现岸产公司的地下水污染物扩散到私人土地，才发现该违规事件。

2. 主要执法情形

本案自 2008 年 2 月 20 日命令岸产公司提交污染控制及监测报告，后同意延到 2008 年 6 月 30 日提交，其间该公司未确实执行并提交报告，才于 2009 年 3 月 17 日提出违规通知书（NOV），其间该公司对信件、电话通知都置之不理。

3. 处罚计算、协商及听证裁定结果

当地水资源局于 2010 年 7 月 29 日提出处罚控告信，自 2008 年 6 月 30 日至 2010 年 7 月 29 日，共计 760 天违规，根据加利福尼亚州水污染防治法§13268 应缴交指定报告，每日最高课处 1 000 美元，最高可处 76 万美元，金额相当高，因而根据加利福尼亚州水污染防治法§13327 应考虑各项参数，及加利福尼亚州水污染执法方针 2009 年版处罚金额计算步骤（表 3），最后提出处罚金额为 39 900 美元。

表 3　岸产公司未交监测报告的罚款计算

步骤	步骤描述	参数或法条金额	小计	说明
步骤一	潜在危害因素	无		无排放污染物行为
步骤二	每加仑因素（A）	无		
	加仑（B）	无		
	法定额和最大调整值（C）	无		
	总额=A×B×C	无		无排放污染物行为
	每天因素（D）	无		
	天数（E）	无		
	法律规定每天最大量（F）	无		
	总额=D×E×F	无		无排放污染物行为

步骤	步骤描述	参数或法条金额	小计	说明
步骤三	每天因素（G）	0.4		对环境有少量危害
	天数 31（H）	31		属未交报告适用复数天计算要件，760 天相对于 31 日
	法律规定每天最大量（I）	$1 000		每日未交报告罚款金额
	总额=G×H×I		$12 400	=0.4×31×$1 000
	ACL 初始额= A×B×C+ D×E×F+G×H×I		$12 400	
步骤四	罪责	1.5	$18 600	无视水资源局催交=$12 400×1.5
	清除与合作	1.5	$27 900	电话及信件未回复=$18 600×1.5
	违规历史	1	$27 900	以前无其他违规记录=$27 900×1
步骤五	计算基本总额		$27 900	
步骤六	支付能力	1	$27 900	具备支付能力
步骤七	司法要求的其他能力	1	$27 900	无调整
	人力成本	$12 000	$39 900	准备罚款等的行政费用
步骤八	经济利益	$10 000	$39 900	未交监测报告所获经济利益
步骤九	最低额度	$10 000		最低处罚额=未交监测报告所获经济利益
	最高额度	$760 000		最高处罚额=每日×760 日
步骤十	最终计算结果		$39 900	

自 2010 年 7 月 29 日提出处罚控告信后，岸产公司仍未重视，协商过程中也没有配合诚意，其认为不知法规规定，应无须受处分，并认为污染控制及监测是前任地主的责任，与他无关，所以也没有缴交罚款。为此，不得不举行听证会裁定。

本案处罚听证会于 2010 年 10 月 27 日早上举行，主管机关说明案情，为准备处罚听证会事宜，行政成本多 6 000 美元，因此，听证会上，建议处罚金额为 45 900 美元（39 900+6 000=45 900）。

经法庭讨论，最后主席裁定认为环境危害程度应由轻度调为中度。后续本案经重新计算，该参数选取自 0.4 修正为 0.55，则原裁处 39 900 美元，调高到 56 362 美元。

另外，本案经行政部门同意，如岸产公司在 2010 年 12 月 31 日前提出工作报告，则可降低到 50 762 美元（降低 5 600 美元）。

六、美国环境罚款的特点分析

美国的行政处罚政策既与企业的经济利益密切挂钩，有效起到威慑效果，又减少了自由裁量权的滥用[1]，获得广泛认可，国会很多议员都支持，专业技术人员也充分认可。其实现途径和特点分析如下：

（一）环境罚款充分考虑违法企业的不当利得

美国环保局利用威慑理论，明确将由于违法而获得的经济利益纳入罚款，充分实现"违法成本高"，主要有两方面的特征：一是充分考虑违法企业的违法经济利益，包括由于延迟成本而带来的利益、由于非遵约而规避成本带来的利益以及由于违法而获得的竞争优势所获利润，具体包括各类细项，总之就是要通过考虑各种成本和因素最终除去违法企业任何由于环境违法而获得的经济收益。二是违法企业的不当利得计算充分考虑宏观经济指标，对违法企业违法所获经济利益的考虑是动态的现值，而非固定值。从1997年开始充分考虑经济变动因素，如税率、利率、物价、通货膨胀率等。自2016年起[2]，美国环保局每年对通货膨胀率等指标进行修订，以确保罚款金额贴现实、"无水分"。例如，根据《清洁水法》，1997年之前每天罚款最大额度为2.5万美元，考虑10%的通货膨胀率，1997年之后每天罚款额度就为最高2.75万美元[3]。

（二）环境罚款充分考虑违法企业的支付能力

美国环保局细化罚款额度，充分考虑违法企业的经济状况和支付能力，并将其作为罚款的调整因素。在特定情况下，环保局需要在衡量相对人的支付能力的基础上将罚款降低到合理的水平，尽可能避免罚款超过违法企业支付能力，既不令违法企业由此而破产或关门，使环保背黑锅，也要"打蛇七寸"，打到其痛处，充分起到威慑作用。为确保定量客观评估违法企业的支付能力，还针对公司、个人、市政等不同主体分别开发了

---

[1] 美国环境法规规定，任何一个环境违法案件每天的行政处罚额度不超过2.5万美元。尽管有此"天花板"，而且一些环境法规也设置了一些行政处罚的一般性标准，但是，在实际执行中很难达到最大额。例如，有记录记载某企业一年违法排污，如按照每天2.5万美元处罚，一年365天的处罚应该是900万美元（2.5万美元/天×365天=912.5万美元），但实际处罚很难达到此额度，这样的处罚一般仅限于短期的严重违法。因此，美国环保局及其州等地方环保部门在执法时有很大的自由裁量权。

[2] 2016年之前是四年左右调整一次。

[3] Modifications to EPA Penalty Policies to Implement the Civil Monetary Penalty Inflation Rule（Pursuant to the Debt Collection Improvement Act of 1996），https://www.epa.gov/sites/production/files/2014-01/documents/penpol.pdf.

ABEL 模型、INDIPAY 模型、MUNIPAY 模型三个不同的支付能力定量测算模型。

（三）保持环境罚款的一致性，减少自由裁量权

对类似案件处以类似的罚金对于保证美国环保局执法工作的可信度以及实现公平待遇目标至关重要。美国环保局建立了几种提高一致性的机制：一是 1990 年 8 月 9 日颁布《关于在环保局执法行动中记录罚款计算和理由的指南》，完整描述每项罚金的制定方法，每个案例文件必须按照该描述涵盖初步威慑金额的计算方法和调整方法，同时还应包括调整的各种事实和理由。二是采用系统的模型定量方法计算罚金的利益部分和严重性部分，两者共同构成初始威慑金额。三是专门规定了如何统一使用调整因素，以便在开始和解谈判之前确定初始金额，或在谈判开始后确定调整金额。

（四）运用用户友好的 BEN 模型工具计算经济利益

BEN 模型被政府和污染企业都接受，使用 BEN 模型计算罚款数额方便快捷，有几项优点：一是容易获得，在美国环保局网站，任何人任何单位都可以免费下载免费使用，只要是 Windows 操作系统即可操作；二是 BEN 模型并不要求执法人员去开展经济研究，没有经济学知识的人也很容易操作，BEN 模型运转所需数据包括违法发生的日期、遵约日期、遵约成本、评估成本的年份、支付罚款日等有限几项数据；三是运转所需时间很短，通过与美国环保局官员及咨询公司相关人员交谈得知，通常一个案例计算时间只需 1～2 分钟，最长也不超过 2 小时；四是 BEN 模型最终输出结果即是初始的罚款数值，该数值一般被美国环保局采用，并应用在行政和司法辩护程序中；五是 BEN 模型允许违法企业与环境部门合作提供与违法相关的实际的金融数据。

（五）建立环境行政处罚的和解程序和制度

据美国环保局介绍，除非案件特别情况，污染企业和环保局一般都不愿最终以耗时耗力的司法形式结案（一般少则几年，多则十几年），美国 90%以上的案件都最终通过和解方式结案。例如，美国环保局在做出处罚后可以与企业签订和解协议，以补充环境项目为条件减少一定的经济处罚。这既能确保经济处罚的威慑功能，又可以缓解执法者与企业的对立紧张关系，有利于实现环境治理或改善的执法目标。每项立法均针对常规和解规定了书面处罚政策。美国环保局制定了替代性纠纷解决程序。为促进和解，美国环保局还制定了一些减轻处罚的政策，包括补充环境项目（SEP）、小企业守法政策、地方小政府守法援助政策等。另外，制定了快速和解协定（Expedited Settlement Agreements，ESA），针对裁罚金额在 5 000 美元以下的轻微违法案件，提供有效、快速的处理方式，

特别是以表单确认（checklist）的方案，这样可以使稽查员及律师快速完成案件的后续裁处。

七、我国环境罚款的现状和存在的问题

我国 2015 年开始实施的《环境保护法》及其他相关单行法律较以前在行政处罚上有很大进展，如引入"按日计罚"等措施，但不够细化，缺乏量化，对违法企业的威慑力仍显不够。具体问题包括：

（一）环境罚款很大程度上未考虑不法利益等经济因素

我国《行政处罚法》第八条独立设置了"罚款"和"没收违法所得"两种行政处罚类型。但我国现行环境行政处罚运用"没收违法所得"较少，除核与辐射立法之外只有 14 个条款，其中《大气污染防治法》6 处，《土壤污染防治法》4 处，《固体废物污染环境防治法》《循环经济促进法》《废弃电器电子产品回收处理管理条例》《自然保护区条例》各 1 处。即使这些法律里面有，也只是在特别情况下的个别规定，没有真正涉及不法经济利益。而《环境保护法》和《水污染防治法》里都没有提及。

根据罚款数额设定方式的不同，我国的环境行政罚款大多为"数值式"和"倍率式"两类，它们都未能反映或精确反映出不法利益等经济因素。"数值式"罚款[①]固定的数额上限无法保证违法成本高于守法成本或违法收益，也难以适应市场价值的指数变化[②]。倍率式罚款[③]虽然在一定程度上考虑了罚款数额与违法行为危害或不法利益之间的关系，但仍无法涵盖消极的守法成本，如未设置污染处理设备或无证排污所节省的费用。从我国污染防治和自然资源保护领域的 17 部基础性法律来看，倍率式罚款基准主要包括"污染事故造成的直接损失""受损资源环境市场价值""受损资源环境年平均产值""受损企业经济损失额""代为处置费用""排污费金额"等。但从罚款数额的设定来看，现行的环境行政罚款很大程度上仍未将相对人所获的不法利益纳入其中，未处理好守法

---

① 是指以金钱数额明确规定罚款的上下限或上限，如《水污染防治法》第 85 条第 2 款、《大气污染防治法》第 99 条。

② 有学者解释道："建设项目的大气污染防治设施没有建成或者没有达到国家有关建设项目环境保护管理的规定的要求，投入生产或者使用的……可以并处 1 万元以上 10 万元以下罚款。而一个铜冶炼厂，要建设起符合规定要求的大气污染防治设施至少也要几百万元甚至上千万元投资。而且一个中型的铜冶炼厂生产一天就可以得到几万元甚至几十万元的利润……显然违法要比守法合算得多。"见王灿发. 环境违法成本低之原因和改变途径探讨. 环境保护，2005（9）。现行《环境影响评价法》和《建设项目环境保护管理条例》已修改。

③ 是指以某一基准的特定倍数作为罚款的上下限或上限。

成本、违法成本与违法所得之间的量比关系，更不用说不法利益涉及的其他变量。

2010 年 1 月 19 日环境保护部第 8 号令公布《环境行政处罚办法》也没有涉及经济利益或不法利益的相关内容。

（二）环境罚款自由裁量权规范量化不足

根据国家依法行政要求，环境保护部发布了《规范环境行政处罚自由裁量权若干意见》（环发〔2009〕24 号）和《主要环境违法行为行政处罚自由裁量权细化参考指南》（环办〔2009〕107 号），指导地方生态环境执法，地方也出台了规范自由裁量权的具体规定。但是裁量行政处罚依据的主要考虑因素中很少涉及经济利益，基准量化也不足。

值得一提的是，其他领域在规范自由裁量权方面已经有了很好的经验。例如，四川巴中公安研发了行政处罚自动裁量系统，实现对治安管理处罚法管辖的 151 个案件自动裁量、量罚一致的目标，成功解决了自由裁量空间过大、选择性处罚缺乏标准、关系案难以有效监督、民警执法随意性产生微腐败难以有效预防四大问题，将行政案件量罚权力关进了制度的笼子，自 2016 年 8 月测试运行以来，所办结的案件无申诉投诉，无复议结果被变更[①]。

（三）"按日连续计罚"等环境行政处罚威慑力度仍不足

2015 年实施的《环境保护法》引入的"按日计罚"被认为是"锋利的牙齿"。但是，"按日计罚"不是针对所有排污企业，仅适用于被责令改正而拒不改正的企业；虽然罚款额没有直接封顶，但要通过与水、气等环境保护单行法的具体处罚条款结合，才能具体实施；而单行法十几年没改，考虑通货膨胀因素，处罚力度是严重下降的[②]。中国人民大学发布的《新〈环境保护法〉四个配套办法实施与适用评估报告（2016）》显示，使用"按日计罚"的案件在 2016 年所有案件中的比例只有 4%左右，作为第三方进行评估的中国政法大学新《环境保护法》实施效果评估课题组也得出了同样的结论[③]。根据以上情况，可以说目前我国环境行政处罚的威慑力仍然不足。

（四）环境处罚和解制度尚未建立

我国《行政处罚法》的规定中已有行政处罚和解制度的雏形，如听证程序中，行政相对人享有的陈诉、申辩权，其实就是行政处罚和解制度的缩影、表现形式。

---

① 马利民，谭明涓. 巴中公安研发行政处罚自动裁量系统. 法制日报，2018-10-30（03）.

② 屡罚屡犯是否一去不复返. 中国环境报，2014-05-14.

③ http://guba.eastmoney.com/news，cjpl，632406410.html.

证券期货领域探索建立了行政处罚和解制度，开展行政处罚和解试点，并取得良好效果。2013年《国务院办公厅关于进一步加强资本市场中小投资者合法权益保护工作的意见》（国办发〔2013〕110号）提出"探索建立证券期货领域行政和解制度，开展行政和解试点"。据此，证监会制定了《行政和解试点实施办法》，在证券监管领域试行行政和解制度。实践证明，行政处罚和解有三大功能：一是有利于提高行政执法效率；二是有利于促进市场秩序恢复；三是有利于促进惩处违法与保护投资者利益之间的平衡[①]。

就环境行政处罚而言，我国环境行政违法和行政处罚案件数量居高不下，存在环境违法者被严惩重罚但是环境污染受害者得不到补偿的情况，还尚未制定专门的环境执法和解制度，目前环境部实施的《环境行政处罚办法》没有任何关于和解的规定[②]。

八、对我国的建议

（一）环境法律和政策中增加引入"没收违法所得"

建议根据《行政处罚法》中"没收违法所得"相关规定，在未来的环境法律法规修订中将"没收违法所得"列入，并具体规定违法企业违法所获得的经济利益类型标准等。具体建议：一是在未来的《环境保护法》修订以及《水污染防治法》有关单行法修订中，增加规定"没收违法所得"，或者将违法企业所获得的经济利益纳入作为设定罚款的主要原则和内容，可表述为"当事人有违法所得或因违法行为而节省经济成本，且金额显著超过法定最高罚款幅度的，环境保护主管部门应当在其违法所得或节省成本的范围内加重处罚，不受最高罚款幅度的限制"。二是修订2010年1月19日环保部令第8号《环境行政处罚办法》，将违法企业所获得的经济利益纳入作为重要内容，参考美国的经济利益部分考虑的因素，详细明确具体应考虑的经济要素。

（二）制定并定期修订环境罚款标准和按日计罚实施细则，并充分考虑利率和通货膨胀率等宏观经济因素的影响

建议制定专门的《环境行政处罚经济利益因素指南》，合理细化和规范环境罚款标准。另外，制定《"按日连续计罚"实施细则》，实施细则中充分体现企业的经济因素。无论《环境行政处罚经济利益因素指南》还是《"按日连续计罚"实施细则》都要充分考虑宏观经济因素的影响，设定专门条款作出规定，并定期（每年或每几年）对利息、

---

① 张苏昱，张冉，李晶. 行政和解：证券行政执法新尝试. 人民日报，2018-08-14（7）.
② https://baike.so.com/doc/7504502-7776533.html.

通货膨胀率等因素进行调整。

（三）探索建立环境行政处罚的和解制度

建议学习美国建立环境行政处罚和解机制，参考证券和解制度的相关做法，通过协商机制与违法者进行沟通协调，达成和解，以减少后续行政诉讼。一是修订《环境保护法》和有关环保专项法律法规，确立我国生态环境执法中的行政和解制度，为生态环境领域实施行政和解执法模式提供充分的法律依据，并为今后制定统一而完备的行政和解法律制度提供立法经验。同时配套修改《环境行政处罚办法》，将环境行政处罚的和解制度纳入作为重要内容。二是制定和解配套鼓励政策，鼓励违法者自愿提出环境补偿计划和配套措施取代部分罚款，让罚款有机会实质改善受污染的环境或帮助受危害的社区大众。三是针对 1 万元以下的小额处罚和轻微违法案件，制定表单形式的快速和解协定。四是开展环境行政处罚和解制度试点。

（四）参考美国的 BEN 等模型，开发环境罚款自动裁量系统，快速定量计算环境罚款

建议环境部借鉴美国的 BEN 模型，参考四川公安研发的行政处罚自动裁量系统，根据我国的实际情况建立违法企业经济利益计算模型和环境行政处罚自动裁量系统。该模型和系统要充分反映上述相关政策安排。而且，模型和系统要做到用户友好，并开发 APP 模式，使其既可以在电脑上也可以在手机上直接操作。模型建立后要广泛征求学界、企业、公众等社会各界的建议，并根据建议进行修改完善。每年根据通货膨胀率等数值对模型进行修订。将该定量模型使用培训纳入环境执法培训计划和课程。另外，适时引入 ABEL 等其他计算企业支付能力的定量模型。

参考文献

[1] Lawrence B M. EPA's Civil Penalty Policies：Making the Penalty Fit the Violation[R]. Environmental Law Reporter，1992.

[2] Mintz J A. Enforcement at the EPA：High Stakes and Hard Choices[J]. University of Texas Press，Austin，1995.

[3] Policy on Civil Penalties，EPA General Enforcement Policy #GM-21[R]. 1984.

[4] EPA. A framework for statute-specific approaches to penalty assessments：implementing epa's policy on civil penalties，elr admin. materials 35073[R]. 1984.

[5] Mariani T. Capturing Economic Benefit as the First Part of Securing an Appropriate Civil Penalty：

Making the Violator Disgorge Unfair Gain[J]. Enforcement Issues，1999（40）.

[6]　谭冰霖. 环境行政处罚规制功能之补强[J]. 法学研究，2018（4）.

[7]　何香柏. 我国威慑型环境执法困境的破解——基于观念和机制的分析[J]. 法商研究，2016（4）.

[8]　张英磊. 由法经济学及比较法观点论环境罚款核科中不法利得因素之定位[J]. 中研院法学期刊，2013（13）.

[9]　苏苗罕. 美国联邦政府监管中的行政罚款制度研究[J]. 环境法律评论，2012（3）.

[10]　秦虎，张建宇. 美国环境执法特点及其启示[J]. 环境科学研究，2005（1）.

[11]　秦虎，张建宇. 中美环境执法与经济处罚的比较分析[J]. 环境科学研究，2006（2）.

美国湿地补偿银行机制及对中国湿地保护的启示与建议①

刘金森　孙飞翔　李丽平

摘　要　湿地补偿银行是美国湿地保护中一项非常重要的市场化第三方机制，通过市场行为促进湿地补偿和"零净损失"。本文通过对美国湿地补偿银行机制进行梳理，并根据湿地补偿银行的特点，从法律体系、管理制度、资金来源等方面提出我国可借鉴之处：加快完善湿地长效保护法规和标准体系，研究设计并试点应用适合我国的湿地补偿银行机制；营造良好的湿地补偿市场氛围；建立跨部门联合评估小组对补偿银行的建立进行全面审核。

关键词　湿地补偿银行　湿地补偿　银行监管者　湿地开发者

我国湿地保护总体形势不容乐观，湿地面积萎缩、生物多样性减少、生态功能退化等问题严重，威胁着周边地区生态安全。因此，我国正逐步加强湿地保护工作，在《生态文明体制改革总体方案》中也将湿地保护与发展列为重要内容。目前我国湿地保护资金需求与投入尚有较大差距，尚未建立湿地补偿长效机制。美国自20世纪70年代开始采取湿地保护政策，并建立了湿地补偿银行机制，经验值得我国借鉴。

一、美国湿地补偿银行演变历程

湿地补偿银行是指在一块或者几块地域空间上，恢复受损湿地、新建湿地、加强现有湿地的某些功能或保存湿地及其他水生资源，并将这些湿地以"信用"（credits）的方式通过合理的市场价格出售给湿地开发（占用、破坏等）者，从而达到补偿湿地损害的目的[1]。用再建（或功能恢复）的新湿地作为对人为破坏湿地的赔偿，实现湿地在总量和功能（包括蓄洪、水质保护、鱼类和野生动物栖息地和地下水补给）上的可持续

---

① 原文刊登于《环境保护》2018年第8期。

平衡[2]；同时，还平衡了湿地开发者的义务与保护者的利益。

1988年美国联邦政府提出了湿地"零净损失"（no net loss）的目标，该目标指必须通过开发或恢复的方式对转换成其他用途的湿地数量加以补偿，从而保持湿地总面积不变甚至增加。1993年，克林顿政府出台了一份执行"政府湿地计划"（the Administration's Wetland Plan）的联邦指导，再次强调美国湿地保护的目标为保持美国现有湿地的"零净损失"。2004年，小布什总统提出了超越"零净损失"的新政策目标——全面增加湿地数量和改善湿地质量的"总体增长"（overall increase）目标。这些政策指导促进了湿地补偿机制的产生与发展。在此时代背景下，湿地补偿银行（mitigation banks）应运而生。

1983年，美国鱼类和野生动物管理局支持建立了第一批湿地补偿银行。自此之后，湿地补偿银行经历了三个发展阶段（图1），逐步形成了较完备的运行机制。1993年调查发现全美国有46家处于不同功能阶段的湿地补偿银行；截至2013年，已有1 800个湿地补偿银行纳入美国湿地替代费和银行管理跟踪系统（RIBITS）中（表1）。而美国东南部地区天然湿地众多，也成为湿地补偿银行的聚集地[3-5]。

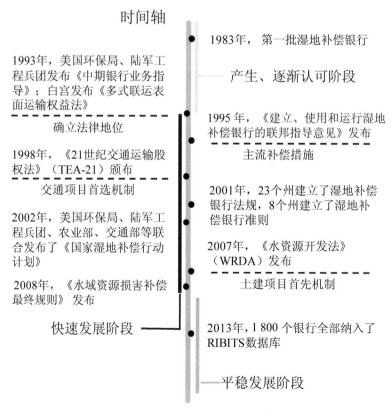

图1 湿地补偿银行发展历程[6]

表1　湿地补偿银行数量的发展情况

年份	湿地补偿银行数量/个	备注
1992	46	几乎所有湿地补偿银行都是国家银行，国家机构或大型公司储存湿地信贷供其自身使用，具有单一用户的特点
2001	219	约139 000英亩（1英亩=4 046.86 m²，下同），其中130个为创业银行，29个售完信用；在已授权的银行中有40个被授权为"伞形银行"*；另有95家银行在审核阶段，占地8 000英亩
2005	450**	其中59个售完信用；另有198家银行在提案阶段
2012	1 221[7]	—
2013	1 800	银行全部纳入RIBITS数据库中

注：*指在同一个授权文书下有多个补偿场地；**表示由于调查中将伞形银行视为单一银行，所以实际场地数会大于这一数值。

二、美国湿地补偿银行机制解析

（一）美国湿地补偿银行的法律依据

美国历来以法为基石，湿地补偿银行的发展也离不开法律的支持。《清洁水法》第404条是湿地补偿（银行）最主要的法律依据，其演变过程大致经历了4个阶段，如图2所示。

1980年，美国《清洁水法》第404条首先提出湿地补偿概念，并规定了湿地开发项目须遵守的要求[8]，见图2。1990年，美国环保局（EPA）和陆军工程兵团签署了《清洁水法第404条（b）（1）款——环境导则的补偿决定》备忘录[9]，确认了湿地补偿银行机制的合法性，确立了避免、减小（最小化）和补偿三个原则，明确了对于不可避免的不利影响，需要适当和切实可行的补偿措施，以恢复受损湿地、新建湿地、强化现有湿地、保存现有湿地为四种主要方式。1995年，《建立、使用和运行湿地补偿银行的联邦指导意见》（又称《1995联邦湿地补偿银行导则》）发布，对湿地补偿银行的监管机制和程序框架做了详细规定，使湿地补偿银行成为主流的补偿措施。2008年，美国陆军工程兵团和EPA联合颁布了《水域资源损害补偿最终规则》，纳入更全面的补偿性减免标准，除了湿地补偿银行外，也给予了湿地替代费补偿（in-lieu fee programs）、湿地开发者自行补偿（permittee-responsible mitigation）[10]合法地位，从而全面确立了湿地补偿的三种机制。

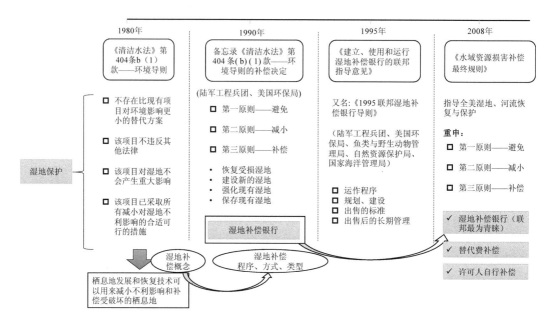

图 2　美国湿地补偿银行法律依据

值得注意的是，三种机制各有特点。湿地补偿银行为事前补偿机制，事先恢复和新建的湿地以类似信贷的方式按照合理的市场价格卖给开发申请人（湿地补偿义务人）；替代费补偿为事后补偿机制，开发申请人（湿地补偿义务人）支付费用到替代费项目账户（即第三方账户），第三方用此费用代替开发申请人（湿地补偿义务人）承担湿地补偿的法律责任；开发申请人自行补偿湿地，则需提交湿地损害补偿计划草案以待批准，后期自行恢复受损湿地。

美国在湿地补偿制度有明确的法律支撑，且在法律基础上配有一系列详细的实施细则，使其具有极强的可操作性，这也是美国湿地补偿制度得到快速发展的基础。

（二）美国湿地补偿银行机制的三要素

整个湿地补偿银行的运作机制如图 3 所示。湿地开发者（当事者）、湿地银行建设者（湿地补偿银行）与银行监管者（主要为陆军工程兵团或 EPA）三者关系简图如图 4 所示。湿地补偿银行实际上是市场化的第三方机制，对于湿地开发者来说，向湿地补偿银行付钱购买相应的"信用"，就转移了湿地开发建设的责任。

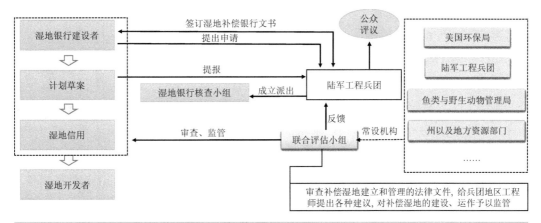

流程：湿地银行建设人提出申请——公众评议、陆军工程兵团派出湿地银行核查小组——提报计划草案——联合评估小组对湿地银行全面审查——批准并签订湿地补偿银行文书

图3 湿地补偿银行申请及运作流程

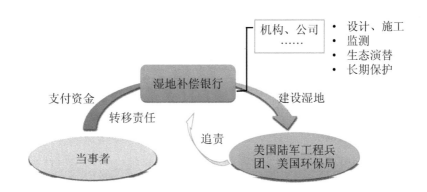

图4 湿地补偿银行"三方"关系简图

第一，湿地银行建设者。湿地补偿银行的建设者可以是政府、机构、非营利性组织、个人或个人与政府共同参与等。湿地补偿银行在运行方式上同货币银行十分相似，建设者建立、存蓄相当量的湿地，并通过出售湿地"信用"给湿地开发者，以此获得利益。然而，湿地补偿银行与同货币银行又不相同，银行和湿地开发者之间以湿地为交易对象，交易单位为"存款点"（即每单位"信用"的售价），存款点和湿地英亩数的关系由监管机构（陆军工程兵团）评估决定，每存款点的标价根据土地价格由各州制定[2]。

对于一个湿地补偿银行，需具备四个要素[6]：①拥有已经创建、恢复并受保护的湿地；②具有以上补偿湿地的相关法定文件，包括正式达成的协议，载明湿地补偿银行所有者、监管机构建立的责任及业绩标准、管理和监测要求、审批认证的银行存款点（即"信用"数）；③经（跨部门）联合评估小组对湿地补偿银行进行法规监管、审查、批准；④明确服务的空间。

第二，银行监管者。陆军工程兵团在湿地管理中居于主要地位，陆军工程兵团与联合评估小组（IRT）负责授予银行许可并对其进行监管，EPA、鱼类与野生动物管理局等其他部门，对陆军工程兵团的工作予以协同、监督，且EPA有权禁止、否认或限制使用任何规定的区域作为处置场所。通常，IRT由陆军工程兵团、EPA、鱼类与野生动物管理局、自然资源机构，以及部落、州和地方监管和资源机构等联合组成[11]，其主要职能是审查补偿湿地建立和管理的法律文件，给陆军工程兵团所在区域的工程师提出各种建议，对补偿湿地的建设、运作予以监管。IRT或为区域常设机构，或由区域工程师针对每一个银行建立。一般情况下，陆军工程兵团区域工程师是IRT的主席。

第三，湿地开发者。根据《清洁水法》第404条规定，湿地开发者在建设项目可能造成湿地损害之前需进行许可申请。其通过向湿地补偿银行建设者购买可能造成损害的同等面积（经补偿比率换算）以及同等生态功能的湿地，以实现对湿地的生态补偿。

（三）美国湿地补偿银行获得、出售"信用"的流程

如图3所示，若想获得"信用"，湿地银行建设者需向陆军工程兵团提交申请说明书，在经过初审（包括至少30天公众评议），反馈结果（初审后30天内），修改、提交计划草案（反馈后30天内）及IRT审查一系列程序后，陆军工程兵团批准并签订湿地补偿银行文书，或不予批准（从计划草案信息补充完整到最终决定需在90天内完成）。

通常，湿地银行建设者提交的申请说明书中必须包括：①拟建银行建立的目的；②银行如何建立、如何运行；③拟建的服务区域；④拟建银行的一般需求和技术可行性；⑤银行的拟议所有权管理和长期监管计划；⑥经营资格，主要描述已成功完成的湿地项目；⑦拟建银行所需场地的生态适宜性；⑧保证具有足够的水权来支持银行长期可持续发展。

修改完善的计划草案应包括[11]：拟建银行的地理服务区描述；湿地开发者拿到"信用"后银行提供补偿减免的法律责任说明；湿地补偿计划；"信用"发放计划及其他必要的信息等。其中，湿地补偿计划主要包括：①目标，即补偿项目资源功能的描述，包括可提供的资源类型和数量、补偿方式（恢复、新建、强化、保存）和方法；②选址标准；③相关文件；④场地基本信息；⑤"信用"确定；⑥补偿工作计划（地理界线、工程建设的时序和时间表、水资源、所需植被区的建设方法、控制入侵物种的方法、高程或斜坡分级计划、土壤管理、侵蚀控制措施等）；⑦维护计划；⑧生态绩效标准；⑨监

测要求（监测参数描述、监测时间表），监测时间表和监测报告结果必须上报陆军工程兵团区域工程师；⑩长期管理计划（包括长期融资机制和长期管理的责任方）；⑪财务保证；⑫其他信息。

（四）美国湿地补偿银行运行中的关键点

一是银行"信用"额度。在湿地补偿银行运行中，银行获得的"信用"额度决定了其可出售的权限。通常，当前场地和未来场地条件的区别越大，每英亩地获得的存款点越高，如1英亩退化农田修复为1英亩淡水沼泽，则每英亩0.5存款点；1英亩退化农田修复为1英亩潮汐湿地可得到每英亩1存款点。

二是补偿比率[①]。陆军工程兵团会充分考虑区域稀缺水资源的生态价值（影响场地和补偿场地），确保补偿是足够的。补偿比率确定依据包括：湿地补偿方式（恢复、新建、加强或保存）、成功的可能性、功能间差异（影响场地和补偿场地）、水资源功能的短暂损失、恢复或建立所需水资源类型和功能的难度、影响场地和补偿场地之间的距离等。一般补偿比率不会小于1∶1。而保存现有湿地项目因未增加湿地面积，所以补偿比率一般更高。

（五）美国湿地补偿银行的优势

首先是极大减少了湿地"零净损失"的不确定性，该方式为事前行为，在湿地损害之前就已完成，能够缓解项目损害影响，特别缓解项目中湿地价值的短暂损失。

其次是提供更好的资金计划和专业知识，湿地补偿银行拥有专业的湿地维护人员和设备，能够保证开发者对湿地补偿的有效性，以及长期检测、监督和管理的实施。此外，由于湿地补偿银行建设需要的资金量大，从而提高了该领域公私合作模式的应用。

最后是节约时间、节约成本，由于申请许可需要一系列程序，因此，湿地补偿银行为湿地开发者节省了大量时间，湿地开发者只需选择适合自己的湿地补偿银行，并购得湿地开发相应的"信用"即完成了湿地补偿，同时转移了湿地补偿责任。

三、对中国的启示

美国成功经验可归纳为两大因素：一是政府严厉的湿地保护政策，二是可靠的市场

[①] 补偿比率是指湿地开发者开发湿地时，需要按评估结果补偿湿地，即恢复、新建或加强的湿地面积与湿地占用面积的比值。各州对补偿比率规定也不一样，如得克萨斯州的安德森束缓解银行要求对高质量湿地的补偿比率为7∶1，对中等质量湿地的比率是5∶1，对低质量的湿地比率是3∶1。

机制。美国湿地补偿银行经验对于当前我国破解湿地保护与建设资金困境、规范湿地运维管理，以及制定人工湿地建设标准、补偿标准颇有参考价值。

一是我国应加快完善湿地长效保护法规和标准体系，研究设计并试点应用适合我国的湿地补偿银行机制，解决资金和管理问题。美国湿地补偿银行建立了完善的市场化第三方机制，解决了湿地建设与运维的资金问题。同时，该机制下行政人员、技术人员各司其职、各尽其能，既节约了政府管理投入，也缩减了各方目标、责任达成的时间。这背后是以完善的法律体系和标准规范作为支撑。然而，我国目前在湿地补偿法律、建设规范和标准方面还存在不足，各地区政府监管能力不一。因此，湿地补偿银行机制在我国的应用不可操之过急，建议结合2018年出台的《国务院机构改革方案》，由国家发展改革委、自然资源部、生态环境部等联合研究建立湿地补偿法规标准体系，明确监管主体，确定"信用"获取及"信用"出售的标准、交易比率等，并且对"信用出售后的长期管理"要求作出详细规定。

二是营造良好的湿地补偿市场氛围。美国湿地补偿银行在建设、运行、监管、交易中体现了明显的优越性，使美国"零净损失"目标得以实现，其可靠的市场机制是重要保障。我国当前湿地保护以政府投资为主，缺乏市场积极性。应在政策上，鼓励和引导湿地建设公司转型为湿地建设-运维管理公司，并组织各部门进行协商[26]，基于充分的市场调研及可行性评估开展试点项目，逐步向全国推广。

三是构建以自然资源、生态环境、水利等部门为主体的跨部门联合评估小组。美国对于湿地补偿银行的申请、监管等，由联合评估小组提出参考意见、陆军工程兵团决定。一般联合评估小组由陆军工程兵团、EPA、鱼类与野生动物管理局、自然资源机构，以及部落、州和地方监管和资源机构等联合组成。我国应借鉴其经验，确立一个主管部门主导，并与其他相关部门联合成立湿地补偿银行委员会，负责高层次协商沟通；基于地域差异，按地区建立工作小组进行补偿银行申请核查，建立跨部门联合评估小组对补偿银行的建立进行全面审核。

参考文献

[1] US.EPA. Compensatory Mitigation Mechanisms[EB/OL].[2017-06-05]. https：//www.epa.gov/cwa-404/compensatory-mitigation-mechanisms.

[2] 张立. 美国补偿湿地及湿地补偿银行的机制与现状[J]. 湿地科学与管理，2008，4（4）：14-15.

[3] Environmental Law Institute Research Staff. Banks and Fees：The Status of Off-Site Wetland Mitigation in the United States[M]. Washington DC：Environmental Law Institute，2002.

[4] 沈洪涛，任树伟，何志鹏，等. 湿地缓解银行——美国湿地保护的制度创新[J]. 环境保护，2008

（12）：72-74.

[5]　Environmental Law Institute. ELI's Compensatory Mitigation Research[EB/OL]. https：//www.eli.org/compensatory-mitigation.

[6]　US.EPA. Mitigation Banking Factsheet[EB/OL].[2017-06-05]. https：//www.epa.gov/cwa-404/mitigation-banking-factsheet.

[7]　US.ACE. Regulatory In-lieu Fee and Bank Information Tracking System[EB/OL].[2012-11-13]. https：//rsgisias.crrel.usace.army.mil/ribits/fip=107：17：973573082007036.

[8]　US.EPA. Clean Water Act，Section 404[EB/OL].[2017-06-07]. https：//www.epa.gov/cwa-404/clean-water-act-section-404.

[9]　US.EPA. Memorandum of Agreement[EB/OL].[2017-06-07]. https：//www.epa.gov/cwa-404/memorandum-agreement.

[10]　US.EPA. Compensatory Mitigation[EB/OL].[2017-06-08]. https：//www.epa.gov/cwa-404/compensatory-mitigation.

[11]　US.EPA. Compensatory Mitigation for Losses of Aquatic Resources；Final Rule[EB/OL].[2017-06-09]. https://www.epa.gov/sites/production/files/2015-03/documents/2008_04_10_wetlands_wetlands_ mitigation_final_rule_4_10_08.pdf.